"十三五"江苏省高等学校重点教材（教材编号：2020-2-215）

普通高等学校网络工程专业规划教材

U0179575

计算机网络技术原理与实验

唐灯平　编著

清华大学出版社
北京

内 容 简 介

本书立足学生理论和实践相结合的能力的培养,实践验证理论,理论促进实践。书中首先给出计算机网络概述以及数据通信相关基础知识;接着分别从物理层、数据链路层、网络层、运输层以及应用层5个层次介绍计算机网络的工作原理,其中在数据链路层后分别讲解广播链路的局域网以及点对点链路的广域网的相关知识,并通过虚拟机软件 VMware、网络仿真软件 Packet Tracer、GNS 以及抓包软件 Wireshark 构建仿真环境验证计算机网络的相关原理。

本书适合作为高等院校计算机、网络工程、物联网工程专业高年级专科生或应用型本科生教材,同时可供网络管理人员、广大科技工作者和研究人员参考。

图书在版编目(CIP)数据

计算机网络技术原理与实验/唐灯平编著.—北京:清华大学出版社,2020.10(2023.7重印)
普通高等学校网络工程专业规划教材
ISBN 978-7-302-55808-8

Ⅰ.①计… Ⅱ.①唐… Ⅲ.①计算机网络－高等学校－教材 Ⅳ.①TP393

中国版本图书馆 CIP 数据核字(2020)第 110954 号

责任编辑:张 玥 常建丽
封面设计:常雪影
责任校对:李建庄
责任印制:丛怀宇

出版发行:清华大学出版社
    网   址:http://www.tup.com.cn,http://www.wqbook.com
    地   址:北京清华大学学研大厦 A 座   邮   编:100084
    社 总 机:010-83470000   邮   购:010-62786544
    投稿与读者服务:010-62776969,c-service@tup.tsinghua.edu.cn
    质量反馈:010-62772015,zhiliang@tup.tsinghua.edu.cn
    课件下载:http://www.tup.com.cn,010-83470236
印 装 者:三河市君旺印务有限公司
经   销:全国新华书店
开   本:185mm×260mm 印   张:27.75 字   数:678 千字
版   次:2020 年 12 月第 1 版 印   次:2023 年 7 月第 2 次印刷
定   价:85.00 元

产品编号:086301-02

FOREWORD

前　言

为应对新一轮科技革命与产业变革,支撑服务创新驱动发展、"中国制造2025"等一系列国家战略,2017年2月以来,教育部积极推进新工科建设,先后形成"复旦共识""天大行动"和"北京指南",并发布了《关于开展新工科研究与实践的通知》《关于推进新工科研究与实践项目的通知》,大力探索领跑全球工程教育的中国模式、中国经验,助力高等教育强国。

新工科建设要求以创新工程教育方式与手段,落实以学生为中心的理念,增强师生互动,改革教学方法和考核方式,形成以学习者为中心的工程教育模式,推进信息技术和教育教学深度融合,充分利用虚拟仿真等技术创新工程实践教学方式。

本书共分9章,第1章介绍计算机网络基本知识,第2章介绍数据通信基础知识,第3章介绍物理层相关知识,第4章介绍数据链路层相关知识,第5章介绍局域网相关知识,第6章介绍广域网相关知识,第7章介绍网络层相关知识,第8章介绍运输层相关知识,第9章介绍应用层相关知识。

本书具有以下特点:

① 针对应用型本科院校学生的特点,本书既重视加强理论知识的学习,又注重实践的培养。

② 本书通过易于实现的仿真实验项目,将实验带入课堂,激发学生的学习兴趣。在讲解理论知识的同时,还进行了实验的验证。通过容易实现的仿真实验验证理论,详细设计每个实践项目,使这些实践项目容易在课堂上实现,以避免另外安排在实验中心进行实验,导致知识的连贯性不足,也避免了全理论或全实践的枯燥的授课过程。

③ 在教材的整体安排上,传统的教材基本是将实验部分另外集中放置。本书理论和实验统一安排,将实验穿插于理论中,不另外统一放置,让学生感觉很连贯,是一个整体。实验项目的设计尽量做到让学生容易理解。理论和实践相辅相成,互相促进。将实践穿插在理论知识中,并且具有非常完整的实验过程,提升学生的学习兴趣。

④ 作为精品课程建设配套教材,本书配备课程网站,提供相关教学资源。

FOREWORD

　　本书由唐灯平编著。在编写过程中,通过百度搜索引擎查阅了大量资料,也吸取了国内外相关教材的精髓,特别是谢希仁老师的《计算机网络》(第 7 版)教材,对这些作者的贡献表示由衷的感谢。本书在编写过程中吸取了苏州大学计算机科学技术学院同事们的意见和建议,并得到苏州大学文正学院领导的鼓励和帮助,同时得到清华大学出版社张玥编辑的大力支持,在此表示诚挚的感谢。

　　由于作者水平有限,书中难免有不妥和疏漏之处,恳请各位专家、同仁和读者不吝赐教和批评指正,并与笔者讨论。

作　者

2020 年 10 月

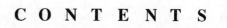

目　录

第 1 章　计算机网络概述 ························· 1

1.1　计算机网络的发展过程及相关概念 ··········· 1

　　1.1.1　计算机网络的发展过程 ············· 1

　　1.1.2　网络的相关概念及组成 ············· 4

1.2　计算机网络的定义及分类 ················· 5

　　1.2.1　计算机网络的定义 ··············· 5

　　1.2.2　计算机网络的分类 ··············· 5

1.3　计算机网络的性能指标 ·················· 11

1.4　计算机网络协议与网络体系结构 ············ 13

　　1.4.1　计算机网络协议 ················ 13

　　1.4.2　分层的方法 ·················· 14

　　1.4.3　OSI 参考模型 ················· 16

　　1.4.4　TCP/IP 体系结构 ··············· 17

　　1.4.5　两种体系结构的关系 ············· 18

1.5　实验——VMware 虚拟机的安装 ············· 18

1.6　本章小结 ························· 42

1.7　习题 1 ·························· 42

第 2 章　数据通信基础 ······················· 44

2.1　数据通信系统模型 ···················· 44

2.2　信道概念及信道极限容量 ················ 45

　　2.2.1　信道概念 ··················· 45

　　2.2.2　调制 ····················· 46

　　2.2.3　信道极限容量 ················ 47

2.3　信道复用技术 ······················ 49

　　2.3.1　频分复用 ··················· 50

　　2.3.2　时分复用 ··················· 50

CONTENTS

2.3.3　统计时分复用 ………………………………… 50

2.3.4　波分复用 …………………………………………… 51

2.3.5　码分多址复用 …………………………………… 51

2.4　数据交换技术 …………………………………………… 52

2.4.1　电路交换 …………………………………………… 52

2.4.2　报文交换 …………………………………………… 52

2.4.3　分组交换 …………………………………………… 53

2.5　数字传输系统 …………………………………………… 55

2.6　实验——常用的网络命令 ……………………………… 56

2.7　本章小结 ………………………………………………… 75

2.8　习题 2 …………………………………………………… 76

第 3 章　物理层 ……………………………………………… 80

3.1　物理层的基本概念 ……………………………………… 80

3.1.1　物理层的功能 …………………………………… 80

3.1.2　DTE/DCE ………………………………………… 81

3.1.3　物理层的基本特性 ……………………………… 81

3.1.4　物理层标准 ……………………………………… 81

3.2　物理层下面的传输媒体 ………………………………… 84

3.2.1　双绞线 …………………………………………… 84

3.2.2　同轴电缆 ………………………………………… 87

3.2.3　光纤 ……………………………………………… 87

3.2.4　无线电波 ………………………………………… 88

3.2.5　微波 ……………………………………………… 88

3.2.6　红外线 …………………………………………… 88

3.3　实验——网线制作 ……………………………………… 88

3.3.1　认识网线制作工具和材料 ……………………… 88

3.3.2　网线制作步骤 …………………………………… 88

3.3.3　测试 ……………………………………………… 90

3.4　宽带接入技术 …………………………………………… 90

3.4.1　铜线宽带接入技术 ……………………………… 91

CONTENTS

　　　3.4.2　光纤同轴混合技术 ·· 95

　　　3.4.3　光纤接入技术 ·· 95

　　　3.4.4　以太网接入技术 ·· 97

　　　3.4.5　无线接入技术 ·· 97

　　3.5　实验二——Packer Tracer 模拟仿真工具简介 ················· 97

　　　3.5.1　Packet Tracer 简介 ·· 97

　　　3.5.2　Packet Tracer 仿真实例 ····································· 116

　　3.6　本章小结 ·· 125

　　3.7　习题 3 ·· 125

第 4 章　数据链路层 ·· 127

　　4.1　数据链路层概述 ··· 127

　　4.2　使用 HDLC 的数据链路层 ··· 133

　　4.3　使用点对点信道的数据链路层 ····································· 133

　　　4.3.1　PPP ··· 134

　　　4.3.2　实验一——Packet Tracer 仿真 PPP 抓包实验 ··········· 140

　　　4.3.3　实验二——利用 Wireshark 抓取 GNS3 仿真的
　　　　　　　PPP 帧 ·· 142

　　　4.3.4　实验三——PPP 认证配置 ································· 169

　　4.4　使用广播信道的数据链路层 ······································· 173

　　4.5　本章小结 ··· 175

　　4.6　习题 4 ··· 176

第 5 章　局域网 ·· 178

　　5.1　局域网技术概述 ··· 178

　　　5.1.1　局域网的拓扑结构 ··· 178

　　　5.1.2　局域网的传输介质 ··· 180

　　　5.1.3　局域网体系结构 ·· 181

　　5.2　常见的局域网类型 ·· 182

　　　5.2.1　令牌环网 ··· 182

　　　5.2.2　令牌总线网 ·· 182

C O N T E N T S

5.2.3　FDDI 网 ·· 183

5.2.4　以太网 ··· 183

5.3　以太网技术 ··· 184

5.3.1　以太网技术基础 ··· 184

5.3.2　实验一——以太网 MAC 帧格式分析 ·························· 193

5.3.3　扩展以太网 ·· 195

5.3.4　实验二——交换机自学习功能 ······························· 200

5.3.5　交换机生成树协议 ··· 202

5.3.6　实验三——生成树协议分析 ······························· 203

5.3.7　高速以太网 ·· 206

5.3.8　虚拟局域网 ·· 209

5.3.9　实验四——交换机 VLAN 划分 ································ 211

5.3.10　实验五——插入 VLAN 标记的 802.1Q 帧结构仿真
　　　　实现 ·· 215

5.3.11　实验六——交换机 MAC 地址和端口的关系 ·········· 217

5.4　本章小结 ··· 223

5.5　习题 5 ··· 223

第 6 章　广域网 ··· 226

6.1　广域网概述 ··· 226

6.1.1　广域网技术简介 ··· 226

6.1.2　线路类型 ··· 226

6.1.3　广域网连接技术 ··· 227

6.2　帧中继 ··· 229

6.2.1　帧中继简介 ·· 229

6.2.2　实验一——帧中继配置 ··· 229

6.3　VPN 技术 ·· 235

6.3.1　IPSec VPN ·· 235

6.3.2　实验二——IPSec VPN ··· 235

6.3.3　GRE over IPSec VPN ··· 240

6.3.4　实验三——GRE over IPSec VPN ······························ 240

CONTENTS

6.4　本章小结 ……………………………………………… 244

6.5　习题 6 ………………………………………………… 244

第 7 章　网络层 …………………………………………… 246

7.1　网络层概述 …………………………………………… 246

7.1.1　网络层的功能 ……………………………… 246

7.1.2　网络层的两种服务 ………………………… 246

7.2　IP 地址 ……………………………………………… 247

7.2.1　IP 地址简介 ………………………………… 247

7.2.2　分类的 IP 地址 ……………………………… 247

7.2.3　子网划分 …………………………………… 249

7.2.4　无分类编址 ………………………………… 253

7.3　ARP …………………………………………………… 256

7.3.1　ARP 的工作原理 …………………………… 256

7.3.2　实验一——ARP 分析 ……………………… 257

7.4　IP 数据报首部格式 …………………………………… 261

7.4.1　IP 数据报首部格式分析 …………………… 261

7.4.2　实验二——IP 报文分析 …………………… 268

7.5　IP 层转发分组的流程 ………………………………… 274

7.6　ICMP ………………………………………………… 275

7.6.1　ICMP 简介 …………………………………… 275

7.6.2　ICMP 典型应用 ……………………………… 276

7.6.3　实验三——ICMP 分析 ……………………… 277

7.7　静态路由 ……………………………………………… 281

7.7.1　静态路由原理 ……………………………… 281

7.7.2　实验四——静态路由配置 ………………… 281

7.8　路由选择协议 ………………………………………… 284

7.8.1　内部网关协议 RIP …………………………… 284

7.8.2　RIP 避免路由环路技术 …………………… 288

7.8.3　实验五——RIP 路由分析 ………………… 289

7.8.4　内部网关协议 OSPF ………………………… 292

CONTENTS

7.8.5　实验六——OSPF 路由分析 ················· 293

7.8.6　外部网关协议 BGP ···················· 295

7.9　IPv6 ······································ 295

7.9.1　IPv6 简介 ························· 295

7.9.2　IPv6 报文结构 ····················· 296

7.9.3　IPv6 过渡技术 ····················· 298

7.10　NAT 协议分析 ······························· 299

7.10.1　NAT 协议分析简介 ·················· 299

7.10.2　实验七—— NAT 静态转换实验 ·········· 300

7.10.3　实验八—— NAT 动态转换实验 ·········· 305

7.10.4　实验九——端口多路复用实验 ··········· 306

7.11　本章小结 ··································· 309

7.12　习题 7 ····································· 310

第 8 章　运输层 ······································ 313

8.1　运输层协议概述 ······························· 313

8.1.1　进程之间的通信 ····················· 313

8.1.2　运输层的两个主要协议 ················· 314

8.1.3　运输层端口 ······················· 315

8.2　用户数据报协议 ······························· 316

8.2.1　UDP 的特点 ······················ 316

8.2.2　UDP 的首部格式 ···················· 317

8.2.3　实验一——UDP 的首部格式 ············· 319

8.3　TCP 概述 ···································· 323

8.4　可靠传输的工作原理 ···························· 323

8.4.1　停止等待协议 ······················ 324

8.4.2　连续 ARQ 协议 ···················· 327

8.5　TCP 报文段格式 ······························· 329

8.5.1　TCP 报文段格式分析 ·················· 329

8.5.2　实验二——TCP 报文段格式分析 ·········· 333

8.6　TCP 可靠传输的实现 ··························· 335

CONTENTS

8.7.1　利用可变滑动窗口实现流量控制 ……………… 338

8.7.2　零窗口与持续定时器 …………………………… 340

8.8　TCP 拥塞控制 ………………………………………… 341

8.8.1　网络拥塞产生的原因 …………………………… 341

8.8.2　TCP 拥塞控制方法 ……………………………… 342

8.9　TCP 的运输连接管理 ………………………………… 345

8.9.1　TCP 的连接建立 ………………………………… 346

8.9.2　TCP 的连接释放 ………………………………… 347

8.10　本章小结 ……………………………………………… 349

8.11　习题 8 ………………………………………………… 349

第 9 章　应用层 ……………………………………………… 353

9.1　应用层概述 …………………………………………… 353

9.2　DNS …………………………………………………… 353

9.2.1　DNS 简介 ………………………………………… 353

9.2.2　互联网的域名结构 ……………………………… 354

9.2.3　域名服务器 ……………………………………… 356

9.2.4　域名解析过程 …………………………………… 358

9.2.5　实验一——域名系统 DNS 服务器搭建 ………… 361

9.3　FTP …………………………………………………… 366

9.3.1　FTP 简介 ………………………………………… 366

9.3.2　FTP 的工作原理 ………………………………… 366

9.3.3　实验二——FTP 服务器的搭建 ………………… 368

9.4　TELNET ……………………………………………… 371

9.4.1　TELNET 简介 …………………………………… 371

9.4.2　TELNET 的工作过程 …………………………… 371

9.4.3　实验三——TELNET 服务器的搭建 …………… 372

9.5　WWW ………………………………………………… 376

9.5.1　WWW 简介 ……………………………………… 376

9.5.2　URL ……………………………………………… 377

CONTENTS

　　　9.5.3　HTTP ………………………………………………… 377

　　　9.5.4　万维网的文档 ……………………………………… 384

　　　9.5.5　万维网的信息检索 ………………………………… 387

　　　9.5.6　实验四——利用 IIS 发布万维网 ………………… 388

　9.6　E-Mail ……………………………………………………… 391

　　　9.6.1　E-Mail 简介 ………………………………………… 391

　　　9.6.2　SMTP ………………………………………………… 393

　　　9.6.3　MIME ………………………………………………… 395

　　　9.6.4　邮件读取协议 POP3 和 IMAP …………………… 395

　　　9.6.5　基于万维网的协议 …………………………………… 396

　　　9.6.6　实验五——电子邮件服务器的搭建 ……………… 396

　9.7　DHCP ……………………………………………………… 423

　　　9.7.1　DHCP 简介 ………………………………………… 423

　　　9.7.2　实验六——DHCP 服务器的搭建 ………………… 425

　9.8　本章小结 …………………………………………………… 429

　9.9　习题 9 ……………………………………………………… 429

参考文献 …………………………………………………………… 431

第 1 章　计算机网络概述

本章学习目标
- 了解计算机网络的发展历史。
- 掌握计算机网络的定义及组成。
- 掌握计算机网络的分类。
- 熟悉计算机网络的性能指标。
- 掌握计算机网络体系结构 TCP/IP 及 OSI。
- 掌握 VMware 虚拟环境搭建过程。

本章是计算机网络原理的基础部分,详细讲解计算机网络的发展过程以及互联网的发展过程,介绍计算机网络的定义以及计算机网络的组成。本章从不同的角度分析计算机网络的分类,详细探讨计算机网络的性能指标,最后分析计算机网络的体系结构,包括 TCP/IP 以及 OSI。本章实验部分完成虚拟机的安装以及两台计算机之间的联网过程。

1.1　计算机网络的发展过程及相关概念

1.1.1　计算机网络的发展过程

计算机网络是计算机技术和通信技术相结合的产物。计算机网络从 20 世纪 60 年代出现,到 20 世纪 70 年代、80 年代兴起和发展,20 世纪 90 年代得到大发展。进入 21 世纪,计算机网络已经成为信息社会的命脉和发展知识经济的重要基础,深入人类社会的方方面面,与人们的生活、工作、学习紧密关联。

下面具体探讨计算机网络的发展历程。

1957 年,苏联发射了人类第一颗名叫 Sputnik(史伯尼克)意为"旅行同伴"的 83kg 的人造地球卫星。作为响应,美国国防部(United States Department of Defense,DoD)组建了高级研究计划局(Advanced Research Project Agency,ARPA),简称"阿帕",开始进行将科学技术应用于军事领域的研究。"阿帕"的办公地点设在五角大楼内。新生的"阿帕"获得了国会批准的 520 万美元的筹备金及两亿美元的项目总预算,是当年中国国家外汇储备的三倍。互联网(Internet)就萌芽在这项拨款中。

在美国,20 世纪 60 年代是一个很特殊的时代。20 世纪 60 年代初,古巴核导弹危机发生,美国和苏联之间的冷战状态随之升温,核毁灭的威胁成了人们日常生活的话题。在美国对古巴封锁的同时,越南战争爆发,许多第三世界国家发生政治危机。由于美国联邦经费的刺激和公众恐惧心理的影响,"实验室冷战"也开始了。鉴于此,苏联发射卫星直接导致 ARPA 的诞生。

1962 年,约瑟夫·利克莱德(J.C.R.Licklider)离开麻省理工学院(MIT)加入 ARPA,并在后来成为信息处理技术办公室(Information Processing Techniques Office,IPTO)的首席

执行官。他将办公室名称从命令控制研究(Command and Control Research)改为 IPTO,结果 ARPA 不仅成为网络诞生地,同样也是计算机图形、计算机模拟飞行等重要成果的诞生地。约瑟夫·利克莱德是公认的全球互联网领军人物之一,是麻省理工学院的心理学和人工智能专家。

美国国防部认为:如果仅有一个集中的军事指挥中心,万一这个中心被苏联的核武器摧毁,全国的军事指挥将处于瘫痪状态,其后果将不堪设想。因此有必要设计这样一个分散的指挥系统——它由一个个分散的指挥点组成,当部分指挥点被摧毁后,其他点仍能正常工作。

1964 年,伊凡·沙日尔兰德(Ivan Sutherland)担任 IPTO 处长,两年后的鲍勃·泰勒(Bob Taylor)上任,他在任职期间萌发了新型计算机网络的想法,并筹集资金启动试验。在鲍勃·泰勒的一再邀请下,后来成为"阿帕网之父"的拉里·罗伯茨(Larry Roberts)担任 IPTO 处长。1967 年,拉里·罗伯茨来到 ARPA,着手筹建"分布式网络",不到一年,他就提出阿帕网的构想。

1968 年,拉里·罗伯茨提交研究报告《资源共享的计算机网络》,提出让"阿帕"的计算机互相连接,从而使大家分享彼此的研究成果。根据这份报告组建了国防部"高级研究计划网",也就是著名的"阿帕网"(ARPANET),从此拉里·罗伯茨成为"阿帕网之父"。

1969 年,美国国防部高级研究规划署建成 ARPANET,ARPANET 的建成是计算机网络技术发展的里程碑。ARPANET 是 Internet 的前身。

1972 年,美国施乐公司(Xerox)开发出以太网(Ethernet),用于组建局域计算机网络,揭开了组建局域计算机网络的序幕。以太网起源于 ALOHA 无线电系统(是美国夏威夷大学开发的实验性计算机网络系统),以太网的核心思想是使用共享的公共传输信道。共享数据传输信道的思想来源于夏威夷大学,20 世纪 60 年代末,该校的 Norman Abramson 及其同事研制了一个名为 ALOHA 系统的无线电网络。这个无线电广播系统是为了把该校位于 Oahu 岛上的校园内的 IBM360 主机与分布在其他岛上和海洋船舶上的读卡机和终端连接起来而开发的。罗伯特·梅特卡夫(Robert Metcalfe)利用 ALOHA 网的基本原理,创建了至今仍在使用的 Ethernet 局域网(以太网)。以太网只是将信号从一个地方传到另一个地方的一种手段。以太网工作在 OSI 七层网络参考模型的底层,用于传送来自较高层协议的信息包。

1974 年,美国的 IBM 公司提出系统网络体系结构(System Network Architecture,SNA)。现在用 IBM 大型机构建的专用网络仍在使用 SNA。不久后,其他公司也相继推出自己公司的具有不同名称的体系结构。

1975 年,DEC 公司宣布自己的数字网络体系结构(Digital Network Architecture,DNA)。DNA 是一种分层结构,其层次和协议与 OSI 七层协议模型极其相似。其特点是:很好的分布式网络处理和控制功能;动态的路由选择能力。

不同的网络体系结构出现后,使用同一个公司生产的各种设备都能够很容易地互连成网,这种情况显然有利于一个公司垄断市场。但由于网络体系结构的不同,不同公司的设备很难相互连通。然而,全球经济的发展使得不同网络体系结构的用户迫切要求能够互相交换信息。为了使不同体系结构的计算机网络都能够互联,1977 年国际标准化组织(ISO)的 SC16 分技术委员会开始着手制定开放系统互连参考模型(Open System Interconnection/Reference Model,OSI/RM)。

1980 年 2 月，美国电气和电子工程师协会（Institute of Electrical and Electronics Engineers,IEEE）制定出局域计算机网络的标准，称为 IEEE 802 标准。IEEE 802 标准为系列标准，包括城域网、无线局域网等标准。IEEE 802 标准系列一直在补充新的标准。

1981 年，美国 IBM 公司的个人计算机（PC）问世。IBM 公司采取开放微机操作系统 PC-DOS 源代码的措施，使得各计算机厂商生产出与其兼容的计算机产品，并使得 PC 与 PC、PC 与大型机之间相互通信、共享资源。局域计算机网络迅速发展，同时产生了把多个网络互联起来的需求，互联网得到了发展。

1983 年，ISO 给出 OSI/RM 的正式文件，用于提供研制计算机网络体系结构的框架，使得不同厂家按照 OSI 设计的产品能够很好地互连起来，实现彼此的开放。同年,TCP/IP 成为 ARPANET 上正式的网络协议。从此，ARPANET 被分为两部分，即军事用途的 MILNET 以及 Internet（互联网）。

1984 年，美国苹果计算机公司研制出用于苹果微型计算机的图形用户界面（GUI）操作系统 Macintosh，这是世界上第一个 GUI 操作系统。之后，微软公司的 GUI 操作系统——Windows 操作系统研制成功。

1991 年，欧洲粒子物理研究所（CERN）的科学家提姆·伯纳斯李（Tim Berners-Lee）开发了万维网（World Wide Web）和简单的浏览器软件。提姆·伯纳斯李为了在计算机上传输和浏览科学报告和论文，研制利用超文本传输协议（HTTP）、超文本标记语言（HTML）和超链接（HyperLink）技术实现 WWW,WWW 标志着 Internet 应用时代的到来。1993 年，美国伊利诺斯大学国家超级计算中心成功开发出网上浏览工具 Mosaic,后来的网景公司（Netscape Communication Corporation）开发的 Netscape 浏览器以及微软公司（Microsoft Corporation）开发的 IE 浏览器都是在 Mosaic 的基础上开发的。

1994 年，我国通过美国 Sprint 公司连入 Internet 的 64K 国际专线开通，实现了我国与 Internet 的全功能连接，中国从此被国际上正式承认为真正拥有全功能 Internet 的国家。

1998 年，千兆以太网研制成功，2002 年，万兆以太网研制成功。

总体来说，计算机网络的形成与发展经历了四个阶段。

第一阶段：20 世纪 60 年代末到 20 世纪 70 年代初为计算机网络发展的萌芽阶段。其主要特征是：为了增加系统的计算能力和资源共享，把小型计算机连成实验性的网络。第一个远程分组交换网叫 ARPANET,第一次实现了由通信网络和资源网络复合构成计算机网络系统。

第二阶段：20 世纪 70 年代中后期是局域网（LAN）发展的重要阶段。其主要特征为：局域网作为一种新型的计算机体系结构开始进入产业部门。局域网技术是从远程分组交换通信网络和 I/O 总线结构计算机系统派生出来的。1976 年，美国施乐公司的 Palo Alto 研究中心推出以太网（Ethernet），它成功地采用了夏威夷大学 ALOHA 无线电网络系统的基本原理，使之发展成为一种局域网络。

第三阶段：整个 20 世纪 80 年代是计算机局域网络的发展时期。

第四阶段：20 世纪 90 年代初至现在是计算机网络飞速发展的阶段。其主要特征是：计算机网络化、协同计算能力发展以及全球互联网络的盛行。计算机的发展已经完全与网络融为一体，体现了"网络就是计算机"的口号。

互联网的发展大致经历了以下三个阶段。

第一阶段：从单个网络 ARPANET 向互联网（Internet）发展的阶段。1969 年，美国国防部高级研究规划署建成的第一个分组交换网 ARPANET 最初只是一个单个的分组交换网,并不是互联的网络。所有要连接的 ARPANET 上的主机都直接与就近的结点交换机相连。为了打破这个问题,ARPA 开始研究多种网络互联的技术,这就导致后来互联网的出现,成为互联网的雏形。

1983 年,TCP/IP 成为 ARPANET 上的标准协议,使得所有使用 TCP/IP 的计算机都能利用互联网进行通信,因而人们将 1983 年作为互联网的诞生之年。1990 年,ARPANET 正式宣布结束,因为它的实验任务已经完成。

第二阶段:建成三级结构的互联网。三级结构分别指主干网、地区网和校园网(或企业网)。美国政府认识到,互联网必将扩大其使用范围,不应局限于大学和科研机构。随着世界上许多公司纷纷接入互联网,互联网上的通信量急剧增大,于是美国政府决定将互联网的主干网转交给私人公司经营。

第三阶段:形成多层次 ISP 结构的互联网。从 1993 年开始,由美国政府资助的 NSFNET [美国国家科学基金会(National Science Foundation,NSF)组建的网络]逐渐被若干商用的互联网主干网替代,于是出现了互联网服务提供者(Internet Server Provider,ISP)。ISP 可以从互联网管理机构申请到多个 IP 地址,同时拥有通信线路及路由器等联网设备。用户只向 ISP 缴纳规定费用,就可以从 ISP 得到所需的 IP 地址,并通过该 ISP 接入互联网。

1.1.2 网络的相关概念及组成

尽管计算机网络的结构十分复杂,网络设备种类繁多,链路类型多种多样,但从逻辑上讲,网络是由若干结点以及连接这些结点的链路组成的。结点可以是计算机、集线器、交换机、路由器等,链路可以是各种类型的传输介质,可以是有线链路或无线链路,其中有线链路常见的有双绞线、同轴电缆以及光纤等,无线链路包括短波、微波和红外线等。计算机网络结构如图 1.1 所示,它是由四个结点以及三条链路组成的计算机网络。

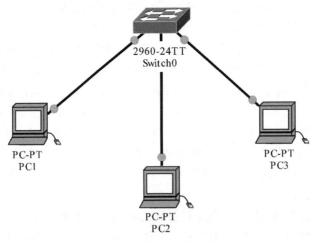

图 1.1　计算机网络结构

互连网(internet)是指网络的网络,是一个通用名称,它泛指由多个计算机网络互连而成的网络,可以采用任意类型的网络通信协议。互连网结构如图 1.2 所示。

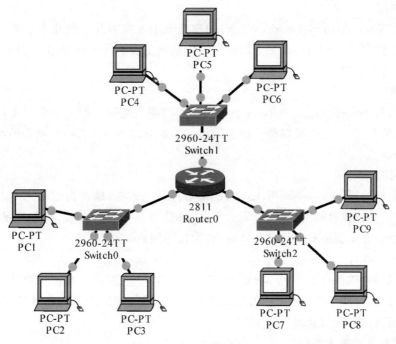

图 1.2　互连网结构

　　互联网(Internet)是指当前全球最大的、开放的、由众多网络互连而成的特定网络,它采用 TCP/IP 作为通信协议。互联网由两部分组成,分别为边缘部分和核心部分,处在边缘部分的是连接在互联网上的所有主机,这些主机又称为端系统(End System)。互联网的核心部分是互联网中最复杂的部分,它要向边缘中的大量主机提供连通性,使边缘的任意一台主机都可以与其他主机通信。

1.2　计算机网络的定义及分类

1.2.1　计算机网络的定义

　　计算机网络是指将地理位置不同的具有独立功能的多台计算机及其外部设备通过通信链路连接起来,在网络操作系统、网络管理软件及网络通信协议的管理和协调下,实现资源共享和信息传递的计算机系统。计算机网络可分为通信子网和资源子网两部分。通信子网的功能是负责全网的数据通信;资源子网的功能是提供各种网络资源和网络服务,实现网络资源共享。

1.2.2　计算机网络的分类

　　计算机网络可以按覆盖范围、网络传输技术、网络使用者以及网络拓扑结构等进行分类。

1. 按覆盖范围划分

按照网络覆盖范围,可以将计算机网络划分为广域网、城域网、局域网以及个人区域网。

1) 广域网

广域网(Wide Area Network,WAN)的覆盖范围通常为几十到几千千米,可以覆盖一个地区、一个国家、一个洲,甚至更大的范围。广域网是互联网的核心部分,其任务是长距离运送主机发送的数据。

2) 城域网

城域网(Metropolitan Area Network,MAN)的覆盖范围一般是一个城市,它可以为一个或几个单位所拥有,但也可以是一种公用设施。常见的 MAN 有一个城市的政府公务网、教育城域网等。

3) 局域网

局域网(Local Area Network,LAN)的覆盖范围比较小,通常为十千米左右,是局部范围内的小规模的计算机网络,如一个实验室、一栋建筑、一个学校等。现在局域网使用非常广泛,学校和企业大都拥有自己的局域网,称为校园网或企业网。

4) 个人区域网

个人区域网(Personal Area Network,PAN)指个人范围(随身携带或数米之内)的计算设备(如计算机、智能手机、PDA 以及数码相机等)组成的通信网络。它是局域网的一种特例,是对局域网的再次细分。

2. 按网络传输技术划分

按网络传输技术划分,计算机网络可分为广播式和点到点式两种。

1) 广播式

广播式网络中的广播是指网络中所有连网的计算机都共享一个公共通信信道,当一台计算机利用共享通信信道发送报文分组时,所有其他计算机都将会接收并处理这个分组。由于发送的分组中带有目的地址与源地址,网络中所有接收到该分组的计算机将检查该分组的目的地址是否与本结点的地址相同。如果被接受报文分组的目的地址与本结点地址相同,则接收该分组,否则将收到的分组丢弃。在广播式网络中,将分组发送给网络中的某些计算机,则被称为组播;若分组只发送给网络中的某一台计算机,则称为单播。在广播式网络中,由于信道共享可能引起信道访问错误,因此信道访问控制是要解决的关键问题。

2) 点到点

点到点传播指网络中每两结点之间都存在一条物理信道,一个结点沿信道发送的数据确定无疑地只有信道另一端的结点收到。若两台计算机之间没有直接连接的线路,那么它们之间的分组传输就要通过中间结点的接收、存储、转发直至目的结点。由于连接多台计算机之间的线路结构可能是复杂的,因此从源点到目的结点可能存在多条路由,需要通过路由选择算法决定分组从通信子网的源结点到达目的结点。点到点传播采用分组存储转发,它是点到点网络与广播式网络的重要区别之一。在点到点的拓扑结构中没有信道竞争,几乎不存在介质访问控制问题,点到点信道必然浪费带宽资源。广域网都采用点到点信道,因为在长距离信道上一旦发生信道访问冲突,控制起来相当困难,因此通过带宽换取信道访问控制的简化。

3. 按网络使用者划分

按网络使用者进行分类,计算机网络可分为公用网和专用网两类。

1) 公用网

公用网(public network)一般指由网络服务提供商建设,供公共用户使用的通信网络。

公用网络的通信线路是共享给用户使用的,如公用电话交换网(PSTN)、分组交换数据网(X.25)、数字数据网(DDN)、综合业务数字网(ISDN)、数字数据网(DDN)、5G、帧中继网(Frame Relay)、异步传输模式(ATM)、有线电视网(CATV)以及互联网(Internet)等。

这种网络的优点是成本低,缺点是安全性不如专用网络。

2) 专用网

专用网(private network)指的是网络基础设施和网络中的信息资源属于单个组织,并且由该组织对网络实施管理。专用网不和其他网络共享资源,有自己独立的 IP 地址空间。由于信息传输路径是专用的,可以保证信息传输的保密性和完整性,实现安全的信息传输。这种网络不向本单位以外的人提供服务,如军队、铁路、银行、电力等均有本系统的专用网。

这种网络的优点是运行稳定,系统安全性好,缺点是投资巨大。

4. 按网络拓扑结构划分

计算机网络的拓扑结构是指网络上计算机或网络设备与传输媒体形成的结点与线的物理构成模式。网络的结点有两类:一类是转换和交换信息的转换结点,包括路由器、交换机、集线器和终端控制器等;另一类是访问结点,包括计算机和终端等。线则代表各种传输媒体,包括有线传输媒体和无线传输媒体。

按网络拓扑结构进行分类,计算机网络可分为总线型网络、环形网络、星形网络、树形网络以及网状网络等。

1) 总线型网络

总线型网络结构是使用同一媒体连接所有端用户的一种方式,连接端用户的物理媒体由所有设备共享,各工作站地位平等,无中央结点控制。数据信息以广播的形式进行传播。各结点在接受信息时都进行地址检查,看是否与自己的工作站地址相符,若相符,则接收;若不符,则丢弃。

总线型网络结构必须解决的问题是:通过使用某种机制,确保端用户使用媒体发送数据时不会出现冲突。

在总线型结构的网络中,总线的两端连接有终结器(电阻),作用是与总线进行阻抗匹配,最大限度吸收传送到端部的能量,避免信号反射回总线而产生不必要的干扰。总线型网络如图 1.3 所示。

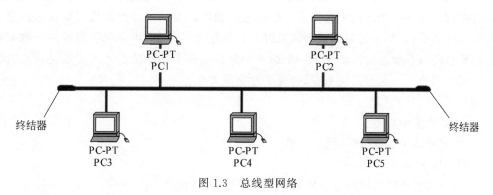

图 1.3　总线型网络

总线型网络的优点如下:

① 所需的电缆数量少,线缆长度短,易于布线和维护。

② 结构简单,无源工作,易于扩充,组网容易。

③ 多个结点共用一条传输信道,信道利用率高。

总线型网络的缺点如下:

① 传输距离有限,通信范围受到限制。

② 故障诊断和隔离较困难。

2) 环形网络

环形结构网络在局域网中使用较多。该结构中的传输媒体从一个端用户到另一个端用户,直到所有的端用户连成环形。数据在环路中沿着一个方向在各个结点间传输,从而使信息从一个结点传送到另一个结点。环形网络如图 1.4 所示。

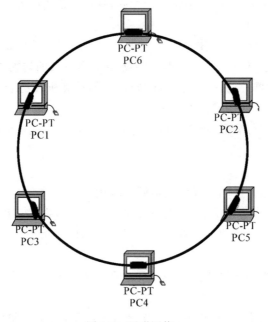

图 1.4 环形网络

令牌环传递是环形网络上传送数据的一种方法。令牌传递过程中,一个 3B 的称为令牌的数据包绕环从一个结点发送到另一个结点。如果环上的一台计算机需要发送信息,它将截取令牌数据包,加上控制和数据信息以及目标结点的地址,将令牌转变成一个数据帧,然后计算机将该令牌继续传递至下一个结点。只有获得令牌的结点才可以发送信息,确保同一时间点只有一个结点发送数据,避免了冲突的发生。

环形网络的优点如下:

① 电缆长度相对短。

② 增加或减少工作站时,操作简单。

环形网络的缺点如下:

① 单个站的故障将影响整个网络,使整个网络发生瘫痪。

② 故障检测相对困难。

③ 媒体访问控制协议采用令牌传递的方式,在负载很轻时,信道利用率相对比较低。

3）星形网络

星形网络是指各工作站以星形方式连接成网。网络有中央结点，便于集中控制，端用户之间的通信必须经过中央结点。星形网络如图 1.5 所示。

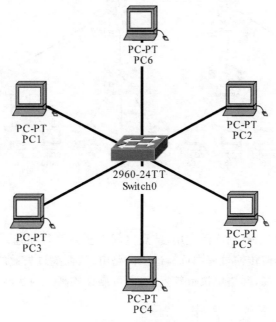

图 1.5　星形网络

星形网络的优点表现在以下几个方面：

① 结构简单，连接方便，管理和维护相对容易，扩展性强。

② 网络延迟时间较小，传输误差低。

③ 在同一网段内支持多种传输媒体，除非中央结点故障，否则网络不会轻易瘫痪。

④ 每个结点直接连到中央结点，故障容易检测和隔离，可以很方便地排除有故障的结点。

其缺点主要表现在以下几个方面：

① 安装和维护的费用较高。

② 一条通信线路只被该线路上的中央结点和边缘结点使用，通信线路利用率不高。

③ 对中央结点要求相当高，一旦中央结点出现故障，将导致整个网络瘫痪。

4）树形网络

树形网络可以认为由多级星形结构组成，这种多级星形结构自上而下呈三角分布，就像一棵树，最顶端的枝叶少，中间枝叶多，最下面枝叶最多。树的最下端相当于网络的接入层，树的中间部分相当于网络的汇聚层，树的最顶端相关于网络的核心层。树形网络如图 1.6 所示。

树形网络结构的优点如下：

① 易扩展——可以延伸出很多分支和子分支，并且很容易连入网络。

② 故障隔离较容易——若某一分支的结点或线路发生故障，很容易将故障分支与整个网络隔离开。

树形网络的缺点有：各个结点对根的依赖性太大，如果根发生故障，则影响整个网络的正常工作。

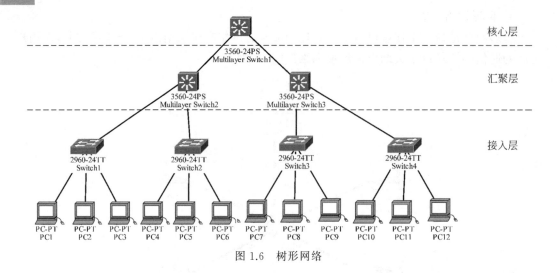

图 1.6　树形网络

5）网状网络

网状网络在广域网中得到广泛应用,结点之间有多条路径相连。数据流的传输有多条路径可供选择,在数据流传输过程中选择适当的路由,从而绕过失效的或繁忙的结点。这种结构比较复杂,成本较高,网络协议也较复杂,但可靠性较高。网状网络如图 1.7 所示。

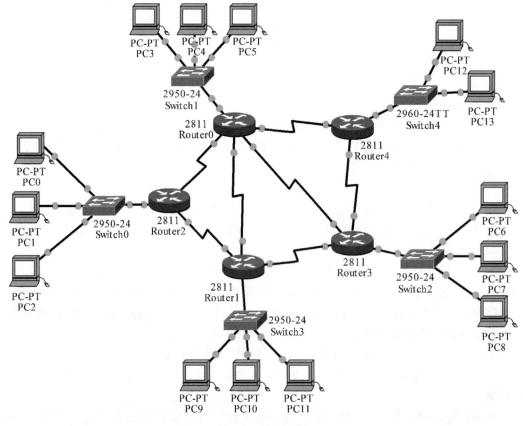

图 1.7　网状网络

网状网络的优点如下：

① 结点间路径多，碰撞和阻塞发生概率小。

② 局部故障不影响整个网络，可靠性高。

网状网络的缺点如下：

① 网络关系复杂，建网较难。

② 网络控制机制复杂，需采用复杂的路由算法和流量控制机制。

1.3 计算机网络的性能指标

通过计算机网络的性能指标衡量计算机网络的性能。常用的计算机网络性能指标有速率、带宽、吞吐量、时延、时延带宽积、往返时间以及利用率。

1. 速率

计算机发送出的信号都是数字形式的。比特(bit)是计算机中的数据量的单位，也是信息论中使用的信息量单位。英文 bit 来源于 binary digit，意思是一个二进制数字。因此，一个比特就是二进制数字中的一个 1 或 0。计算机网络技术中的速率指的是连接在计算机网络上的主机在数字信道上传送数据的速率，也称为数据率(data rate)或者比特率(bit rate)。速率的单位是 b/s(比特每秒)。当数据率较大时，可以使用 kb/s($k=10^3=$千)、Mb/s($M=10^6=$兆)、Gb/s($G=10^9=$吉)或者 Tb/s($T=10^{12}=$太)。一般用更简单并不是很严格的记法描述网络的速率，如 100M 以太网，而省略了 b/s，意思是数据率为 100Mb/s 的以太网。这里的数据率通常指额定速率或标称速率，并非网络实际运行的速率。

2. 带宽

在计算机网络中，带宽用来表示网络的通信线路传输数据的能力，即在单位时间内网络中通信线路所能传输的最高速率，因此带宽的单位和速率的单位相同。

3. 吞吐量

吞吐量表示在单位时间内通过某个网络(或信道、接口)的数据量。吞吐量经常用于对现实世界中网络的一种测量，以便知道实际到底有多少数据量能够通过网络。显然，吞吐量受到网络的带宽或网络的额定速率的限制。例如，对于一个 100Mb/s 的以太网，其额定速率为 100Mb/s，那么这个数值也是该以太网的吞吐量的上限值。因此，对于 100Mb/s 的以太网，其典型的吞吐量可能只有 70Mb/s。

4. 时延

时延是指数据(一个报文或分组，甚至比特)从网络(或链路)的一端传送到另一端所需的时间。时延也称为延迟或迟延。需要注意的是，网络中的时延由四个不同的部分组成，分别为发送时延、传播时延、处理时延以及排队时延。在计算一个数据分组的时延时，就是计算这四个时延的和。

1) 发送时延

发送时延是指结点(计算机或网络设备)发送数据帧所需要的时间，也就是发送数据时使数据帧从结点进入传输媒体需要的时间。它是从数据帧的第一个比特开始发送算起，到最后一个比特发送完毕所需要的时间。发送时延的计算公式为

$$发送时延＝数据帧长度(bit)/发送速率(b/s)$$

由此可见,发送时延的大小取决于数据帧长度和发送速率,数据帧越长,发送时延越大。发送速率越大,发送时延越小。也就是说,发送时延与数据帧的长度成正比,与发送速率成反比。

2) 传播时延

传播时延是指电磁波或光信号在传输介质中传播一定距离所花费的时间,即从发送端发送数据开始,到接收端收到数据所经历的时间。传播时延的计算公式为

传播时延=信道长度(m)/电磁波在信道上的传播速率(m/s)

电磁波在自由空间的传播速率是光速,即 $3.0\times10^5\,km/s$。电磁波在网络传输媒体中的传输速率比在自由空间略低一些。例如,电磁波在铜线电缆中的传播速率约为 $2.3\times10^5\,km/s$,在光纤中的传播速率约为 $2.0\times10^5\,km/s$。如果光纤线路的长度为 1000km,则产生的传播时延为 $1000/2.0\times10^5=5ms$。

发送时延和传播时延这两个概念容易混淆,发送时延是指一个站点从开始发送数据帧到数据帧发送完毕所需要的时间,它发生在机器内部的发送器中(一般为网络适配器),与传输信道的长度(或信号传送的距离)没有任何关系。传播时延发生在机器外部的传输信道媒体上,与信号的发送速率无关。信号传送的距离越远,传播时延越大。光纤由于发送效率高,所以导致光纤的传输效率总体高于铜线电缆。而实际上,光纤的传播效率低于铜线电缆。

3) 处理时延

结点(主机或网络设备)在收到分组时需要花费一定的时间进行处理,例如,分析分组首部、从分组中提取数据部分、进行差错检验或者查找适当的路由等,这就产生了处理时延。

4) 排队时延

数据分组在网络中传输时,要经过许多路由器。分组到达路由器时要先在输入队列中排队等待处理。在路由器确定从哪个接口转发后,还要在输出队列中排队等待转发,这就是排队时延。

排队时延的长短取决于网络当时的通信量,当网络通信流量较大时,就会发生队列溢出,使分组丢失,导致排队时延更大。

总时延包括发送时延、传播时延、排队时延以及处理时延。平时我们所说的数据在网络中经历的时延就是总时延。

总时延=发送时延+传播时延+排队时延+处理时延

对于高速网络链路,我们提高的仅是数据的发送速率,不是比特在链路上的传播速率。提高数据的发送速率只是减小了数据的发送时延。

5. 时延带宽积

在数据通信中,时延带宽积指任意给定的时间内正在链路上传输的数据量,又称为以比特为单位的链路长度。这些数据已经被传输,但没有收到。

时延带宽积=传播时延×带宽

例如,传播时延为 20ms,带宽为 10Mb/s,则时延带宽积=$20\times10\times10^6/1000=2\times10^5\,b$。这就表示,若发送端连续发送数据,则在发送的第一个比特即将到达终点时,发送端就已经发送了 20 万个比特,而这 20 万比特都在链路上向前移动。

6. 往返时间

在计算机网络中,往返时间也是一个重要的性能指标,表示从发送方发送数据开始,到发送方收到来自接收方的确认总共经历的时间。对于复杂的网络,往返时延要包括各中间结点的处理时延和转发数据时的发送时延。

往返时间带宽积,即往返时间与带宽的乘积,可用来计算当发送端连续发送数据时,接收端如发现有错误,立即向发送端发送通知,使发送端停止,发送端这段时间发送的比特量。

7. 利用率

利用率分为信道利用率和网络利用率两种。网络利用率是全网络的信道利用率的加权平均值。网络利用率是指网络有百分之几的时间是被利用的,没有数据通过的网络利用率为 0。网络利用率越高,数据分组在路由器和交换机处理时就需要排队等待,因此时延也就越大。下面的公式表示网络利用率和时延之间的关系:

$$D = \frac{D_0}{1-U}$$

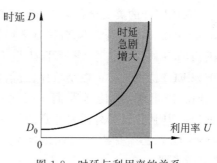

图 1.8　时延与利用率的关系

其中 U 表示网络利用率,数值在 $0\sim1$,D 表示当前网络时延,D_0 表示空闲时的网络时延。网络利用率越高,数据分组在路由器和交换机处理时就需要排队等待,因此时延就越大。当网络的利用率达到其容量的 $1/2$ 时,时延就要加倍;当网络的利用率接近最大值 1 时,网络的时延就趋于无穷大。时延与利用率的关系如图 1.8 所示。因此,一些拥有较大主干网的互联网服务提供商(ISP)通常控制它们的信道利用率不超过 50%。如果超过 50% 就要准备扩容,以增大线路的带宽。

1.4　计算机网络协议与网络体系结构

1.4.1　计算机网络协议

计算机网络上的计算机之间交换信息就像人们说话用某种语言一样,在计算机网络上的各台计算机之间也有一种语言,这就是网络协议。不同的计算机之间必须使用相同的网络协议才能进行通信。

网络协议是计算机网络中进行数据交换而建立的规则、标准或约定的集合。网络协议主要由以下三个要素组成。

(1)语法:用来规定信息格式,以及数据、控制信息的格式、编码及信号电平等。

(2)语义:即发出何种控制信息,完成何种动作以及做出何种响应。

(3)规则:事件实现顺序的详细说明,定义何时进行通信,先讲什么,后讲什么,讲话的速度等,例如采用同步传输,还是采用异步传输。

网络协议是网络上所有设备(如网络服务器、计算机、交换机、路由器以及防火墙等)之间通信规则的集合,它规定了通信时信息必须采用的格式和这些格式的意义。大多数网络都采用分层的体系结构,每一层都建立在它的下层之上,向它的上一层提供一定的服务,而把如何实现这一服务的细节对上一层加以屏蔽。

一台设备上的第 n 层与另一台设备上的第 n 层进行通信的规则就是第 n 层协议。网络的各层中存在许多协议，接收方和发送方同层的协议必须一致，否则一方将无法识别另一方发出的信息。网络协议使网络上各种设备能够相互交换信息，常见的协议有 TCP/IP、IPX/SPX 协议以及 NetBEUI 协议等。

TCP/IP 是互联网的基础协议，任何和互联网有关的操作都离不开 TCP/IP。通过局域网访问互联网需要详细设置 IP 地址、网关、子网掩码以及 DNS 等参数。

IPX/SPX 协议是 Novell 开发的用于 NetWare 的网络协议，大部分可以联机的游戏都支持该协议。虽然通过 TCP/IP 也能联机，但通过 IPX/SPX 协议更省事，不需要任何设置。当用户端接入 NetWare 服务器时，IPX/SPX 协议及其兼容协议是最好的选择，但非 Novell 网络环境一般不使用 IPX/SPX 协议。该协议具有很强的适应性，安装方便，同时具有路由功能，可以实现多网段的通信。现在 IPX/SPX 使用得并不太多，但大家对该协议应当有所了解。

NetBEUI 的英文全称为 NetBios Enhanced User Interface，即 NetBios 增强用户接口。它是 NetBios 的增强版本，曾被许多操作系统采用，如 Windows 9X 系列、Windows NT 等。NETBEUI 协议在许多情形下都很有用，是 Windows 98 之前操作系统的缺省协议。NETBEUI 协议是一种短小精悍、通信效率高的广播型协议，安装后不需要进行设置，特别适合在"网上邻居"传送数据。因此，除 TCP/IP 之外，小型局域网的计算机可以安装 NETBEUI 协议。另外需要注意的是，一台只安装了 TCP/IP 的 Windows 98 机器要想加入 WINNT 域，必须安装 NETBEUI 协议。现在很少使用 NETBEUI 协议，但大家对该协议应当有所了解。

1.4.2 分层的方法

计算机网络是一个非常复杂的系统。若两台计算机之间进行通信，必须有一条传送数据的通路，但这还远远不够，至少还应有以下工作要做：

（1）发起通信的计算机必须将数据通信的通路进行激活。所谓"激活"，就是要发出一些信令，保证要传送的计算机数据能在这条通路上正确发送和接收。

（2）要告诉网络如何识别接收数据的计算机。

（3）发起通信的计算机必须查明对方计算机是否已开机，并且与网络连接正常。

（4）必须清楚发起通信的计算机中的应用程序，并且清楚在对方计算机中的文件管理程序是否已做好文件接收和存储文件的准备工作。

（5）若计算机的文件格式不兼容，则至少其中的一台计算机应完成格式转换工作。

（6）对出现的各种差错和意外事故，如数据传送错误、重复或丢失，网络中某个结点交换机出现故障等，应当有可靠的措施保证对方计算机最终能够收到正确的文件。

除此之外，还可以列举一些要做的其他工作。由此可见，相互通信的两个计算机系统必须高度协调工作才行，而这种协调是相当复杂的。

针对计算机网络复杂的系统，可将其分解为若干个容易处理的层次，然后"分而治之"，这种结构化设计方法是工程设计中常用的手段。分层是人们对复杂问题处理的基本方法，将总体要实现的很多功能分配在不同的层次中，每个层次要完成的服务及服务实现的过程有明确的规定,不同的系统具有相同的层次,不同系统的同等层具有相同的功能,高层使用低层提供的服务时,并不需要知道低层服务具有的实现方法。分层可以将庞大而复杂的问题转化为若干较小的局部问题,而这些较小的局部问题就比较容易研究和处理。

这里有几个概念,简要说明如下。

（1）实体:任何可以发送或接收信息的硬件或软件进程称为实体,两个结点的对等层中的实体称为对等实体。例如,一台计算机中运行的 QQ 程序进程就是一个应用层实体,两台主机中运行的 QQ 应用程序进程互为应用层对等实体。

（2）服务:第 N 层实体在第 N 层协议的控制下可以向第 N＋1 层实体提供服务,实现第 N＋1 层所需要的某种功能。第 N 层实体称为服务提供者,而第 N＋1 层实体称为服务用户。

（3）服务访问点:在同一系统中相邻两层的实体进行交互的地方称为服务访问点,也称为层间接口。

（4）协议数据单元:两个结点的对等实体之间在协议的控制下所交换的数据块称为协议数据单元。

计算机网络分层思想可以通过现实生活中的邮政系统理解。假设位于 A 地的一位写信人写了一封信,通过邮政系统送给位于 B 地的收信人。写信人与收信人之间的信件交流依赖于下层的服务,他们并不关心快递、运输等细节。也就是说,写信人仅需要将写好的信交给快递员,而收信者仅需要从快递员手中查收信件。

相似地,快递员也仅从写信人手中拿到信件并交给分拣员或将信件从分拣员手中拿走并交给收信人就可以。至于分拣员为何把这封信交给他进行投递,他不需要关心,也不必关心。

当然,至于信件是如何从 A 地运输到 B 地,这是运输部门负责的事情。该层是整个邮政系统的底层。显然,在这个邮政系统中,各个角色在功能上相互独立,却又能协调合作达成一种高度默契,这在非常大的程度上得益于分层思想的理念和应用。在这个过程中,邮政车辆运输是实通信,其余各对等实体间是虚通信。

计算机网络中的概念在邮政系统中都能找到相似的例子。

（1）实体:写信人、收信人、邮局、车站等都是实体。

（2）协议:写信人与收信人之间、两个邮局之间、两个车站之间的约定,称为协议。

（3）服务:邮局向写信人与收信人提供相关的服务。

（4）协议数据单元:写信人与收信人的协议数据单元是信,邮局的协议数据单元是邮袋。

计算机网络都采用层次化的体系结构,由于计算机网络涉及多个实体间的通信,其层次结构一般用垂直分层模型表示。这种层次结构的要点归纳如下:

（1）除了在物理介质上进行的是实通信外,其余各对等实体间进行的都是虚通信。

（2）对等层的虚通信必须遵循该层的协议。

（3）N 层的虚通信是通过 $N/N-1$ 层间接口处 $N-1$ 层提供的服务,以及 $N-1$ 层的通信(通常也是虚通信)实现的。

层次结构的划分一般遵循以下原则:

（1）每层的功能应是明确的,并且是相互独立的。当某一层的具体实现方法改变时,只要保持上下层的接口不变,便不会对相邻层产生影响。

(2) 层间接口必须清晰,接口包含的信息量应尽可能少,以利于标准化。

(3) 层的数量应适中。若层次太少,则多种功能混杂在一层中,造成每一层的协议太复杂;若层次太多,则体系结构过于复杂,使描述和实现各层功能变得困难。

1.4.3　OSI 参考模型

OSI(Open System Interconnect),即开放系统互联。OSI 参考模型是 ISO 在 1983 年提出的网络体系结构参考模型。该体系结构将网络互联定义为七层架构,层次结构从下到上分别为物理层、数据链路层、网络层、运输层(或传输层)、会话层、表示层和应用层,具体如图 1.9 所示。

图 1.9　OSI 参考模型

1. 物理层

物理层处于 OSI 参考模型的最底层,主要定义物理设备标准,如网线的接口类型、光纤的接口类型等。它的主要作用是传输比特流。这一层的数据单元称为比特。

2. 数据链路层

数据链路层为网络层提供服务,主要任务是将从网络层接收到的数据进行封装与解封装。实现这一层功能常见的设备是交换机、网络适配器(简称网卡)以及路由器等,该层传输的数据单元称为数据帧。数据帧中包含地址、控制码、数据及校验码等信息。该层可以通过校验、确认和重传等手段,将不可靠的物理链路转换成对网络层来说无差错的数据链路。OSI 的观点是将数据链路层做成可靠传输,增加了帧编号、确认和重传机制。由于通信链路质量引起差错的概率大大降低,因此互联网使用的数据链路层协议不使用确认和重传机制,不提供可靠传输服务。出现差错后改正差错的任务由运输层完成,这样做可以提高通信效率。

此外,数据链路层还要协调收发双方的数据传输速率,即进行流量控制,以防止接收方因来不及处理发送方发来的高速数据而导致缓冲区溢出及线路阻塞。

3. 网络层

网络层为运输层提供服务,传送的协议数据单元称为数据包或分组。该层的主要作用是解决如何使数据包通过结点传送的问题,即通过路由选择算法将数据包送到目的地。另外,为避免通信子网中出现过多的数据包而造成网络阻塞,需要对流入的数据包数量进行控制。当数据包要跨越多个通信子网才能到达目的地时,需要解决网络互联的问题。

4. 运输层

运输层的作用是为上层协议提供端到端的可靠和透明的数据传输服务,包括处理差错和流量控制等问题。该层向高层屏蔽了下层数据通信的细节,使高层用户看到的只是两个传输实体间的一条主机到主机的、可由用户控制和设定的、可靠的数据通路。

运输层传送的协议数据单元称为段或报文。

5. 会话层

会话层的主要功能是管理和协调不同主机上各种进程之间的通信,即负责建立、管理和终止应用程序之间的会话。会话层得名的原因是它很类似两个实体间的会话概念。

6. 表示层

表示层主要处理两个通信系统交换信息的表示方式，为上层用户解决用户信息的语法问题。它包括数据格式交换、数据加密与解密、数据压缩与终端类型的转换。

7. 应用层

应用层是 OSI 中的最高层。应用层的任务是通过应用进程间的交互完成特定网络应用。应用层协议定义的是应用进程间通信和交互的规则。这里的进程是指主机中正在运行的程序。对于不同的网络应用，需要有不同的应用层协议。互联网中的应用层协议很多，如域名系统(DNS)、支持万维网应用的 HTTP、支持电子邮件的 SMTP 等。应用层交互的数据单元称为报文。

1.4.4　TCP/IP 体系结构

TCP/IP 体系结构如图 1.10 所示，它是互联网采用的结构。TCP/IP 体系结构的各个层次介绍如下。

1. 网络接口层

网络接口层是 TCP/IP 体系结构的最底层，负责处理与传输介质相关的细节，用于接收上层 IP 数据报并通过网络发送，或者从网络上接收物理帧，取出 IP 数据报，交给上层网络层(IP层)。

网络接口层有关的网络类型有以太网、FDDI、令牌环、令牌总线、X.25、帧中继以及异步传输模式(Asynchronous Transfer Mode，ATM)等。常见的协议有 Ethernet 802.3、Token Ring 802.5、X.25、Frame Relay、串行线路网际协议(Serial Line Internet Protocol，SLIP)、高级数据链路控制规程(High Level Data Link Control，HDLC)、点对点协议(Point-to-Point Protocol，PPP)以及 ATM 等。

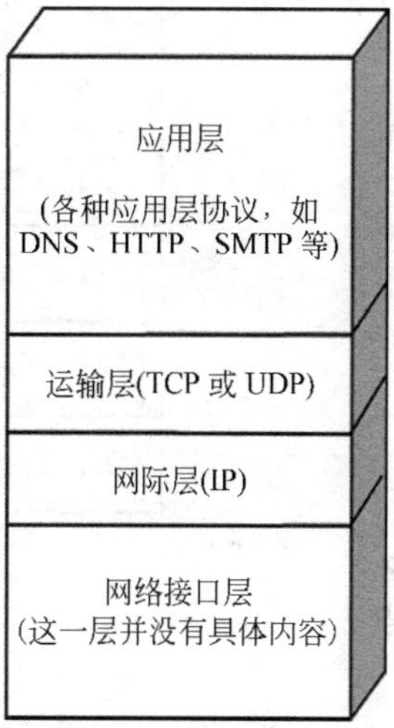

图 1.10　TCP/IP 体系结构

2. 网际层

网际层是整个体系结构的关键部分，负责提供端到端通信，使主机可以把分组发送给任何网络，并使分组独立地传向目标。分组可能经由不同的网络、不同的顺序到达。网际层的主要协议是网际互联协议(Internet Protocol，IP)。

3. 运输层

运输层使源端和目的端机器上的对等实体进行会话。

运输层的主要协议有传输控制协议(Transmission Control Protocol，TCP)以及用户数据报协议(User Datagram Protocol，UDP)。TCP 是面向连接的协议，提供可靠的报文传输和对上层应用的连接服务。因此，除了基本的数据传输外，它还有可靠性保证、流量控制、多路复用、优先权和安全性控制等功能。UDP 是面向无连接的不可靠传输协议，主要用于不需要 TCP 的排序和流量控制等功能的应用程序。

4. 应用层

应用层向用户提供常用的应用程序，如电子邮件、文件传输协议、远程登录、域名服务、超文本传输协议等。

1.4.5　两种体系结构的关系

OSI 参考模型只获得一些理论研究成果,并没有得到市场的认可,在市场化方面失败了,而非国际标准的 TCP/IP 体系结构获得了最广泛的应用,常被称为事实上的国际标准。

如图 1.11 所示,两种体系结构的关系为:OSI 参考模型的物理层和数据链路层对应 TCP/IP 体系结构的网络接口层,OSI 参考模型的网络层对应 TCP/IP 体系结构的网际层,OSI 参考模型的运输层对应 TCP/IP 体系结构的运输层,OSI 参考模型的应用层、表示层以及会话层对应 TCP/IP 体系结构的应用层。

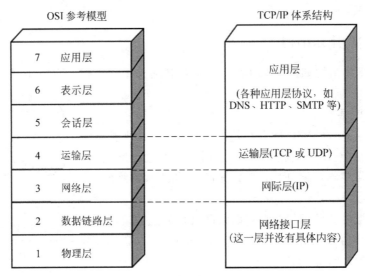

图 1.11　两种体系结构的关系

1.5　实验——VMware 虚拟机的安装

在计算机网络原理课程中,通常需要搭建基本的网络环境完成相关的实验,该网络环境往往搭建成 C/S(客户/服务器)模式,服务器端安装网络操作系统,客户端安装个人操作系统,并且将它们组建成一个网络,该网络环境的搭建通常在虚拟机中进行。本实验在 VMware 虚拟机中安装两台安装了操作系统的虚拟机,并将它们连接成网络。

本实验探讨在 VMware 虚拟机下搭建网络环境的过程。为了演示虚拟机的克隆功能,本实验中安装的两台虚拟机系统均为 Windows Server 2008,其中一台是对另一台的克隆。

VMware(Virtual Machine ware)是一款功能强大的桌面虚拟机软件,用户可在单一的桌面上同时运行 Windows、Linux 等不同的操作系统。同时,用户能够在该虚拟平台上开发、测试、部署新的应用程序。VMware 在某种意义上可以让多系统"同时"运行。通过下载安装 VMware Workstation,在 VMware Workstation 里创建多个虚拟机,同时为多个虚拟机安装操作系统,每个虚拟机操作系统都可以进行虚拟的分区、配置,而不影响真实硬盘的数据,同时可以将几台虚拟机连接为一个局域网。

1. VMware 的安装

以 VMware 15.0 版本为例，具体安装过程如下：

① 双击安装文件，出现如图 1.12 所示的"安装向导"窗口，单击"下一步"按钮，出现如图 1.13 所示的"最终用户许可协议"窗口。接受安装协议后单击"下一步"按钮，出现如图 1.14 所示的"自定义安装"窗口。设置安装位置后单击"下一步"按钮，出现如图 1.15 所示的"用户体验设置"窗口，在该窗口中选择默认设置，单击"下一步"按钮，出现如图 1.16 所示的"快捷方式"设置窗口。

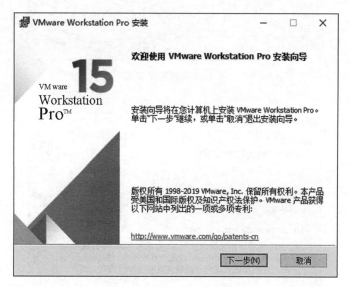

图 1.12　VMware 安装向导

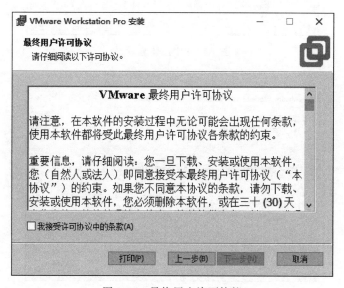

图 1.13　最终用户许可协议

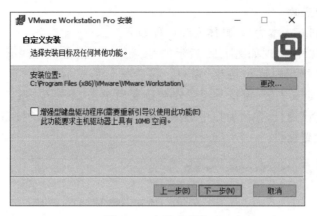

图 1.14　自定义安装

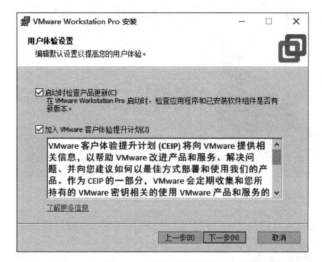

图 1.15　用户体验设置

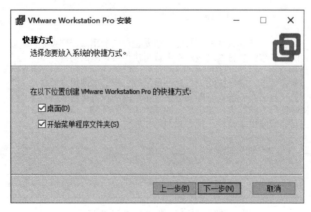

图 1.16　设置快捷方式

② 在如图 1.16 所示的"快捷方式"设置中选择默认设置,单击"下一步"按钮,弹出如

图 1.17 所示的准备安装窗口，单击"安装"按钮进行安装，安装过程中如图 1.18 所示，安装向导完成，出现如图 1.19 所示的完成安装界面。

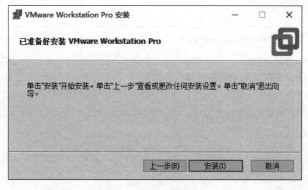

图 1.17　准备安装

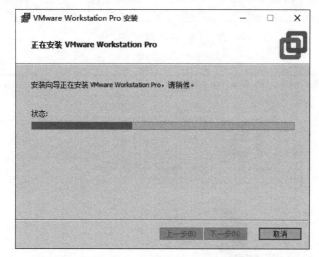

图 1.18　安装过程中

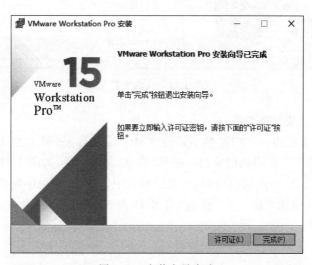

图 1.19　安装向导完成

③ 在图 1.19 中单击"许可证"按钮,弹出如图 1.20 所示的"输入许可证密钥"窗口,在该窗口中输入许可证密钥,之后单击"输入"按钮,出现如图 1.21 所示的完成安装界面,单击"完成"按钮,完成安装过程。

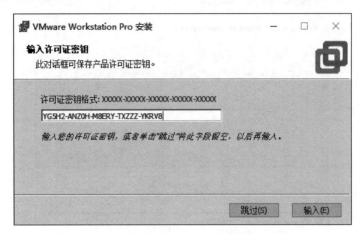

图 1.20　输入许可证密钥

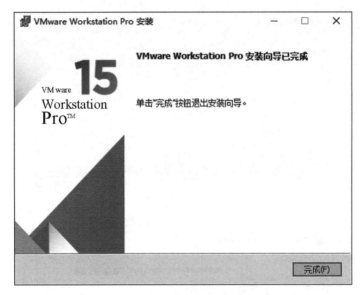

图 1.21　完成安装

2. 在 VMware 上安装操作系统

首先下载操作系统的 iso 文件,然后运行 VMware 软件,如图 1.22 所示。在图 1.22 中选择"创建新的虚拟机",在弹出的窗口中选择"典型"配置选项,如图 1.23 所示。单击"下一步"按钮,弹出如图 1.24 所示的设置窗口,在该窗口中设置"安装程序光盘映像文件(iso)"路径。设置好路径后单击"下一步"按钮,弹出如图 1.25 所示的窗口,在该窗口中输入 Windows 产品密钥。

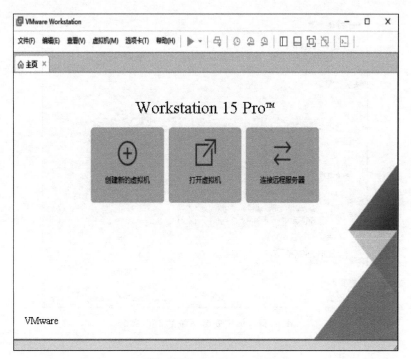

图 1.22　运行 VMware 软件

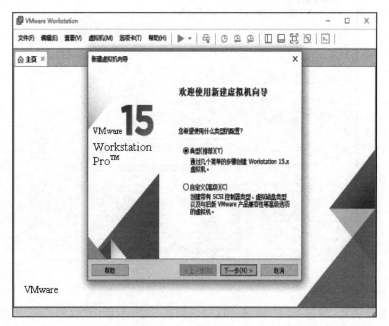

图 1.23　创建新的虚拟机并选择"典型"配置选项

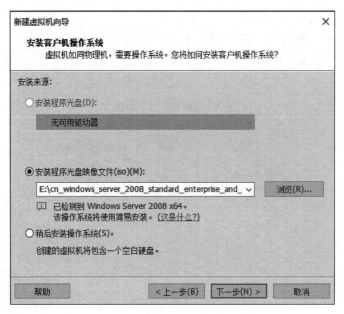

图 1.24 指定安装系统的 ISO 路径

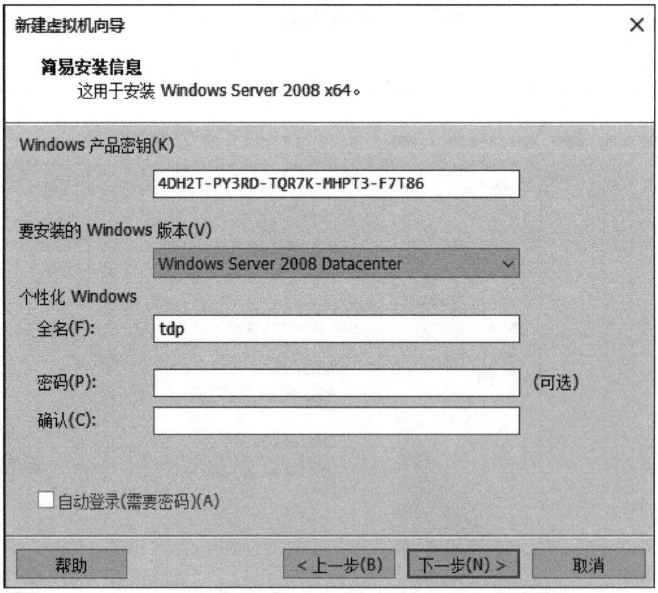

图 1.25 输入 Windows 产品密钥

　　输入产品密钥后,单击"下一步"按钮,弹出如图 1.26 所示的"设置虚拟机操作系统安装路径"窗口。在该窗口中设置好操作系统的安装路径后,单击"下一步"按钮,出现如图 1.27所示的"设置最大磁盘大小"窗口,在该窗口中设置磁盘的大小。

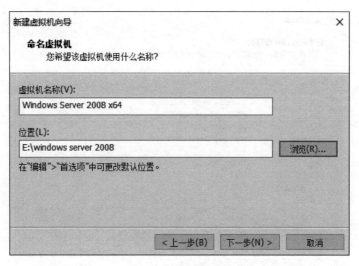

图 1.26 设置虚拟机操作系统安装路径

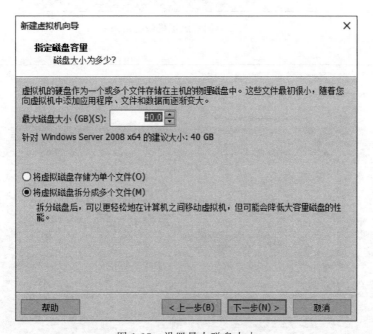

图 1.27 设置最大磁盘大小

设置好磁盘大小后,单击"下一步"按钮弹出"创建虚拟机最终结果"窗口,如图 1.28 所示,单击"完成"按钮,完成操作系统的安装设置过程。重启虚拟机,进入操作系统安装界面,如图 1.29 所示。

图 1.30 为安装操作系统时复制文件的过程,在安装过程中可能自动重启系统,如图 1.31 所示。操作系统安装完成如图 1.32 所示。安装完成后重启操作系统,结果如图 1.33 所示。

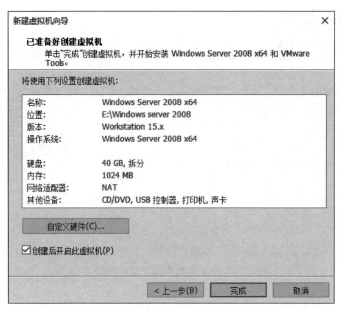

图 1.28　创建虚拟机最终结果

图 1.29　开始安装操作系统

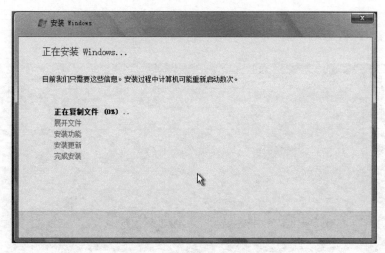

图 1.30 操作系统安装过程中

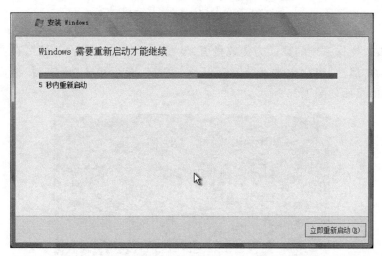

图 1.31 自动重启系统

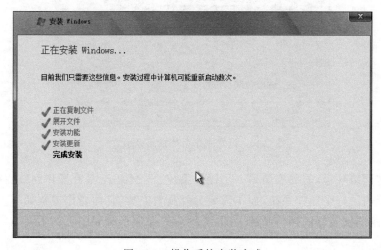

图 1.32 操作系统安装完成

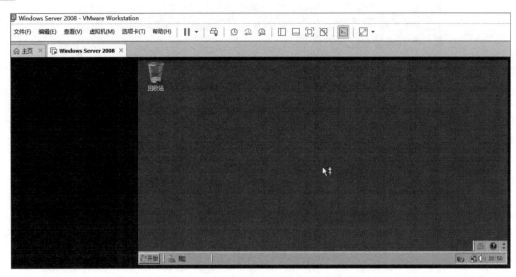

图 1.33　运行虚拟操作系统

接下来设置操作系统的桌面为传统桌面，设置过程如下：右击"开始"，在弹出的菜单中选择"属性"，在"属性"窗口中选择"传统［开始］菜单"，最后单击"确定"按钮，如图 1.34 所示，结果显示的桌面如图 1.35 所示。

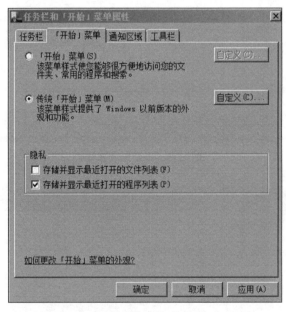

图 1.34　设置操作系统桌面显示方式

为了搭建网络环境，需要安装另一个操作系统。VMware 具有操作系统克隆功能，可以很方便地克隆出另一个操作系统，而不需要另外重新安装，具体操作过程如下。

首先，将刚刚安装好的操作系统关闭，关闭后的操作系统如图 1.36 所示。

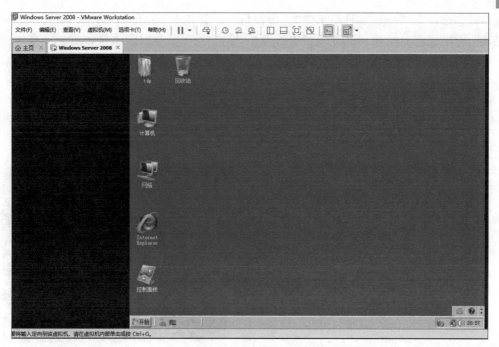

图 1.35　最终系统运行结果

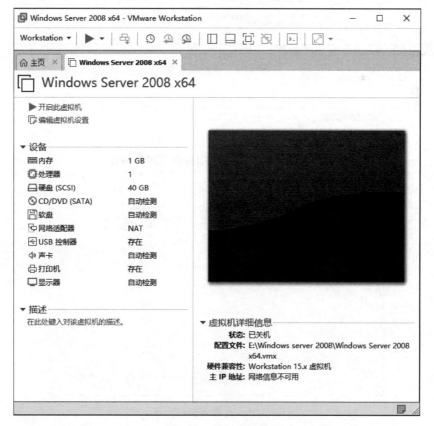

图 1.36　关闭虚拟机

其次,选择 VMware 软件菜单中的"虚拟机——管理——克隆",如图 1.37 所示。单击"克隆",弹出如图 1.38 所示的克隆虚拟机向导,单击"下一步"按钮,弹出如图 1.39 所示的窗口,在该窗口中选择"虚拟机中的当前状态",之后单击"下一步"按钮,弹出如图 1.40 所示的

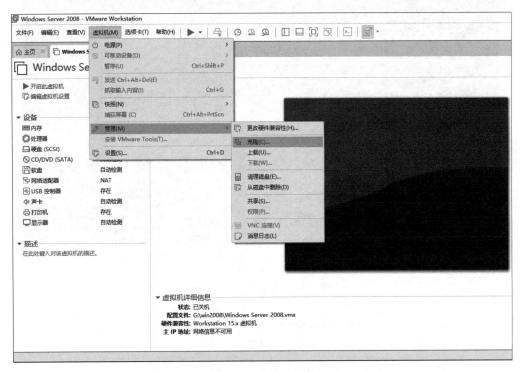

图 1.37　虚拟机克隆

图 1.38　克隆虚拟机向导

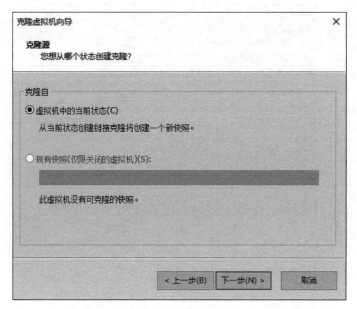

图 1.39 克隆当前状态

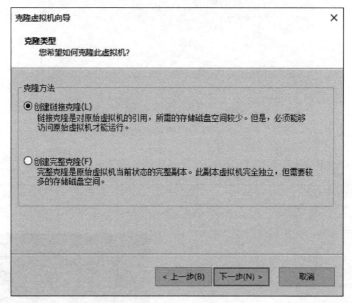

图 1.40 创建链接克隆

窗口,在该窗口中选择"创建链接克隆",之后单击"下一步"按钮,弹出如图 1.41 所示的"设置克隆位置"窗口,设置克隆操作系统的位置,最后单击"完成"按钮。图 1.42 为虚拟机克隆中。图 1.43 为克隆完成时的情况。

　　虚拟机运行会占用本机的内存资源,虚拟机运行占用的内存越大,对本机系统运行的影响越大,因此,通过适当减小虚拟机运行内存的大小,可以改善本机的运行状态。更改虚拟机内存大小的具体操作如下。

图 1.41　设置克隆位置

图 1.42　虚拟机克隆中

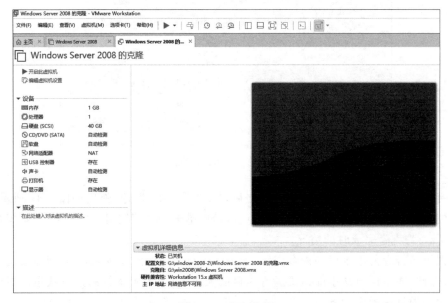

图 1.43　克隆成功

右击虚拟机名称,在弹出的窗口中选择"设置",如图 1.44 所示,弹出如图 1.45 所示的

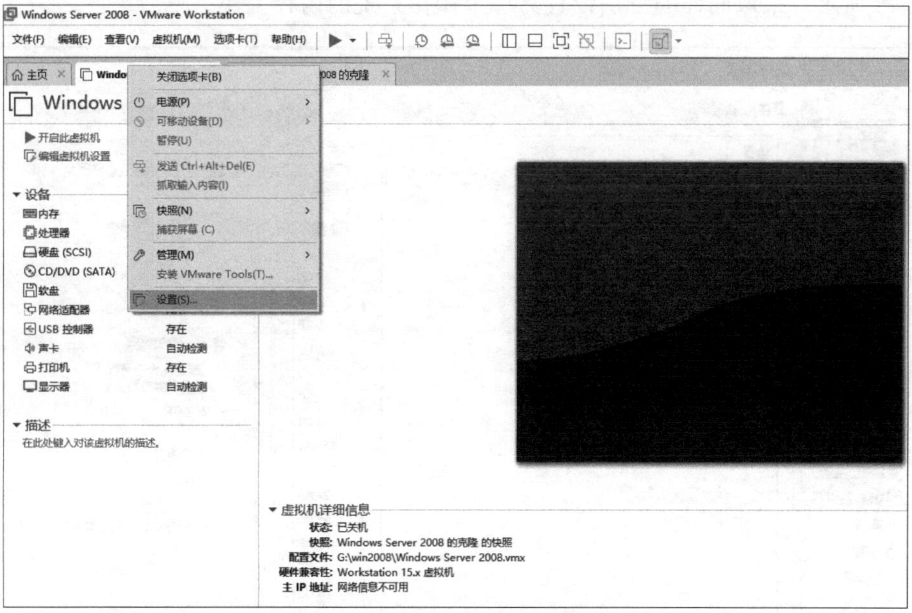

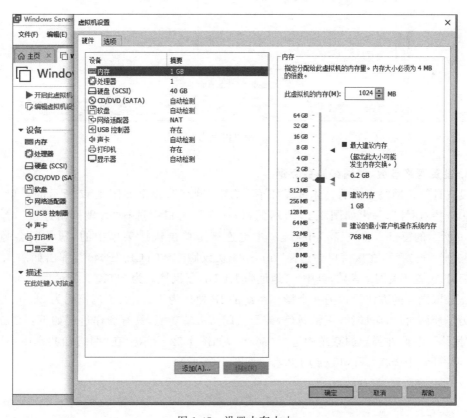

图 1.44　设置虚拟机运行占用的内存

图 1.45　设置内存大小

"虚拟机设置"窗口,在图 1.45 中选择"内存",在右边调整内存大小,之后单击"确定"按钮,如图 1.46 所示。采取同样的方法设置另一个操作系统的内存大小。

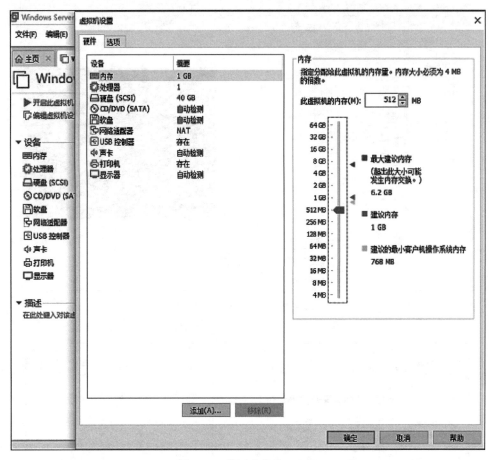

图 1.46　设置内存为 512M

3. 设置网络参数,使网络互联互通

设置计算机网络参数的具体过程如下:右击"网络",弹出如图 1.47 所示的菜单,在该菜单中选择"属性",弹出如图 1.48 所示的窗口,在该窗口中选择"管理网络连接",弹出如图 1.49 所示的窗口。在该窗口中右击"本地连接",单击快捷菜单中的"属性",会弹出如图 1.50 所示的窗口,在该窗口中选择"Internet 协议版本 4(TCP/IPv4)",弹出如图 1.51 所示的窗口,设置相关网络参数,其中 IP 地址为 1.1.1.1、子网掩码为 255.0.0.0,最后单击"确认"按钮。采取同样的方法设置另一个操作系统的 IP 地址为 1.1.1.2、子网掩码为 255.0.0.0。

为了使两台计算机能够正常通信,需要关闭防火墙功能,具有操作过程如下:右击桌面上的"网络"图标,在弹出的菜单中选择"属性",如图 1.52 所示。在"网络和共享中心"窗口中的"请参阅"中选择"Windows 防火墙",如图 1.53 所示。

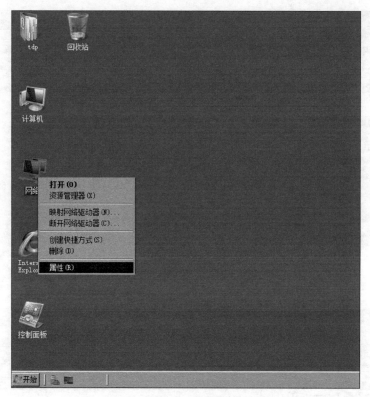

图 1.47　设置网络参数

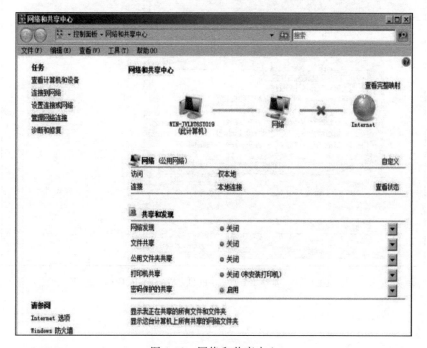

图 1.48　网络和共享中心

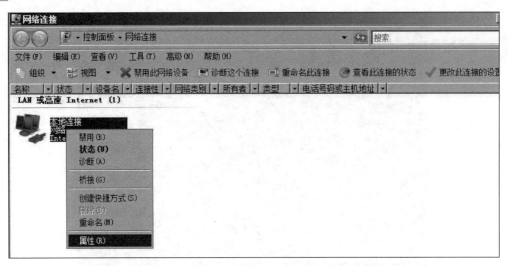

图 1.49　设置以太网属性

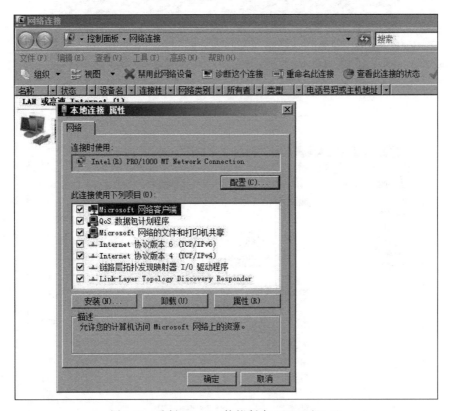

图 1.50　选择 Internet 协议版本 4(TCP/IPv4)

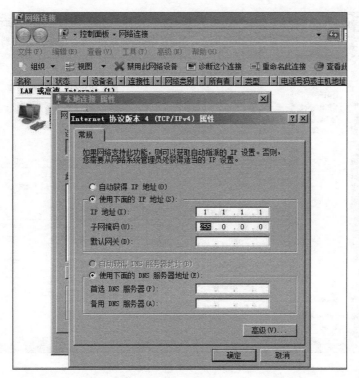

图 1.51 设置网络参数

图 1.52 打开网络属性

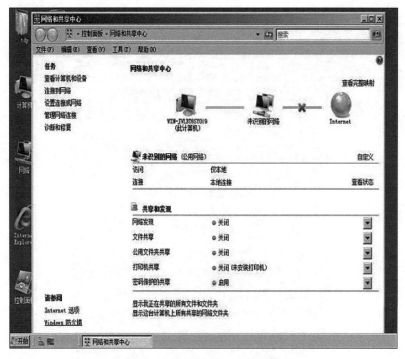

图 1.53　选择 Windows 防火墙

　　在"Windows 防火墙"窗口中单击"更改设置",如图 1.54 所示,弹出如图 1.55 所示的 "Windows 防火墙设置"窗口,在该窗口中选择"关闭",最后单击"确定"按钮,如图 1.56 所示。

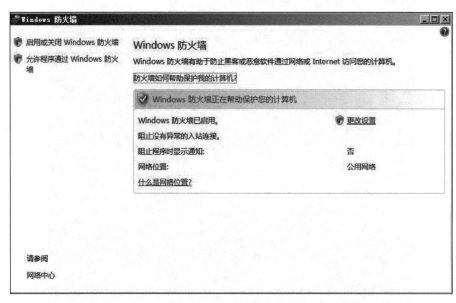

图 1.54　Windows 防火墙

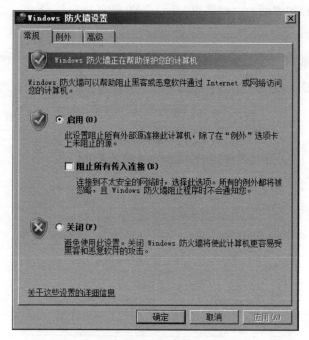

图 1.55　Windows 防火墙设置

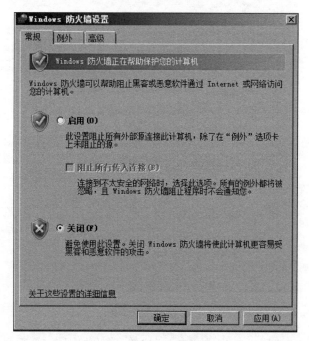

图 1.56　关闭防火墙

　　采取同样的方法关闭另一台虚拟机操作系统的防火墙。由于其中一台机器是另一台机器克隆得到,因此两台机器的主机名相同,需要修改主机的机器名,使它们不再相同。具体操作过程如下:右击桌面上的"计算机"图标,在弹出的窗口中选择"属性",弹出如图 1.57

所示的查看系统属性的界面,在该"系统"界面中的"计算机名称、域和工作组设置"一栏中单击"改变设置",弹出如图 1.58 所示的"系统属性"窗口。

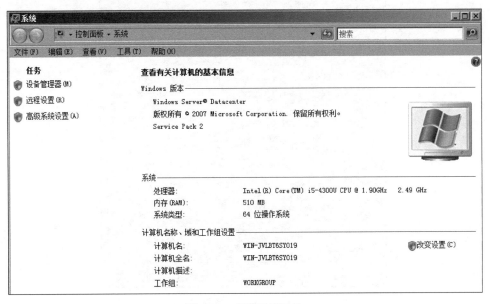

图 1.57　查看系统属性

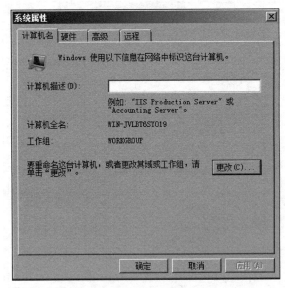

图 1.58　系统属性

　　在图 1.58 中单击"计算机名"下的"更改"按钮,弹出如图 1.59 所示的"计算机名/域更改"界面,将计算机名更改为 win2008-1,如图 1.60 所示。单击"确定"按钮,重新启动计算机,计算机名更改成功。采取同样的方法更改另一台计算机的主机名为 win2008-2。

　　最后测试两台计算机的连通性,从一台计算机 ping 另一台计算机,测试结果如图 1.61 所示,结果表明两台虚拟机是连通的。

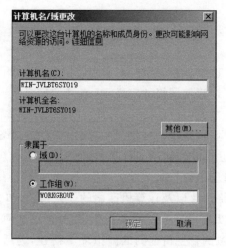

图 1.59　计算机名/域更改

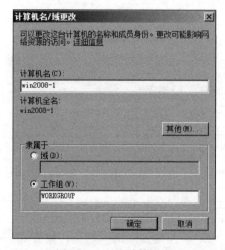

图 1.60　更改计算机名

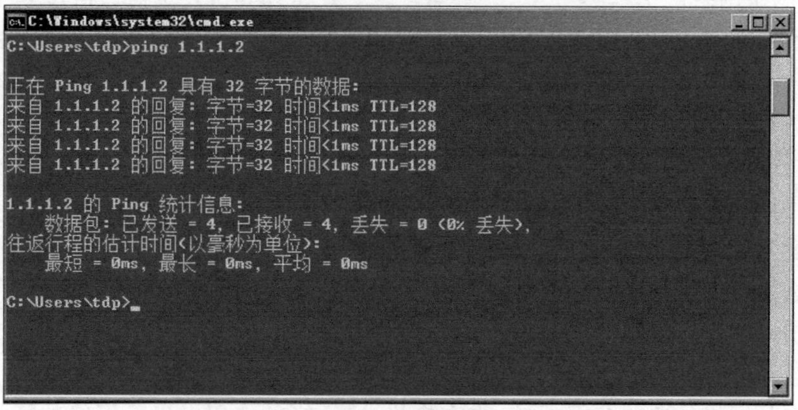

```
C:\Windows\system32\cmd.exe

C:\Users\tdp>ping 1.1.1.2

正在 Ping 1.1.1.2 具有 32 字节的数据:
来自 1.1.1.2 的回复: 字节=32 时间<1ms TTL=128
来自 1.1.1.2 的回复: 字节=32 时间<1ms TTL=128
来自 1.1.1.2 的回复: 字节=32 时间<1ms TTL=128
来自 1.1.1.2 的回复: 字节=32 时间<1ms TTL=128

1.1.1.2 的 Ping 统计信息:
    数据包: 已发送 = 4, 已接收 = 4, 丢失 = 0 (0% 丢失),
往返行程的估计时间<以毫秒为单位>:
    最短 = 0ms, 最长 = 0ms, 平均 = 0ms

C:\Users\tdp>_
```

图 1.61　测试连通性

1.6 本章小结

本章详细介绍了计算机网络的发展过程,总结了计算机网络发展的四个阶段以及互联网发展的三个阶段;介绍了计算机网络的定义、互连网的定义以及互联网的定义,并分析了计算机网络的组成。

本章从网络的覆盖范围、网络传输技术、网络使用者以及网络的拓扑结构等不同角度分析了计算机网络的分类,还分析了常用的计算机网络性能指标包括速率、带宽、吞吐量、时延、时延带宽积、往返时间以及利用率。

本章探讨了计算机网络协议以及计算机网络的体系结构,包括 TCP/IP 以及 OSI,详细分析了 TCP/IP 四层模型以及 OSI 七层参考模型,并分析了这两个模型之间的关系。

本章最后的实验是练习两台主机连网的虚拟环境搭建,为后续部分实验的开展创造了实验环境。

1.7 习题 1

一、选择题

1. 作为互联网起源的计算机网络系统的是(   )。
    A. ATM 网   B. DEC 网   C. ARPA 网   D. SNA 网
2. 下列属于网络资源中硬件资源的是(   )。
    A. 工具软件   B. 应用软件   C. 打印机   D. 数据文件
3. 在计算机网络中,共享的资源主要是指硬件、数据以及(   )。
    A. 外设   B. 主机   C. 通信信道   D. 软件
4. 计算机网络中广域网和局域网的分类划分依据是(   )。
    A. 交换方式   B. 地理覆盖范围 C. 传输方式   D. 拓扑结构
5. 计算机互联的主要目的是(   )。
    A. 制定网络协议   B. 将计算机技术与通信技术相结合
    C. 集中技术   D. 资源共享
6. (   )属于 ISO 正式颁布的标准。
    A. TCP/IP   B. OSI/RM   C. IBM/SNA   D. DEC/DNA

二、简答题

1. 简述计算机网络发展的四个阶段。
2. 简述互联网发展的三个阶段。
3. 什么是计算机网络? 什么是互连网? 以及什么是互联网?
4. 图 1.62 所示的互连网由多少个网络组成?
5. 简述计算机网络的组成。
6. 分别从网络的覆盖范围、网络的传输技术、网络的使用者以及网络的拓扑结构将计算机网络分为哪几种类型?
7. 常见的网络性能指标有哪些? 简述各个性能指标。

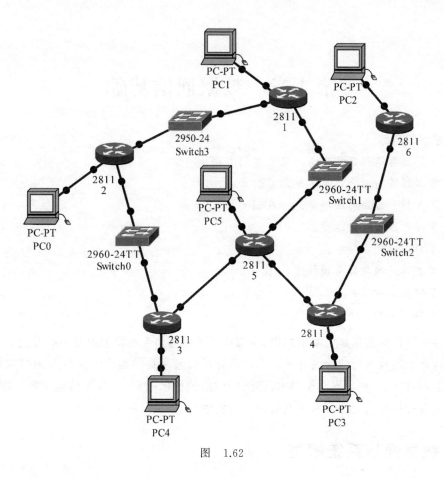

图 1.62

8. 什么是网络协议?

9. 常见的网络体系结构有哪些? 它们各分为哪几个层次,每个层次的功能是什么? 不同网络体系结构的相互关系是什么?

第2章　数据通信基础

本章学习目标

- 了解数据通信系统模型以及常用的术语。
- 掌握信道的概念以及常见的通信方式。
- 掌握信号常用的编码方式以及调制方式。
- 掌握信道的极限容量。
- 掌握信道复用技术。
- 掌握常见的数据交换技术。
- 了解数字传输系统。
- 掌握常见的网络命令的使用。

本章主要讲解数据通信基础知识,详细探讨数据通信系统模型以及一些常用的术语,介绍信道的概念以及常见的通信方式。本章还分析信号常见的编码方式以及调制方式、常见的信道复用技术、三种数据交换技术,详细探讨信道的极限容量、数字传输系统。本章的实验部分是在虚拟环境上练习常用网络命令的使用。

2.1　数据通信系统模型

计算机网络技术是计算机技术和通信技术相结合的产物。数据通信是计算机网络的基础。数据通信系统模型由源系统、传输系统以及目的系统三大部分组成,如图 2.1 所示。源系统又称为发送端或发送方,传输系统又称为传输网络,目的系统又称为接收端或接收方。

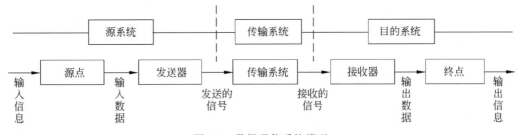

图 2.1　数据通信系统模型

源系统一般包括源点和发送器两部分。

源点:源点设备产生要传输的数据,如从 PC 的键盘输入汉字,PC 产生输出的数字比特流。源点又称为源站或信源。

发送器:通常源点产生的数字比特流要通过发送器编码后,才能在传输系统中进行传输。典型的发送器就是调制器。现在好多 PC 使用内置的调制解调器(包括调制器和解调器）。用户在 PC 外面看不见调制解调器。

目的系统通常由接收器和终点两部分组成。

接收器：接收传输系统传送过来的信号，并把它转换为能够被目的设备处理的信息。典型的接收器就是解调器，它把来自传输线路上的模拟信号进行解调，提取出发送端置入的消息，还原出发送端产生的数字比特流。

终点：终点设备从接收器获取传送来的数字比特流，然后把信息输出（例如，将汉字在 PC 屏幕上显示出来）。终点又称为目的站或信宿。

在源系统和目的系统之间传输系统可以是简单的传输线，也可以是连接在源系统和目的系统之间的复杂的网络系统。

下面介绍一些常用的术语。

消息：通信的目的是传送消息，如话音、文字、图像、视频等都是消息。

数据：是运送消息的实体，是使用特定方式表示的信息，通常是有意义的符号序列。这种信息的表示可用计算机或其他机器（或人）处理或产生。

数据分为模拟数据与数字数据。模拟数据是由传感器采集得到的连续变化的值，如温度、压力以及目前在电话、无线电和电视广播中的声音和图像。数字数据则是模拟数据经量化后得到的离散的值，如在计算机中用二进制代码表示的字符、图形、音频与视频数据。

信号：是数据的电气或电磁的表现。

根据信号中代表消息的参数的取值方式不同，信号可分为模拟信号和数字信号。模拟信号又称为连续信号，代表消息的参数的取值是连续的。用户家中的调制解调器到电话端局之间的用户线上传送的就是模拟信号。对应地，用于传输模拟信号的信道就是模拟信道。数字信号又称离散信号，代表消息的参数的取值是离散的。用户家中的计算机到调制解调器之间传送的就是数字信号。用于传输数字信号的信道就是数字信道。

码元：在使用时间域（简称时域）的波形表示数字信号时，代表不同离散数值的基本波形称为码元。使用二进制编码时，只有两种不同的码元：一种代表 0 状态；另一种代表 1 状态。

2.2　信道概念及信道极限容量

2.2.1　信道概念

信道一般用来表示某个方向传送信息的媒体。一条通信电路往往包含一条发送信道和一条接收信道。

从通信双方信息交互的方式看，可以有以下三种方式：单工通信、半双工通信以及全双工通信。

（1）单工通信：某一时刻只允许数据在一个方向上传输，没有反方向的交互。日常生活中的无线电广播和电视均属于单工通信。

（2）半双工通信：半双工通信允许数据在两个方向上传输，但是，某一时刻只允许数据在一个方向上传输。对讲机采用的就是半双工通信方式。

（3）全双工通信：全双工通信允许数据同时在两个方向上传输。电话通信采用的就是全双工通信方式。

单工通信只需要一条信道，而半双工通信以及全双工通信都需要两条信道。显然，全双工通信的传输效率最高。

2.2.2 调制

基带信号又称为基本频带信号，指的是来自信源、没有经过调制的原始电信号，如计算机输出的代表各种文字或图像文件的数据信号都属于基带信号。基带信号往往包含较多的低频成分，甚至直流成分，许多信道并不能传输这种低频分量或直流分量，因此就必须对基带信号进行调制。

调制分为两大类：基带调制和带通调制。

基带调制：仅对基带信号的波形进行变换，使它能够与信道特性适应。变换后的信号仍然是基带信号。这种基带调制是把数字信号转换为另一种形式的数字信号，因此又称为编码。

带通调制：使用载波进行调制，把基带信号的频率范围搬移到较高的频段，并转换为模拟信号，这样就能更好地在模拟信道中传输。经过载波调制后的信号称为带通信号，而使用载波的调制称为带通调制。

数字信号常用的编码方式有：不归零制、归零制、曼彻斯特编码以及差分曼彻斯特编码等，如图 2.2 所示。

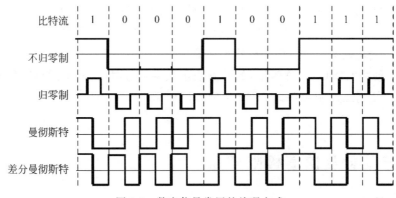

图 2.2 数字信号常用的编码方式

（1）不归零制：正电平代表 1，负电平代表 0。如果发送端发送连续的 0 或连续的 1，接收端不容易判断码元的边界。

（2）归零制：正脉冲代表 1，负脉冲代表 0。每传输完一位数据，信号返回到零电平，因为每位传输之后都要归零，所以接收者只要在信号归零后采样即可，不再需要单独的时钟信号。

（3）曼彻斯特编码：在曼彻斯特编码中，每一位的中间有一个跳变，位周期中心的向上跳变代表 0，位周期中心的向下跳变代表 1，也可反过来定义。曼彻斯特编码常用于局域网传输。它将数据和时钟包含在数据流中，在传输代码信息的同时，也将时钟同步信号一起传输到对方,每位编码中有一跳变,不存在直流分量,因此具有自同步能力和良好的抗干扰性能。所以,数据传输速率只有调制速率的1/2。

从信号波形中可以看出,曼彻斯特编码产生的信号频率比不归零制高。从自同步能力看,不归零制不能从信号波形本身中提取信号时钟频率(称为没有自同步能力),而曼彻斯特编码具有自同步能力。

(4)差分曼彻斯特编码:在每一位的中心处始终都有跳变,位开始边界有跳变代表 0,而位开始边界没有跳变代表 1。

常见的带通调制方式有调幅(AM)、调频(FM)和调相(PM),如图 2.3 所示。

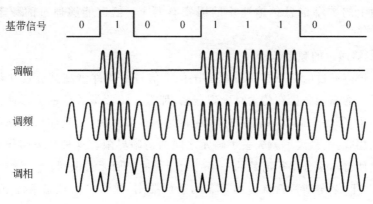

图 2.3　最基本的三种调制方法

(1)调幅:载波的振幅随基带数字信号变化而变化。例如,0 或者 1 分别对应无载波或有载波输出。

(2)调频:载波的频率随基带数字信号变化而变化。例如,0 或 1 分别对应频率 f_1 和频率 f_2。

(3)调相:载波的初始相位随基带数字信号变化而变化。例如,0 或 1 分别对应相位 $0°$ 或相位 $180°$。

2.2.3　信道极限容量

任何实际的信道都不是理想的,在传输信号时会产生各种失真以及带来多种干扰。数字通信的优点是:在接收端只要能够从失真的波形识别出原来的信号,那么这种失真对通信质量就没有影响。图 2.4 所示为有失真但可识别的情况。

图 2.4　有失真但可识别

如图 2.5 所示,通过信道后,码元的波形已经严重失真,接收端已经不能识别码元是 1,

还是 0。码元传输速率越高,或信号传输的距离越远,或噪声干扰越大,或传输媒体质量越差,在信道的接收端,波形的失真就越严重。

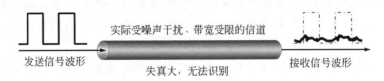

图 2.5　失真大,无法识别

影响信道上的数字信息传输速率的因素有两个:信道能够通过的频率范围以及信噪比。

1) 信道能够通过的频率范围

具体的信道能通过的频率范围总是有限的。信号中的许多高频分量往往不能通过信道。如果信号中的高频分量在传输时受到衰减,那么在接收端收到的波形前沿和后沿就变得不那么陡峭了,每一个码元所占的时间界限也不再很明确,而是前后都拖了“尾巴”。这样,在接收端收到的信号波形就失去了码元之间的清晰界限。这种现象叫作码间串扰。严重的码间串扰使得本来分得很清楚的一串码元变得模糊而无法识别。

早在 1924 年,奈奎斯特就推导出著名的奈斯准则,他给出在理想条件下(即一个无噪声,带宽为 W 赫兹的信道),为了避免码间串扰、码元传输速率的上限值,码元传输速率最高为 $2W$ Baud,其中 Baud 是波特,是码元传输速率的单位。

无噪声情况下信道容量即信道的极限传输速率的计算公式为

$$C = 2W\log_2 M$$

其中 C 为信道极限传输速率,W 为信道带宽,M 为电频个数。

例如,一个无噪声 3000Hz 信道,如果采用 8 电平传输,则该信道可允许的最大数据传输速率是多少?

根据公式 $C = 2W\log_2 M$,其中 $M = 8$,$W = 3000$Hz,则信道容量,也就是该信道可允许的最大数据传输速率为

$$C = 2W\log_2 M = 2 \times 3000 \times \log_2 8 = 18000\text{b/s} = 18\text{kb/s}$$

2) 信噪比

噪声存在于所有的电子设备和通信信道中,由于噪声是随机产生的,它的瞬时值有时很大,因此噪声会使接收端对码元的判决产生错误(1 误判为 0 或者 0 误判为 1)。噪声的影响是相对的:若信号相对较强,则噪声的影响相对较小,因此信噪比很重要。所谓信噪比,是指信号的平均功率和噪声的平均功率之比,常记为 S/N,单位为分贝(dB)。计算信噪比的公式为

$$信噪比(\text{dB}) = 10\log_{10}(S/N)(\text{dB})$$

例如,当 $S/N = 10$ 时,信噪比为 10dB;当 $S/N = 1000$ 时,信噪比为 30dB。

1948 年,信息论的创始人香农推导出著名的香农公式。香农公式指出:信道的极限信息传输速率 C 为

$$C = W\log_2(1 + S/N)(\text{b/s})$$

式中，W 为信道的带宽(以 Hz 为单位)；S 为信道内所传信号的平均功率；N 为信道内部的高斯噪声功率。

香农公式表明，信道的带宽或信道中的信噪比越大，信息的极限传输速率越高。香农公式的意义在于：只要信息传输速率低于信道的极限信息传输速率，就一定可以找到某种方法实现无差错的传输。

根据以上所述，对于频带宽度已确定的信道，如果信噪比也不能提高了，码元的传输速率也达到了上限值，有没有办法让信道的信息传输速率进一步提高？使用的办法是：让每一个码元承载更多的信息量。例如，二进制码元，一个码元代表一个比特；八进制码元，一个码元表示三个比特；十六进制码元，一个码元表示四个比特。

假如基带信号为：101 011 000 110 111 010…

若直接传送，则每一个码元所携带的信息量是一个比特。现将信号中的每 3 个比特编为一个组，即 101,011,000,110,111,010,…。3 个比特共有 8 种不同的排列。可以用不同的调制方法表示这样的信号。例如，用 8 种不同的振幅，或 8 种不同的频率，或 8 种不同的相位进行调制。若采用相位调制，则用相位 $\varphi 0$ 表示 000，$\varphi 1$ 表示 001，$\varphi 2$ 表示 010……以此类推，$\varphi 7$ 表示 111。那么，接收端如果收到相位是 $\varphi 0$ 的信号，就知道表示的是 000。因此，基带信号为 101 011 000 110 111 010…则接收端接收到的信号为 $\varphi 5\varphi 3\varphi 0\varphi 6\varphi 7\varphi 2$…也就是说，用同样的速率发送码元，同样时间传送的信息量提高到原来的 3 倍。

要是可以无限提高一码元携带比特的信息量，信道传输数据的速率岂不是可以无限提高？其实，信道传输信息的能力是有上限的。在电压范围一定的情况下，十六进制码元波形之间的差别要比八进制码元波形之间的差别小，在真实信道传输中由于噪声干扰，若码元波形差别太小，在接收端就不易清晰地识别。因此，由于噪声的影响，每个码元不可以无限提高携带比特的信息量。

香农公式提出后，各种新的信号处理和调制方法不断出现，目的是为了尽可能地接近香农公式给出的传输速率极限。实际信道上能够达到的信息传输速率比香农公式得出的极限传输速率低很多。

2.3　信道复用技术

信道复用技术用于在一个信道上同时传输多路信号，这样可以充分利用信道的传输能力。信道复用可以实现的前提是，信道的传输能力大于传输一路信号的需求。这种能力体现在两个方面：一是信道的带宽很宽，而传输一路信号所需的带宽窄；二是信道的数据传输率很高，而一路信号所需的数据传输率很低。这样，在能力很强的信道上仅传输一路信号就很浪费。

信道复用技术将来自若干信息源的信息通过复用器进行合并，然后将合并后的信息经同一个信道和设备进行传输，在接收方，则通过分用器将合并后的信息分离成各个单独信息。

进行通信时，复用器和分用器是成对使用的，在复用器和分用器之间是用户共享的高速信道。分用器的作用正好和复用器相反,它把高速信道传送过来的数据进行分用,分别送到相应的用户。

常见的信道复用技术有频分复用、时分复用、统计时分复用、波分复用、码分多址复用等。

2.3.1　频分复用

频分复用(Frequency Division Multiplexing,FDM)就是将用于传输信道的总带宽划分成若干个子频带(或称子信道),每个子信道传输一路信号。频分复用要求总频率宽度大于各个子信道频率带宽之和。同时,为了保证各子信道中传输的信号互不干扰,应在各子信道之间设立隔离带,这样就保证了各路信号互不干扰。频分复用技术的特点是:所有子信道传输的信号以并行的方式工作,每一路信号传输时可不考虑传输时延,因而频分复用技术得到了非常广泛的应用。频分复用的所有用户在同样的时间占用不同的带宽资源。例如,传统的电话通信每一个标准话路的带宽是 4kHz(即通信用的 3.1kHz 加上两边的保护频带),那么若有 1000 个电话用户进行频分复用,则复用后的总带宽就是 4MHz。

2.3.2　时分复用

时分复用(Time Division Multiplexing,TDM)就是将提供给整个信道传输信息的时间划分成若干时间片(简称时隙),并将这些时隙分配给每个信号源使用,每一路信号在自己的时隙内独占信道进行数据传输。时分复用技术的特点是:时隙事先规划分配好且固定不变。其优点是:时隙分配固定,便于调节控制,适于数字信息的传输;缺点是:当某信号源没有数据传输时,它对应的信道会出现空闲,而其他繁忙的信道无法占用这个空闲的信道,因此会降低线路的利用率。

时分复用技术与频分复用技术一样,有非常广泛的应用,电话就是其中最经典的例子。传统的电话中,每个时分复用帧的长度不变,始终是 125μs。那么,若有 1000 个电话用户进行时分复用,则每个用户分配到的时隙宽度就是 125μs 的千分之一,即 0.125μs,时隙宽度变得非常窄。

2.3.3　统计时分复用

统计时分复用(Statistical Time Division Multiplexing,STDM)是对时分复用的改进。在时分复用中,各路信号的时隙是固定分配的,每一路信号与复用的其他各路信号之间的时间间隙是固定的。采用时分复用传输时,可能存在某一路信号无数据发送时,分配给该路信号的时隙会处于空闲状态的情况,其他路信号即使有数据发送,也不能使用这些空闲的时隙,造成信道的利用率降低。

统计时分复用技术的设计思想是:各路数据信号在传输时并不分配固定的时间隙,各路信号有数据发送就随时发往输入缓存队列排队,按照先来先处理的规则,按顺序依次把数据信号放到信道的时间隙上传输,不使用固定的分配时间隙,而采用动态的分配时间隙。例如,在 ATM 网络中采用的就是统计时分复用技术。ATM 网络信道上传输的是信元,信元是一个长度为 53B 的快速分组,可以类比统计时分复用中的时隙,各路多媒体信号数据组装成信元,信元在缓冲队列中按照先来先处理的规则排队,然后输出信道。异步的统计时分复用适合多媒体信息数据的传输,例如,音频、视频数据信号相对于文本数据信号可以发送较多的信元。在 Internet 主干网中常采用 ATM 技术。

统计时分复用根据用户实际需要动态分配线路资源。只有当用户数据要传输时,才给它分配线路资源,当用户暂停发送数据时,不给它分配线路资源,线路的传输能力可以被其他用户使用。采用统计时分复用时,每个用户的数据传输速率可以高于平均速率,最高可达到线路总的传输能力。

2.3.4　波分复用

波分复用(Wavelength Division Multiplexing,WDM)是将一系列载有信息、但波长不同的光信号合成一束,沿着单根光纤传输;在接收端再用某种方法将各个不同波长的光信号分开的通信技术。这种技术可以同时在一根光纤上传输多路信号,每一路信号都由某种特定波长的光传送,这就是一个波长信道。

最初人们只能在一根光纤上复用两路光载波信号。随着技术的发展,在一根光纤上复用的光载波信号路数越来越多,现在已能做到在一根光纤上复用 80 路或更多路数的光载波信号。

2.3.5　码分多址复用

码分多址复用(Code Division Multiplexing Access,CDMA)是另一种共享信道的方法,最初用于军事通信,它具有很强的抗干扰能力,其频谱类似于白噪声,不易被敌人发现。随着技术的进步,CDMA 现在已广泛应用于民用移动通信,特别是应用于无线局域网中。它是通过编码区分不同用户信息,实现不同用户同频、同时传输的一种通信技术。

在 CDMA 中,每一个比特时间再划分为 m 个短的间隔,称为码片。通常,m 的值是 64 或 128。为了便于说明,假设 $m=8$。

使用 CDMA 的每一个站被指派一个唯一的 m 比特码片序列。一个站如果要发送比特 1,则发送它自己的 m 比特码片序列。如果要发送比特 0,则发送该码片序列的二进制反码。例如,指派给 S 站的 8 比特码片序列是 00011011。当 S 发送比特 1 时,它就发送序列 00011011;当 S 发送比特 0 时,就发送 11100100。为了方便,将码片中的 0 写为 -1,1 写为 $+1$,因此 S 站的码片序列是 $(-1\ -1\ -1\ +1\ +1\ -1\ +1\ +1)$。

CDMA 系统的一个重要特点是这种体制给每一个站分配的码片序列不仅必须各不相同,而且必须互相正交。用数学公式可以很清楚地表示码片序列的这种正交关系。令向量 S 表示站 S 的码片向量,再令 T 表示其他任何站的码片向量。两个不同站的码片序列正交,就是向量 S 和 T 的规格化内积都是 0。

$$\boldsymbol{S} \cdot \boldsymbol{T} \equiv \frac{1}{m} \sum_{i=1}^{m} S_i T_i = 0$$

例如,向量 S 为 $(-1\ -1\ -1\ +1\ +1\ -1\ +1\ +1)$,同时设向量 T 为 $(-1\ -1\ +1\ -1\ +1\ +1\ +1\ -1)$,这相当于 T 站的码片序列为 00101110。将向量 S 和 T 的各分量值代入式中就可以看出这两个码片序列是正交的。另外,向量 S 和各站码片反码的向量的内积也是 0。任何一个码片向量和该码片向量自己的规格化内积都是 1。

$$\boldsymbol{S} \cdot \boldsymbol{S} = \frac{1}{m}\sum_{i=1}^{m}S_iS_i = \frac{1}{m}\sum_{i=1}^{m}S_i^2 = \frac{1}{m}\sum_{i=1}^{m}(\pm1)^2 = 1$$

而一个码片向量和该码片反码的向量的规格化内积值是−1。

2.4 数据交换技术

信息在网络中经过一系列交换结点,从一条线路转换到另一条线路,最后到达目的地。交换结点转发信息的方式称为交换方式。数据交换技术主要有电路交换、报文交换以及分组交换三种。

2.4.1 电路交换

电路交换是最原始的数据交换方式,交换信息的用户之间在需要通信前,建立一条物理连接,通过直接连接双方进行数据交换,它也是一种静态的时分复用,通过预分配带宽资源,这样通信过程中就不需要等待了。

两个结点开始正式通信之前,在源点和目的结点之间建立一条专用的通路用于数据传送。包括建立连接、传输数据以及释放连接三个阶段。在整个数据传输期间一直独占线路,通信结束后释放已建立的通信连接。

它的优势在于其通信实用性强,适用于实时通信(如电话);而缺点在于对突发性通信弱(因需要首先建立物理连接),整个数据交换系统的效率低,也不具有存储数据的能力,难以进行拥塞控制,也无法进行差错控制。

电路交换网主要有两种:公共交换电话网和综合业务数字网。

公共交换电话网(Public Switch Telephone Network,PSTN)是以模拟技术为基础的电路交换网络。通过该 PSTN 可以实现网络互联,但 PSTN 以模拟技术为基础,为接入设备提供模拟通道。当计算机等数字设备通过 PSTN 连接时,需要在两端使用调制解调器实现数字信号和模拟信号之间的转换。利用 PSTN 的数据传输速率较低,不能提供流量控制、差错控制等,因此传输质量较差。公共交换电话网只用于通信速率要求不高的场合,而且中间没有存储转发功能。由于 PSTN 分布范围广,因此是早期家庭用户和要求不高的小型网络接入互联网的方案。

综合业务数字网(Integrated Services Digital Network,ISDN)是一个数字电话网络国际标准,是一种典型的电路交换网络系统。它的目的是应用单一网络向公众提供多种不同的业务,不仅可以提供语音业务,而且可以提供数据、图像和传真等各种非语音业务。

2.4.2 报文交换

报文交换是分组交换的前身,每一个结点接收整个报文,检查目标结点地址,然后根据网络情况转发到下一个结点。经过多次的"存储——转发",最后到达目标,其中的交换结点要有足够大的存储空间(一般是磁盘),用以缓冲收到的报文。

报文交换中,结点的存储转发需要一定的时延,报文交换是无连接的,报文的大小是不固定的,如果在传输过程中出现差错,需要对整个报文进行重传。电报通信是报文交换应用的例子。电报通信中,一份份电报被接收下来,并穿成纸带。操作员以每份报文为单位,撕下纸带,根据报文的目的站地址拿到相应的发报机转发出去。这种报文交换的时延较长,从几分钟到几小时不等。分组交换和报文交换均为存储转发技术。

报文交换的优点如下:

① 相比电路交换来说,更加灵活,不需要事先建立连接之后再进行通信,用户可以随时发送。

② 通信双方不是固定占有一条通信线路,而是在不同的时间一段一段地部分占有这条物理通路,因而大大提高了通信线路的利用率。

③ 可使不同类型的终端设备之间相互进行通信。

报文交换的缺点如下:

① 当每个报文的数据量较大时,在结点处存储及转发时延较大。

② 要求转发设备具有高速处理的能力,且缓冲存储器容量大。

2.4.3　分组交换

电路交换是一种较早的交换技术,现在计算机网络通信基本不采用电路交换,而采用分组交换技术。分组交换在通信之前不需要建立连接,也不需要预先分配带宽资源。

分组交换将用户通信的数据划分成多个更小的等长数据段,在每个数据段的前面加上必要的控制信息作为数据段的首部,每个带有首部的数据段就构成一个分组。首部指明该分组发送的地址,当网络设备收到分组之后,将根据首部中的地址信息分组转发到目的地,这个过程就是分组交换。能够进行分组交换的通信网被称为分组交换网。

分组交换的本质是存储转发,它将接收的分组暂时存储下来,在目的方向路由上排队,当它可以发送信息时,再将信息发送到相应的路由上完成转发。其存储转发的过程就是分组交换的过程。

分组交换过程示例如下:

① 在发送端,先把较长的报文划分成较短的、固定长度的数据段,如图 2.6 所示。

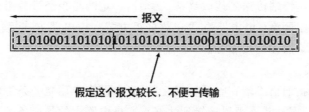

图 2.6　报文分段

② 在每一个数据段前面添加首部构成分组,如图 2.7 所示。

图 2.7　构成分组

③ 分组交换网中的结点网络设备根据收到的分组首部中的地址信息,把分组转发到下一个结点网络设备,每个分组在网络中独立选择传输路径,以存储转发的方式依次把各分组发送到接收端。

④ 最后,接收端收到分组后剥去首部还原成原始报文,如图 2.8 所示。

图 2.8　还原成原始报文

分组交换的优点如下。

① 高效:在分组传输的过程中,动态分配传输带宽,对通信链路是逐段占用。

② 灵活:为每一个分组独立地选择最合适的转发路由。

③ 迅速:以分组作为传送单位,可以不先建立连接就能向其他主机发送分组。

④ 可靠:保证可靠性的网络协议;分布式多路由的分组交换网,使网络有很好的生存性。

分组交换缺点如下:

① 分组在各路由器存储转发时需要排队,造成一定的时延。

② 各分组携带的控制信息造成一定的开销。

③ 分组交换可以分为面向连接的虚电路分组交换和无连接的数据报分组交换。若分组交换采用数据报服务时,可能出现失序、丢失或重复分组,分组到达目的结点时,要完成对分组按编号进行排序等工作,增加了麻烦。若采用虚电路服务,虽无失序问题,但有呼叫建立、数据传输和虚电路释放过程。

总之,若要传送的数据量很大,且其传送时间远大于呼叫时间,则采用电路交换较合适;分组交换适合网络边缘的低密度、突发性、非对称的网络。

一个分组从发送终端传送到接收终端,必须沿一定的路径经过分组交换网络,目前有两种方式可以实现分组网络:虚电路方式和数据报方式。虚电路方式提供网络层连接服务,数据报方式提供网络层无连接服务。

1) 虚电路方式

虚电路方式是指通信终端在收发数据之前,先在网络中建立一条逻辑连接,在通信过程中,用户数据按照顺序沿着该逻辑连接到达终点。虚电路指的是一条逻辑连接,而不是一条物理通路,同一条线路可能同时被多条虚电路使用。

当两台计算机进行通信时,应当先建立一条虚电路,然后双方沿着已建立的虚电路发送分组。这样的分组的首部不需要填写完整的目的主机地址,只填写这条虚电路的编号,因而减少了分组的开销。这种通信方式如果再使用可靠传输的网络协议,就可使所发送的分组无差错按序到达终点,当然也不丢失、不重复。在通信结束后释放建立的虚电路。

分组交换网提供的虚电路交换方式有两种:一种是永久虚电路;另一种是交换虚电路。

永久虚电路(PVC)是提前定义好的基本上不需要任何建立时间,用户之间的通信直接进入数据传输阶段,就好像具有一条专线一样,随时传送数据。

交换虚电路(SVC)是端点/站点之间的一种临时性连接,用户终端在通信之前必须建立虚电路,通信结束后就拆除虚电路。

使用虚电路的网络有 X.25 以及帧中继网络。

2）数据报方式

在数据报方式中,分组被独立对待,每一个分组都包含分组终点地址信息,彼此之间相互独立地寻找路径,同一份报文的不同分组可能沿着不同的路径到达终点。其中,每一个分组称为一个数据报。

在发送结点,先将报文按固定的长度分组打包。数据报交换时,分组在网络中的传播路径完全由网络当时的状况随机决定,各分组单独寻径,只要一个分组完全到达站点,又轮到自己了,就可以转发,无须等到整个报文到齐。所传送的分组可能出错、丢失、重复和失序(即不按序到达终点),也不保证分组交付的时限。

图 2.9 所示为电路交换、报文交换以及分组交换的主要区别。下面归纳这三种交换方式在数据传送阶段的主要特点。

电路交换——整个报文的比特流连续从源点直达终点,好像在一个管道中传送。

报文交换——整个报文先传送到相邻结点,全部存储下来后查找转发表,转发到下一个结点。

分组交换——单个分组(这只是整个报文的一部分)传送到相邻结点,存储下来后查找转发表,再转发到下一个结点。

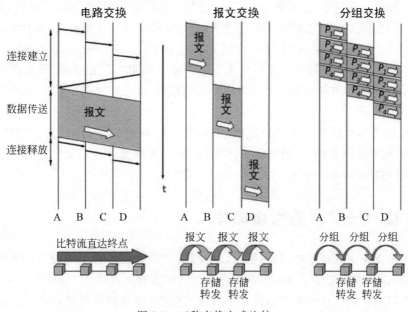

图 2.9　三种交换方式比较

2.5　数字传输系统

数字传输系统主要涉及广域网之间的数据传输,通常使用信道复用技术。早期电话网中,从市话局到用户电话机的用户线采用最廉价的双绞线电缆,而长途干线采用的是频分复用 FDM 的模拟传输方式。比较数字通信和模拟通信,数字通信在传输质量上和经济上都有明显的优势。目前,广域网的长途干线大都采用时分复用 PCM 的数字传输方式。现在的模拟线路基本上只剩下从用户电话机到市话交换机之间的这段几千米长的用户线了。

在数字化的同时,光纤开始成为长途干线最主要的传输媒体。光纤的高带宽适用于承载今天的高速率数据业务(如视频)和大量复用的低速率业务(如话音)。当前光纤和要求高带宽传输的技术还在共同发展。

早期的数字传输系统存在许多缺点,主要有以下两个:

(1) 速率标准不统一。由于历史的原因,多路复用速率体系有两个互不兼容的国际标准,即北美的 24 路 PCM(简称为 T1)和欧洲的 30 路 PCM(简称为 E1)。我国采用的是欧洲的 E1 标准。E1 的速率是 2.048Mb/s,T1 的速率是 1.544Mb/s。当需要有更高的数据率时,可采用复用的方法。虽然最初 T1/E1 系统主要用在语音通信上,但是随着通信技术的发展,它们也开始更多地用在数据通信上。一些路由器不仅支持 E1/T1 接口,同时还可以扩展广域网接口的种类及数量,提供高密度的低速信号的接入。PCM,即脉冲编码调制,T1/E1 开始时主要用在话音通信中,主要作用是用一路数字信号承载多路"话音"信号。而语音信号最初是模拟信号,并不能直接插入 T1/E1 的时隙中,必须进行模数转换,PCM 就是用来完成这个功能的,通常包含三个过程:抽样、量化和编码。

(2) 不是同步传输。在过去相当长的时间,为了节约经费,各国的数字网主要采用准同步方式。在准同步系统中,由于各支路信号的时钟频率有一定偏差,给时分复用和分用带来许多麻烦。当数据传输的速率很高时,收发双方的时钟同步就成为很大的问题。

为了解决上述问题,美国在 1988 年提出同步光纤网(Synchronous Optical Network,SONET)。整个同步光纤网络的主时钟来自一个非常昂贵的铯原子钟,其基础传输速率是 51.84Mb/s,此速率对电信号称为第 1 级同步传送信号,即 STS-1;对光信号称为第 1 级光载波,即 OC-1。

ITU-T 以美国标准 SONET 为基础,制定出国际标准同步数字系列 SDH,一般认为 SDH 和 SONET 是同义词,不同点在于,SDH 的基本速率是 155.52Mb/s,称为第 1 级同步传送模块,即 STM-1,相当于 SONET 中 OC-3 的速率。

2.6 实验——常用的网络命令

在搭建的虚拟仿真环境中,练习测试以下网络中常见的命令,这些命令中有些在后面章节中会提到,这里大家初步了解一下这些命令的使用即可。

为了更好地在虚拟机中练习各种常见的网络命令,将虚拟机桥接到当前主机所在的网络,也就是说,将虚拟机与当前主机所在的网络相连接,即将虚拟机的网卡设置成桥接模式,具体操作过程如下:右击相应的虚拟机,在弹出的菜单中选择"设置",如图 2.10 所示。之后弹出如图 2.11 所示的虚拟机设置界面,在该界面中选择"硬件"下的"网络适配器",在窗口右边的"网络连接"选项中选择"桥接模式(B):直接连接物理网络",如图 2.12 所示,最后单击"确定"按钮。采取同样的方法将另一台虚拟机的网络适配器的网络连接方式设置成桥接模式。

图 2.10 对虚拟机进行设置

图 2.11 虚拟机设置界面

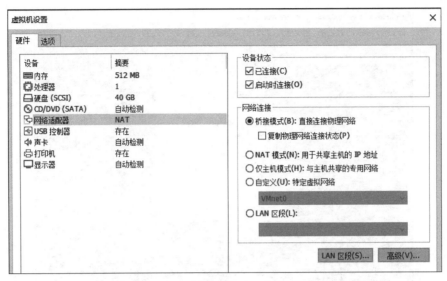

图 2.12　将网络连接设置成桥接模式

　　将虚拟机的网络参数设置成与当前主机所在网络地址一致,通常情况下当前主机通过 DHCP 获得相应的网络参数,因此将虚拟机的网络参数设置成自动获得,即可获得当前网络的相关参数,实现将虚拟机与当前网络连网的目的。具体操作为:右击桌面上的"网络", 在弹出的菜单中选择"属性",接着在弹出的"网络和共享中心"界面中选择"管理网络连接", 在弹出的"网络连接"界面中右击"本地连接",在弹出的窗口中选择"属性",在弹出的"本地连接 属性"窗口中选择"Internet 协议版本 4(TCP/IPv4)",之后单击"属性"按钮,在弹出的 "属性"窗口中选择"自动获得 IP 地址(O)"以及"自动获得 DNS 服务器地址(B)",如图 2.13 所示。单击"确定"按钮,系统自动弹出如图 2.14 所示的"设置网络位置"窗口,此时按实际情况选择即可。

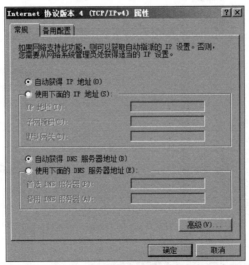

图 2.13　设置网络参数为自动获得

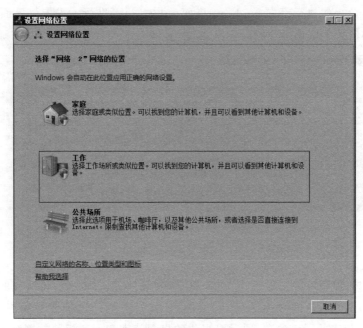

图 2.14 设置网络位置

接下来测试网络的连通性。通过浏览器访问百度网站(注意,在访问网站过程中,由于 Windows Server 2008 默认启用较高的安全级别,因此访问时需要将该网站添加到可信任网站中),访问结果如图 2.15 所示。采取同样的方法设置另一台虚拟机。

图 2.15 在虚拟机中访问 Internet

所有 DOS 命令的执行都在 cmd.exe 界面(图 2.16)下进行。进入该界面的方法：单击"开始"，在弹出的菜单中选择"运行"，在"运行"窗口中输入 cmd 命令，单击"确定"按钮。

图 2.16　cmd.exe 界面

1. ipconfig 命令

ipconfig 实用程序可用于显示当前的 TCP/IP 设置值。对于手动设置的网络参数，可以通过 Windows 可视化的界面进行查看，但是，如果终端计算机使用动态主机配置协议(DHCP)获得了相应的网络参数，通过可视化的界面就查询不到相关的网络参数，此时可以使用 ipconfig 命令查看相应的网络参数，包括 IP 地址、子网掩码、默认网关以及 DNS 等。

常见 ipconfig 命令的使用如下。

1) ipconfig/?

使用 ipconfig/? 可以查看 ipconfig 命令的具体参数及使用方法。图 2.17 所示为执行 ipconfig/? 命令后的显示效果。

```
C:\Windows\system32\cmd.exe

C:\Users\tdp>ipconfig/?

用法:
    ipconfig [/allcompartments] [/? | /all |
                                 /renew [adapter] | /release [adapter] |
                                 /renew6 [adapter] | /release6 [adapter] |
                                 /flushdns | /displaydns | /registerdns |
                                 /showclassid adapter |
                                 /setclassid adapter [classid] ]

其中
    adapter             连接名称
                        (允许使用通配符 * 和 ?,参见示例)

    选项:
        /?              显示此帮助消息。
        /all            显示完整配置信息。
        /allcompartments 显示所有分段的信息。
        /release        释放指定适配器的 IPv4 地址。
        /release6       释放指定适配器的 IPv6 地址。
        /renew          更新指定适配器的 IPv4 地址。
        /renew6         更新指定适配器的 IPv6 地址。
        /flushdns       清除 DNS 解析程序缓存。
        /registerdns    刷新所有 DHCP 租约并重新注册 DNS 名称。
        /displaydns     显示 DNS 解析程序缓存的内容。
        /showclassid    显示适配器的所有允许的 DHCP 类 ID。
        /setclassid     修改 DHCP 类 ID。

默认情况下,仅显示绑定到 TCP/IP 的适配器的 IP 地址、子网掩码和
默认网关。

对于 Release 和 Renew,如果未指定适配器名称,则会释放或更新所有绑定
到 TCP/IP 的适配器的 IP 地址租约。

对于 Setclassid,如果未指定 ClassId,则会删除 ClassId。
```

图 2.17　执行 ipconfig/? 命令后的显示结果

2）ipconfig

当使用不带任何参数选项的 ipconfig 命令时，显示每个已经配置接口的 IP 地址、子网掩码以及默认网关值。在虚拟机中执行 ipconfig 命令，结果如图 2.18 所示。

图 2.18　执行 ipconfig 命令后查看网络基本配置

3）ipconfig /all

使用 all 选项时，ipconfig 能够显示所有配置的信息。图 2.19 为执行 ipconfig /all 命令后的显示结果。添加/all 参数查看的信息比单独执行 ipconfig 命令显示的信息多。

图 2.19　执行 ipconfig/all 命令后的显示结果

4）ipconfig /release 和 ipconfig /renew

ipconfig /release 和 ipconfig /renew 这两个附加选项只能在向 DHCP 服务器租用 IP 地址的计算机中使用。如果输入 ipconfig /release 命令，则表明释放当前的网络参数配置，如图 2.20 所示。如果输入 ipconfig /renew 命令，则表明重新向 DHCP 服务器请求网络参数，即更新网络参数配置，如图 2.21 所示。

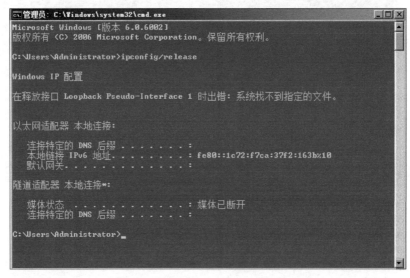

图 2.20　执行 ipconfig/release 命令释放当前的网络参数配置

图 2.21　执行 ipconfig/renew 命令更新网络参数配置

2. ping 命令

ping 是一个使用频率极高的实用程序，主要用于确定网络的连通性，这对确定网络是否正确连接，以及网络连接的状况十分有用。

ping 命令通过发送 ICMP ECHO_REQUEST 数据包到网络主机，并显示响应情况，这样可根据输出的信息确定目标主机是否可访问(但这不是绝对的)。有些服务器为了防止通过 ping 探测到,通过防火墙设置了禁止 ping 或者在内核参数中禁止 ping,这样就不能通过 ping 确定该主机是否还处于开启状态。ping 还能显示生存时间(Time To Live,TTL)值,通过 TTL 值可以推算数据包通过了多少个路由器。

(1) 通过 ping　/? 命令可查看 ping 命令的相关参数,如图 2.22 所示。

图 2.22　查看 ping 命令的相关参数

相关参数的使用说明如下。

-t:ping 指定的主机,直到停止。若要查看统计信息并继续操作,可按 Ctrl+Break 组合键;若要停止,可按 Ctrl+C 组合键。

-n count:发送指定的数据包数,默认发送 4 个。

-l size:指定发送的数据包大小,默认发送的数据包大小为 32B。

-f:在数据包中设置"不分段"标记(仅适用于 IPv4),数据包就不会被路由上的网关分段。

-i TTL:将"生存时间"字段设置为 TTL 指定的值。

-r count:记录计数跃点的路由(仅适用于 IPv4),最多记录 9 个。

-w timeout:指定超时间隔,单位为 ms。

-4:强制使用 IPv4。

-6:强制使用 IPv6。

(2) ping　IP 地址或主机名。

通过 ipconfig/all 命令可以查看两台虚拟机的 IP 地址分别如下:主机名为 win2008-1 的主机 IP 地址为 192.168.0.105,主机名为 win2008-2 的主机 IP 地址为 192.168.0.103。

如图 2.23 所示,使用 ping 命令检查主机 win2008-1 到主机 win2008-2 的连通性。结果表明,共发送了 4 个测试数据包,正确接收到 4 个数据包,表明网络连通正常。

图 2.23　测试结果

除了 ping IP 地址外,还可以 ping 主机名。在主机 win2008-1 上 ping 主机 win2008-2,默认采用 IPv6,若采用 IPv4,则采用 ping win2008-2 -4 命令,结果如图 2.24 所示。

图 2.24　ping 主机名的情况

(3) 对 ping 后返回信息的分析。

① ping 成功的结果分析。

图 2.23 所示为 ping 成功时的情况,具体意思为:ping 命令用 32B(这是 Windows 默认发送的数据包大小,如要改变,则在后面加上"-1 数据包大小")的数据包测试能否连接到 IP 地址为 192.168.0.103 的主机。TTL 的意思是生存时间,通过该值可以算出数据包经过了多少个路由器。同一个网段之间不经过路由器时 TTL 的默认值为 128(不同操作系统默认值不一样),经过一个路由时值减 1。

② Request timed out。

其意思是请求连接超时。若出现该提示信息,表明网络存在以下几种可能性:

a. 对方已关机,或者网络上根本没有这个地址。

b. 对方与自己不在同一网段内,通过路由也无法找到对方,但有时对方确实是存在的,当然,即使不存在,也是返回超时的信息。

c. 对方确实存在,但设置了 ICMP 数据包过滤(如防火墙设置)。

d. IP 地址设置错误。

③ Destination host Unreachable。

其意思是目标主机不可达。若出现该提示信息,表明网络存在以下几种可能性:

a. 对方与自己不在同一网段内,而自己又未设置默认的路由。

b. 网线出了故障。

这里要说明一下 destination host unreachable 和 time out 的区别,如果经过的路由器的路由表中具有到达目标的路由,而目标因为其他原因不可到达,这时候会出现 time out;如果路由表中没有到达目标的路由,就会出现 destination host unreachable。

④ Bad IP address。

其意思是错误的 IP 地址,表示可能没有连接到 DNS,所以无法解析这个 IP 地址,也可能是 IP 地址不存在。

⑤ Source quench received。

其表示对方或中途的服务器繁忙,无法回应。

⑥ Unknown host。

其意思是不知主机名。若出现该出错信息,则该远程主机的名字不能被 DNS 转换成 IP 地址。故障原因可能是域名服务器有故障,或者其名字不正确,或者网络管理员的系统与远程主机之间的通信线路有故障。

3. arp 命令

ARP(地址转换协议)是 TCP/IP 协议族中的一个重要协议,用于确定对应 IP 地址的网卡物理地址。使用 arp 命令,能够查看本地计算机或另一台计算机的 ARP 高速缓存中的当前内容。此外,使用 arp 命令可以手动设置静态的网卡物理地址与 IP 地址的对应关系。

按照缺省设置,ARP 高速缓存中的项目是动态的,每当向指定地点发送数据并且此时高速缓存中不存在当前项目时,ARP 便自动添加该项目。

常用的命令选项如下。

(1) 通过执行 arp　/? 命令,可以查看 arp 命令的相关参数及参数的含义。执行 arp /? 命令的结果如图 2.25 所示。

(2) arp -a。

arp　/? 命令用于查看 ARP 高速缓存中的所有项目。图 2.26 所示为主机 win2008-2 高速缓存中的项目。从图 2.26 中可以看到相应的 IP 地址与 MAC 地址的对应关系。

(3) arp -a IP。

如果有多个网卡,那么使用 arp -a 加上接口的 IP 地址,就可以只显示与该接口相关的 ARP 缓存项。

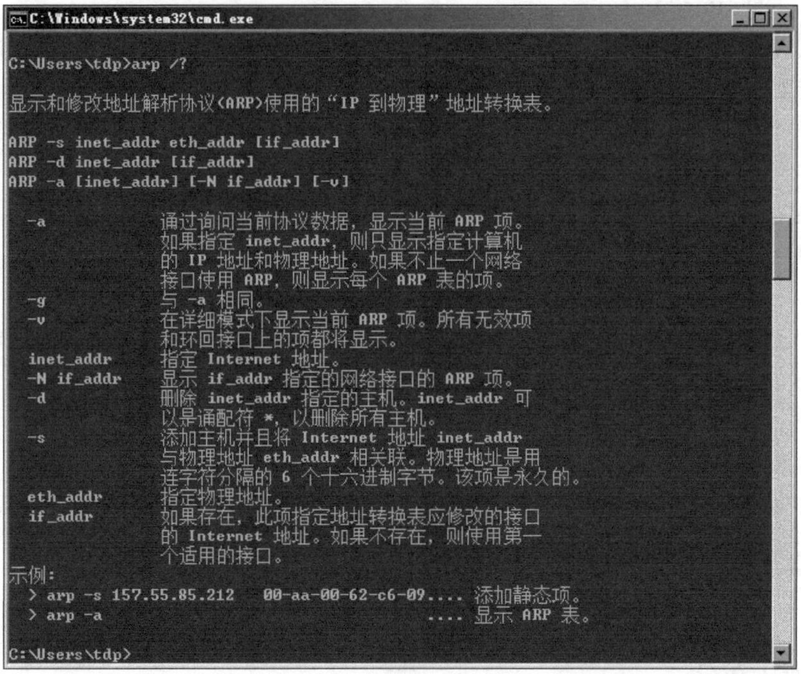

```
C:\Windows\system32\cmd.exe

C:\Users\tdp>arp /?

显示和修改地址解析协议(ARP)使用的“IP 到物理”地址转换表。

ARP -s inet_addr eth_addr [if_addr]
ARP -d inet_addr [if_addr]
ARP -a [inet_addr] [-N if_addr] [-v]

  -a            通过询问当前协议数据，显示当前 ARP 项。
                如果指定 inet_addr，则只显示指定计算机
                的 IP 地址和物理地址。如果不止一个网络
                接口使用 ARP，则显示每个 ARP 表的项。
  -g            与 -a 相同。
  -v            在详细模式下显示当前 ARP 项。所有无效项
                和环回接口上的项都将显示。
  inet_addr     指定 Internet 地址。
  -N if_addr    显示 if_addr 指定的网络接口的 ARP 项。
  -d            删除 inet_addr 指定的主机。inet_addr 可
                以是通配符 *，以删除所有主机。
  -s            添加主机并且将 Internet 地址 inet_addr
                与物理地址 eth_addr 相关联。物理地址是用
                连字符分隔的 6 个十六进制字节。该项是永久的。
  eth_addr      指定物理地址。
  if_addr       如果存在，此项指定地址转换表应修改的接口
                的 Internet 地址。如果不存在，则使用第一
                个适用的接口。
示例:
  > arp -s 157.55.85.212   00-aa-00-62-c6-09.... 添加静态项。
  > arp -a                                  .... 显示 ARP 表。

C:\Users\tdp>
```

图 2.25　arp 命令的相关参数

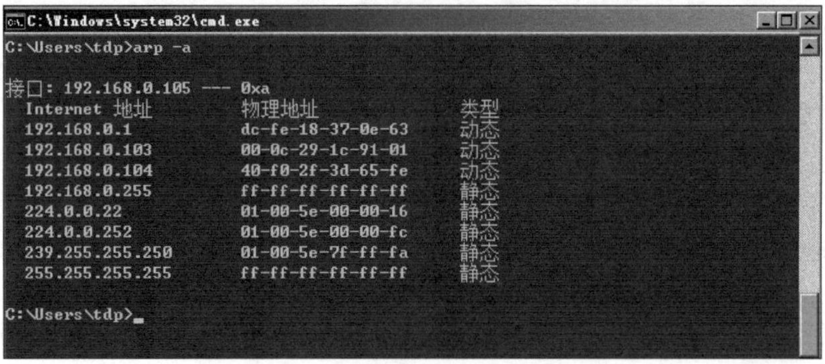

```
C:\Windows\system32\cmd.exe
C:\Users\tdp>arp -a

接口: 192.168.0.105 --- 0xa
  Internet 地址         物理地址              类型
  192.168.0.1           dc-fe-18-37-0e-63     动态
  192.168.0.103         00-0c-29-1c-91-01     动态
  192.168.0.104         40-f0-2f-3d-65-fe     动态
  192.168.0.255         ff-ff-ff-ff-ff-ff     静态
  224.0.0.22            01-00-5e-00-00-16     静态
  224.0.0.252           01-00-5e-00-00-fc     静态
  239.255.255.250       01-00-5e-7f-ff-fa     静态
  255.255.255.255       ff-ff-ff-ff-ff-ff     静态

C:\Users\tdp>_
```

图 2.26　查看 ARP 高速缓存项目

(4) arp -s IP。

向 ARP 高速缓存中手动输入一个静态项目，该项目在计算机引导过程中将保持有效状态。例如，执行命令“C:\Users\tdp>arp -s 192.168.0.1 dc-fe-18-37-0e-63”，表明在本机 ARP 缓存中将 IP 地址为 192.168.0.1 的网关地址与其 MAC 地址“dc-fe-18-37-0e-63”绑定，防止由于 ARP 欺骗导致计算机不能访问互联网的问题。具体命令的执行如图 2.27 所示。

在使用 arp -s 命令绑定 MAC 地址与 IP 地址的对应关系时，有时会出现“arp 项添加失败：5”的错误提示，可以使用图 2.28 所示的方法绑定 MAC 地址与 IP 地址的对应关系。

(5) arp -d IP。

使用本命令能够手工删除一条静态项目。

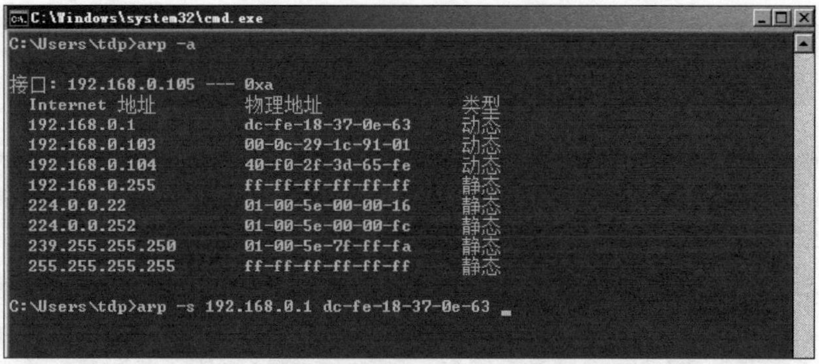

图 2.27　配置静态 ARP

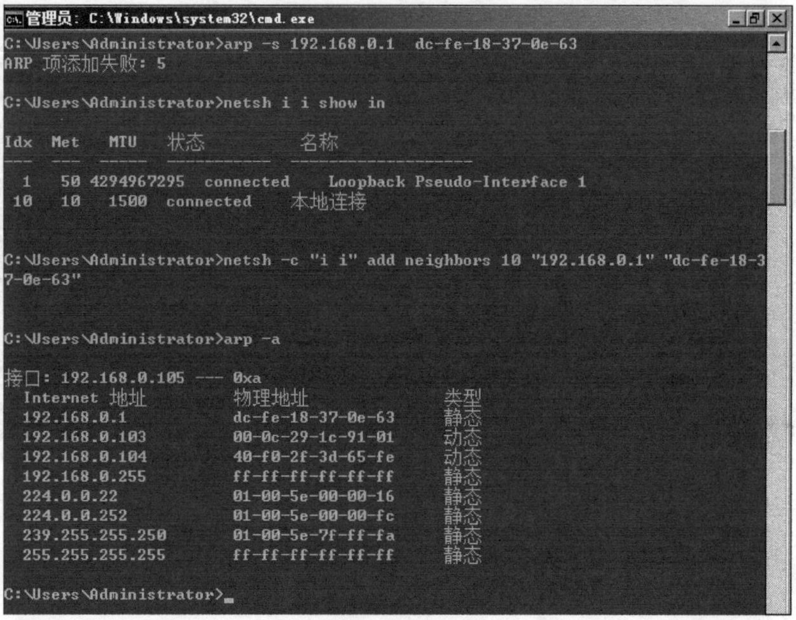

图 2.28　地址绑定

4. tracert 命令

tracert 命令在不同的操作系统中不一样,在 Windows 操作系统中使用 tracert 命令,在 Linux 系统中使用 traceroute 命令,但它们的本质是相同的。tracert 命令用来测量数据包经过的路由情况,即用来显示数据包到达目的主机所经过的路径。执行 tracert /? 命令可查看 tracert 的相关参数,结果如图 2.29 所示。

tracert 命令的基本用法是在命令提示符后输入 tracert host_name 或 tracert ip_address。图 2.30 所示为跟踪新浪网的结果。

输出有 5 列:第一列是描述路径的第 n 跳的数值,即沿着该路径的路由器序号;第二列是第一次往返时延;第三列是第二次往返时延;第四列是第三次往返时延;第五列是路由器的名字及其输入端口的 IP 地址。

tracert 命令还可用来查看网络在连接站点时经过的步骤或采取哪种路线,如果是网络

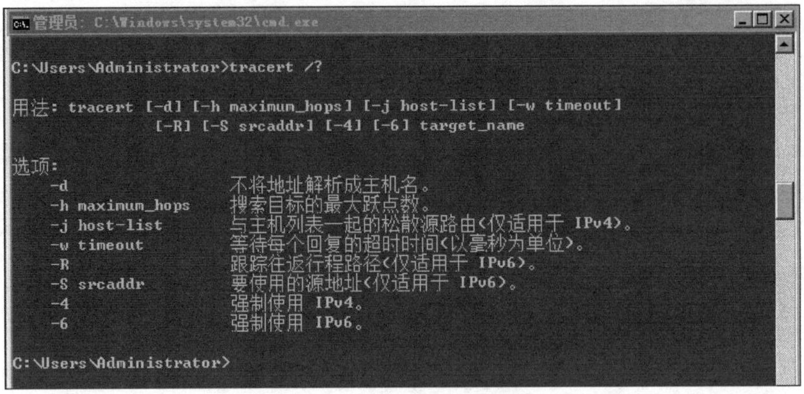

图 2.29　tracert 的相关参数

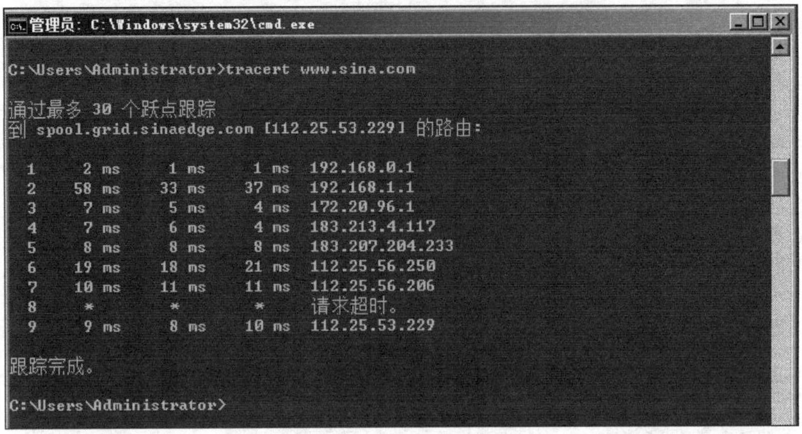

图 2.30　跟踪新浪网的结果

出现故障,就可以通过这条命令查看出现问题的位置。

5. route 命令

大多数主机一般都是只驻留在连接一台路由器的网段上。由于只有一台路由器,因此不存在选择使用哪台路由器将数据包发送到远程计算机上的问题,该路由器的 IP 地址可作为该网段上所有计算机的"默认网关"。

但是,当网络上拥有两个或多个路由器时,需要指明使用哪个路由器进行数据包的转发。实际上,可以让某些远程 IP 地址通过某个特定的路由器传递,而其他远程 IP 则通过另一路由器传递。在这种情况下,用户需要相应的路由信息,这些信息存储在路由表中,每个主机和每个路由器都配有自己独一无二的路由表。大多数路由器都使用专门的路由协议交换和动态更新路由器之间的路由表。但在有些情况下人工将项目添加到路由器和主机上的路由表中。route 命令就是用来显示人工添加和修改路由表项目的。该命令可使用如下选项:

(1) 通过执行"route　/?"命令,可以查看 route 命令相关参数及参数的含义。执行"route　/?"命令的结果如图 2.31 所示。

(2) route print:本命令用于显示路由表中的当前项目,输出结果如图 2.32 所示。

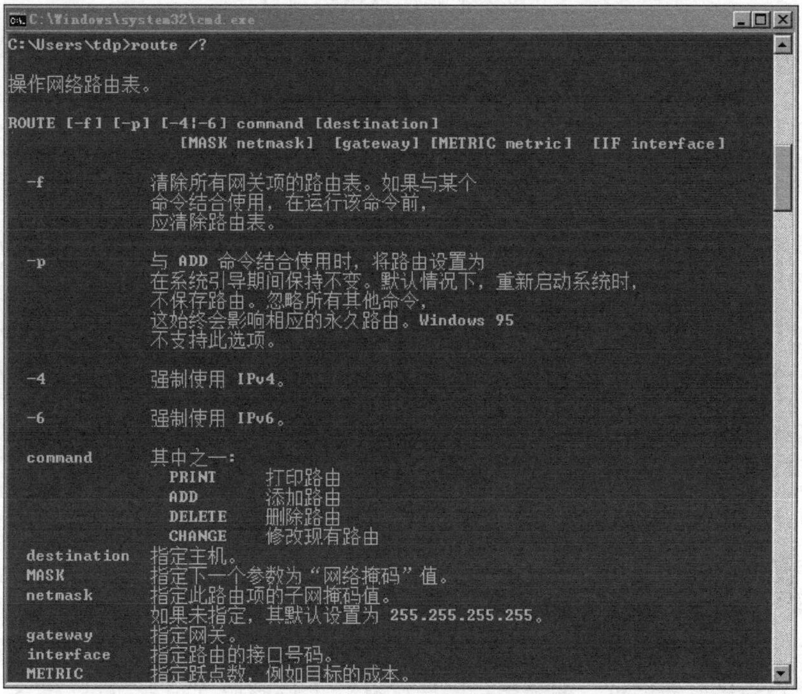

图 2.31　route 命令的相关参数

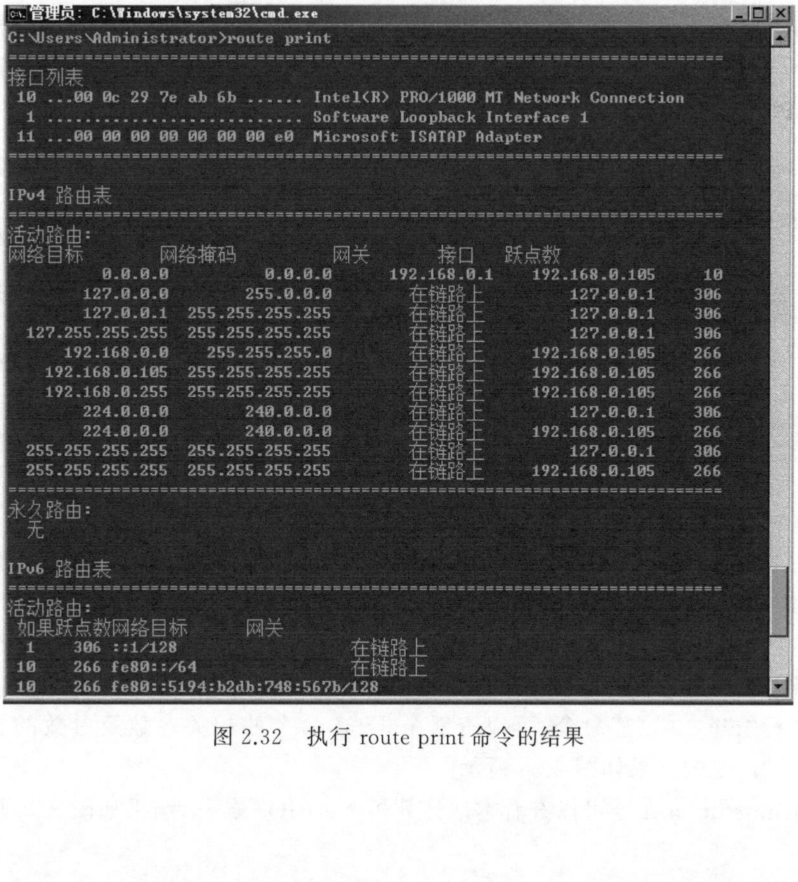

图 2.32　执行 route print 命令的结果

（3）route add：使用本命令可以添加新的路由表项目。

例如，若要添加一个到目的网络 209.99.32.33 的路由，期间要经过 5 个路由器网段。首先，要经过本地网络上的一个路由器 IP 为 202.96.123.5，子网掩码为 255.255.255.224，那么用户应该输入以下命令：

```
route add 209.99.32.33 mask 255.255.255.224 202.96.123.5 metric 5
```

添加路由条目通常在代理服务器上使用，由于代理服务器既要访问互联网，添加到互联网的路由器条目，又要访问企业内部网络，添加到企业内部网络的路由。

（4）route change：可以使用该命令修改数据的传输路由，但用户不能使用该命令改变数据的目的地。下面的命令将刚才添加的路由改变为采用一条包含 3 个网段的路径，命令如下：

```
route change 209.99.32.33 mask 255.255.255.224 202.96.123.250 metric 3
```

（5）route delete：使用该命令可以从路由表中删除路由，如 route delete 209.99.32.33 通过该命令删除了刚才创建的路由条目。

6. nslookup 命令

nslookup 命令的功能是查询任何一台机器的 IP 地址和其对应的域名。它通常需要一台域名服务器提供域名解析。如果用户已经设置好了域名服务器，就可以用这个命令查看不同主机的 IP 地址和域名的对应关系。

（1）在本地机上使用 nslookup 命令查看本机的 IP 及域名服务器地址。

直接输入 nslookup 命令，系统会返回本机的域名服务器名称（带域名的全称）和 IP 地址，并进入以"＞"为提示符的操作命令行状态；输入"？"可查询详细命令参数；若要退出，须输入 exit，如图 2.33 所示。

图 2.33 执行 nslookup 命令

（2）查看域名为 www.baidu.com 的 IP，以及查看 IP 地址为 61.177.7.1 的域名，具体执行过程为：在提示符后输入要查询的 IP 地址或域名即可，如图 2.34 所示。

7. nbtstat 命令

使用 nbtstat 命令可以查看本计算机以及其他计算机上的网络配置信息。若要查看本计算机的网络信息，执行 nbtstat -n 命令，可查看到计算机所在的工作组、计算机名以及网卡地址等信息；若要查看网络上其他计算机的网络信息，执行"nbtstat -a IP address"命令可以返回网络上其他主机上的一些网络配置信息。

通过执行"nbtstat /?"命令，可以查看 nbtstat 命令的相关参数及参数的含义。执行"nbtstat /?"命令的结果如图 2.35 所示。

如执行 nbtstat -n 命令可以查看本地计算机 NetBIOS 名称，结果如图 2.36 所示。

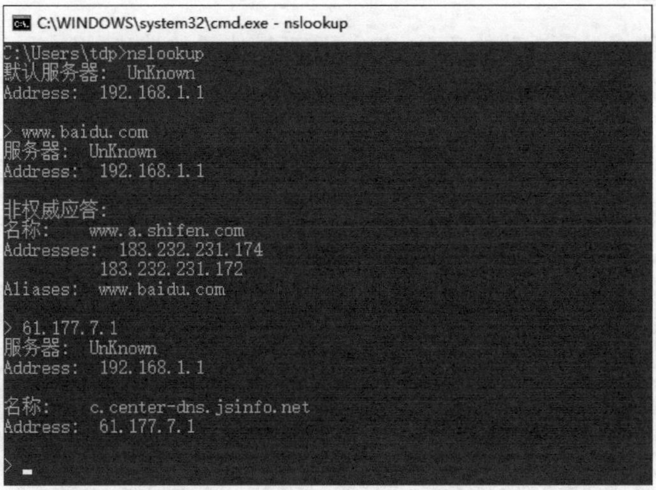

图 2.34　查看域名对应的 IP 地址及 IP 地址对应的域名

图 2.35　nbtstat 命令的相关参数

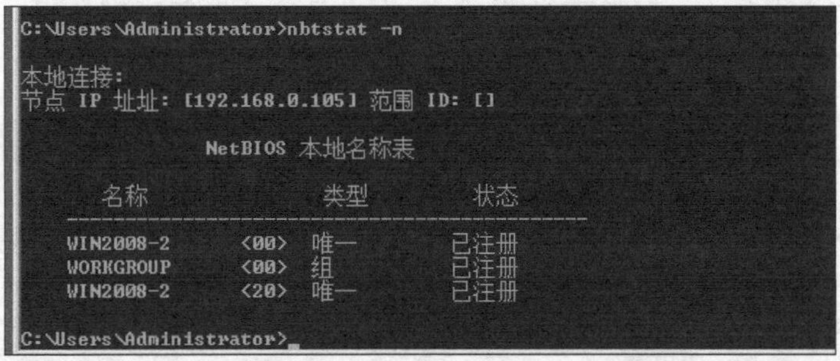

图 2.36　列出本地计算机 NetBIOS 名称

8. netstat 命令

netstat 命令能够显示活动的 TCP 连接、计算机侦听的端口、以太网统计信息、IP 路由表、IPv4 统计信息(对于 IP、ICMP、TCP 和 UDP)以及 IPv6 统计信息(对于 IPv6、ICMPv6、通过 IPv6 的 TCP 以及 UDP)。使用时如果不带参数,则 netstat 显示活动的 TCP 连接。

(1) 通过执行"netstat /?"命令,可以查看 netstat 命令的相关参数及参数的含义。执行"netstat /?"命令的结果如图 2.37 所示。

图 2.37　netstat 命令的相关参数

(2) netstat -a。

-a 选项显示所有的有效连接信息列表,既包括已建立的连接(ESTABLISHED),也包括监听连接请求(LISTENING)的连接。

(3) netstat -n。

-n 选项显示以点分十进制形式的 IP 地址,而不是象征性的主机名和网络名,如图 2.38 所示。

图 2.38　netstat -n 显示结果

（4）netstat -e。

-e 选项显示关于以太网的统计数据。它列出的项目包括传送的数据包的总字节数、错误数、删除数、数据包的数量和广播的数量。这些统计数据既有发送的数据包数量，也有接收的数据包数量。使用这个选项可以统计一些基本的网络流量。

（5）netstat -r。

-r 选项显示关于路由表的信息，类似执行 route print 命令时看到的信息。-r 选项除显示有效路由外，还显示当前有效的连接，如图 2.39 所示。

图 2.39　执行 netstat -r 命令显示的结果

图 2.39 显示的是一个路由表，其中 Network Destination 表示目的网络，0.0.0.0 表示不明网络，这是设置默认网关后系统自动产生的；127.0.0.0 表示本机网络地址，用于测试；224.0.0.0 表示组播地址；255.255.255.255 表示限制广播地址；Netmask 表示网络掩码，Gateway 表示网关，Interface 表示接口，Metric 表示路由跳数。

（6）netstat -s。

-s 选项能够按照各个协议分别显示其统计数据，这样就可以看到当前计算机在网络上存在哪些连接，以及数据包发送和接收的详细情况等。如果应用程序（如 Web 浏览器）的运行速度比较慢，或者不能显示 Web 页之类的数据，就可以用本选项查看所显示的信息。仔细查看统计数据的各行，找到出错的关键字，进而确定问题所在。图 2.40 为执行 netstat -s 命令的显示结果。

9. net 命令

net 命令是很多网络命令的集合。在 Windows 中，很多网络功能都以 net 命令开始，通过"net help"或"net /?"命令可以看到这些命令的用法，如图 2.41 所示。表 2.1 列出了常见

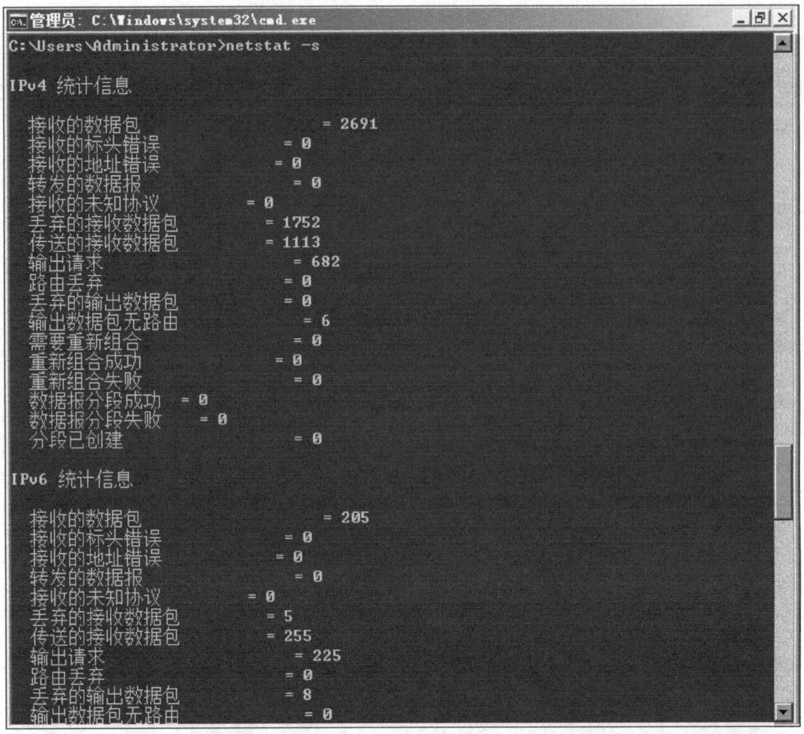

图 2.40　执行 netstat -s 命令显示的结果

的 net 命令。

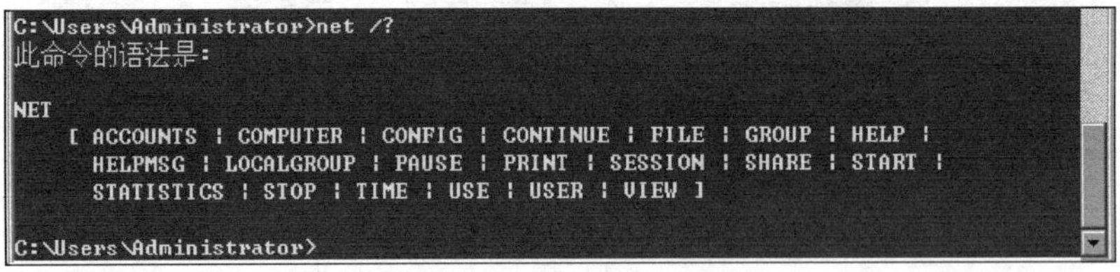

图 2.41　net 命令的相关参数

表 2.1　常见的 net 命令

net view	net user	net use	net time	net start
net pause	net continue	net stop	net statistics	net share
net session	net send	net print	net name	net localgroup
net group	net file	net config	net computer	net accounts

1) net view

作用：显示域列表、计算机列表或指定计算机的共享资源列表。命令格式：net view [\\computername | /domain[：domainname]]。输入不带参数的 net view 显示当前域的计算机列表；输入\\computername 指定要查看其共享资源的计算机；输入"/domain [:domainname]"指定要查看其可用计算机的域。

2）net user

作用：添加或更改用户账号或显示用户账号信息。命令格式：net user [username [password | *] [options]] [/domain]。输入不带参数的 net user 查看计算机上的用户账号列表；输入 username 添加、删除、更改或查看用户账号名；输入 password 为用户账号分配或更改密码；输入"/domain"在计算机主域的主域控制器中执行操作。

3）net use

作用：连接计算机或断开计算机与共享资源的连接，或显示计算机的连接信息。

命令格式：net use [devicename | *] [\\computername\sharename[\volume]] [password| *][/user:[domainname\]username][[/delete]| [/persistent:{yes | no}]]; • 输入不带参数的"net use"列出网络连接；输入 devicename 指定要连接到的资源名称或要断开的设备名称；输入"\\computername\sharename"设置服务器及共享资源的名称；输入 password 访问共享资源的密码；" * "提示输入密码；输入"/user"指定进行连接的另外一个用户；输入 domainname 指定另一个域；输入 username 指定登录的用户名；输入"/home"将用户连接到其宿主目录；输入"/delete"取消指定网络连接；输入"/persistent"控制永久网络连接的使用。

4）net start

作用：启动服务，或显示已启动服务的列表。命令格式：net start service。

5）net pause

作用：暂停正在运行的服务。命令格式：net pause service。

6）net continue

作用：重新激活挂起的服务。命令格式：net continue service。

7）net stop

作用：停止网络服务。命令格式：net stop service。

8）net statistics

作用：显示本地工作站或服务器服务的统计记录。命令格式：net statistics [workstation | server]，输入不带参数的 net statistics 列出其统计信息可用的运行服务；workstation 显示本地工作站服务的统计信息；server 显示本地服务器服务的统计信息；如 net statistics server | more 显示服务器服务的统计信息。

9）net share

作用：创建、删除或显示共享资源。命令格式：net share sharename = drive:path [/users:number | /unlimited] [/remark:"text"]。

10）net send

作用：向网络的其他用户、计算机或通信名发送消息。命令格式：net send {name | * | /domain[:name] | /users} message。

2.7　本章小结

本章主要讲解数据通信相关的基础知识，从源系统、传输系统以及目的系统三部分详细讲解了数据通信系统模型，介绍了常用的术语、包括消息、数据、信号以及码元，并介绍了信道的概念以及常见的三种通信方式,包括单工通信、半双工通信以及全双工通信。

本章同时介绍了信号常见的编码方式,包括归零、不归零、曼彻斯特、差分曼彻斯特编码以及调幅、调频、调相三种调制方式,详细探讨了信道的极限容量,讲解了香农公式,分析了常见的信道复用技术,包括频分复用、时分复用、统计时分复用、波分复用以及码分多址。本章还分析了电路交换、报文交换以及分组交换三种数据交换技术,并且探讨了数字传输系统。

本章最后的实验是熟悉常见的网络命令的使用。这些命令的熟练使用为计算机网络的学习创造了条件。

2.8 习题 2

一、判断题

1. 计算机中的信息都是用数字形式表示的。(　　)

2. 信道容量是指信道传输信息的最大能力,通常用信息速率表示,单位时间内传送的比特数越多,表示信道容量越大。(　　)

3. 波特率是指信息传输的错误率,是数据通信系统在正常工作情况下衡量传输可靠性的指标。(　　)

4. 在共享信道型的局域网中,信号的传播延迟或时延的大小与采用哪种网络技术有很大关系。(　　)

5. 在单工通信的两个结点中,其中一端只能作为发送端发送数据而不能接收数据,另一端只能接收数据而不能发送数据。(　　)

6. 半双工通信的双方可以交替地发送和接收信息,不能同时发送和接收信息,只需要一条传输线路即可。(　　)

7. 基带传输与宽带传输的主要区别是数据传输速率不同。(　　)

8. 电路交换有建立连接、传输数据和拆除连接三个通信过程。(　　)

9. 分组交换比电路交换线路利用率高,但实时性差。(　　)

10. 分组交换属于"存储—转发"交换方式,它是以报文为单位进行传输转换的。(　　)

二、名词解释

1. 信息

2. 数据

3. 信号

4. 调幅

5. 调频

6. 调相

7. 频分复用

8. 时分复用

9. 波分复用

10. 码分复用

11. 统计时分复用

三、填空题

1. 数据一般分_____数据和_____数据两种类型。

2. 在数字传输中，_____是构成信息编码的最小单位。

3. _____是单位时间内整个网络能够处理的信息总量，单位是 B/s 或 b/s。

4. 数据通信系统由_____、_____和通信线路等组成。

5. 根据数据信息在传输线上的传送方向，数据通信方式有_____、_____和_____三种。

6. 数据交换技术有_____、_____、_____。

7. _____是信息的载体，_____是数据的内在含义或解释。

8. 若一条传输线路能传输 1000～3000Hz 的信号，则该线路的带宽为_____Hz。

9. 在计算机中取连续值的数据为_____数据，取离散值的数据为_____数据。

10. DTE 的中文含义是_____；DCE 的中文含义是_____。

11. 电路交换的过程包括电路建立阶段、数据传输阶段和_____三个阶段。

12. 单位时间内整个网络能够处理的信息总量称为_____。

13. 采用交换技术的计算机通信网络的核心设备是_____。

四、单选题

1. 数据传输的可靠性指标是（　　）。
    A. 速率
    B. 误码率
    C. 带宽
    D. 传输失败的二进制信号个数

2. （　　）是信息传输的物理信道。
    A. 信道　　　　　B. 数据　　　　　C. 编码　　　　　D. 介质

3. 香农定理从定量的角度描述了"带宽"与"速率"的关系。在香农定理的公式中，与信道的最大传输速率相关的参数主要有信道带宽与（　　）。
    A. 频率特性　　　B. 信噪比　　　　C. 相位特性　　　D. 噪声功率

4. 数据传输速率在数值上等于每秒钟传输构成数据代码的二进制比特数，它的单位为比特/秒，通常记作（　　）。
    A. B/s　　　　　B. bps　　　　　C. bpers　　　　D. baud

5. 数据通信中的信道传输速率的单位是比特率（b/s），它的含义是（　　）。
    A. Bits Per Second
    B. Bytes Per Second
    C. 和具体的传输介质有关
    D. 和网络类型有关

6. 通信信道的每一端可以是发送端，也可以是接收端，信息可由这一端传输到那一端，也可以由那一端传输到这一端。但在同一时刻里，信息只能有一个传输方向的通信方式称为（　　）。
    A. 单工通信　　　B. 半双工通信　　C. 全双工通信　　D. 模拟通信

7. 能够向数据通信网络发送和接收数据信息的设备称为（　　）。
    A. 数据终端设备
    B. 调制解调器
    C. 数据线路端接设备
    D. 集线器

8. 在计算机网络通信系统中，作为信源的计算机发出的信号都是（　　）信号，作为信宿的计算机所能接收和识别的信号必须是（　　）信号。

A. 数字,数字　　　B. 数字,模拟　　　C. 模拟,数字　　　D. 模拟,模拟

9. 在数字通信信道上,直接传输基带信号的方法称为(　　　)。

A. 宽带传输　　　B. 基带传输　　　C. 并行传输　　　D. 频带传输

10. 计算机通信采用的交换技术有分组交换和电路交换,前者比后者(　　　)。

A. 实时性好,线路利用率高　　　　　B. 实时性好,线路利用率低

C. 实时性差,线路利用率高　　　　　D. 实时性差,线路利用率低

11. 目前,公用电话网使用的交换方式为(　　　)。

A. 电路交换　　　B. 分组交换　　　C. 数据报交换　　　D. 报文交换

12. 在数据传输中,(　　　)交换的传输延迟最小。

A. 报文　　　B. 分组　　　C. 电路　　　D. 信元

13. 数据传输中需要建立连接的是(　　　)。

A. 信元交换　　　B. 电路交换　　　C. 报文交换　　　D. 数据报交换

14. 下列关于信道容量的叙述,正确的是(　　　)。

A. 信道所能允许的最大数据传输速率　　B. 信道所能提供的同时通话的路数

C. 以兆赫兹为单位的信道带宽　　　　　D. 信道允许的最大误码率

15. 计算机网络中广泛使用的交换技术是(　　　)。

A. 线路交换　　　B. 报文交换　　　C. 分组交换　　　D. 信源交换

16. 在 9600b/s 的线路上进行一小时的连续传输,测试结果有 150b 的差错,因此该数据通信系统的误码率是(　　　)。

A. 8.68×10^{-6}　　B. 8.68×10^{-2}　　C. 4.34×10^{-2}　　D. 4.34×10^{-6}

17. CDMA 系统中使用的多路复用技术是(　　　)。

A. 码分复用　　　B. 频分复用　　　C. 波分复用　　　D. 时分复用

18. 波特率指的是(　　　)。

A. 每秒传输的字节数　　　　　B. 每秒传输信号码元的个数

C. 每秒可能发生的信号变化的次数　　D. 每秒传输的比特

19. 假设一个 CDMA 通信系统中,某站点被分配的码片序列为 00011011,则当它发送比特"0"的时候,实际在信道上传输的数据序列是(　　　)。

A. 11100100　　B. 11100110　　C. 11100101　　D. 10000100

20. 在通信之前,需要在收发双方之间建立物理连接的交换方式是(　　　)。

A. 电路交换　　　B. 分组交换　　　C. 存储转发交换　　　D. 报文交换

21. 与多模光纤相比,单模光纤的主要特点是(　　　)。

A. 传输距离短、成本低、芯线细　　　B. 传输距离长、成本高、芯线细

C. 传输距离短、成本低、芯线粗　　　D. 传输距离长、成本高、芯线粗

22. 与电路交换相比,分组交换最大的缺点是(　　　)。

A. 控制开销大　　　　　B. 不能实现速率转换

C. 不能满足实时应用要求　　D. 不能实现链路共享

23. 下列传输介质中,误码率最低的是(　　　)。

A. 微波　　　B. 双绞线　　　C. 同轴电缆　　　D. 光纤

五、简答题

1. 什么是消息？什么是数据？说明它们之间的关系。

2. 什么是信道？常用的信道分类有哪几种？

3. 何谓单工通信、半双工通信和全双工通信？试举例说明它们的应用场合。

4. 在数据通信系统中，常用的数据传输方式有哪几种？简述它们的基本原理。

5. 在计算机网络中，数据交换方式有哪几种？它们各有什么优缺点？

6. 简述信息、数据和信号这三个概念之间的关系。

7. 全双工模式与半双工模式的区别是什么？

8. 模拟信号能否在数字信道上传输？数字信号能否在模拟信道上传输？

9. 解释"并行传输"和"串行传输"的概念，并指明两者的区别。

10. 解释"同步传输"和"异步传输"的概念，并指明两者的区别。

11. 简述模拟信号调制的过程。

12. 什么是电路交换？电路交换分为哪几个阶段？

13. 什么是报文？什么是报文交换？报文交换的特点是什么？

14. 存储转发的原理是什么？

15. 什么是分组？什么是分组交换？分组交换的特点是什么？

16. 为什么使用信道共享技术？

第 3 章 物　理　层

本章学习目标

- 了解物理层的功能。
- 掌握 DTE 和 DCE 的概念。
- 掌握物理层的基本特征。
- 了解物理层常见的技术标准。
- 掌握物理层下面的传输媒体。
- 了解常见的宽带接入技术。
- 掌握网线的制作过程。
- 熟悉网络仿真软件 Packet Tracer 的使用。

本章主要讲解计算机网络层次结构的最底层——物理层,详细讲解物理层的功能,介绍 DTE 和 DCE 的基本概念,分析物理层的基本特征,详细探讨物理层常见的技术标准。

本章详细讲解物理层下面的传输媒体,分析常见的宽带接入技术。最后的实验主要是练习网线的制作,以及熟悉网络仿真软件 Packet Tracer 的使用。

3.1　物理层的基本概念

3.1.1　物理层的功能

物理层位于 OSI 参考模型的最底层,它直接面向实际承担数据传输的物理媒体。物理层是指在物理媒体之上为数据链路层提供一个原始比特流的物理连接,涉及信号的编码、解码和同步。现有的计算机网络中的物理设备和传输媒体的种类繁多,而通信手段也有许多不同的方式。物理层的作用正是要尽可能地屏蔽掉这些差异,使物理层上的数据链路层感觉不到这些差异,这样可使数据链路层只考虑如何完成本层的协议和服务即可,而不必考虑网络具体的传输是如何实现的。物理层的协议常称为物理层规程,要解决的是主机、工作站等数据终端设备与通信线路上数据通信设备之间的接口问题。

物理层需要提供与传输介质相连的接口,接口通常用连接器实现,连接器有多根传输线,每根线标识特定的功能,每根线之间需要规定哪根线先动作,哪根线后动作。物理连接分为点对点连接和点对多点连接。

数据在计算机中多采用并行传输方式,在通信线路上的传输方式一般都是串行传输(主要出于经济上的考虑)。物理层还需要完成传输方式的转换。

物理层考虑的是怎样才能在连接各种计算机的传输介质上传输数据比特流,而不是指具体的传输介质。信号的传输离不开传输介质,而传输介质两端必然有接口用于发送和接收信号。物理层主要关心如何传输信号,它的主要任务是确定与传输媒体的接口有关的一些特性。由于物理连接的方式很多,传输媒体的种类也很多,因此具体的物理层协议也相当复杂。

3.1.2　DTE/DCE

物理层涉及通信用的互连设备主要有两大类,分别是 DTE 和 DCE。

DTE(Data Terminal Equipment)——数据终端设备,指的是位于用户网络接口用户端的设备,它能够作为信源、信宿或同时作为二者,它的功能是产生、处理数据。数据终端设备通过数据通信设备(如调制解调器)连接到一个数据网络上,并且通常使用数据通信设备产生的时钟信号。数据终端设备是一个广义的概念,广域网常用的数据终端设备一般有路由器、主机、工作站等。

DCE(Data Circuit-Terminating Equipment)——数据通信设备,指的是具有一定数据处理能力和数据收发能力的设备,由 DTE 提供或接收数据。常见的 DCE 设备有数据通信设备或电路连接设备,如调制解调器(MODEM)、路由器,以及连接 DTE 设备的通信设备。DCE 提供了一个用于与 DTE 设备进行数据传输的时钟信号,其功能是沿传输介质发送和接收数据。

3.1.3　物理层的基本特性

在 OSI 之前,许多物理规程或协议已经制定出来了,在数据通信领域中,这些物理规程已被许多商品化的设备所采用。

DTE 和 DCE 之间的接口标准特性包括机械的、电气的、功能的以及过程的。同样,物理层的主要任务是确定与传输媒体的接口的机械、电气、功能和过程特性。

1) 机械特性

机械特性也称物理特性,指明通信实体间硬件连接接口的机械特点,如接口所用连接器的形状和尺寸、引线数目的排列、固定和锁定装置等。这很像日常生活中的各种规格的电源插头,其尺寸都有严格的规定。

2) 电气特性

电气特性规定了在物理连接上,导线的电气连接及有关电路的特性,一般包括接收器和发送器电路特性的说明、信号的识别、最大传输速率的说明、与互连电缆相关的规则、发送器的输出阻抗、接收器的输入阻抗等电气参数等。

3) 功能特性

功能特性指明物理接口各条信号线的用途(用法),包括接口线功能的规定方法、接口信号线的功能分类,如数据信号线、控制信号线、定时信号线以及接地线等。

4) 过程特性

过程特性指明利用接口传输比特流的全过程及各项用于传输的事件发生的合法顺序,包括事件的执行顺序和数据传输方式,即在物理连接建立、维持和交换信息时,DTE/DCE双方在各自电路上的动作序列。

3.1.4　物理层标准

1. 物理层标准组织及常用标准

由于物理层的物理连接方式很多,可以是点对点,也可以采用多点连接或广播连接;而传输媒体的种类也非常多,如架空明线、双绞线、同轴电缆、光缆以及各种波段的无线信道等,因此物理层的协议种类较多,定义物理层协议标准的组织相对也较多。

通常,定义物理层协议标准的组织有:①国际标准化组织(ISO);②电气电子工程师协会(IEEE);③美国国家标准学会(ANSI);④国际电信联盟(ITU);⑤电子工业联盟/电信工业协会(EIA/TIA);⑥国有电信机构,如美国联邦通信委员会(FCC)。

常见的物理层标准有:①EIA RS-232;②EIA RS-449;③EIA/TIA-612/613;④V.24,是 ITU-T[前身为国际电报电话咨询委员会(CCITT)]发布的物理层接口标准;⑤V.35,是 ITU-T 标准,普遍用在美国和欧洲。

2. EIA RS-232-C/V.24

EIA RS-232-C 标准简称为 RS-232,是由美国电子工业协会(Electronic Industry Association,EIA)在 1969 年制定的串行通信物理接口标准,它的全名是"数据终端设备(DTE)和数据通信设备(DCE)之间串行二进制数据交换接口技术标准",RS 的意思是"推荐标准"(Recommended Standard),232 是标识号码,后缀 C 表示该推荐标准已被修改过的次数。该标准最初是数据通信时,是为连接 DTE 和 DCE 而制定的。若通信距离较近(<12m),可以用电缆线直接连接标准 RS-232 端口;若通信距离较远,则需附加调制解调器(MODEM)。图 3.1 为两个 DTE 通过 DCE 进行通信的例子。DTE 为插头,DCE 为插座。

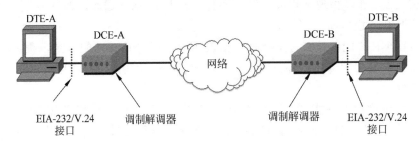

图 3.1　两个 DTE 通过 DCE 进行通信的例子

该标准规定采用一个 25 脚的 DB-25 连接器,对连接器的每个引脚的信号内容加以规定,还对各种信号的电平加以规定。后来,IBM 的 PC 将 RS-232 简化成 DB-9 连接器。因此,RS-232 通常以 9 个引脚(DB-9)或 25 个引脚(DB-25)的形态出现,一般个人台式计算机上会有两组 RS-232 接口,分别称为 COM1 和 COM2。DB-25 与 DB-9 的引脚定义如图 3.2 所示。表 3.1 为 DB-9 与 DB-25 引脚的对应关系。

表 3.1　DB9 与 DB25 引脚的对应关系

DB-9 针号	DB-25 针号	信号,功能	DB-9 针号	DB-25 针号	信号,功能
1	8	DCD,载波检测	6	6	DSR,DCE 就绪
2	3	RxD,接收数据	7	4	RTS,请求发送
3	2	TxD,发送数据	8	5	CTS,允许发送
4	20	DTR,DTE 就绪	9	22	RI,振铃
5	7	GND,信号地			

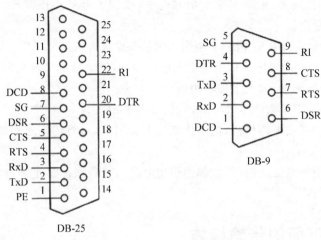

图 3.2　DB-25 与 DB-9 的引脚定义

CCITT 采用了 RS-232 标准，但用自己的命名体系将其命名为 CCITT V.24，并对每条引线也重新命名。CCITT 的 V.24 标准与 RS-232-C 接口标准兼容，是一种非常实用的异步串行通信接口。

RS-232 的特性如下。

1）机械特性

EIA-232-C 使用 ISO 2110 关于插头座的标准。DB25 的 25 根引脚（公头）分为上、下两排，分别有 13 和 12 根引脚，面对针脚引线，编号从左到右分别规定为 1～13 和 14～25。25 个孔（母头）分为上、下两排，分别有 13 和 12 个孔，面对孔，编号从右到左分别规定为 1～13 和 14～25。

DB-9 的 9 根引脚分为上、下两排，分别有 5 和 4 根引脚，面对针脚引线，编号从左到右分别规定为 1～5 和 6～9。9 个孔分为上、下两排，分别有 5 和 4 个孔，面对孔，编号从右到左分别规定为 1～5 和 6～9。

在微型计算机的 RS-232C 串行端口上，大多使用 9 针连接器 DB-9。

2）电气性能

与 V.28 建议书一致，采用负逻辑电平，用－15～－3V 表示逻辑“1”电平，用＋3～＋15V 表示逻辑“0”电平。当连接电缆线的长度不超过 15m 时，允许数据传输速率不超过 20kb/s。

3）功能特性

与 CCITT 的 V.24 建议书一致，它规定了什么电路应当连接到 25 根引脚中的哪一根以及该引脚的作用。

4）过程特性

规定了 DTE 和 DCE 之间信号时序的应答关系。

3. EIA RS-449/V.35

RS-232 具有传输性能低、距离短以及速率低的缺点，1977 年以 RS-232-C 为基础进行改进，提出 RS-449 标准。在 CCITT（现在称为 ITU-T）的建议书中，RS-449 相当于 V.35。

RS-449 是一个一体化的 3 个标准，包含两个电气子标准 RS-423-A 和 RS-422-A，在保持与 RS-232 兼容的前提下,重新定义了信号电平,改进了电气连接方式,提高了数据的传输速率和最大传输距离。

功能特性:RS-449 采用 37 根和 9 根引脚的插头座。

电气特性:RS-423-A 规定采用半平衡式电气标准,将信号电平定义为 6V(4 为过渡区)的负逻辑,提高了传输速率,加大了传输距离。

RS-422-A 规定采用平衡式电气标准,将信号电平定义为 6V(2V 为过渡区)的负逻辑,并且采用完全独立的双线平衡传输,抗串扰能力大大增强,可将传输速率提高到 2Mb/s,连接电缆长度可超过 60m。

RS-449/V.35 用于宽带电路(一般都是租用电路),其典型传输速率为 48~168kb/s,都用于点到点的同步传输。

3.2 物理层下面的传输媒体

物理层下面的传输媒体分为有线传输媒体和无线传输媒体,常见的有线传输媒体有双绞线、同轴电缆以及光纤;常见的无线传输媒体有无线电波、微波和红外线等。

3.2.1 双绞线

双绞线(Twisted Pair,TP)是一种综合布线工程中最常用的传输介质,由两根具有绝缘保护层的铜导线组成。把两根绝缘的铜导线按一定密度互相绞在一起,目的是将导线在传输中辐射出的电波互相抵消,有效降低信号干扰的程度。实际使用时将多对双绞线包在一个绝缘电缆套管里,形成双绞线电缆,但日常生活中一般把双绞线电缆直接称为双绞线。

与其他传输介质相比,双绞线在传输距离、信道宽度和数据传输速度等方面均受到一定限制,但价格较低廉。

1. 双绞线的分类

双绞线可以根据有无屏蔽层进行分类,也可以从频率和信噪比角度进行分类。

首先根据有无屏蔽层进行分类,将双绞线划分为屏蔽双绞线(Shielded Twisted Pair,STP)与非屏蔽双绞线(Unshielded Twisted Pair,UTP)。

屏蔽双绞线由 4 对不同颜色的传输线组成,在双绞线与外层绝缘层封套之间有一层金属屏蔽层。屏蔽层可减少辐射,防止信息被窃听,也可阻止外部电磁干扰的进入。屏蔽双绞线比同类的非屏蔽双绞线具有更高的传输速率。

非屏蔽双绞线同样由 4 对不同颜色的传输线组成,广泛应用于以太网中。电话线用的是 1 对非屏蔽双绞线。在综合布线系统中,非屏蔽双绞线得到广泛应用,它的主要优点如下:

(1)无屏蔽外套,直径小,节省占用的空间,成本低。

(2)重量轻,易弯曲,易安装。

(3)具有阻燃性。

(4)具有独立性和灵活性,适用于结构化综合布线。

按照频率和信噪比分类,双绞线常见的有三类线、四类线、五类线、超五类线以及六类线等。具体如下:

（1）三类线（CAT3）：指在美国国家标准协会（American National Standards Institute，ANSI）、美国通信工业协会（Telecommunication Industry Association，TIA）以及美国电子工业协会（Electronic Industries Alliance，EIA）制定的 EIA/TIA568 标准中指定的电缆，该电缆的传输频率为 16MHz，最高传输速率为 10Mb/s，主要应用于语音、10Mb/s 以太网（10Base-T）和 4Mb/s 令牌环，最大网段长度为 100m，目前已淡出市场。

（2）四类线（CAT4）：该类电缆的传输频率为 20MHz，用于语音传输和最高传输速率为 16Mb/s（指的是 16Mb/s 令牌环）的数据传输，主要用于基于令牌的局域网和 10BASE-T/100BASE-T 网络中，最大网段长度为 100m，未被广泛使用。

（3）五类线（CAT5）：这类电缆增加了绕线密度，外套一种高质量的绝缘材料，线缆最高频率带宽为 100MHz，最高传输率为 1000Mb/s，主要用于 100BASE-T 和 1000BASE-T 网络，最大网段长度为 100m。在双绞线电缆内，不同线对具有不同的绞距长度。

（4）超五类线（CAT5e）：衰减小，串扰少，具有更高的衰减与串扰的比值以及更高的信噪比、更小的时延误差，性能得到很大提高。超五类线主要用于千兆位以太网（1000Mb/s）。

（5）六类线（CAT6）：该类电缆的传输频率为（1～250）MHz，它提供 2 倍于超五类的带宽。六类线的传输性能远远高于超五类标准，适用于传输速率高于 1000Mb/s 的应用。

2. 双绞线的制作

国际上最有影响力的 3 家综合布线组织为 ANSI、TIA、EIA。在双绞线制作标准中应用最广泛的是 EIA/TIA-568A 和 EIA/TIA-568B。这两个标准最主要的区别是线的排列顺序不一样。实际工程项目中用得比较多的线序标准为 EIA/TIA-568B。

EIA/TIA-568A 的线序为：白绿 绿 白橙 蓝 白蓝 橙 白棕 棕

EIA/TIA-568B 的线序为：白橙 橙 白绿 蓝 白蓝 绿 白棕 棕

根据 EIA/TIA-568A 和 EIA/TIA-568B 标准，RJ-45 水晶头各触点都在网络连接中，对传输信号来说，它们起的作用分别是：1、2 用于发送，3、6 用于接收，所以 8 根线的双绞线中，实际使用的是 4 根线。也就是说，只保证这 4 根线连通，这根双绞线电缆就可用于实际工程项目中，并不需要 8 根线全部连通。

双绞线的制作步骤如下：

（1）剪断：用网线钳剪一段满足长度需要的双绞线。

（2）剥皮：把剪齐的一端插入网线钳用于剥线的缺口中，稍微握紧压线钳慢慢旋转一圈，让刀口划开双绞线的保护胶皮，拔下胶皮。当然，也可使用专门的剥线钳剥下保护胶皮。注意剥皮的长度要适中，剥皮过长会导致网线外套胶皮不能被水晶头完全包住，这样实际使用时由于水晶头的晃动会造成网线断裂、不能保护双绞线。剥线过短，导致双绞线不能插到水晶头的底部，造成水晶头插针不能与网线完好接触。

（3）排序：剥除外皮后即可见到双绞线电缆的 4 对 8 条芯线，把每对相互缠绕的线缆解开，解开后根据规则排列好顺序并理顺。

（4）剪齐：由于线缆之前是互相缠绕的，排列好顺序并理顺弄直之后，双绞线的顶端 8 根线已经不再一样长了，此时用压线钳的剪线刀口把线缆顶部裁剪整齐。

（5）插入：把按照一定标准顺序整理好的线缆插入水晶头内。注意，插入时将水晶头有塑料弹簧片的一面向下，有引脚的一面向上，插入时要求将 8 根线一直插到线槽的顶端。

（6）压线：将水晶头插入压线钳的 8P 槽内，用力握紧线钳，可以使用双手一起压，使得水晶头凸出在外面的引脚全部压入水晶头内。

(7) 测试：将做好的网线的两头分别插入网线测试仪中，并启动开关，观察测线仪灯的闪烁情况，判断网线制作是否成功。

两端做好水晶头的双绞线有直通线和交叉线之分。直通线也称为平行线，指的是双绞线两端的线序相同，按照标准的做法是：如果一边做成 EIA/TIA-568A 标准，则另一端同样做成 EIA/TIA-568A 标准；如果一端做成 EIA/TIA-568B 标准，则另一端同样做成 EIA/TIA-568B 标准，总之两端的顺序相同，如图 3.3 和图 3.4 所示。在工程项目中，如果确实忘记了标准 EIA/TIA-568A 或 EIA/TIA-568B 的顺序，我们只需记住直通线的本质是两边的线序相同即可，不按照标准做同样能够解决问题。当然，在实际工程项目中尽量按照标准做网线水晶头，这样的网线抗干扰能力是最强的。

图 3.3 双绞线直通线 EIA/TIA 568B 标准做法　　图 3.4 双绞线直通线 EIA/TIA 568A 标准做法

清楚直通线的本质，可以帮助我们解决一些实际问题。在实际工程中，利用标准做法的双绞线主要使用其中的四根线，分别为白橙、橙、白绿和绿。我们发现，有时由于这四根线存在断裂的情况，导致网络不能连通。如果清楚双绞线制作的本质，就可以使用其他颜色的线代替那根断裂的线，从而使这根双绞线仍然能够正常使用。如果一直强调必须使用标准双绞线的做法做这根双绞线，那么这根线永远做不通，而实际这根线是可以再次被使用的。

交叉线是双绞线另一种常见的做法。所谓交叉线，是指双绞线一端的 1、2 号线对应另一端的 3、6 号位置。一端的 3、6 号线对应另一端的 1、2 号位置，如图 3.5 所示。按照标准的做法，如果双绞线的一端做成 EIA/TIA-568A，则另一端做成 EIA/TIA-568B；如果双绞线的一端做成 EIA/TIA -568B，则另一端做成 EIA/TIA -568A。这样的双绞线称为交叉线。

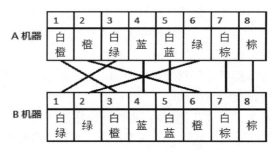

图 3.5 双绞线的交叉线制作

清楚交叉线的本质，同样可以帮助我们解决实际问题。当编号为 1、2、3、6 的四根线中

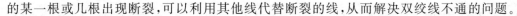

的某一根或几根出现断裂,可以利用其他线代替断裂的线,从而解决双绞线不通的问题。

3. 双绞线线型的选择

在实际工程项目中,往往需要对双绞线的线型进行选择,选择是使用直通线,还是使用交叉线?关于双绞线的选择,总结出的规则如下。

(1) 相同性质的设备之间用交叉线,不同性质的设备之间用直通线。

(2) 将路由器和 PC 看成相同性质的设备;将交换机和集线器看成相同性质的设备。

根据以上规则,可得出常见设备之间的连线情况,见表 3.2。

表 3.2　常见设备间线型选择

设备	计算机	集线器	交换机	路由器
计算机	交叉线	直通线	直通线	交叉线
集线器	直通线	交叉线	交叉线	直通线
交换机	直通线	交叉线	交叉线	直通线
路由器	交叉线	直通线	直通线	交叉线

3.2.2　同轴电缆

同轴电缆是指有两个同心导体,而导体和屏蔽层公用同一轴心的电缆。最常见的同轴电缆由绝缘材料隔离的铜线导体组成,在里层绝缘材料的外部是另一层环形导体及其绝缘层,整个电缆由聚氯乙烯或特氟纶材料的护套包住。

同轴电缆从用途上可分为 50Ω 基带电缆和 75Ω 宽带电缆(即网络同轴电缆和视频同轴电缆)两类。基带电缆又分细缆和粗缆两类。

1. 细缆

细缆的最大传输距离为 $185\mathrm{m}$,使用时两端接 50Ω 终端电阻。另外,它使用 T 型连接器、BNC 接头与网卡相连,不需要另外购置集线器等有源设备。

2. 粗缆

粗缆的最大传输距离可达到 $500\mathrm{m}$,不能与计算机直接连接,需要通过一个转接器转成 AUI 接头,然后再接到计算机上。粗缆的最大传输距离比细缆长,主要用于网络主干。

3.2.3　光纤

光纤是光导纤维的简称,是一种由玻璃或塑料制成的纤维,可作为光传导介质,传输原理是光的全反射。

细微的光纤封装在塑料护套中,使得它能够弯曲,而不至于断裂。光纤一端的发射装置使用发光二极管(Light Emitting Diode,LED)或一束激光将光脉冲传送至光纤,光纤另一端的接收装置使用光敏元件检测脉冲。

在日常生活中,由于光在光导纤维的传导消耗比电在电线传导的消耗低得多,因此光纤被用作长距离的信息传递。

光纤分为单模光纤和多模光纤。单模光纤只能传输一种模式,具有比多模光纤大得多的带宽,适用于大容量、长距离通信。多模光纤容许不同模式的光在一根光纤上传输。

3.2.4 无线电波

无线电波是指在自由空间(包括空气和真空)传播的射频频段的电磁波。无线电技术的原理在于,导体中电流强弱的改变会产生无线电波。利用这一现象,通过调制可将信息加载于无线电波之上。当电波通过空间传播到达接收端,电波引起的电磁场变化又会在导体中产生电流。通过解调信息从电流变化中提取信息,最终达到信息传递的目的。

3.2.5 微波

微波是指频率为 300MHz～300GHz 的电磁波,是无线电波中一个有限频带的简称,即波长在 1mm～1m 的电磁波,微波频率比一般的无线电波频率高,通常也称为"超高频电磁波"。

3.2.6 红外线

红外线是太阳光线中众多不可见光线中的一种,可当作传输媒介。红外线通信有两个最突出的优点:

(1) 不易被人发现和截获,保密性强。

(2) 几乎不受电气、天气及人为干扰,抗干扰性强。

3.3 实验一——网线制作

整个网线制作过程大致经过以下几个步骤:①认识工具和材料;②清楚网线制作标准;③具体网线的制作过程;④测试制作好的网线。

3.3.1 认识网线制作工具和材料

制作网线需要涉及以下一些工具及材料:①网线(图 3.6);②RJ-45 水晶头(图 3.7);③压线钳(图 3.8);④网线测试仪(图 3.9)。

图 3.6 网线

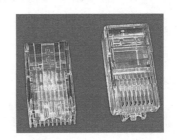

图 3.7 RJ-45 水晶头

3.3.2 网线制作步骤

以制作 EIA/TIA-568B 直通线为例,整个制作过程经过以下几个步骤:①剪断;②剥皮;

图 3.8 压线钳

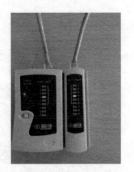

图 3.9 网线测试仪

③排序；④剪齐；⑤插入；⑥压制。

具体制作过程如下。

（1）剪断，如图 3.10 所示。

（2）剥皮，如图 3.11 所示。

图 3.10 剪断

图 3.11 剥皮

（3）排序，如图 3.12 所示。

按照 EIA/TIA-T568B 的顺序排序。具体线序如下：白橙、橙、白绿、蓝、白蓝、绿、白棕、棕。

（4）剪齐，如图 3.13 所示。

图 3.12 排序

图 3.13 剪齐

把每根线都理直后，再使用压线钳剪齐，使得露在保护层皮外的网线长度约为 1.5cm。

（5）插入，如图 3.14 所示。

右手手指掐住线，左手拿水晶头，塑料弹簧片朝下，把网线插入水晶头。注意：务必把外层的皮插入水晶头内，否则水晶头容易松动。图 3.15 为不标准的做法。

图 3.14　插入　　　　　　　　图 3.15　不标准的做法

在水晶头末端检查网线插入的情况(图 3.16)，要求每根线都能紧紧地顶在水晶头的末端。

(6) 压制，如图 3.17 所示。

把水晶头完全插入，用力压紧，能听到"咔嚓"声，可重复压制多次。

图 3.16　在水晶头的末端检查插入情况　　　　图 3.17　压制

3.3.3　测试

图 3.18　测试

将做好的网线的两头分别插入网线测试仪中，并启动开关，如图 3.18 所示，如果两边的指示灯同步亮，则表示网线制作成功。

网线制作注意事项如下。

① 剥线时不可太深、太用力，否则容易把网线剪断。

② 一定把每根网线捋直，排列整齐。

③ 把网线插入水晶头时，8 根线头中的每一根都要紧紧地顶到水晶头的末端，否则可能不通。

④ 捋线时不要太用力，以免把网线捋断。

3.4　宽带接入技术

在互联网发展的初期，用户利用电话线通过调制解调器连接到互联网服务提供商(Internet Service Provider，ISP)，从而实现与互联网的连接。采用这种方式连接互联网的最高速率只能达到 56kb/s，并且电话和上网两者不能同时进行。为了提高上网速率，已经有多种宽带接入技术进入用户的家庭。对于"宽带"的理解，目前并没有很严格的定义，不同时期对它的理解不一样,从一般的角度理解,它是能够满足人们感官的各种媒体在网络上传输所需要的带宽,是一个动态的、发展的概念。当初,由于拨号上网速率的上限是 56kb/s,因此将 56kb/s 及其以下的接入方式称为"窄带",之上的接入方式称为"宽带"。美国联邦通信委员会(Federal Communications Commission,FCC)2015 年 1 月 7 日做了年度宽带进程报告,在报告中对"宽带"进行了重新定义,原定的下行速度 4Mb/s 调整成 25Mb/s,原定的上行速度 1Mb/s 调整成 3Mb/s。

宽带接入技术主要包括铜线宽带接入技术、HFC 技术、光纤接入技术、以太网接入技术以及无线接入技术。

3.4.1　铜线宽带接入技术

铜线宽带接入技术即 DSL 技术,主要包括高速率数字用户线路(HDSL)、非对称数字用户线路(ADSL)以及超高速率数字用户线路(VDSL)。传统的通过调制解调器拨号实现用户的接入,速率为 56kb/s,但是这种速率远远不能满足用户对宽带业务的需求。虽然铜线的传输带宽非常有限,但是由于电话网的普及,从而可以充分利用电话网的宝贵资源。这里需要先进的调制技术和编码技术。

全铜线接入网在双绞线上采用先进的数字处理技术提高双绞线的传输速率。但是,当传输速率增加到 T1(1544kb/s)和 E1(2048kb/s)时,串扰和符号间干扰迅速增加。为了改善通信质量,可采用非对称数字用户线路(ADSL)和超高速数字用户线路(VDSL)。

1. ADSL 技术

ADSL(Asymmetric Digital Subscriber Line,非对称数字用户线路)是 DSL 技术的一种,也可称为非对称数字用户环路,是一种数据传输方式。1989 年,美国 Bellcore(1984 年以后,按照美国政府分拆 AT&T 的协议,从贝尔实验室中分割成立了 Bellcore)首先提出ADSL 技术。

ADSL 为高速数字用户环路,它与电话线相连,接入方式是双绞线入户,通过分离器分出两对线,其中一对线连接电话机,另一对线连接 ADSL Modem,ADSL Modem 通过五类线与计算机相连,具有高速传输、上网和打电话互不干扰、独享带宽、安全可靠、安装方便快捷、价格实惠的优点。Modem 俗称"猫",它的作用是将模拟信号和数字信号互相转换,以便在电话线路上传输信号。

ADSL 技术采用频分复用技术把普通的电话线分成电话、上行和下行三个相对独立的信道,从而避免了相互之间的干扰。用户可以边打电话边上网,不用担心上网速率和通话质量下降的情况。理论上,ADSL 可在 5km 范围内,在一对铜缆双绞线上提供最高 1Mb/s 的上行速率和最高 8Mb/s 的下行速率,能同时提供话音和数据业务。

ADSL 技术能够充分利用公共交换电话网(Public Switched Telephone Network,PSTN),只在线路两端加装 ADSL 设备即可为用户提供高宽带服务,无须重新布线,从而可极大地降低服务成本。同时,ADSL 用户独享带宽,线路专用,不受用户增加的影响。

ADSL 最大的优点是可以利用现有电话网中的用户线(铜线),而不需要重新布线。有许多古老的建筑,电话线早已存在。但若重新铺设光纤,往往会对原有的建筑产生一些损伤。从保护原有建筑考虑,使用 ADSL 进行宽带接入就非常合适。ADSL 的上网连接方式如图 3.19 所示。

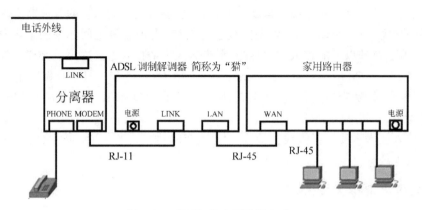

图 3.19　ADSL 的上网连接方式

ADSL 的特点总结如下：

① ADSL 上、下行速率不一致，下行速率往往高于上行速率。

② 双绞线的低频段 0～4kHz 用于电话通信，ADSL 利用电话线的高频部分（26kHz～2MHz）进行数字传输。其原理相当简单：经 ADSL Modem 编码的信号通过电话线传到电话局，经过一个信号识别/分离器，如果是语音信号，就传到电话交换机上，接入 PSTN 网；如果是数字信号，就直接接入 Internet。

③ ADSL 使用频分复用技术将话音与数据分开，话音和数据分别在不同的通路上运行，所以互不干扰。

通过 ADSL 宽带上网，物理上连接好后如图 3.19 所示，需要在上网的计算机上设置宽带拨号连接，具体操作过程如下（以 Windows 10 操作系统为例）：

右击桌面上的"网络"图标，在弹出的快捷菜单中选择"属性"，弹出如图 3.20 所示的窗口。

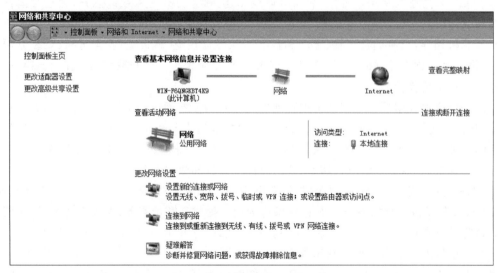

图 3.20　网络和共享中心

在图 3.20 所示的窗口中单击"设置新的连接或网络"按钮，弹出如图 3.21 所示的窗口。

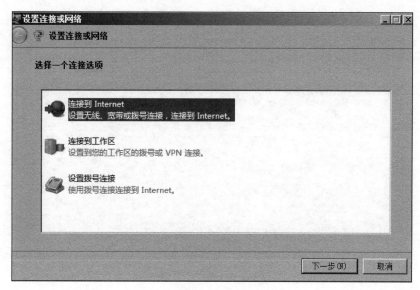

图 3.21 设置连接或网络

选择图 3.21 中的"连接到 Internet",单击"下一步"按钮,弹出如图 3.22 所示的窗口。

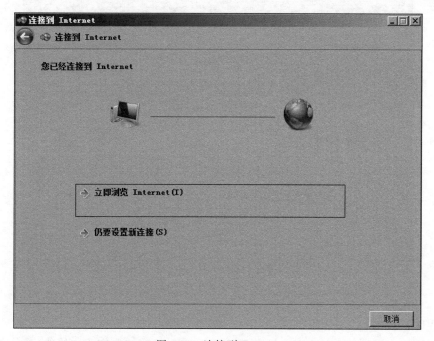

图 3.22 连接到 Internet

在图 3.22 窗口中选择"仍要设置新连接"选项,弹出如图 3.23 所示的窗口。

在图 3.23 所示的窗口中选择"宽带(PPPoE)",弹出如图 3.24 所示的窗口。

在图 3.24 中输入宽带上网的用户名和密码后,单击"连接"按钮。如果输入的用户名及密码正确,则 ADSL 宽带上网连接成功。

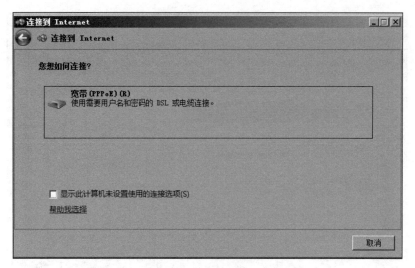

图 3.23 宽带 PPPoE

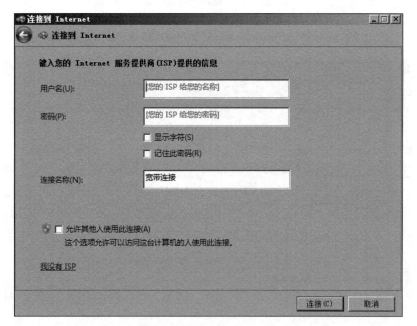

图 3.24 输入身份验证窗口

2. VDSL 技术

VDSL(Very High Speed Digital Subscriber Line,超高速数字用户线路)是一种非对称 DSL 技术。和 ADSL 技术一样,VDSL 也使用双绞线进行语音和数据的传输。它利用现有的电话线路在用户端安装一台 VDSL Modem。最重要的是,无须为宽带上网重新布设或变动线路。

VDSL 技术的特点如下:

① 高速传输——短距离内的最大下传速率可达 55Mb/s,上传速率可达 19.2Mb/s,甚至更高。

② 互不干扰——VDSL 数据信号和电话音频信号以频分复用原理调制,互不干扰。

③ 独享带宽——利用电话网络构成星形结构的网络拓扑,骨干网采用光纤传输,独享带宽。

3.4.2　光纤同轴混合技术

HFC(Hybrid Fiber Coax,光纤同轴混合)技术网是在目前覆盖面很广的有线电视网的基础上开发的一种居民宽带接入网,除可传送电视节目外,还能提供电话、数据和其他宽带业务。

传统的有线电视网络采用树形拓扑,传输介质为同轴电缆,采用模拟信道和频分多路复用(FDM)单向传输。20 世纪 90 年代初,随着光传输技术的成熟与发展,人们开始考虑在有线电视系统中采用光传输,形成光传输的有线电视网,也就是 HFC。HFC 具有频带宽、容量大的优点。HFC 主干线路采用光纤,光纤结点以下用同轴电缆组成树形拓扑。

随着 HFC 的推广,人们开始思考如何充分利用其优点。1993 年年初,Bellcore 提出在 HFC 上同时传输广播信息、电信信息,包括模拟信息以及数字信息,实现“全业务”接入。该方案的提出促进了有线电视经营者和电信经营者在经营方面的相互渗透。在 HFC 上利用电缆调制解调器(Cable Modem,CM)技术提供高速上网业务。电缆调制解调器可以做成一个单独的设备(类似 ADSL 的调制解调器),也可以做成内置式的安装在电视机的机顶盒里。用户只要把自己的计算机连接到电缆调制解调器,就可以上网。图 3.25 所示为 HFC 网络拓扑结构图。

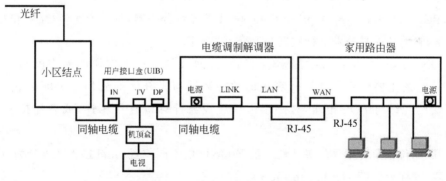

图 3.25　HFC 网络拓扑结构图

HFC 的主要优点是基于现有的有线电视网络,提供窄带、宽带及数字视频业务,缺点是必须对现有有线电视网进行双向改造,以提供双向业务传送。

3.4.3　光纤接入技术

光纤宽带接入是指用光纤作为主要的传输媒介,实现接入网的信息传送功能。光纤通信具有通信容量大、质量高、性能稳定、防电磁干扰、保密性强等特点。

光纤接入网可分为无源光网络(Passive Optical Network,PON)和有源光网络(Active Optical Network,AON)。所谓的“源”,指的是电源、能量源或功率源,没有此类“源”的电子设备就称为无源设备,没有能量源进行放大或转换。PON 由于具有扩展更方便、投资成本更低以及可靠性和安全性更高等优点而得到广泛应用。同时,无源光网络降低了故障率,而有源部件更容易出现故障。

典型的基于 PON 的光纤宽带接入的网络结构由三部分组成,如图 3.26 所示。

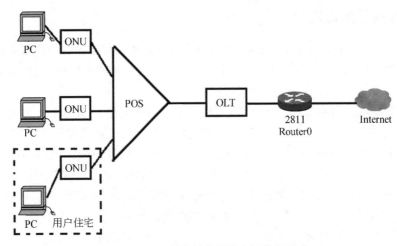

图 3.26　PON 的光纤宽带接入网络的组成

① OLT：OLT(Optical Line Terminal,光线路终端)是连接到 Internet 光纤干线的终端设备,它将来自 Internet 的数据发送到无源的 1:N 无源光纤分路器(POS),然后用广播方式发送给所有用户端的 ONU(Optical Network Unite,光网络单元)。

② POS：POS(Passive Optical Splitter,无源光纤分路器)是一个连接 OLT 和 ONU 的无源设备,它的功能是分发下行数据并汇聚上行数据。

③ ONU：ONU(Optical Network Unit,光网络单元),平常说的光猫就是一种特殊的 ONU,它的主要作用是实现计算机的数字数据与光纤上的光信号之间的相互转换。它的一端用光纤与 POS 相连,另一端用双绞线与计算机直接相连,或者连接一个小型局域网。

ONU 的位置具有很大的灵活性。根据 ONU 的不同位置,光纤接入又可分为以下几种不同类型,统称为 FTTx(Fiber to the x)。

① FTTH：Fiber To The Home(光纤到户,简称为光宽带)。

② FTTB：Fiber To The Building(光纤到楼宇)。

③ FTTC：Fiber To The Curb(光纤到路边)。

④ FTTZ：Fiber To The Zone(光纤到小区)。

⑤ FTTF：Fiber To The Floor(光纤到楼层)。

⑥ FTTO：Fiber To The Office(光纤到办公室)。

⑦ FTTD：Fiber To The Desk(光纤到桌面)。

以 FTTB 为例,从 OLT 出来的光纤,经过光纤配线架和 POS,到了大楼里,就直接进入大楼弱电间的 ONU。

从 ONU 到用户的个人计算机,一般使用以太网连接。从总的趋势看,光网络单元

ONU 越来越靠近用户的家庭,因此有了"光进铜退"的说法。

FTTx+LAN 的宽带接入方式介绍如下。

目前大量采用 FTTx+LAN 的宽带接入方式,该接入方式是一种以光纤加上局域网方式的社区宽带网,这种宽带接入方式适合大的集团用户和新建的小区,是一种成熟的本地宽带接入方式,它传输的信号是纯数字信号,可以直接通过网卡接入计算机,不需要另外添加其他设备。它同样具有高速传输、安装快捷、价格实惠等优点,可实现百兆到小区,两兆到桌面,用户接入后可进行下载文件、VOD 视频点播、远程教学、家庭办公、网上炒股及互动游戏,大大方便了用户使用。特别需要指出的是,它不和电话线相连,此类宽带只要用户计算机上具备网卡设备即可。(注:通常网卡上有两个灯,一个为电源灯,另一个为信号灯,有的网卡只有一个数据灯)

3.4.4　以太网接入技术

利用以太网技术,采用光缆加双绞线的方式对社区进行综合布线,形成局域网,用户计算机通过与以太网相连实现上网。以太网接入技术实现宽带上网可以提供 10M 以上的带宽。

3.4.5　无线接入技术

宽带无线接入是指能够以无线传输方式向用户提供高数据速率接入 Internet 的技术。IEEE 根据覆盖范围将宽带无线接入划分为 WPAN、WLAN、WMAN 以及 WWAN,覆盖范围由 10m 以内到 100m 以内,再到城市范围覆盖,再到极大范围覆盖。

目前 ISP 提供的常见的宽带接入方式见表 3.3。

表 3.3　目前 ISP 提供的常见的宽带接入方式

常见的宽带接入方式	简　　介	是否需要猫	独/共享带宽
FTTH	光纤直接入户的宽带上网方式,下行最高 1000M	需要光猫	独享带宽
FTTX+LAN	光纤＋局域网方式。光纤到楼,从楼内接入用户家	不需要	共享带宽
ADSL	上、下行不对称的数据传输方式,下行最高 8M	需要 ADSL 猫	独享带宽
Cable Modem	有线电视光缆接入方式,简称 CM	需要 CM 猫	共享带宽

3.5　实验二——Packer Tracer 模拟仿真工具简介

3.5.1　Packet Tracer 简介

Packet Tracer 是由 Cisco 公司发布的一款辅助学习软件,为学习网络课程的初学者提供设计、配置、排除网络故障的模拟环境。使用者可以在软件的图形界面上直接通过拖曳的方法建立网络拓扑结构,并且可以提供数据包在网络传输过程中详细的处理过程,观察网络的实时运行情况。通过该软件,学习者可以部分验证计算机网络的工作原理。下面简单介绍该软件的使用过程。

1. 软件的安装

下面以 Packet Tracer 5 为例介绍其安装过程。Packet Tracer 5 的安装非常方便,通过安装提示单击"Next(下一步)"按钮即可按照默认配置完成安装,具体的安装过程如图 3.27～图 3.34 所示。

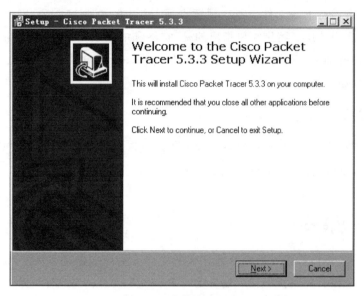

图 3.27 安装欢迎界面

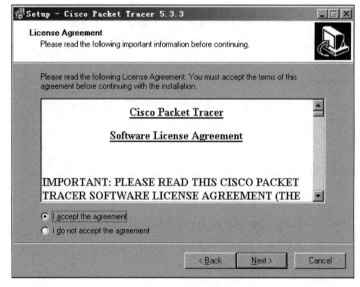

图 3.28 同意许可协议

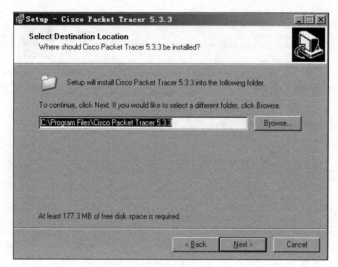

图 3.29 选择安装目录

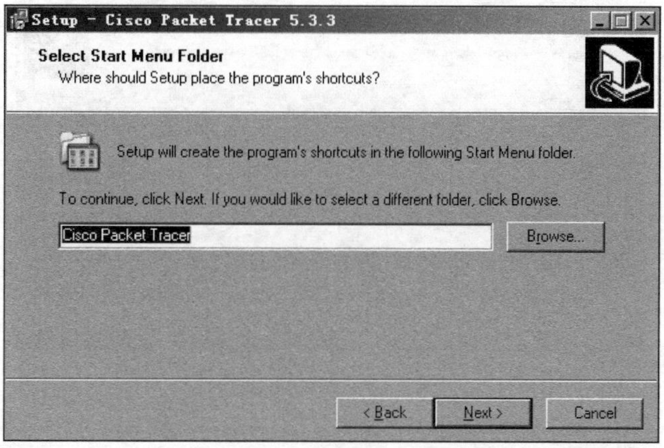

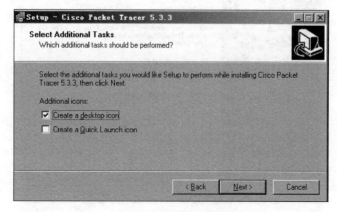

图 3.30 选择开始菜单文件夹

图 3.31 选择附加任务

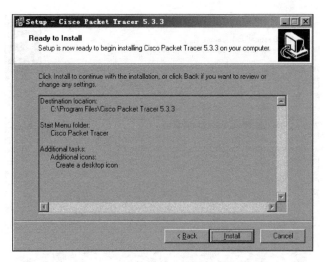

图 3.32　单击 Install 按钮开始安装

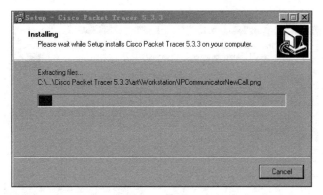

图 3.33　安装进行中

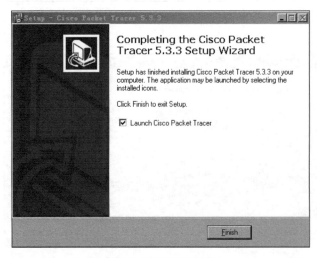

图 3.34　完成安装

通过"开始"菜单可以找到软件的安装位置,如图 3.35 所示。软件运行界面如图 3.36 所示。

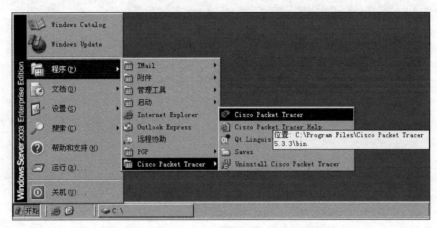

图 3.35 通过"开始"菜单找到软件的安装位置

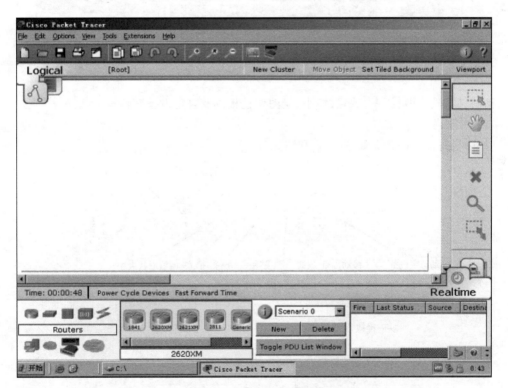

图 3.36 软件运行界面

2. 软件界面介绍

软件界面大致分为四个区域,分别为菜单栏区域、视图区、设备区以及工作区,如图 3.37 所示。

1) 菜单栏

菜单栏比较简单,功能类似于其他应用软件,包括新建、打开、保存、打印、活动向导、复

图 3.37　软件界面区域分布

制、粘贴、撤销、重做、放大、重置、缩小、绘图调色板以及自定设备对话框。

2）视图栏

视图栏各图标的含义如图 3.38 和图 3.39 所示。

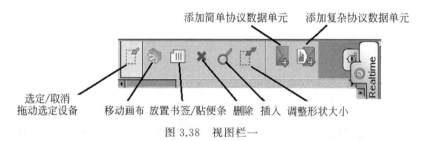

图 3.38　视图栏一

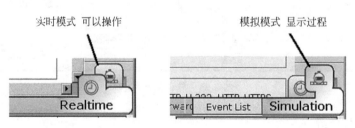

图 3.39　视图栏二

3）设备区

图 3.40 右边所示为路由器的不同型号情况。图 3.41、图 3.42、图 3.43 分别表示交换机

的不同型号、集线器的不同型号以及无线设备的不同型号情况。

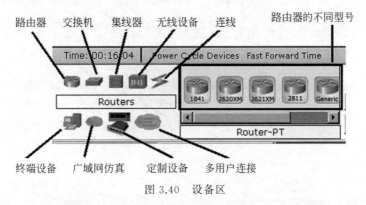

图 3.40　设备区

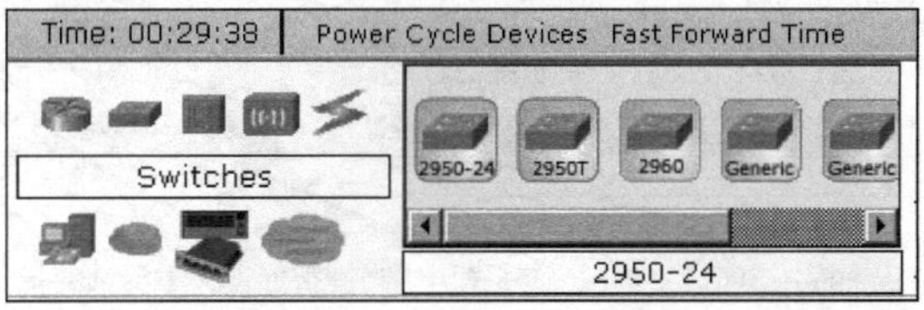

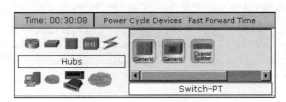

图 3.41　交换机的不同型号

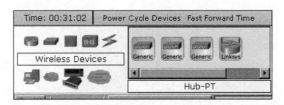

图 3.42　集线器的不同型号

图 3.43　无线设备的不同型号

连线具体情况如图 3.44 所示。

终端设备具体情况如图 3.45 所示。

3. 在工作区添加网络设备及终端设备构建计算机网络

1) 在设备区选择组网需要的网络设备并将其拖曳到工作区

首先选择组网需要的路由器,具体操作为:在设备区中选择路由器,右边窗口会显示可以使用的路由器的种类。根据网络需要选择型号,将其拖曳到工作区,现在拖曳 3 台 2811 到工作区,如图 3.46 所示。

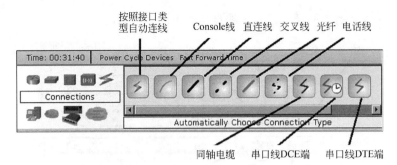

图 3.44　连线具体情况

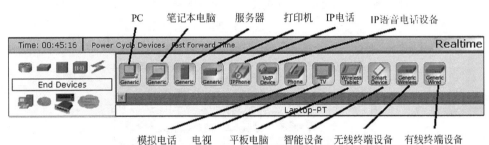

图 3.45　终端设备具体情况

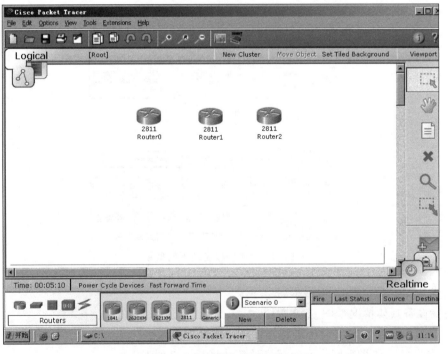

图 3.46　拖曳路由器到工作区

　　其次选择交换机,具体操作为:在设备区中选择交换机,右边窗口会显示可以使用的交换机的种类。选择需要的型号,将其拖曳到工作区,根据网络需要进行选择,现在拖曳 2 台 2960 到工作区,如图 3.47 所示。

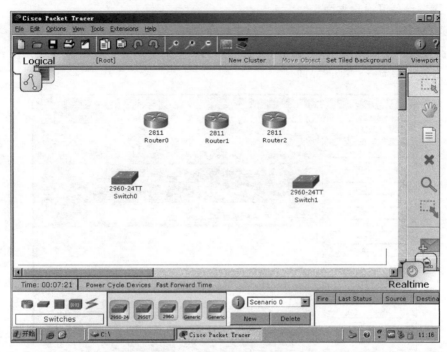

图 3.47 拖曳交换机到工作区

接下来选择终端设备到工作区,具体操作为:在设备区中选择终端设备,右边窗口会显示可以使用的终端设备的种类。选择需要的终端设备,将其拖曳到工作区,根据网络需要进行选择,现在拖曳 2 台计算机到工作区,如图 3.48 所示。

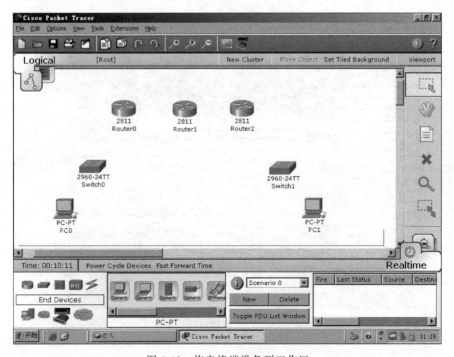

图 3.48 拖曳终端设备到工作区

2）探讨设备可视化界面

首先探讨路由器可视化界面情况。单击设备图标，可以弹出设备可视化界面。图 3.49 为路由器可视化界面。图 3.50 为路由器物理结构界面，图 3.51 为路由器可视化配置界面。图 3.52 为路由器命令行配置界面。

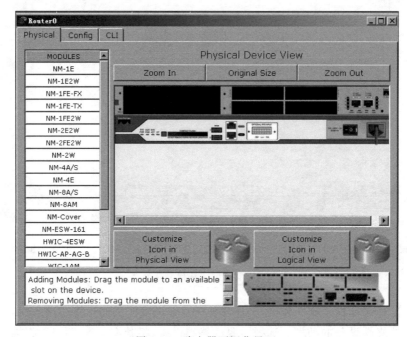

图 3.49　路由器可视化界面

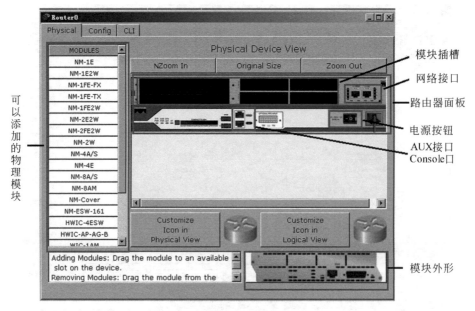

图 3.50　路由器物理结构界面

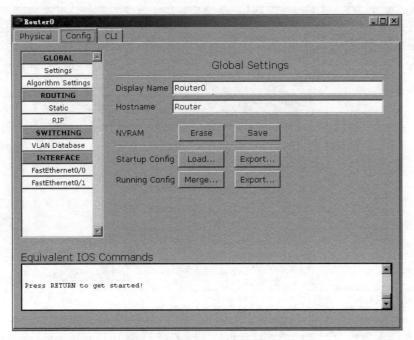

图 3.51 路由器可视化配置界面

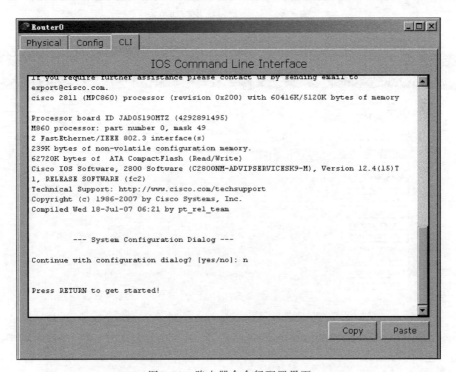

图 3.52 路由器命令行配置界面

其次探讨交换机可视化界面。图 3.53 为交换机可视化物理界面。图 3.54 为交换机可视化物理配置界面。图 3.55 为交换机可视化命令行配置界面。

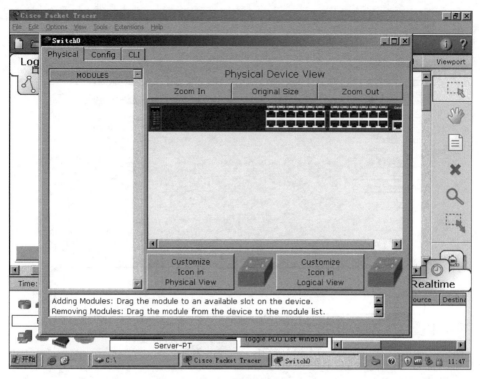

图 3.53 交换机可视化物理界面

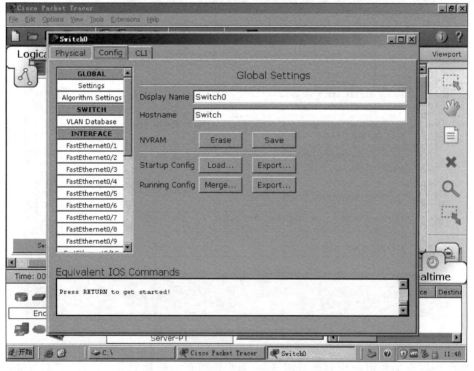

图 3.54 交换机可视化物理配置界面

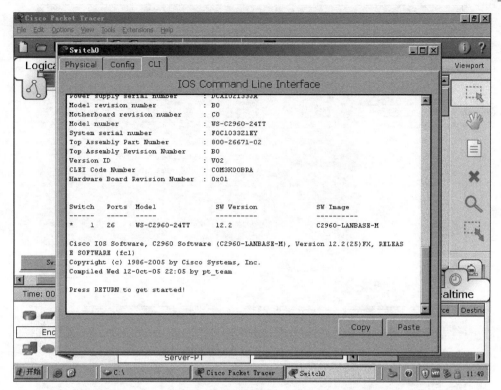

图 3.55　交换机可视化命令行配置界面

接着探讨终端设备可视化界面。图 3.56 为终端计算机可视化界面。图 3.57 为终端计算机可视化配置界面。图 3.58 为终端计算机桌面配置选项。图 3.59 为终端计算机可视化网络参数设置界面。

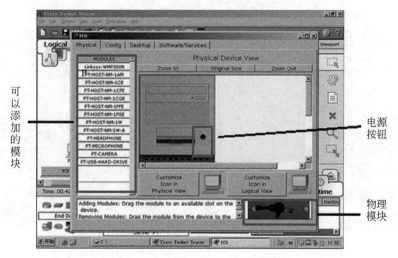

图 3.56　终端计算机可视化界面

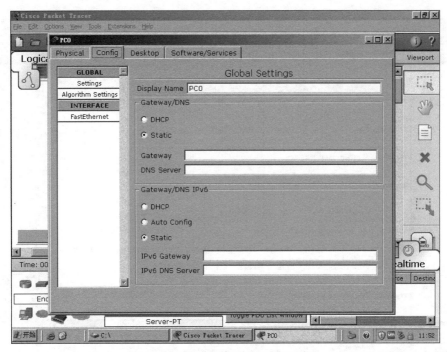

图 3.57　终端计算机可视化配置界面

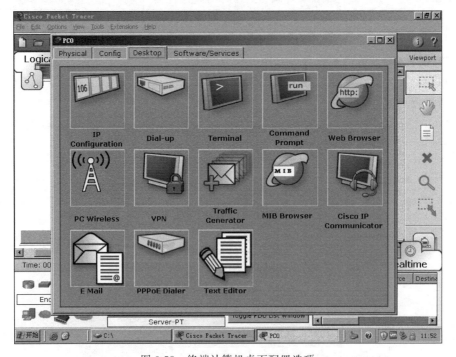

图 3.58　终端计算机桌面配置选项

3）将设备使用传输介质连接起来

路由器与路由器若要通过广域网串口连接起来，需要有相应的网络接口。由于默认 2811 路由器没有串口模块，因此需要在 2811 路由器上添加串口模块，具体添加模块的过程如下。

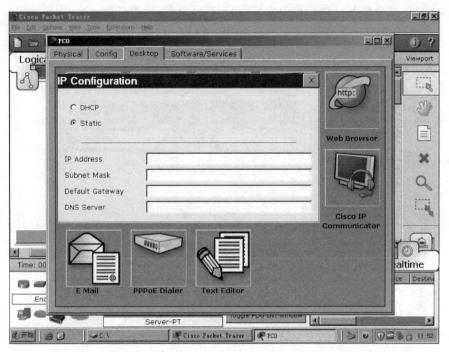

图 3.59　终端计算机可视化网络参数设置界面

（1）首先单击 2811 路由器，弹出路由器可视化配置界面，如图 3.60 所示。

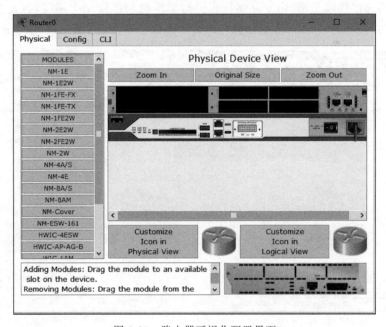

图 3.60　路由器可视化配置界面

（2）其次关闭路由器的电源开关，使路由器处于断电状态。

（3）最后选择左边 Physical 窗口中的 WIC-2T 模块。WIC-2T 接口卡是一款模块接口卡，产品概述为两端口串行广域网接口卡，支持 V.35 接口。将该接口卡拖放到路由器上插入相应的位置,之后松开鼠标。单击电源开关,打开电源,结果如图 3.61 所示。

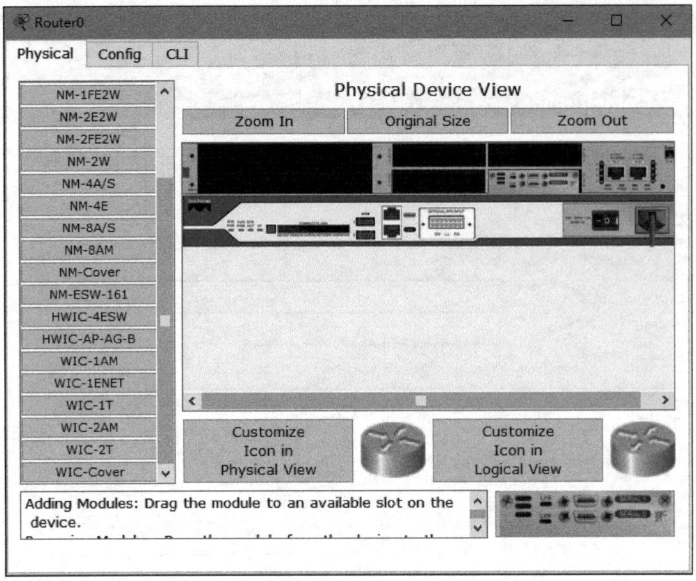

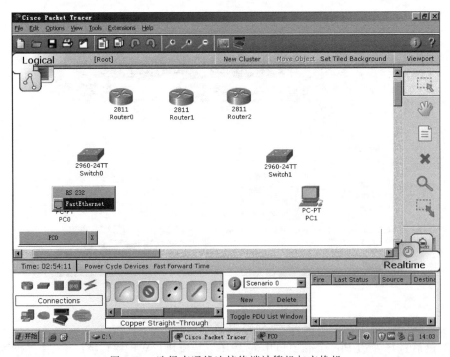

图 3.61　插入模块界面

采用同样的方法将其他两台路由器添加到相应的模块。将终端计算机与交换机相连的过程如下:

首先选择连接线缆类型,由于终端计算机与交换机相连使用直通线,因此选择直通线,单击线缆类型的直通线,然后将鼠标放在终端计算机上单击,选择 FastEthernet,如图 3.62

图 3.62　选择直通线连接终端计算机与交换机

所示,接着将鼠标放在交换机上单击,弹出可以连接的交换机的接口,如图 3.63 所示。选择一个接口单击,将终端计算机与交换机相连,如图 3.64 所示。

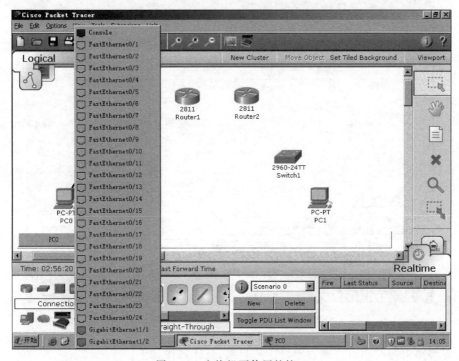

图 3.63　交换机可使用的接口

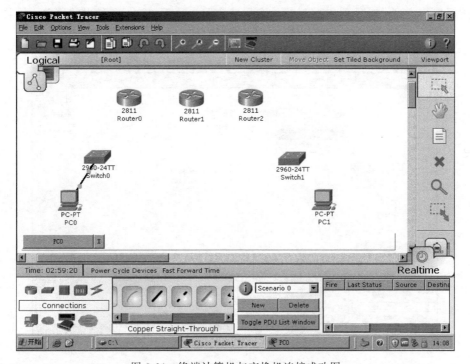

图 3.64　终端计算机与交换机连接成功图

同样,将交换机与路由器通过 FastEthernet 接口相连,如图 3.65 所示。

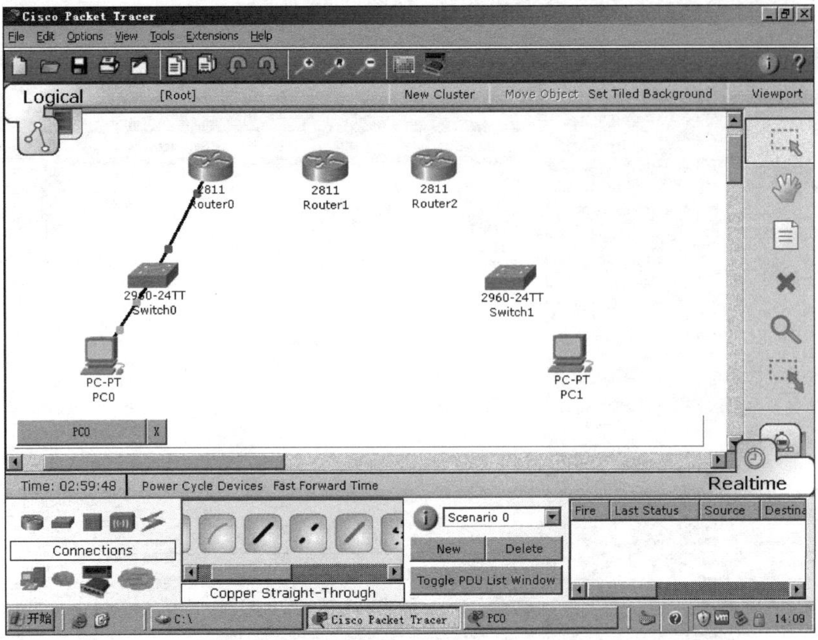

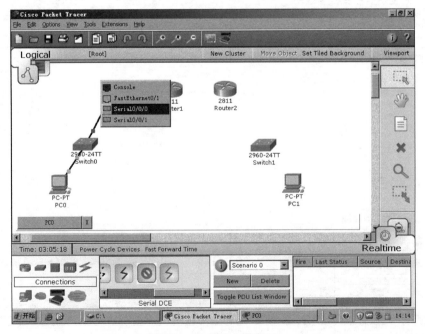

图 3.65　交换机与路由器连接成功图

接着将路由器与路由器通过串口连接起来,具体操作如下:

首先选择线缆类型为路由器的串口 DCE 端或者 DTE 端,在路由器上单击,在弹出的菜单中选择串口类型,如图 3.66 将鼠标放在另一台路由器上单击,在弹出的菜单中同样选择

图 3.66　选择路由器串口

串口,这样两台路由器就通过串口连接起来了。采取同样的方法连接其他路由器与路由器,
具体如图 3.67 所示。

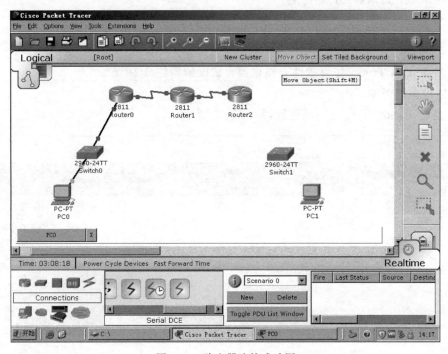

图 3.67　路由器连接成功图

采用同样的方法将其他设备连接起来,最终如图 3.68 所示。

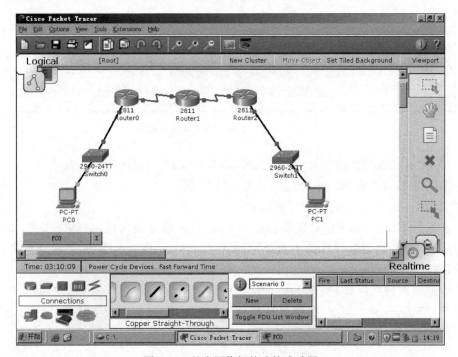

图 3.68　整个网络拓扑连接成功图

这样,在物理上就将网络设备进行了互连。

3.5.2 Packet Tracer 仿真实例

Packet Tracer 有多个不同的版本,不同的版本基本操作区别不大,这里以 Packet Tracer 7.0 为例。

1. 在 Packet Tracer 仿真软件上搭建两台机器的网络(P2P 方式)

具体操作过程如下:

① 运行 Packet Tracer 仿真软件,如图 3.69 所示。

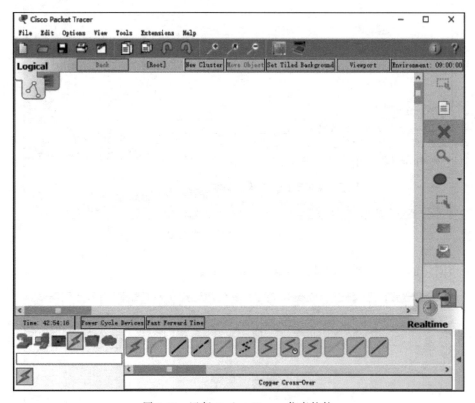

图 3.69 运行 Packet Tracer 仿真软件

② 选择"设备区"的"终端设备"中的 PC,将其拖动到工作区,如图 3.70 所示。

③ 同样拖动另一台 PC 到工作区,如图 3.71 所示。

④ 选择合适的双绞线将两台计算机相连。

由于两台 PC 连网属于同种设备相连的情况,因此选择交叉线,具体操作为:选择"连线"图标,在显示的各种连线种类中选择"交叉线",然后在 PC0 上单击,弹出选择接口类型的菜单,如图 3.72 所示。

选择 PC0 的网络接口 FastEthernet0 后,将鼠标移到 PC1 单击,在弹出的菜单中选择网络接口 FastEthernet0。至此,两台计算机通过交叉线物理上进行了连接,结果如图 3.73 所示。

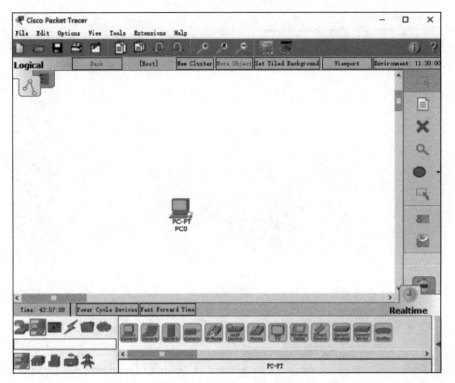

图 3.70　拖动 PC 到工作区

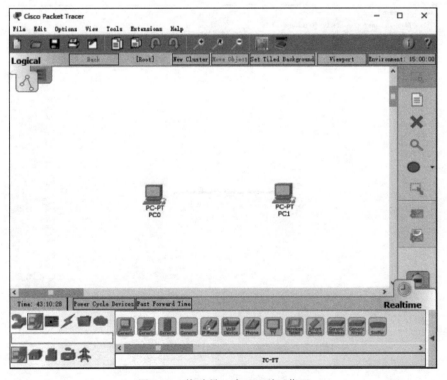

图 3.71　拖动另一台 PC 到工作区

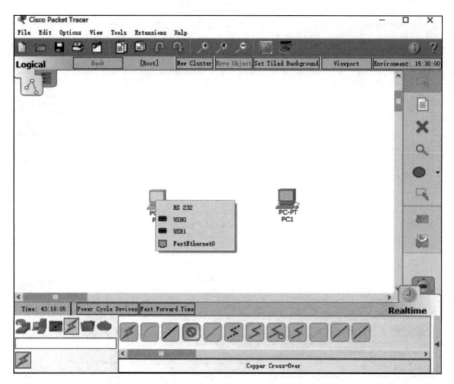

图 3.72 单击 PC0,弹出选择接口类型的菜单

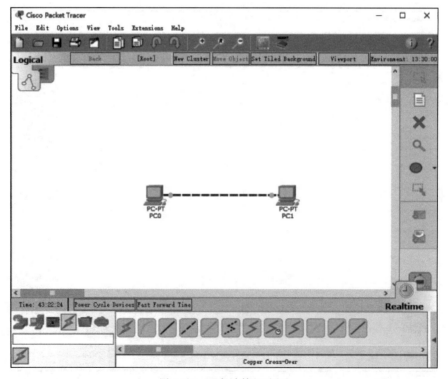

图 3.73 两台计算机连网

⑤ 测试网络的连通性。

为了能够验证两台计算机的连网，需要在两台计算机上设置相关的网络参数。如图 3.74 所示，为 PC0 设置 IP 地址以及子网掩码。具体操作如下：单击 PC0，在弹出的菜单中单击 IP Configuration，再在弹出的窗口中配置网络参数，如图 3.74 所示。

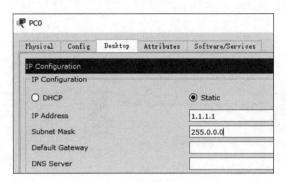

图 3.74　配置网络参数

同样配置另一台计算机的网络参数为："IP 地址 1.1.1.2，子网掩码 255.255.255.0"。通过 ping 命令测试网络连通性，具体操作为：单击 PC0，在弹出的菜单中单击 Command Prompt，接下来执行测试命令 ping，测试结果如图 3.75 所示。

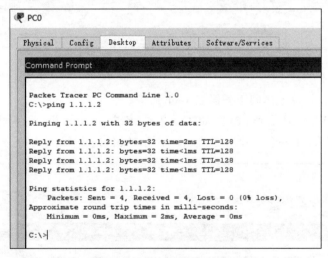

图 3.75　网络连通性测试结果

2. 在 Packet Tracer 仿真软件上搭建两台机器的网络（C/S 方式）

为了让大家更加直观地感觉两台计算机连网的效果，利用 Packet Tracer 搭建 C/S 方式的网络，通过客户端计算机访问服务器端计算机的相关服务，达到连网测试的效果。具体操作过程如下：

① 选择终端设备区中的 PC-PT 和 Server-PT 各一台拖放到工作区，如图 3.76 所示。

② 为客户端及服务器端配置网络参数。

为客户端计算机配置网络参数为："IP 地址 1.1.1.1，子网掩码 255.0.0.0"，服务器端网络参数为："IP 地址 1.1.1.100，子网掩码 255.0.0.0"。

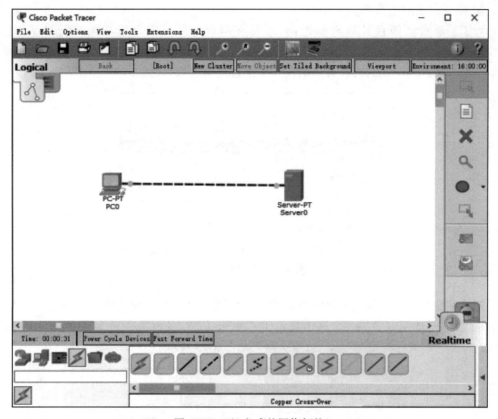

图 3.76 C/S方式的网络拓扑

③ 在客户端计算机上访问服务器端 Web 服务。

打开客户端 Web 浏览器,操作如下:单击客户端计算机,在弹出的菜单中选择 Desktop,再单击 Web Bowser,弹出如图 3.77 所示的窗口。

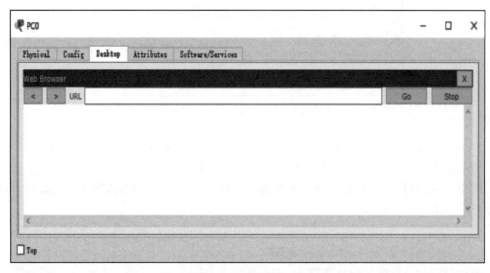

图 3.77 打开浏览器窗口

在浏览器窗口中输入 URL 地址：1.1.1.100 即可打开网页。如图 3.78 所示,结果表明两台计算机连网成功。

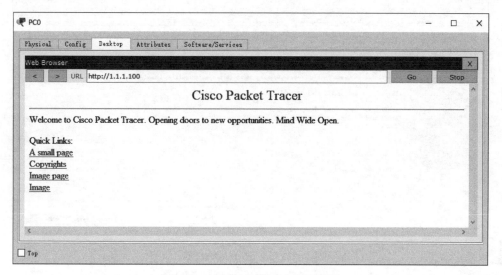

图 3.78　访问服务器 Web 网页效果

在 Packet Tracer 仿真软件中可以通过修改服务器端的网页内容,从而在客户端同步更新。修改网页内容的过程如下：单击服务器,在弹出的窗口中选择 Services 菜单,在 Services 菜单中单击 HTTP,结果如图 3.79 所示。

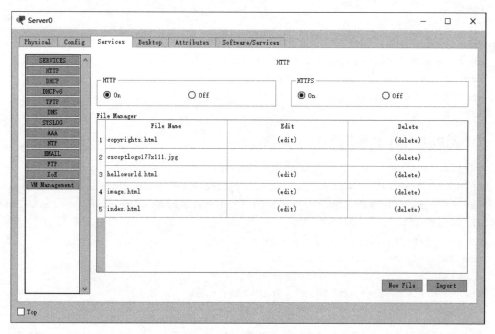

图 3.79　HTTP 编辑窗口

在图 3.79 中单击 index.html 文件的"edit(编辑)"按钮,弹出如图 3.80 所示的窗口。该窗口中显示的是网页主文件 index.html 的 html 代码,通过修改该代码可达到改变网页内容的效果。

图 3.80　index.html 编辑窗口

原始的网页 HTML 代码如下：

```
<html>
<center><font size='+2' color='blue'>Cisco Packet Tracer</font></center>
<hr>Welcome to Cisco Packet Tracer. Opening doors to new opportunities. Mind Wide
Open.
<p>Quick Links:
<br><a href='helloworld.html'>A small page</a>
<br><a href='copyrights.html'>Copyrights</a>
<br><a href='image.html'>Image page</a>
<br><a href='cscoptlogo177x111.jpg'>Image</a>
</html>
```

修改后的 HTML 代码如下：

```
<html>
<center><font size='+2' color='blue'>Wellcome to my web! </font></center>
<hr>Welcome to my web. You can get a full understanding of me through this website.
<p>Quick Links:
<br><a href='my hobby'>My hobby</a>
<br><a href='my home'>My home</a>
<br><a href='my life'>My life</a>
<br><a href='cscoptlogo177x111.jpg'>Image</a>
</html>
```

修改后的网页在客户端浏览器中显示效果如图 3.81 所示。实践证明，网页内容发生了改变，充分说明两台机器连网成功。

3. 在 Packet Tracer 仿真软件上搭建三台机器的网络

三台计算机连网需要交换设备，具体连网过程如下：

图 3.81　修改后的网页

① 在 Packet Tracer 仿真软件的设备区选择一台交换机,将其拖到工作区,如图 3.82 所示。

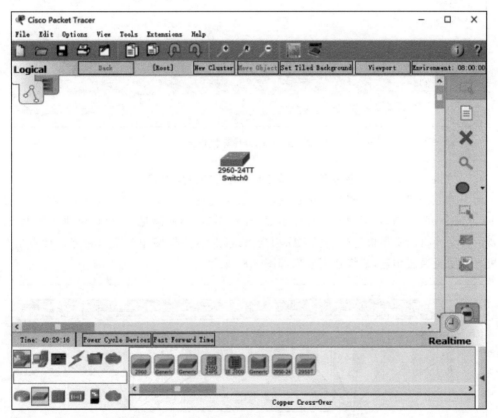

图 3.82　选择一台交换机

② 选择三台终端计算机,接下来通过直通线将其与交换机相连。将三台终端计算机相互连接,如图 3.83 所示。由于交换机的端口性质相同,因此连线时可以选择任意交换机的端口。

③ 为三台计算机配置网络参数,实现计算机之间的互联互通。

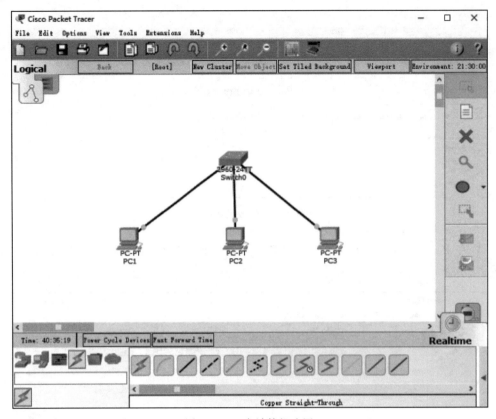

图 3.83　三台计算机连网

4. 在 Packet Tracer 仿真软件上搭建 30 台机器的机房网络

由于 Packet Tracer 仿真软件中仿真的一台交换机的接口数量(如 2960 交换机共有 24 个 FastEthernet 端口,以及 2 个 GigabitEthernet 端口)不能满足 30 台计算机的连网,因此需要两台交换机。交换机与交换机之间用交叉线相连(这里使用千兆口相连),计算机与交换机之间用直通线相连,最终连网效果如图 3.84 所示。

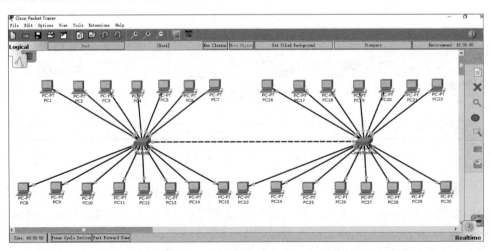

图 3.84　30 台计算机相连的机房网络

3.6 本章小结

本章主要讲解了计算机网络层次结构的最底层——物理层,详细讲解了物理层的功能,介绍了 DTE 和 DCE 的基本概念。本章分析了物理层的基本特征,详细探讨了物理层常见的技术标准,还详细讲解了物理层下面的传输媒体,最后分析了常见的宽带接入技术。

本章最后的实验主要是练习网线的制作,以及熟悉网络仿真软件 Packet Tracer 的安装和使用。

3.7 习题 3

一、单选题

1. 在中继系统中,中继器属于( )的设备。
   A. 物理层　　　　　B. 数据链路层　　　C. 网络层　　　　　D. 高层
2. 在计算机网络中,一方面连接局域网中的计算机,另一方面连接局域网中的传输介质的部件是( )。
   A. 双绞线　　　　　B. 网卡　　　　　　C. 终结器　　　　　D. 路由器
3. 有关光缆的陈述正确的是( )。
   A. 光缆的光纤通常是偶数,一进一出　　B. 光缆不安全
   C. 光缆传输慢　　　　　　　　　　　　D. 光缆较电缆传输距离近
4. 与双绞线相比,同轴电缆的抗干扰能力( )。
   A. 弱　　　　　　　B. 一样　　　　　　C. 强　　　　　　　D. 不能确定
5. 各种网络在物理层互联时要求( )。
   A. 数据传输率和链路协议都相同　　　　B. 数据传输率相同,链路协议可不同
   C. 数据传输率可不同,链路协议相同　　D. 数据传输率和链路协议都可不同
6. UTP 与计算机连接,最常用的连接器为( )。
   A. RJ-45　　　　　B. AUI　　　　　　C. BNC-T　　　　　D. NNI
7. 用一条双绞线可以把两台计算机直接相连构成一个网络,这条双绞线运用( )。
   A. 直通线　　　　　B. 交叉线　　　　　C. 反接线　　　　　D. 以上都可以
8. 不受电磁干扰或噪声影响的传输媒体是( )。
   A. 双绞线　　　　　B. 同轴电缆　　　　C. 光纤　　　　　　D. 微波

二、填空题

1. 传输媒体是通信网络中发送方和接收方之间的物理通路。计算机网络中采用的传输媒体可分为有线和无线两大类。双绞线、同轴电缆和光纤是常用的三种_____传输媒体。卫星通信、无线通信、红外通信、激光通信以及微波通信的信息载体都属于_____传输媒体。
2. 物理层规定了传输媒体的接口的_____、_____、_____、_____四个特性。
3. 双绞线分为 STP 和 UTP,此处 STP 指的是_____,UTP 指的是_____。

4. 光纤通信分为_____光纤和_____光纤两大类。

5. 在众多的传输媒介中,主要用于长距离传输和网络主干线传输的介质是_____。

6. 使用光纤作为传播媒体时,需完成_____信号和_____信号之间的转换。

7. _____是局域网连接的必备设备,它的作用是在工作站与网络间提供数据传输、数据转换、通信服务、数据缓存的功能。其作用与电话网络中的 RS-232C 异步通信适配器的作用相同。

8. 计算机网络中常用的三种有线传输媒体是_____、_____、_____。

9. 无线传输媒体除通常的无线电波外,通过空间直线传输的还有三种技术:_____、_____、红外线等。

第 4 章 数据链路层

本章学习目标

- 了解数据链路层常见的两种信道。
- 掌握数据链路层的三个基本问题。
- 掌握 CRC 循环冗余检测的工作原理。
- 了解高级数据链路控制(HDLC)协议,精通点对点协议(PPP)。
- 掌握广播信道的数据链路层的概念及 CSMA/CD 协议。
- 掌握利用仿真软件 Packet Tracer 抓取 PPP 包实验。
- 掌握利用 Wireshark 抓取 GNS3 中仿真 PPP 帧实验。
- 了解 PPP 中的 PAP 及 CHAP 两种验证实验。

本章首先介绍数据链路层经常使用的两种信道,即点对点信道和广播信道;接着讲解数据链路层的三个基本问题,即封装成帧、透明传输和差错检测,介绍循环冗余校验(CRC)的工作原理和 HDLC 协议;之后详细探讨 PPP,包括 PPP 的功能、组成以及帧格式;分析同步传输以及异步传输的问题,探讨 PPP 的工作状态;最后的实验部分演示 PPP 抓包验证实验以及 PPP 认证配置实验,探讨使用广播信道的数据链路层,分析 CSMA/CD 协议的工作原理。

4.1 数据链路层概述

数据链路层是 OSI 参考模型中的第二层,在物理层和网络层之间。数据链路层在物理层提供的服务的基础上向网络层提供服务,其最基本的服务是将源自网络层的数据传输到相邻结点的目标主机。

链路是指从一个结点到相邻结点的一段物理线路,中间没有任何其他的交换结点。数据链路是指除了一条物理线路外,还必须有一些必要的通信协议控制这些数据的传输。也就是说,数据链路等于在链路上加上实现这些协议的硬件和软件,如网络适配器(既有硬件,也有软件)。

数据链路层使用的信道主要有点对点信道和广播信道两种。

(1) 点对点信道:这种信道使用一对一的点对点通信方式。在使用点对点通信时,往往使用多路复用技术实现信道共享。常见的数据链路层点对点协议有:点对点协议(Point-to-Point Protocol,PPP)、高级数据链路控制(High-Level Data Link Control,HDLC)协议等。

(2) 广播信道:这种信道使用一对多的广播通信方式。传统以太网采用广播通信,信道上连接的主机多,使用专用的共享信道协议 CSMA/CD 协调这些主机的数据传输。

数据链路层协议帧中继(Frame Relay)以及异步传输模式(Asynchronous Transfer Mode,

ATM)既可以工作在点对点信道上,又可以工作在广播信道上。

数据链路层解决的是同一条链路上的数据传输问题,实现帧的单跳传输,其基本的服务是将网络层来的数据可靠或不可靠地传输到相邻结点的目标机。为了达到这一目的,数据链路层必须具备一系列功能,主要有:

① 如何将数据组合成数据块,在数据链路层中将这种数据块称为帧,帧是数据链路层的传送单位。

② 如何控制帧在物理信道上的传输,包括如何处理传输差错,如何调节发送速率,使之与接收方相匹配,在两个网络实体之间提供数据链路的建立、维持和释放管理。

这些功能的实现需要解决三个基本问题。这三个基本问题分别是:封装成帧、透明传输和差错检测。

1)封装成帧

为了向网络层提供服务,数据链路层必须使用物理层提供的服务。而物理层是以比特流进行传输的,这种比特流并不保证在数据传输过程中没有错误,接收到的位数量可能少于、等于或者多于发送的数量,而且它们可能有不同的值,这时数据链路层为了能实现数据有效的差错控制,就采用"帧"的数据块进行传输。

采用帧传输方式的好处是:在发现有数据传送错误时,只需将有差错的帧再次传送,不需要重传全部数据的比特流,大大提高了传送效率。采用帧传输方式同时会带来以下两方面的问题:

① 如何识别帧的开始与结束?

② 在夹杂着重传的数据帧中,接收方在接收到重传的数据帧时是识别成新的数据帧,还是识别成重传帧? 这就要靠数据链路层的各种"帧同步"技术识别。"帧同步"技术既可使接收方能从并不完全有序的比特流中准确区分每一帧的开始和结束,同时还可识别重传帧。

所谓封装成帧,就是在网络层的 IP 数据报的前后分别添加首部和尾部,这样就构成了一个帧。接收端收到物理层上交的比特流后,就能根据首部和尾部的标记从收到的比特流中识别帧的开始和结束。互联网采用分组交换的方式,所有在互联网上传送的数据都以分组(即 IP 数据报)为传送单位。将网络层的 IP 数据报传送到数据链路层就称为帧的数据部分。在帧的数据部分的前面和后面分别添加上首部和尾部,就构成一个完整的帧,这样的帧就是数据链路层的数据传送单元。

在数据传输中,出现差错时,帧定界符的作用更加明显。每一种数据链路层协议都规定了所能够传送的帧的数据部分长度的上限,即最大传输单元(Maximum Transfer Unit,MTU),以太网以及 PPP 的 MTU 均为 1500B,如图 4.1 所示。为了提高帧的传输效率,应当使帧的数据部分长度尽量大于首部和尾部的长度。

不同的数据链路层协议的帧的首部和尾部包含的信息有明确的规定,帧的首部和尾部有帧开始符和帧结束符,称为帧定界符。如图 4.2 所示,在帧的数据部分的前面和后面分别添上首部和尾部,构成一个完整的帧。

ASCII(American Standard Code for Information Interchange,美国信息交换标准代码)是由美国国家标准学会(American National Standard Institute,ANSI)制定的,是一种标准的单字节字符编码方案。ASCII 码使用指定的 7 位或 8 位二进制组合表示 128 或 256 种可能的字符。标准 ASCII 码也叫基础 ASCII 码,使用 7 位二进制(剩下的一位为 0)表示所有

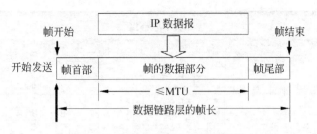

图 4.1　添加帧首部和尾部封装成帧

图 4.2　用控制字符进行帧定界

的大写和小写字母、数字 0～9、标点符号以及在美式英语中使用的特殊控制字符,7 位二进制一共可组合成 128 个不同的 ASCII 码,其中计算机键盘能够输入的可打印 ASCII 字符有 95 个,而不可打印的控制字符有 33 个。

帧开始符和帧结束符通常选择不会出现在帧的数据部分的非打印控制字符,在 ASCII 字符代码表中,有两个非打印控制字符专门用作帧定界符。控制字符 SOH(Start Of Header)放在一帧的最前面,表示帧的首部开始。另一个控制字符 EOT(End Of Transmission)表示帧的结束。SOH 和 EOT 都是控制字符的代码名称,它们的十六进制编码分别是 01(二进制是 0000 0001)和 04(0000 0100),如图 4.3 所示。

2) 透明传输

帧开始定界符和帧结束定界符解决了帧的定界问题,但也带来另一个问题,那就是所传输的数据中的任何 8 比特组合一定不允许和用在帧定界的控制字符的比特编码一样,否则就会出现帧定界的错误。

当传送的帧是用文本文件组成的帧时(文本文件中的字符都是从键盘上输入的),其数据部分显然不会出现像 SOH 和 EOT 这样的帧定界控制字符。不管从键盘上输入什么字符,都可以放在这样的帧中传输过去,这样的传输就是透明传输。

但是,当传输的是二进制程序或图像等非 ASCII 码的文本文件时,数据中的某个字节的二进制代码有可能恰好和 SOH 或 EOT 控制字符一样,数据链路层就会错误地认为“找到帧的边界”,把部分帧收下,而把剩下的部分由于找不到帧定界符而丢弃,这显然不是透明传输。如图 4.4 所示,数据中的 EOT 被接收端错误地认为是“传输结束”控制符,而其后面的数据因找不到 SOH 而被接收端当作无效帧丢弃。实际上,在数据中出现的字符 EOT 并非控制字符,而是二进制数据 0000 0100。

所谓透明,即某个实际存在的事物看起来好像不存在一样。数据链路层的透明传输是指不管所传数据是什么样的比特组合,都应当能够在链路上传送。当所传数据中的比特组

ASCII 字符代码表 一

高四位/低四位		ASCII非打印控制字符										ASCII 打印字符												
		0000					0001					0010		0011		0100		0101		0110		0111		
		0					1					2		3		4		5		6		7		
		十进制	字符	ctrl	代码	字符解释	十进制	字符	ctrl	代码	字符解释	十进制	字符	十进制	字符	十进制	字符	十进制	字符	十进制	字符	十进制	字符	ctrl
0000	0	0	BLANK NULL	^@	NUL	空	16	►	^P	DLE	数据链路转意	32		48	0	64	@	80	P	96	`	112	p	
0001	1	1	☺	^A	SOH	头标开始	17	◄	^Q	DC1	设备控制 1	33	!	49	1	65	A	81	Q	97	a	113	q	
0010	2	2	☻	^B	STX	正文开始	18	↕	^R	DC2	设备控制 2	34	"	50	2	66	B	82	R	98	b	114	r	
0011	3	3	♥	^C	ETX	正文结束	19	‼	^S	DC3	设备控制 3	35	#	51	3	67	C	83	S	99	c	115	s	
0100	4	4	♦	^D	EOT	传输结束	20	¶	^T	DC4	设备控制 4	36	$	52	4	68	D	84	T	100	d	116	t	
0101	5	5	♣	^E	ENQ	查询	21	§	^U	NAK	反确认	37	%	53	5	69	E	85	U	101	e	117	u	
0110	6	6	♠	^F	ACK	确认	22	■	^V	SYN	同步空闲	38	&	54	6	70	F	86	V	102	f	118	v	
0111	7	7	●	^G	BEL	震铃	23	↨	^W	ETB	传输块结束	39	'	55	7	71	G	87	w	103	g	119	w	
1000	8	8	◘	^H	BS	退格	24	↑	^X	CAN	取消	40	(	56	8	72	H	88	X	104	h	120	x	
1001	9	9	○	^I	TAB	水平制表符	25	↓	^Y	EM	媒体结束	41	)	57	9	73	I	89	Y	105	i	121	y	
1010	A	10	◙	^J	LF	换行/新行	26	→	^Z	SUB	替换	42	*	58	:	74	J	90	Z	106	j	122	z	
1011	B	11	♂	^K	VT	竖直制表符	27	←	^[	ESC	转意	43	+	59	;	75	K	91	[	107	k	123	{	
1100	C	12	♀	^L	FF	换页/新页	28	∟	^\	FS	文件分隔符	44	,	60	<	76	L	92	\	108	l	124	|	
1101	D	13	♪	^M	CR	回车	29	↔	^]	GS	组分隔符	45	-	61	=	77	M	93	]	109	m	125	}	
1110	E	14	♫	^N	SO	移出	30	▲	^6	RS	记录分隔符	46	.	62	>	78	N	94	^	110	n	126	~	
1111	F	15	☼	^O	SI	移入	31	▼	^-	US	单元分隔符	47	/	63	?	79	O	95	_	111	o	127	Δ	^Back space

注：表中的ASCII字符可以用：ALT + "小键盘上的数字键" 输入

图 4.3　ASCII 码表

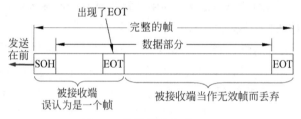

图 4.4　数据部分出现 EOT

合恰巧与某个控制信息完全一样时，就必须采取适当的措施，使接收方不会将这样的数据误认为是某种控制信息，这样就保证了数据链路层的传输是透明的。

为了解决透明传输问题，必须设法使数据中可能出现的形如控制字符 SOH 和 EOT 的组合时，在接收端不被解释为控制字符。采用的方法是字节填充（又称字符填充），以及零比特填充法。透明传输在 HDLC 协议中使用零比特填充法，PPP 的同步传输链路中也使用零比特填充法；PPP 异步传输时使用的是字节填充法；在以太网中，不需要使用帧结束定界符，也不需要使用字节填充或零比特填充法保证透明传输。

字节填充法的具体方法是：在发送端的数据链路层数据中出现控制字符 SOH 或 EOT 的前面插入一个转义字符 ESC（其十六进制编码是 1B，二进制是 0001 1011），而在接收端的数据链路层，在把数据送往网络层之前删除这个插入的转义字符。如果转义字符也出现在数据中，那么解决方法仍然是在转义字符的前面插入一个转义字符，如图 4.5 所示。当接收端收到连续的两个转义字符时，就删除其中前面的一个。

3）差错检测

现实的通信链路都不会是理想的，物理传输媒体由于其物理特性以及外界干扰等因素，导致传输错误是不可避免的。因此，接收方应该有检测每个帧是否有差错的能力。关于传

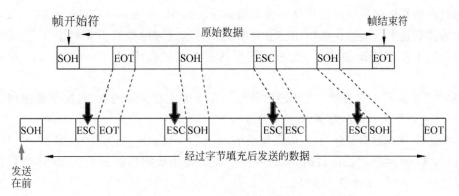

图 4.5 用字节填充法解决透明传输的问题

输差错，常见的几种情况如下。

① 基本比特差错：就是二进制位中，1 可能会变成 0，0 可能会变成 1。

② 帧丢失：就是一个帧没有在规定的时间内到达接收方。例如，发送编号为♯1 ♯2 ♯3 的 3 个帧，收到的帧编号为♯1 ♯3，♯2 帧丢失了。

③ 帧重复：就是收到一个和前面收到的一样的帧。例如，发送编号为♯1 ♯2 ♯3 的 3 个帧，收到的帧编号为♯1 ♯2 ♯2 ♯3，其中♯2 帧重复了。

④ 帧失序：就是收到帧的顺序和发送的顺序不同。例如，发送编号为♯1 ♯2 ♯3 的 3 个帧，收到的帧编号为♯1 ♯3 ♯2，也就是接收帧的顺序变化了。

以上 4 种传输差错可以分为两类：一类是基本的比特差错，如第①种情况；另一类为收到的帧没有出现比特差错，但出现了帧丢失、帧重复以及帧失序，如第②、③、④三种情况，这三种情况都属于"出现传输差错"，但都不是基本的比特差错。

关于差错检测是否要完成以上所有情况的检测，这关系到数据链路层是否提供可靠的传输。关于数据链路层是否提供可靠传输，有两个不同的观点：OSI 的观点是必须让数据链路层向上提供可靠传输，因此在基本比特差错检测的基础上增加了帧编号、确认和重传机制。收到正确的帧，就要向发送端发送确认。发送端在一定的期限内若没有收到对方的确认，就认为出现了差错，因而就进行重传，直到收到对方的确认为止。

由于现在的通信线路的质量已经大大提高，由通信链路质量不好引起的差错的概率已经大大降低。针对该情况，互联网采用另一个观点：对于通信质量良好的有线传输链路，数据链路层协议不使用确认和重传机制，不要求数据链路层向上提供可靠传输的服务。若在数据链路层传输数据时出现差错并且需要进行改正，改正差错的任务由上层协议（如运输层的 TCP）完成。对于通信链路较差的无线传输链路，数据链路层协议使用确认和重传机制，数据链路层向上提供可靠传输的服务。

互联网有线传输线路的数据链路层不提供确认和重传机制，提供不可靠传输服务，只是进行基本的比特差错检测。在一段时间内，传输错误的比特占所传输比特总数的比率称为误码率（Bit Error Rate，BER）。如误码率为 10^{-10} 时，表示平均每传送 10^{10} 个比特，就会出现一个比特的差错。误码率与信噪比有很大的关系，信噪比越大，误码率越小。实际的通信链路并非理想的，不可能使误码率下降到零。因此，为了保证基本数据比特传送的可靠性，在计算机网络传输数据时必须采用各种差错检测措施。

目前在数据链路层广泛使用循环冗余检验(Cyclic Redundancy Check,CRC),又称多项式编码的检错技术。要想让接收端能够判断帧在传输过程中是否出现差错,需要在传输的帧中包含用于检测错误的信息,这部分信息就称为帧校验序列(Frame Check Sequence,FCS)。

CRC 算法的基本思想是:将传输的数据当作一个位数很长的数,将这个数除以另一个数,得到的余数作为校验数据附加到原数据后面。

在发送端,先把数据划分为组,假定每组 K 个比特。现假定待传送的数据 $M=1010111011$ ($K=10$)。CRC 运算就是在数据 M 的后面添加供差错检测用的 n 位冗余码,然后构成一个帧发送出去,一共发送 $(K+n)$ 位。

n 位冗余码的计算方法如下:

用二进制的模 2 运算进行 2^n 乘 M 的运算,相当于在 M 的后面添加 n 个 0。本例中,$M=1010111011$,$n=4$,运算 2^n 乘 M 为 $2^4 \times M = 1000 \times 1010111011 = 10101110110000$,相当于在 M 的后面添加 4 个 0。

CRC 校验将比特串看成 0 或 1 的多项式。M 位的帧 1010111011 可表示成 $M(x)=x^9+x^7+x^5+x^4+x^3+x+1$。传输该帧之前,发送方和接收方必须事先商定一个生成多项式 $G(x)$,要求 $G(x)$ 比 $M(x)$ 短,并且为 $n+1$ 位,本例中,$n=4$,$G(x)$ 为 $4+1=5$ 位,且最高位和最低位的系数必须是 1。假定 $G(x)=x^4+x+1$,表示成二进制为 10011(5 位);在帧 $M(x)$ 的末尾附加 n 个 0 构成 $M'(x)$,即 10101110110000(相当于 $M(x)$ 左移 4 位,扩大了 2^4 倍),然后 $M'(x)$ 用模 2 运算(即加法不进位,减法不借位)除以 $G(x)$,如图 4.6 所示。除法产生的余数 0010(n 位)就是 CRC 码,CRC 码常称为 FCS。

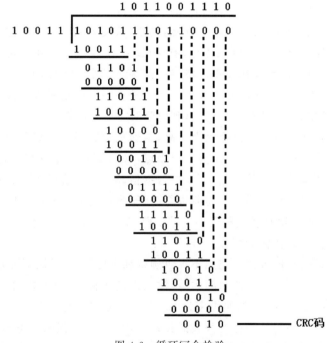

图 4.6 循环冗余检验

发送方将 CRC 码附加到 $M(x)$ 末尾,得到 10101110110010,然后在该比特序列前后加上若干控制信息组装成帧后向下传给物理层。

在接收端把接收到的数据以帧为单位进行 CRC 检验:把收到的每一帧都除以同样的除数 10011,然后检查得到的余数。如果经过 CRC 检验后得出的余数为 0,则说明传输过程中无差错;如果得出的余数不为 0,则说明传输过程中出现差错。出现差错余数仍然为 0 的概率是非常非常小的。

现在广泛使用的生成多项式 $G(x)$ 有以下三种:

① CRC-16$=x^{16}+x^{15}+x^2+1$

② CRC-CCITT$=x^{16}+x^{12}+x^5+1$

③ CRC-32$=x^{32}+x^{26}+x^{23}+x^{22}+x^{16}+x^{12}+x^{11}+x^{10}+x^8+x^7+x^5+x^4+x^2+x+1$

其中,IEEE 802 就采用 CRC-32 作为局域网数据链路层的检错生成多项式。它能检测出基本比特错误以及长度不超过 32 位的突发性错误。

在数据链路层,发送端 FCS 的生成和接收端 CRC 都是用硬件完成的,处理很迅速,不会延误数据的传输。

要在数据链路层进行差错检验,必须把数据划分为帧,每一帧都加上冗余码,一帧一帧地传送,然后在接收方逐帧进行差错检验。因此,在数据链路层要以帧为单位进行传送。

若在数据链路层仅使用 CRC 进行差错检测,只能做到对帧的无差错接收,即凡是接收端数据链路层接收的帧,在传送过程中没有产生基本比特差错。

4.2 使用 HDLC 的数据链路层

HDLC 是一个在同步网上传输数据、面向比特的数据链路层协议,它是由 ISO 根据 IBM 公司的 SDLC(Synchronous Data Link Control)协议扩展开发而成的。

高级数据链路规程是位于数据链路层的协议之一,其工作方式可以支持半双工、全双工传送,支持点到点、多点结构,支持交换型、非交换型信道,它的主要特点包括以下三个方面。

(1) 透明性:为实现透明传输,HDLC 定义了一个特殊标志,这个标志是一个 8 位的比特序列(01111110),用它指明帧的开始和结束。同时,为保证标志的唯一性,在数据传送时,除标志位外,采取了 0 比特填充法,以区别标志符,即发送端监视比特流,每当发送连续 5 个 1 时,就插入一个附加的 0,接收站同样按此方法监视接收的比特流,当发现连续 5 个 1 时而第六位为 0 时,删除第六位的 0。

(2) 帧格式:HDLC 帧格式包括地址域、控制域、信息域和帧校验序列。

(3) 规程种类:HDLC 支持的规程种类包括异步响应方式下的不平衡操作、正常响应方式下的不平衡操作、异步响应方式下的平衡操作。

4.3 使用点对点信道的数据链路层

点对点信道是指一条链路上就一个发送端和一个接收端的信道,通常用在广域网链路。例如,两个路由器通过串口(广域网口)相连,如图 4.7 所示,或家庭用户使用调制解调器通过电话线拨号连接 ISP,如图 4.8 所示,这都是点对点信道。

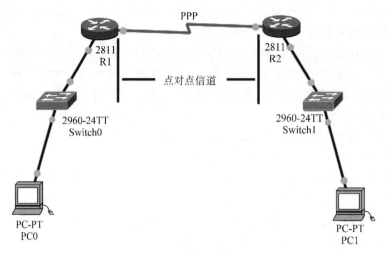

图 4.7　点对点链路一

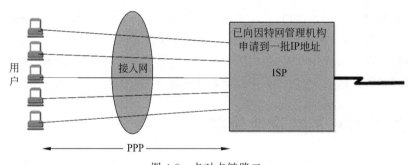

图 4.8　点对点链路二

4.3.1　PPP

　　点对点信道的数据链路层协议有：PPP 以及 HDLC 协议等，帧中继以及 ATM 网络既是 PPP，又是广播协议。

　　HDLC 是一个在同步网上传输数据，面向比特的数据链路层协议，它是由 ISO 根据 IBM 公司的 SDLC 协议扩展开发而成的。该协议提供可靠传输。在通信线路质量较差的年代，在数据链路层使用可靠传输协议是一种好办法。但是，现在的通信线路的质量已经大大提高，由通信链路质量不好引起的差错的概率已经大大降低，因此现在 HDLC 协议已经很少使用，现在互联网时代的数据链路层使用的是效率更高、更简单、不可靠的 PPP。如果在数据链路层传输数据时出现了差错并且需要进行改正，那么改正差错的任务就由上层协议（如运输层的 TCP）完成。

　　PPP 是为在点对点连接上传输多协议数据包提供的一个标准方法。PPP 设计之初是为两个对等结点之间的 IP 流量传输提供一种封装协议。PPP 在 1994 年已成为互联网正式标准。该协议是为在同等单元之间传输数据包这样的简单链路设计的链路层协议。这种链路提供全双工操作，并按照顺序传递数据包。设计目的主要是通过拨号或专线方式建立点对点连接发送数据。

1. PPP 的功能

① 具有动态分配 IP 地址的能力,允许在连接时刻协商 IP 地址。

② 支持多种网络协议,如 TCP/IP、BETBEUI、NWLINK 等。

③ 具有错误检测能力,但不具备纠错能力,所以 PPP 是不可靠传输协议。

④ 无重传的机制,网络开销小,速度快。

⑤ 具有身份验证功能。

⑥ 可用于多种类型的物理介质上,包括串口线、电话线、移动电话和光纤(如 SDH),PPP 也用于 Internet 的接入。

2. PPP 的组成

① 提供一个将 IP 数据报封装到串行链路的方法。IP 数据报在 PPP 帧中就是信息部分,长度受最大传送单元(MTU)的限制。PPP 支持异步链路(无奇偶校验的 8 比特数据)和面向比特的同步链路。

② 链路控制协议(Link Control Protocol,LCP)用来建立、配置和测试数据链路连接。通信的双方可协商一些选项。

③ 一套网络控制协议(Network Control Protocol,NCP),其中每个协议支持不同的网络层协议,如 IP、OSI 的网络层等。

④ 认证协议。最常用的认证协议有口令验证协议(Password Authentication Protocol,PAP)和挑战握手验证协议(Challenge-Handshake Authentication Protocol,CHAP)。

3. PPP 的帧格式

PPP 的帧格式如图 4.9 所示。PPP 帧的首部和尾部分别为四个字段和两个字段。首部的第一个字段和尾部的第二个字段为标志字段 F(Flag),标志字段占 1B,其值用十六进制表示为 0x7E,用二进制表示为 0111 1110 。标志字段表示一个帧的开始或结束,因此标志字段就表示 PPP 帧的开始定界符和结束定界符。

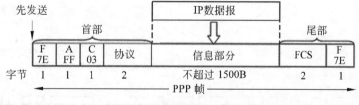

图 4.9　PPP 的帧格式

首部中的地址字段 A(Address)占 1B,其值用十六进制表示为 0xFF,用二进制表示为 1111 1111。首部中的控制字段 C(Control)占 1B,其值用十六进制表示为 0x03,用二进制表示为 0000 0011。当初曾考虑以后再对这两个字段的值进行其他的定义,但一直没有给出。这两个字段实际并没有携带 PPP 帧的信息。

PPP 首部的第四个字段是 2B 的协议字段。当协议字段的值为 0x0021 时,PPP 帧的信息字段就是 IP 数据报;当协议字段的值为 0xC021 时,信息字段是 PPP 链路控制协议(LCP)的数据;当协议字段的值为 0x8021 时,表示这是网络层的控制数据。

信息字段的长度是可变的,其值不超过 1500B。

尾部中的第一个字段占 2B,它是使用 CRC 生成的 FCS,用来检测 PPP 帧在传送过程中是否发生基本的比特差错。

网卡在接收帧时,并不保存标志字段,FCS 只是用来检测接收的帧是否出现误码,也不保存那些在发送端插入的转义字符,接收端也会删掉后提交给抓包工具,因此使用抓包工具看不到转义字符、帧定界符和帧校验序列。

4. PPP 帧透明传输问题

当信息字段中出现和帧开始定界符、帧结束定界符一样的比特 0x7E 组合时,就必须采取措施使这种形式上和标志字段一样的比特组合不出现在信息字段中。透明传输在 HDLC 协议中使用零比特填充法,PPP 的同步传输链路中也使用零比特填充法,而 PPP 异步传输时使用的是字节(或字符)填充法。

1)同步传输和异步传输问题

① 同步传输(Synchronous Transmission)。

同步传输是以同步的时钟节拍发送数据信号,因此,在一个串行的数据流中,各信号码元之间的相对位置都是固定的,即同步的。在同步传输模式下,数据的传送以一个数据区块为单位,因此同步传输又称为区块传输。传送数据时,需先送出 2 个同步字符(占 2B),然后再送出整批数据。

同步传输的比特分组要大得多,它不是独立地发送每个字符,每个字符都有自己的开始位和停止位,而是把它们组合起来一起发送,我们将这些组合称为数据帧,或简称为帧。数据帧的第一部分包含一组同步字符,它是一个独特的比特组合,类似前面提到的起始位,用于通知接收方一个帧已经到达,但它同时还能确保接收方的采样速度和比特的到达速度保持一致,使收发双方进入同步。帧的最后一部分是一个帧结束标记。与同步字符一样,它也是一个独特的比特串,类似前面提到的停止位,用于表示在下一帧开始之前没有别的即将到达的数据了。同步传输如图 4.10 所示。

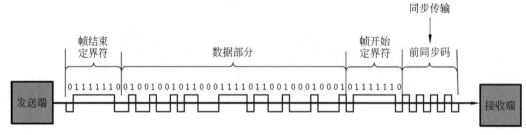

图 4.10　同步传输

同步传输通常比异步传输快得多。接收方不必对每个字符进行开始和停止操作。一旦检测到帧同步字符,它就在接下来的数据到达时接收它们。另外,同步传输的开销也比较少,例如,一个典型的帧可能有 500B(即 4000 比特)的数据,其中可能只包含 100 比特的开销,这时增加的比特位使传输的比特总数增加 2.5%,这与异步传输中 25% 的增值相比要小得多。随着数据帧中实际数据比特位的增加,开销比特所占的百分比将相应减少。但是,数据比特位越长,缓存数据需要的缓冲区越大,这就限制了一个帧的大小。

② 异步传输(Asynchronous Transmission)。

异步传输将比特分成小组进行传送,小组可以是 8 位的 1B 或更长。发送方可以在任何时刻发送这些比特组,而接收方从不知道它们会在什么时候到达。一个常见的例子是计算机键盘与主机的通信。按下一个字母键、数字键或特殊字符键,就发送一个 8 比特位的 ASCII 码。键盘可以在任何时刻发送代码,这取决于用户的输入速度,内部的硬件必须能够在任何时刻接收一个输入的字符。

异步传输存在一个潜在的问题,即接收方并不知道数据会在什么时候到达。在它检测到数据并做出响应之前,第一个比特已经过去了,这就好像有人出乎意料地从后面走上来跟你说话,而你没反应过来,漏掉了最前面的几个词。因此,每次异步传输的信息都以一个起始位开头,它通知接收方数据已经到达了,这就给了接收方响应、接收和缓存数据比特的时间;传输结束时,一个停止位表示该次传输信息的终止。按照惯例,空闲(没有传送数据)的线路实际携带着一个代表二进制 1 的信号,异步传输的开始位使信号变成 0,其他比特位使信号随传输的数据信息而变化。最后,停止位使信号重新变回 1,该信号一直保持到下一个开始位到达。例如,按键盘上的数字"1",按照 8 比特位的扩展 ASCII 码,将发送"0011 0001",同时需要在 8 比特位的前面加上一个起始位,后面加上一个停止位。

异步传输的实现比较容易,由于每个信息都加上了"同步"信息,因此产生了较大的开销。在上面的例子中,每 8 个比特要多传送两个比特,总的传输负载就增加 25%。对于数据传输量很小的低速设备来说,问题不大,但对于那些数据传输量很大的高速设备来说,25% 的负载增值就相当严重了。因此,异步传输常用于低速设备。异步传输如图 4.11 所示。

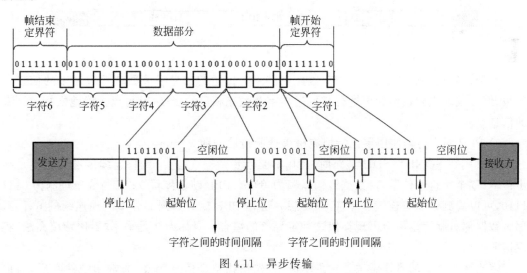

图 4.11　异步传输

③ 同步传输和异步传输的区别。

同步传输方式中,发送方和接收方的时钟是统一的,字符与字符间的传输是同步无间隔的。异步传输方式并不要求发送方和接收方的时钟完全一样,字符与字符间的传输是异步的。具体区别如下:

- 异步传输是面向字符的传输,而同步传输是面向比特的传输。

- 异步传输的单位是字符,而同步传输的单位是帧。
- 异步传输通过字符起止的开始和停止码抓住再同步的机会,而同步传输则是在数据中抽取同步信息。
- 异步传输对时序的要求较低,同步传输往往通过特定的时钟线路协调时序。
- 异步传输相对于同步传输效率较低。

2) PPP 异步传输使用字节填充解决透明传输问题

PPP 异步传输时,数据以字节为单位进行传输,当信息字段中出现和标志字段一样的比特 0x7E 组合时,就必须采取一些措施使这种形式上和标志字段一样的比特组合不出现在信息字段中。

此时转义字符定义为 0x7D(即 0111 1101),具体字节填充方法如下:

- 把信息字段中出现的每一个 0x7E 字节转变成 2B 序列(0x7D,0x5E)。
- 若信息字段中出现一个 0x7D 的字节(即出现和转义字符一样的比特组合),则把 0x7D 转变成 2B 序列(0x7D,0x5D)。
- 若信息字段中出现 ASCII 码的控制字符(即数值小于 0x20 的字符),则在该字符前面加入一个 0x7D 字节,同时将该字符的编码加以改变。例如,若出现 0x03(在控制字符中是"传输结束"ETX),就要把它转变为 2B 序列(0x7D,0x23)。PPP 帧字节填充法如图 4.12 所示。

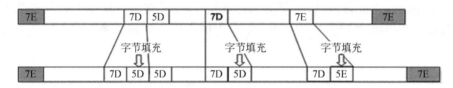

图 4.12　PPP 帧字节填充法

由于在发送端进行了字节填充,因此在链路上传送的信息字节数就超过原来的信息字节数,但接收端收到数据后再进行与发送端字节填充相反的变换,就可以正确地恢复出原来的信息。

3) PPP 同步传输使用零比特填充解决透明传输问题

PPP 用在 SONET/SDH 链路时,使用的是同步传输(一连串比特连续传送),而不是异步传输(逐个字符地传送)。数据传输以帧为单位。PPP 帧定界符 0x7E 写成二进制为 0111 1110,可以看到中间有连续 6 个 1,只要想办法在 PPP 帧的数据部分不出现连续的 6 个 1,那么数据部分就肯定不会出现类似这种定界符的组合。具体办法是采用"零比特填充法"实现透明传输。

零比特填充法的具体做法是:在发送端,先扫描整个信息字段(通常用硬件实现,但也可用软件实现,只是会慢一些)。只要发现有 5 个连续的 1,则立即填入 1 个 0。因此,经过这种零比特填充后的数据,就可以保证在信息字段中不会出现 6 个连续的 1。接收端在收到一个帧时,先找到标志字段 F,以确定一个帧的边界,接着再用硬件对其中的比特流进行扫描。每当发现 5 个连续的 1,就把这 5 个连续 1 后的一个 0 删除,以还原成原来的信息比特流,如图 4.13 所示,这样就保证了透明传输:在所传送的数据比特流中可以传送任意组合的比特流,而不会引起对帧边界的错误判断。

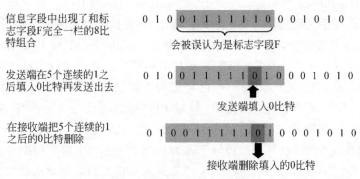

信息字段中出现了和标志字段F完全一栏的8比特组合

会被误认为是标志字段F

发送端在5个连续的1之后填入0比特再发送出去

发送端填入0比特

在接收端把5个连续的1之后的0比特删除

接收端删除填入的0比特

图 4.13　PPP 帧零比特填充

5. PPP 的工作状态

一个 PPP 链路的建立需要经过不同的阶段,其大致过程可用图 4.14 所示的状态转换图说明。下面简要说明各状态的转换过程。

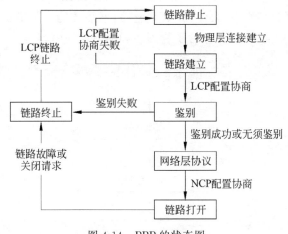

图 4.14　PPP 的状态图

① 链路静止:该状态意味着目前线路处于静止状态,线路上没有活动的载波。

② 链路建立:该状态表示一个结点向另一个结点请求通信,如用户计算机通过 Modem 拨号呼叫路由器,路由器检测到 Modem 发出的载波信号,双方开始协商一些配置选项,如链路允许的最大帧长、是否需要鉴别以及使用何种鉴别协议等。

协商过程中需要使用 LCP 并交换一些 LCP 分组。如果协商成功,则成功建立一条 LCP 链路,并进入鉴别状态(如果需要鉴别),或者直接进入网络层配置状态;否则回到链路静止状态。

③ 鉴别:如果需要鉴别,则采用协商好的鉴别协议进行身份鉴别。如果鉴别成功,则进入网络层配置状态,否则进入链路终止状态。

鉴别就是验证用户身份的有效性。PPP 提供 PAP 和 CHAP 两个鉴别协议。

- PAP(Password Authentication Protocol)——口令鉴别协议,是一个简单的鉴别协议,是 PPP 中的基本认证协议。PAP 就是普通的口令认证,要求将密钥信息在通信信道中明文传输,因此容易被监听工具(如 Wireshark 或 sniffer 等)监听而泄漏。

- CHAP(Challenge Handshake Authentication Protocol)——口令握手鉴别协议,是一个三次握手鉴别协议。在鉴别的过程中,发送的是经过摘要算法处理过的质询字符串,口令是加密的,而且绝不在线路上发送。因此,CHAP 较 PAP 有更高的安全性。

④ 网络层配置:由于路由器能够同时支持多种网络层协议,因此,在该状态下,PPP 链路两端的网络控制协议(NCP)需要根据网络层的不同协议互相交换网络层特定的网络控制分组。如果在 PPP 链路上运行的是 IP,则对 PPP 链路的每一端配置 IP 模块(如分配 IP 地址)时,就要使用 NCP 中支持 IP 的协议——IP 控制协议(IP Control Protocol,IPCP)。IPCP 分组被封装成 PPP 帧(其中的协议字段为 0x8021)在 PPP 链路层上传送。

⑤ 链路打开:当网络层配置完成后,链路就进入可以进行数据通信的"链路打开"状态。在该状态下,两端结点还可以发送 Echo-Request 和 Echo-Reply 分组,以检测链路状态。

⑥ 链路终止:数据传输结束后,链路两端中的任意一个结点均可以发出终止请求的 LCP 分组请求终止链路连接,在收到接收方发来的终止确认 LCP 分组后,转到"链路终止"状态。当链路出现故障时,也会转到该状态。

图 4.15 给出了对 PPP 几个状态的说明。从设备之间无链路开始,到先建立物理链路,再建立 LCP 链路。经过鉴别后,再建立 NCP 链路,然后才能交换数据。由此可见,PPP 已不是纯粹的数据链路层的协议,还包含了物理层和网络层的内容。

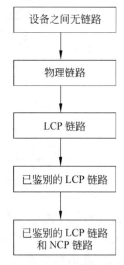

图 4.15 PPP 状态简图

4.3.2 实验一——Packet Tracer 仿真 PPP 抓包实验

1. 仿真环境拓扑设计及地址规划

构建如图 4.16 所示的网络拓扑结构图,在该网络环境中可以同时实现以太网帧以及 PPP 帧,在该网络拓扑结构中,主机 PC1 和路由器 R1 的 f0/0 接口之间传输以太网帧,路由器 R1 的 s0/0/0 接口和路由器 R2 的 s0/0/0 接口之间传输 PPP 帧,路由器 R2 的接口 f0/0 和主机 PC2 之间传输以太网帧。路由器实现了异构网络的互联。

该网络拓扑结构的地址规划见表 4.1。

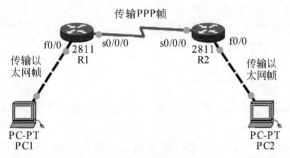

传输PPP帧

f0/0 2811 s0/0/0 s0/0/0 2811 f0/0
R1 R2

传输以
太网帧

PC-PT
PC1

传输以
太网帧

PC-PT
PC2

图 4.16 DIX V2 以太网帧以及 PPP 帧仿真拓扑结构图

表 4.1 网络地址规划

设备名称	IP 地址	
R1	fa0/0：192.168.1.1/24	s0/0/0：192.168.3.1/24
R2	fa0/0：192.168.3.1/24	s0/0/0：192.168.2.2/24
PC1	IP：192.168.1.10/24	默认网关：192.168.1.1
PC2	IP：192.168.3.10/24	默认网关：192.168.3.1

2. 配置网络，实现网络互联互通

该网络拓扑由三个网段组成，主机 PC1 和路由器 R1 之间传输以太网帧，网络地址为
192.168.1.0；路由器 R1 与 R2 之间数据链路层使用串口相连封装 PPP 的广域网，传输 PPP
帧，网络地址为 192.168.2.0；路由器 R2 和主机 PC2 之间传输以太网帧，网络地址为
192.168.3.0。利用路由器实现异构网络的互联，若要网络互联互通，需要配置接口的 IP 地
址，将路由器的串口封装 PPP，最后在路由器上执行动态路由器协议。具体配置如下：

```
首先配置路由器 R1
R1(config)#interface serial 0/0/0                    //进入路由器 R1 的 s0/0/0 接口
R1(config-if)#ip address 192.168.2.1 255.255.255.0   //为接口配置 IP 地址
R1(config-if)#clock rate 64000                       //为接口配置时钟频率
R1(config-if)#encapsulation ppp                      //配置接口封装 PPP
R1(config-if)#no shu                                 //激活接口
R1(config-if)#exit                                   //退出
R1(config)#interface fastEthernet 0/0               //进入路由器 fa0/0 接口
R1(config-if)#ip address 192.168.1.1 255.255.255.0   //为接口配置 IP 地址
R1(config-if)#no shu                                 //激活接口
R1(config-if)#exit                                   //退出
R1(config)#route rip                                 //路由器执行 RIP 路由协议
R1(config-router)#network 192.168.1.0                //宣告网段
R1(config-router)#network 192.168.2.0                //宣告网段
```

按照同样的步骤对路由器 R2 做相应的配置，配置路由器 R2 的接口 IP 地址，开启路由
器动态路由协议（RIP），将路由器的 s0/0/0 接口封装成 PPP，主要配置如下：

```
R2(config)#route rip                                 //路由器执行路由协议 RIP
```

```
R2(config-router)#network 192.168.2.0          //宣告网段
R2(config-router)#network 192.168.3.0          //宣告网段
R2(config-router)#exit                         //退出
R2(config)#interface serial 0/0/0              //进入路由器的接口 s0/0/0
R2(config-if)#encapsulation ppp                //配置接口封装 PPP
```

最后,按照表 1 配置主机相关网络参数。配置完毕后,整个网络就互联互通了。

3. 仿真实现 PPP 帧

路由器 R1 与路由器 R2 之间传输数据链路层协议数据单元为 PPP 帧,通过展开 R1 到 R2 的 PDU Information at Device R2 在 Inbound PDU Details 中得到 PPP 帧结构,如图 4.17 所示,其格式与图 4.9 所示的帧格式相符。首部由 1B 值为 0x7E 的标志字段 FLG、1B 值为 0xFF 的地址字段 ADR、1B 值为 0x03 的控制字段 CTR 以及 2B 值为 0x0021 的协议字段 PROTOCOL 组成,该值表明信息字段为 IP 数据报。尾部由 FCS 和 FLG 字段组成。

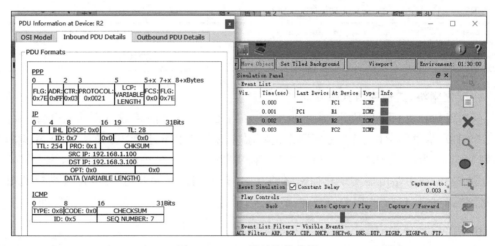

图 4.17　PPP 帧结构仿真图

4.3.3　实验二——利用 Wireshark 抓取 GNS3 仿真的 PPP 帧

1. Wireshark 的介绍及安装

Wireshark(其前身为 Ethereal)是一个网络封包分析软件。网络封包分析软件的功能是撷取网络封包,并尽可能显示最详细的网络封包资料。Wireshark 使用 WinPCAP 作为接口,直接与网卡进行数据报文交换。

1) Wireshark 的安装

Wireshark 的安装过程如图 4.18~图 4.27 所示。

勾选 Wireshark Desktop Icon,安装好后在桌面上创建快捷方式。

2) 抓取报文

运行 Wireshark,在接口列表中选择需要抓取数据包的网络接口名,然后开始在此接口上抓包。若要在无线网络上抓取流量,可单击无线接口。单击 Capture Options 可以配置高级属性。

图 4.18　双击安装程序进入安装欢迎界面

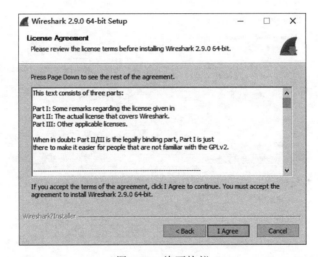

图 4.19　许可协议

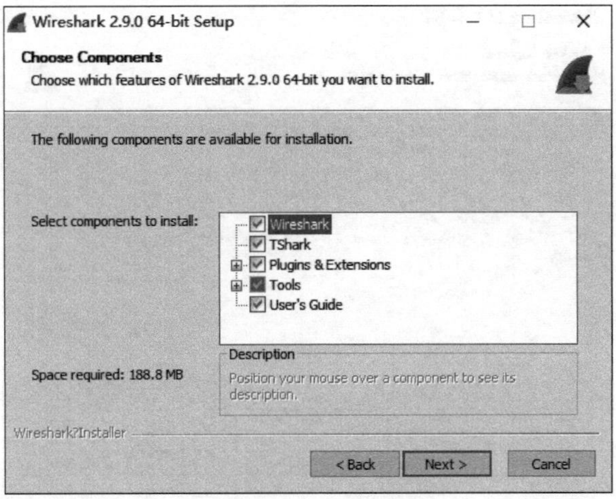

图 4.20　选择安装项目

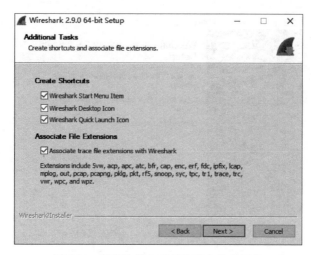

图 4.21 创建快捷方式并关联文件扩展名

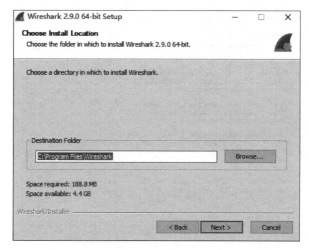

图 4.22 选择安装路径

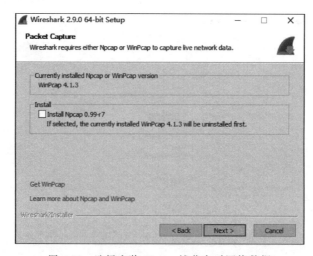

图 4.23 选择安装 Npcap 捕获实时网络数据

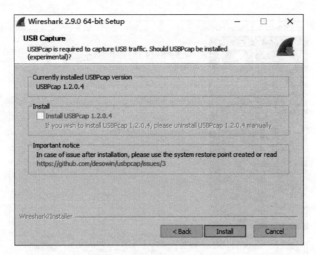

图 4.24　选择安装 USBPcap

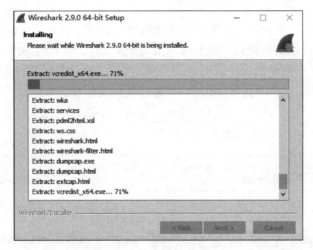

图 4.25　正在安装中

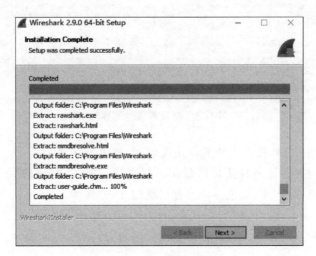

图 4.26　安装完成

图 4.27　单击 Finish 按钮最终完成安装

　　单击网络接口名之后,可以看到实时接收的报文。Wireshark 会捕捉系统发送和接收的每个报文。如果抓取的接口是无线且选取混合模式,那么可看到网络上的其他报文。

　　整个显示界面,上部分的每一行对应一个网络报文,默认显示报文接收时间(相对开始抓取的时间点)、源和目标 IP 地址、使用协议和报文相关信息。单击某一行在下面的窗口中可看到更多的信息。"＋"图标显示报文里每一层的详细信息。底端窗口同时以十六进制和 ASCII 码的形式显示报文内容,如图 4.28 所示。

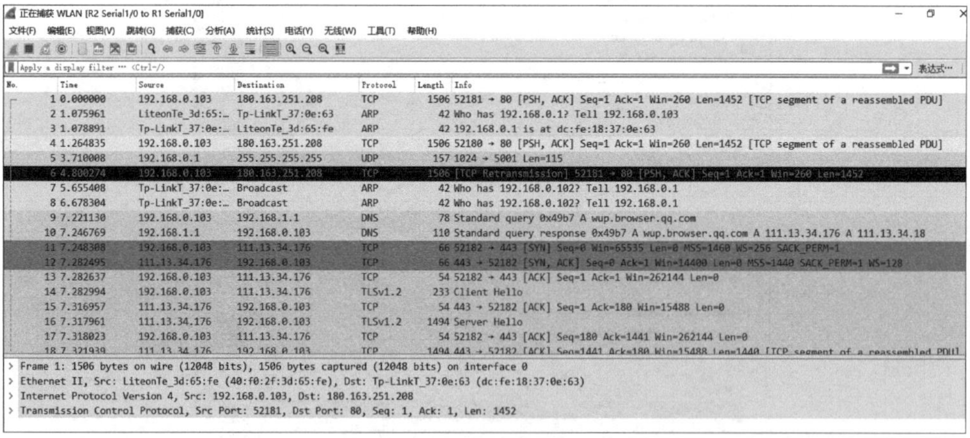

图 4.28　抓取数据包的界面

　　需要停止抓取报文时,按左上角的停止键即可,如图 4.29 所示。

　　Wireshark 通过颜色让各种流量的报文一目了然。例如,默认的绿色是 TCP 报文,深蓝色是 DNS,浅蓝色是 UDP,黑色标识出有问题的 TCP 报文,如图 4.30 所示。

　　打开一个抓取文件相当简单,在主界面上单击 Open 并浏览文件即可。也可以在 Wireshark 里保存自己的抓包文件并在以后需要时打开,如图 4.31 所示。

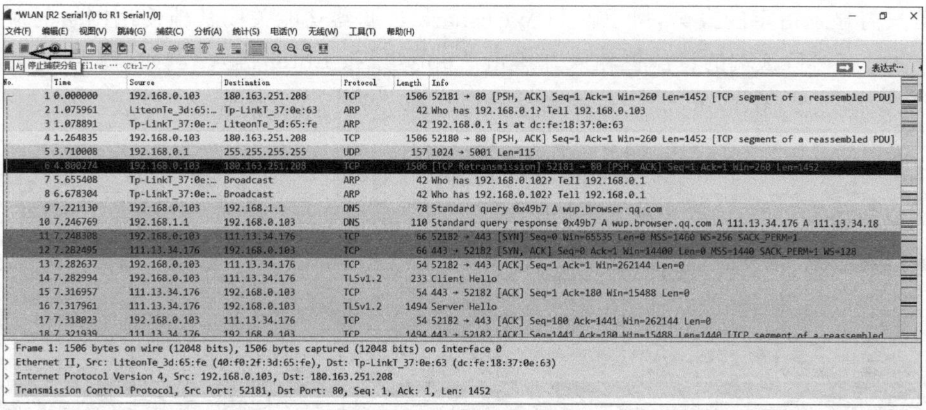

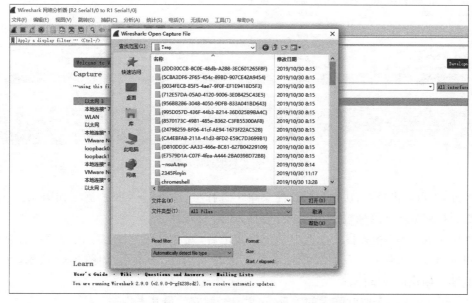

图 4.29　按停止键停止抓包

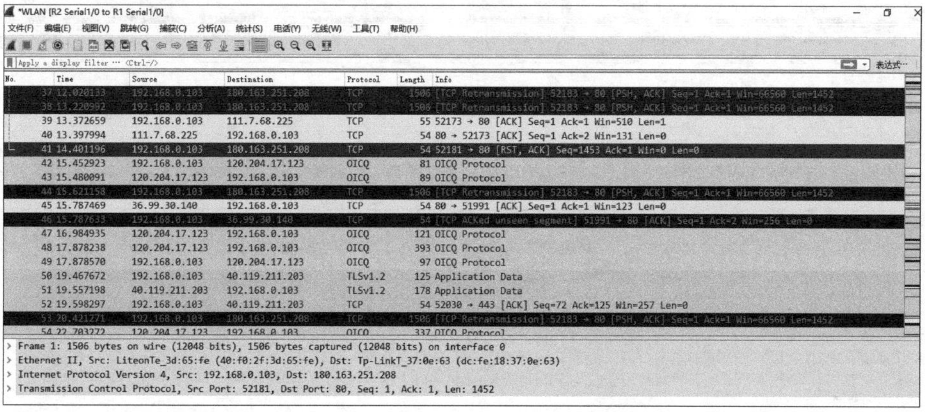

图 4.30　不同色彩标识不同性质的报文

图 4.31　打开报文样本

若只需显示指定的报文,可以使用 Wireshark 过滤器功能关闭其他使用网络的应用,操作过程为:在窗口顶端的过滤栏输入并单击 Apply(或按 Enter 键)。例如,输入 tcp,只看到 tcp 报文。输入时,Wireshark 会帮助自动完成过滤,如图 4.32 所示。

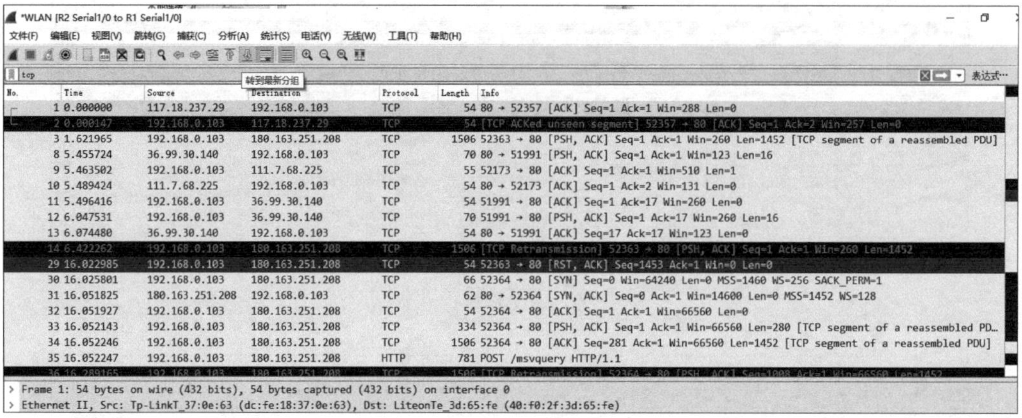

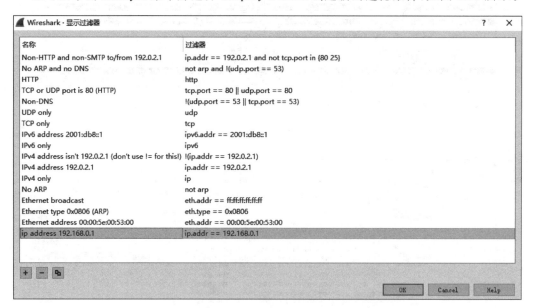

图 4.32　输入过滤条件

也可以单击 Analyze 菜单并选择 Display Filters 创建新的过滤条件,如图 4.33 所示。

图 4.33　创建新的过滤条件

另外,可以右击报文,从弹出的快捷菜单中选择"追踪流"→"TCP 流",如图 4.34 所示。你会看到在服务器和目标端之间的全部会话,如图 4.35 所示。

如图 4.36 所示,检查报文。选中一个报文之后,就可以深入挖掘它的内容了。也可以在这里创建过滤条件——只需右击细节并使用"应用为列"子菜单,如图 4.37 所示,就可以根据此细节创建过滤条件。

Wireshark 是一个非常强大的工具,这里只介绍它的最基本用法。

图 4.34　选择"追踪流"→"TCP 流"

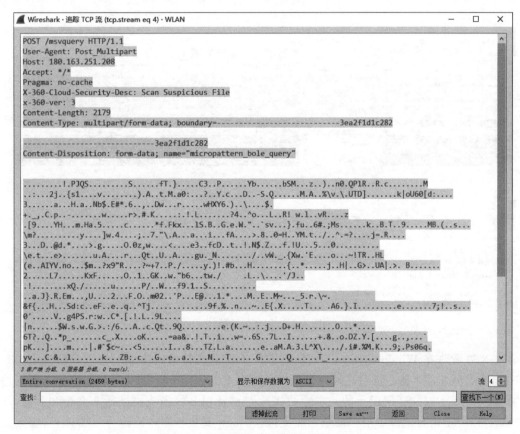

图 4.35　服务器和目标端之间的全部会话

2. GNS3 软件介绍

GNS3 软件是一款优秀的具有图形化界面,可以运行在多平台的网络仿真软件。它是 Dynagen 的图形化前端环境工具软件,而 Dynamips 是仿真 iOS 的核心程序。Dynagen 运行在 Dynamips 之上,目的是提供更友好的、基于文本的用户界面。

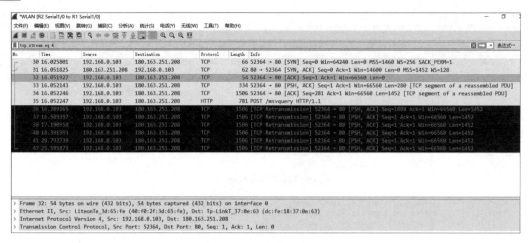

图 4.36　选中检查报文

图 4.37　创建过滤条件

GNS3 允许在 Windows、Linux 系统上仿真 iOS,其支持的路由器平台以及防火墙平台
(PIX)的类型非常丰富。通过在路由器插槽中配置 EtherSwitch 卡,也可以仿真该卡所支持
的交换机平台。GNS3 所运行的是实际的 iOS,能够使用 iOS 所支持的所有命令和参数,而
Packet Tracer 仿真软件对很多命令不能支持。GNS3 安装程序中不包含 iOS 软件,需要另
外获取。

1) GNS3 软件的安装

从网上下载 GNS 安装程序包,本实验使用的是 GNS3-0.7.3-win32-all-in-one,双击安装
程序包进行安装。GNS3 软件的安装过程如图 4.38～图 4.46 所示。

安装成功后,计算机桌面上会出现 GNS3 的运行快捷方式,如图 4.46 所示。

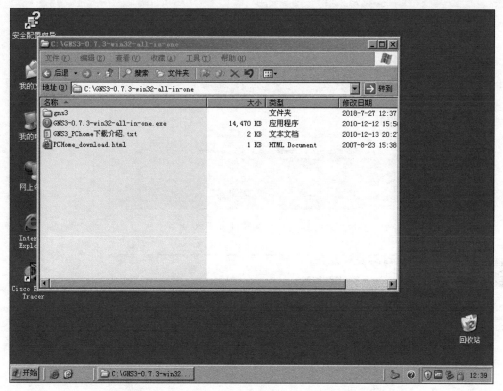

图 4.38　安装程序

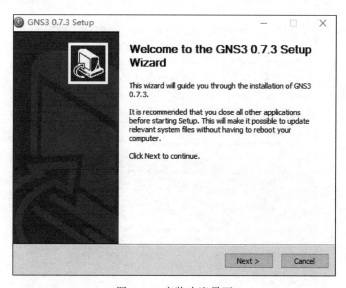

图 4.39　安装欢迎界面

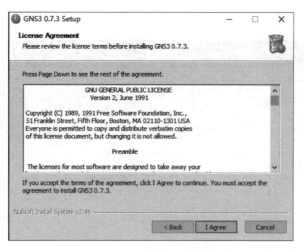

图 4.40　安装许可协议

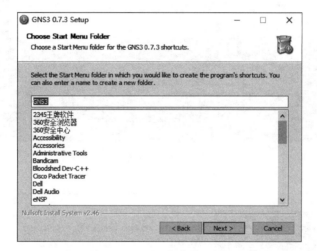

图 4.41　选择开始菜单文件夹

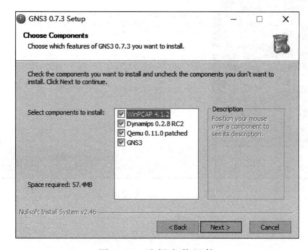

图 4.42　选择安装组件

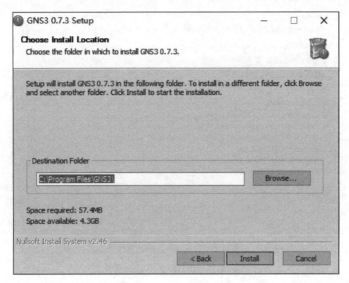

图 4.43 选择安装路径

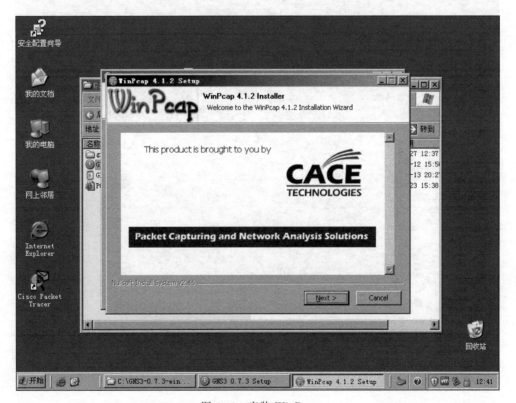

图 4.44 安装 WinPcap

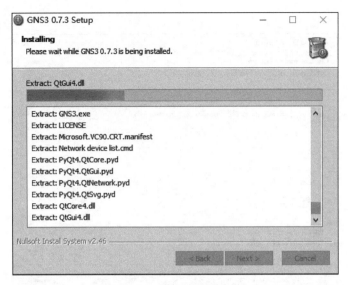

图 4.45　程序安装进行中

图 4.46　程序安装完成

2) 为网络设备添加 iOS

GNS3 程序本身不带有 iOS,需要另外准备 Cisco iOS 文件。通常,通过以下步骤在 Cisco Router c3660 路由器中添加 iOS。

① 将 iOS 文件放到计算机中,路径中不含中文字符,如图 4.47 所示。

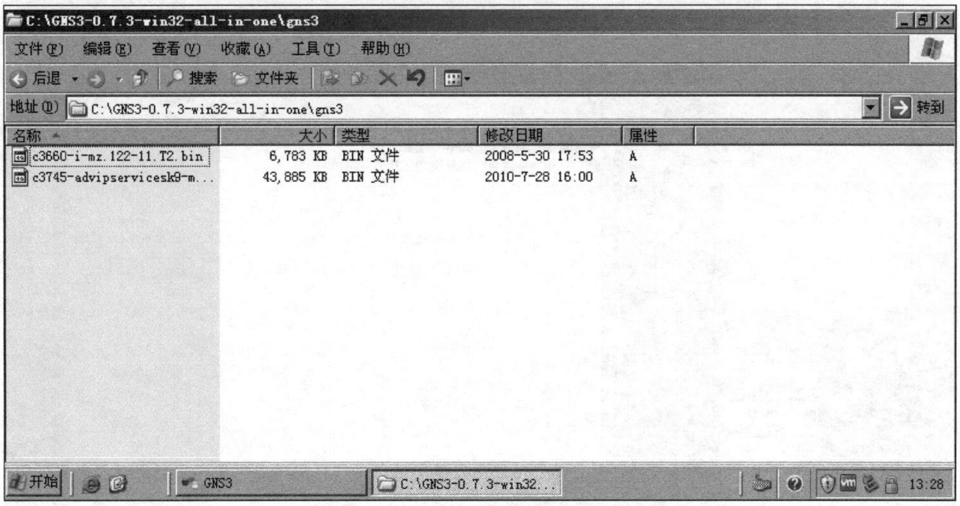

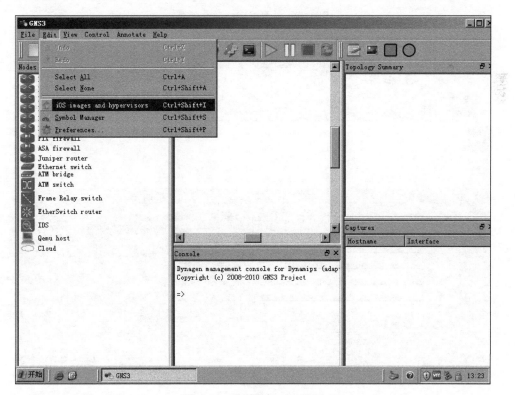

图 4.47　将 iOS 文件放到计算机的 C 盘中

② 单击 GNS3 窗口中的 Edit 菜单,选择 iOS images and hypervisors,在 iOS 设置中选择 Image file 文件路径。其中平台选择 c3600,型号选择 3660,单击"保存"按钮,如图 4.48~图 4.50 所示。

图 4.48　进入添加 iOS 界面

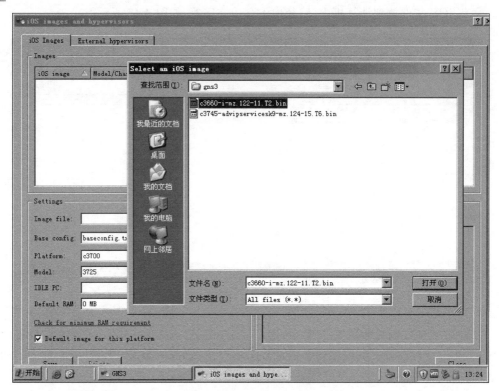

图 4.49　选择对应的 iOS 版本

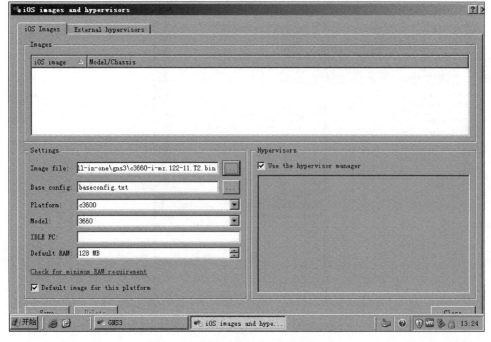

图 4.50　选择 Image file 以及 Platform

③ 测试 Dynamips 运行路径。具体操作为：选择"编辑"—"首选项"—Dynamips—"测试"，如果出现 Dynamips successfully started，则说明 Dynamips 运行环境正常，如图 4.51 所示。

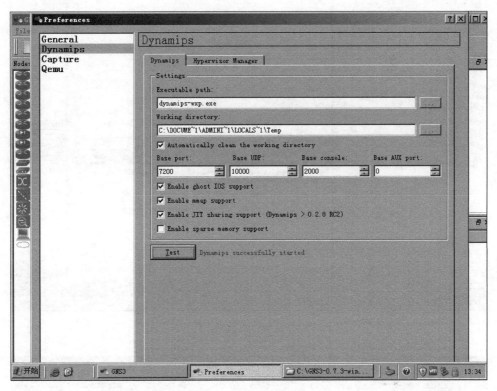

图 4.51　测试运行环境

3）计算并设置 IDLE 值

IDLE 值的设置是为了减少 CPU 的利用率，不合理的设置将使 CPU 的使用率达到 100%。IDLE 值的设置过程如下：

① 在 GNS3 中拖动一台 Router c3600 路由器到工作窗口，运行该路由器，如图 4.52 所示。单击"开始"按钮，开启该路由器。

② 右击该路由器，在弹出的菜单中选择 IDLE PC，系统将自动计算 IDLE 值，如图 4.53 所示。

③ 在弹出的 IDLE 窗口中选择带"＊"号的数值相对较大的选项，单击"确定"按钮，如图 4.54 所示。

4）在设备中添加模块

组网时需要的接口有时设备中没有，这时需要在设备中添加模块，以扩充设备的接口，如图 4.55 所示，需要在路由器中添加模块。具体操作如下：

① 双击设备，弹出结点配置界面，如图 4.56 所示。

② 在窗口的左边选择需要添加模块的设备，这里选择 R1，在窗口的右边选择 Slots，如图 4.57 所示。

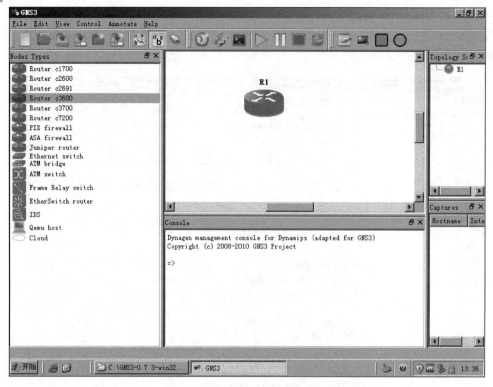

图 4.52　拖动路由器到工作窗口

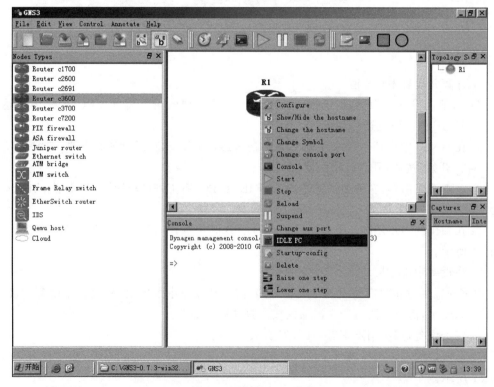

图 4.53　计算 IDLE 值

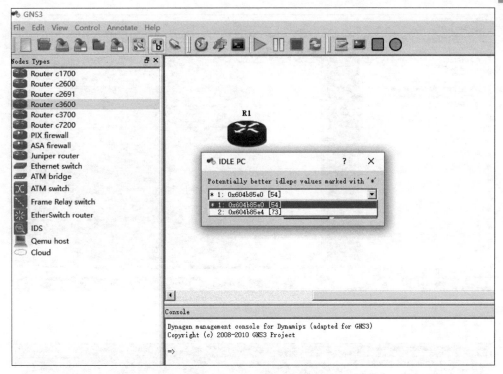

图 4.54　选择带"＊"号的数值相对较大的选项

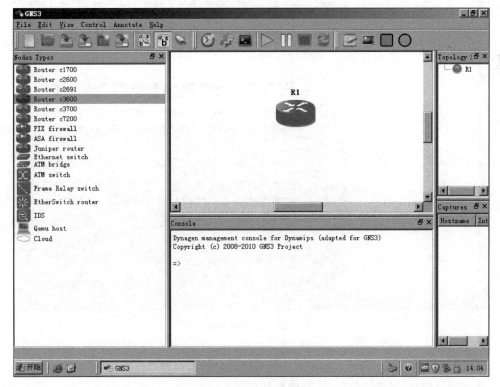

图 4.55　需要添加模块的设备

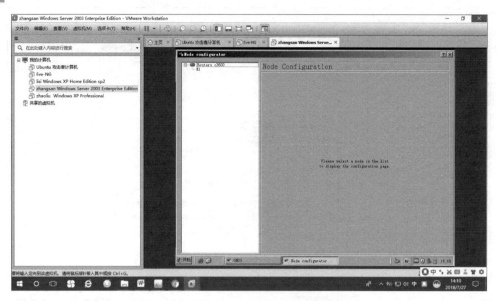

图 4.56　结点配置界面

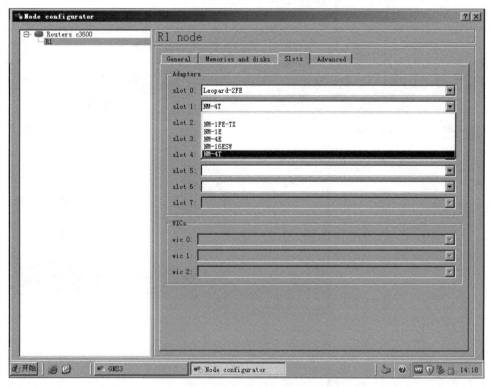

图 4.57　添加模块窗口

③ 选择添加的模块,单击 OK 按钮,在相应的设备上添加相应的模块。

构建网络拓扑,完成网络实验,具体操作如下:

① 将网络设备拖到工作窗口中,如图 4.58 所示,拖动三台路由器到工作窗口中。

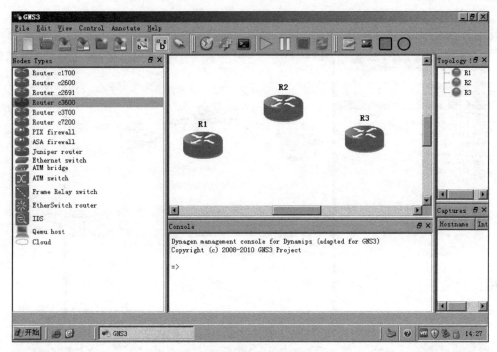

图 4.58　拖动设备至工作窗口

　　② 将设备连接起来,具体操作为:选择菜单中的 Add a link,在弹出的窗口中选择连线类型,这里选择 Serial,如图 4.59 所示,将鼠标放到设备上单击将设备连接起来,如图 4.60所示。

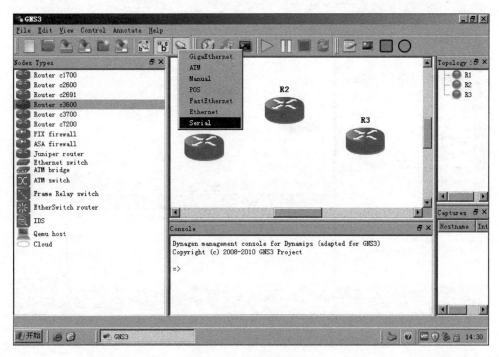

图 4.59　选择连线类型

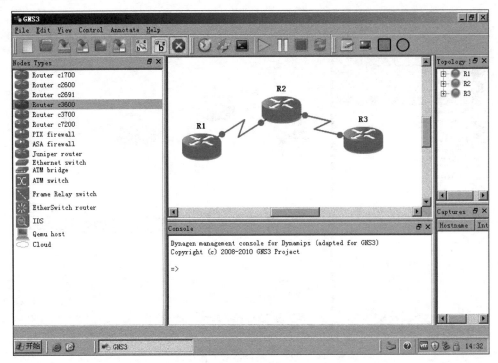

图 4.60　设备连线

③ 接下来单击菜单中的 Control—Start/Resume all devices 开启设备,如图 4.61 所示。

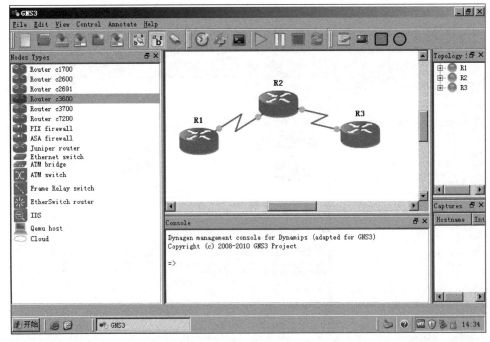

图 4.61　开启设备

④ 通过双击网络设备,可以对设备进行配置,如图 4.62 所示。

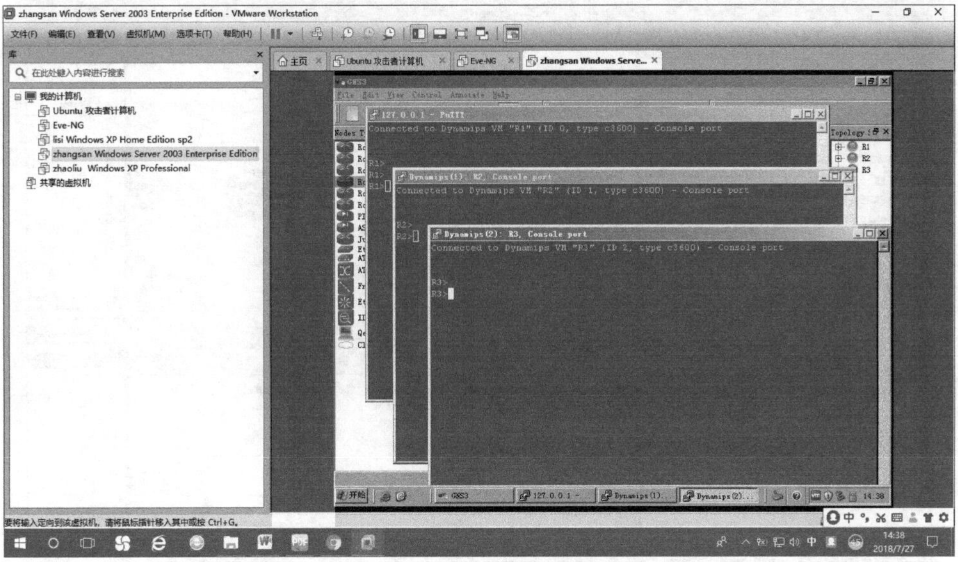

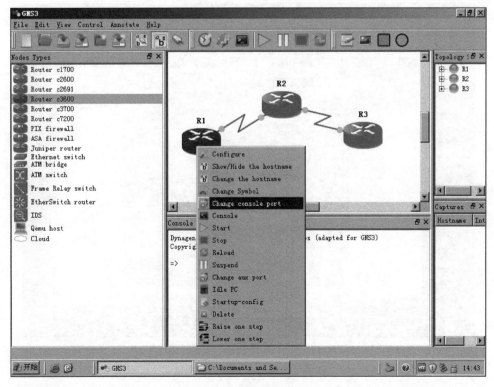

图 4.62　对设备进行配置

对网络设备的配置,可以借助 SecureCRT 软件进行,具体操作过程如下:

① 首先查看网络设备端口号,方法如下:右击设备,在弹出的窗口中选择 Change console port,如图 4.63 和图 4.64 所示。

图 4.63　查看设备端口号一

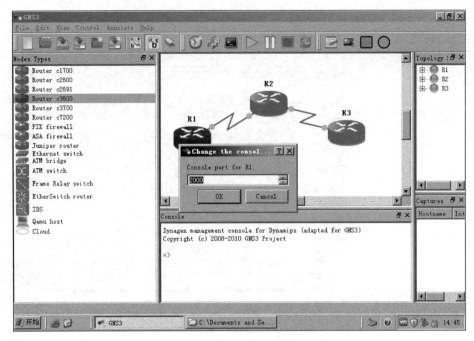

图 4.64　查看设备端口号二

② 同样,可以查看其他两台设备的端口号分别为 2001 和 2002。运行 SecureCRT 软件,设置参数如图 4.65、图 4.66 以及图 4.67 所示。

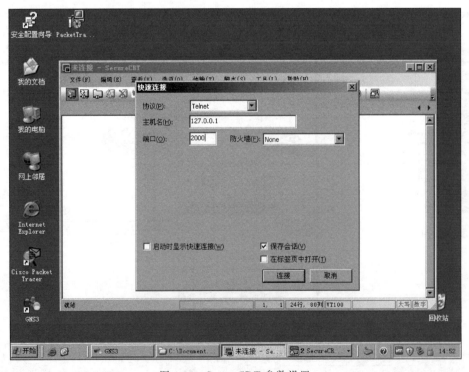

图 4.65　SecureCRT 参数设置

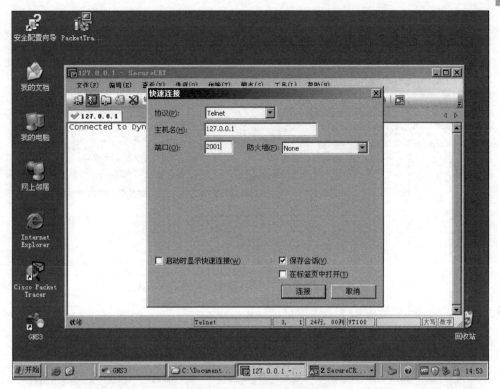

图 4.66 第二台路由器参数配置

图 4.67 第三台路由器参数设置

③ 最终通过 SecureCRT 软件对设备进行配置,如图 4.68 所示。

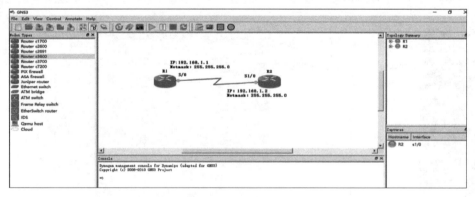

图 4.68　通过 SecureCRT 软件对设备进行配置

3. 在 GNS3 上创建拓扑,利用 Wireshark 抓 PPP 帧

(1) 在 GNS3 上创建网络拓扑,如图 4.69 所示。

图 4.69　创建网络拓扑

(2) 配置网络,使网络互联互通。

首先配置路由器 R1,具体如下:

```
R1#config t
R1(config)#interface serial 1/0
R1(config-if)#ip address 192.168.1.1 255.255.255.0
R1(config-if)#no shu
```

```
R1(config-if)#
* Mar  1 01:10:02.611: %LINK-3-UPDOWN: Interface Serial1/0, changed state to up
* Mar  1 01:10:03.611: %LINEPROTO-5-UPDOWN: Line protocol on Interface Serial1/
0, changed state to up
R1(config-if)#
```

其次配置路由器 R2，结果如下：

```
R2#config t
R2(config)#interface serial 1/0
R2(config-if)#ip address 192.168.1.2 255.255.255.0
R2(config-if)#no shu
* Mar  1 01:11:06.475: %LINK-3-UPDOWN: Interface Serial1/0, changed state to up
* Mar  1 01:11:07.475: %LINEPROTO-5-UPDOWN: Line protocol on Interface Serial1/
0, changed state to up
```

（3）封装 PPP。

路由器 R1 的 S 口封装成 PPP，命令如下：R1(config-if)♯encapsulation ppp；路由器 R1 的 S 口封装成 PPP，命令如下：R2(config-if)♯encapsulation ppp。

（4）利用 Wireshark 抓取 PPP 帧。

① 利用鼠标右键单击需要抓取 PPP 帧的链路，弹出的窗口如图 4.70 所示。在弹出的窗口中选择 Capture，结果如图 4.71 所示。

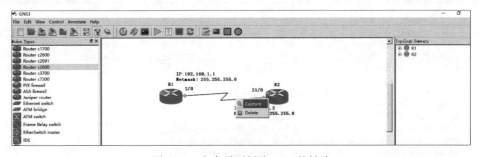

图 4.70　右击需要抓取 PPP 的链路

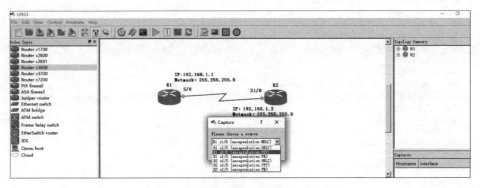

图 4.71　选择需要抓取的接口帧类型

② 在图 4.71 中选择 PPP 帧。

③ 抓取 PPP 帧,如图 4.72 所示。

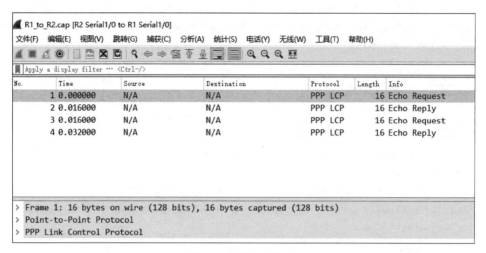

图 4.72 抓取 PPP 帧

④ 分析 PPP 帧,如图 4.73 所示,分析结果与实际相符。

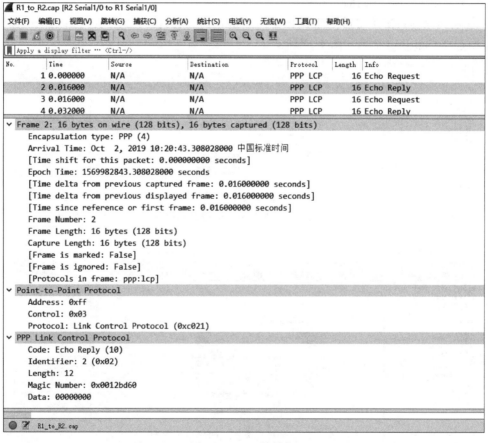

图 4.73 PPP 帧结构

4.3.4　实验三——PPP 认证配置

Pap 和 Chap 的配置过程如下。

1. PAP 单向认证

如图 4.74 所示,路由器 R1 为被认证端,路由器 R2 为认证端,将两台路由器的串口封装成 PPP,开启路由器 R2 的 PAP 认证方式,路由器 R2 对路由器 R1 进行单向认证。注意,作为单向认证,不开启路由器 R1 的 PAP 认证。

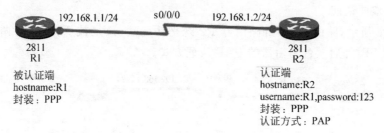

图 4.74　单向 PAP 认证实验拓扑

首先配置认证端路由器 R2,主要配置认证的用户名和密码,封装为 PPP,以及设置认证方式为 PAP。

```
Router>en
Router#config t
Router(config)#hostname R2
R2(config)#interface serial 0/0/0
R2(config-if)#ip address 192.168.1.2 255.255.255.0
R2(config-if)#no shu
R2(config-if)#exit
R2(config)#username R1 password 123
R2(config)#interface serial 0/0/0
R2(config-if)#encapsulation ppp
R2(config-if)#ppp authentication pap
```

其次配置被认证端路由器 R1,主要配置封装方式为 PPP,发送验证相关信息。具体配置如下:

```
Router>en
Router#config t
Router(config)#hostname R1
R1(config)#interface serial 0/0/0
R1(config-if)#ip address 192.168.1.1 255.255.255.0
R1(config-if)#no shu
R1(config-if)#clock rate 64000
R1(config-if)#encapsulation ppp
R1(config-if)#ppp pap sent-username R1 password 123
R1(config-if)#
```

最后测试网络连通性,测试结果如下,网络是连通的。

```
R1#ping 192.168.1.2
Type escape sequence to abort.
Sending 5, 100-byte ICMP Echos to 192.168.1.2, timeout is 2 seconds:
!!!!!
Success rate is 100 percent (5/5), round-trip min/avg/max =1/2/9 ms
R1#
```

2. PAP 双向认证

如图 4.75 所示,路由器 R1 和路由器 R2 既是认证端,又是被认证端,将两台路由器的串口封装成 PPP,开启两台路由器的 PAP 认证方式。

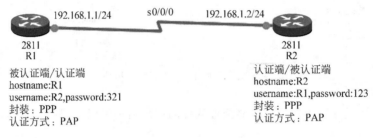

图 4.75　双向 PAP 认证实验拓扑

首先配置认证端路由器 R1,主要配置认证的用户名和密码,封装为 PPP,以及设置认证方式为 PAP。发送验证相关信息,具体配置如下:

```
Router>en
Router#config t
Router(config)#interface serial 0/0/0
Router(config)#username R2 password 321
Router(config-if)#ip address 192.168.1.1 255.255.255.0
Router(config-if)#no shu
Router(config-if)#clock rate 64000
Router(config-if)#encapsulation ppp
Router(config)#interface serial 0/0/0
Router(config-if)#ppp authentication pap
Router(config-if)#ppp pap sent-username R1 password 123
```

其次配置路由器 R2。

```
Router>en
Router#config t
Router(config)#interface serial 0/0/0
Router(config)#username R1 password 123
Router(config-if)#ip address 192.168.1.2 255.255.255.0
Router(config-if)#no shu
Router(config-if)#encapsulation ppp
Router(config-if)#ppp authentication pap
```

```
Router(config-if)#ppp pap sent-username R2 password 321
Router(config-if)#exit
Router(config)#
```

最后测试网络连通性。

```
Router#ping 192.168.1.2
Type escape sequence to abort.
Sending 5, 100-byte ICMP Echos to 192.168.1.2, timeout is 2 seconds:
!!!!!
Success rate is 100 percent (5/5), round-trip min/avg/max =1/3/15 ms
Router#
```

3. CHAP 单向认证

如图 4.76 所示,路由器 R1 为被认证端,路由器 R2 为认证端,将两台路由器的串口封装成 PPP,开启路由器 R2 的 CHAP 认证方式,路由器 R2 对路由器 R1 进行单向认证。注意,作为单向认证,不开启路由器 R1 的 CHAP 认证。

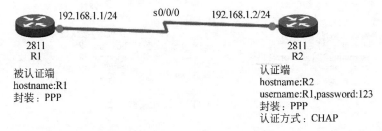

图 4.76　单向 CHAP 认证实验拓扑

路由器 R1 的配置过程如下:

```
Router>en
Router#config t
Router(config)#hostname R1
R1(config)#interface serial 0/0/0
R1(config-if)#encapsulation ppp
R1(config-if)#exit
R1(config)#username R2 password 123
R1(config)#
```

路由器 R2 的配置过程如下:

```
Router>en
Router#config t
Router(config)#hostname R2
R2(config)#interface serial 0/0/0
R2(config-if)#ip address 192.168.1.2 255.255.255.0
R2(config-if)#no shu
R2(config-if)#encapsulation ppp
R2(config-if)#ppp authentication chap
```

```
R2(config)#username R1 password 123
R2(config)#
```

最后测试网络连通性,结果如下:

```
R1#ping 192.168.1.2
Type escape sequence to abort.
Sending 5, 100-byte ICMP Echos to 192.168.1.2, timeout is 2 seconds:
!!!!!
Success rate is 100 percent (5/5), round-trip min/avg/max =1/3/13 ms
R1#
```

4. CHAP 双向认证

如图 4.77 所示,路由器 R1 和路由器 R2 既是认证端,又是被认证端,将两台路由器的串口封装成 PPP,开启路由器 R1 和 R2 的 CHAP 认证方式,具体配置如下:

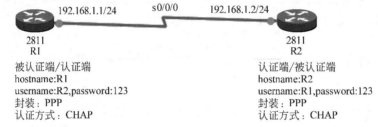

图 4.77 双向 CHAP 认证实验拓扑

首先配置路由器 R1,具体配置如下:

```
Router>en
Router#config t
Router(config)#hostname R1
R1(config)#interface serial 0/0/0
R1(config-if)#no shu
R1(config-if)#clock rate 64000
R1(config-if)#exit
R1(config)#username R1 password 123
R1(config)#no username R1 pas 123
R1(config)#username R2 password 123
R1(config)#interface serial 0/0/0
R1(config-if)#encapsulation ppp
R1(config-if)#ppp authentication chap
R1(config)#interface serial 0/0/0
R1(config-if)#ip address 192.168.1.1 255.255.255.0
R1(config-if)#no shu
R1(config-if)#end
```

其次配置路由器 R2,具体配置如下:

```
Router>en
```

```
Router#config t
Router(config)#hostname R2
R2(config)#interface serial 0/0/0
R2(config-if)#ip address 192.168.1.2 255.255.255.0
R2(config-if)#no shu
R2(config-if)#exit
R2(config)#username R1 password 123
R2(config)#interface serial 0/0/0
R2(config-if)#ppp authentication chap
R2(config-if)#end
```

最后测试网络连通性,结果如下:

```
R1#ping 192.168.1.2
Type escape sequence to abort.
Sending 5, 100-byte ICMP Echos to 192.168.1.2, timeout is 2 seconds:
!!!!!
Success rate is 100 percent (5/5), round-trip min/avg/max =1/2/9 ms
R1#
```

4.4　使用广播信道的数据链路层

所谓广播信道,是指通过广播的方式传输信息的信息通道,通过向所有站点发送分组的方式传输信息。现实生活中,无线广播电台以及局域网大多采用这种方式传播分组信息。点对点信道更多地应用于广域网通信。

广播信道的分配策略主要包括静态划分信道和动态媒体接入控制两大类。

1) 静态划分信道

静态划分信道是预先将频带或时隙固定地分配在各个网络结点上,各结点都有自己专用的频带或时隙,彼此之间不会产生干扰。静态分配策略包括频分复用、时分复用、波分复用和码分复用等。

静态划分信道的特点:适用于网络结点数目少而固定,且每个结点都有大量数据要发送的场合。采用静态划分信道不仅控制协议简单,而且信道利用率较高,但这种划分信道的方法代价较大,不适合局域网使用。

2) 动态媒体接入控制

动态媒体接入控制分为随机访问和控制访问两类。各站点当有数据要发送时,才占用信道进行数据传输。对于动态媒体接入控制中的随机访问,各个站点有数据就发送,发生碰撞之后再采取措施解决碰撞问题,适用于负载较轻的网络,网络延迟较短。典型代表是最早的总线型结构的以太网,它采用 CSMA/CD(载波监听多点接入/碰撞检测)协议解决碰撞问题。

动态媒体接入控制中的控制访问是使发送结点首先获得信道的使用权,然后再发送数据,因而不会出现碰撞和冲突。当网络负载较重时,可以获得很高的信道利用率。这类典型代表有分散控制的令牌环局域网和集中控制的多点线路探询,或称为轮询。

动态媒体接入控制的特点是,信道并非在用户通信时固定分配给用户。

局域网采用广播信道的数据链路层。常见的局域网有以太网、令牌环、令牌总线、光纤分布式数据接口(FDDI)以及无线局域网等,目前广泛使用的是以太网技术。最初的以太网是将许多计算机都连接到一根总线上,需要使用 CSMA/CD 协议解决冲突问题,现在的以太网大多采用交换机(分割冲突域也称为碰撞域),采用全双工的方法工作,所以不需要 CSMA/CD 协议解决碰撞问题。是否采用 CSMA/CD 协议不是评价以太网的标准,尽管现在的以太网大多不采用 CSMA/CD 协议解决碰撞问题,但帧结构没有发生改变,所以仍然称为以太网。最初,总线型结构采用 CSMA/CD 协议解决冲突问题。在当时的历史环境下,该协议非常重要,因此下面探讨该协议的工作原理。

CSMA/CD 在传统的共享以太网中,所有结点共享传输介质。如何保证传输介质有序、高效地为许多结点提供传输服务,是以太网的介质访问控制协议要解决的问题。

在 CSMA 中,由于信道传播时延的存在,即使总线上两个站点没有监听到载波信号而发送帧时,仍可能会发生冲突。一种 CSMA 的改进方案是:使发送站点在传输过程中仍继续监听媒体,以检测是否存在冲突。如果发生冲突,在信道上可以检测到超过发送站点本身发送的载波信号的幅度,由此判断出冲突的存在。一旦检测到冲突,就立即停止发送,并向总线发一串阻塞信号,通知总线上的其他各有关站点。这样,信道容量就不致因白白传送已受损的帧而浪费,从而提高总线的利用率,该方案就称为 CSMA/CD 协议。

1. 截断二进制指数退避算法

现在考虑一种情况:某个站发送了一个很短的帧,但在发送完毕之前并没有检测出碰撞。假定这个帧在继续向前传播到达目的站之前和别的站发送的帧发生了碰撞,因而目的站将收到有差错的帧,可是发送站却不知道这个帧发生了碰撞,因而不会重传这个帧。为了避免发生这种情况,以太网规定了一个最短帧长 64B,即 512 比特,如果要发送的数据少,则加入一些填充字节,使帧长不小于 64B。对于 10Mb/s 以太网,发送 512b 需要时间 $51.2\mu s$,这就是以太网端到端的往返时间,也称为争用期。

如图 4.78 所示,现假定 A、B 两个站点位于总线两端,两站点之间的最大传播时延为 TP。当 A 站点发送数据后,经过接近于最大传播时延 TP 时,B 站点正好也发送数据,此时便会发生冲突。发生冲突后,B 站点立即检测到该冲突,而 A 站点需再经过一个最大传播时延 TP 后,才能检测出冲突,即最坏情况下,对于基带 CSMA/CD 来说,检测出一个冲突的时间等于任意两个站之间最大传播时延的两倍(2TP)。

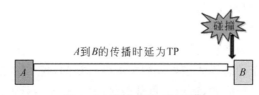

图 4.78　发生碰撞时的情况

以太网使用截断二进制指数退避算法确定碰撞后重传的时机。该算法让发生碰撞的站在停止发送数据后,不是等待信道变为空闲后就立即再发送数据,而是推迟(退避)一个随机的时间。因为如果几个发生碰撞的站都在监听信道,那么都会同时发现信道变成了空闲。如果大家同时再重新发送,那么肯定又会发生碰撞。为了使各站进行重传时再次发生冲突

的概率减小,可采用截断二进制指数退避算法确定重传的时机,具体的退避算法如下:

(1) 协议规定基本退避时间为争用期,具体的争用期时间是 $51.2\mu s$。对于 10Mb/s 的以太网,在争用期内可以发送 512b,即 64B。也可以说,争用期是 512 比特时间。

(2) 从离散的整数集合 $\{0,1,\cdots,(2^k-1)\}$ 中随机取出一个数,记为 r。重传应推后的时间就是 r 倍的争用期。参数 k 按下面的公式计算:

$$K=\text{Min}\,[\text{重传次数},10]$$

当重传次数不超过 10 时,参数 k 等于重传次数;当重传次数超过 10 时,k 恒等于 10。

(3) 当重传达 16 次仍不能成功时(表明同时打算发送数据的站太多,以致连续发生冲突),则丢弃该帧,并向高层报告。

例如,第 1 次重传时,$k=1$,随机数 r 从整数 $\{0,1\}$ 中选一个数,因此重传的站可选择的重传推迟时间是 0 或 1 倍的争用期时间,在这两个时间中随机选择一个。

若再次发生碰撞,则在第 2 次重传时,$k=2$,随机数 r 就从整数 $\{0,1,2,3\}$ 中选一个数,因此重传推迟的时间是 0、2、4 和 6 倍争用期这 4 个时间中随机选取一个。

同样,若再次发生碰撞,则重传时 $k=3$,随机数 r 就从整数 $\{0,1,2,3,4,5,6,7\}$ 中选一个数,以此类推。

若连续多次发生冲突,就表明可能有较多的站参与争用信道。使用退避算法可使重传需要推迟的平均时间随重传次数而增大,从而减小发生碰撞的概率,这有利于整个系统的稳定。

2. 强化碰撞

当发送数据的站一旦发现发生了碰撞时,除立即停止发送数据外,还要再继续发送 32 比特或 48 比特的人为干扰信号,以便让所有用户都知道现在已经发生了碰撞。

3. CSMA/CD 的工作原理

(1) 准备发送:适配器从网络层获得一个分组,加上以太网的首部和尾部,组成以太网帧,放入适配器的缓存中,但在发送之前必须先检测信道。

(2) 检测信道:若检测到信道忙,则应不停地检测,一直等待信道转为空闲。若检测到信道空闲,并在 96 比特时间内信道保持空闲(保证了帧间最小间隔),就发送这个帧。

(3) 在发送过程中仍不停地检测信道,即网络适配器要边发送边监听。这里有以下两种可能性:

① 发送成功:在争用期内一直未检测到碰撞。这个帧肯定能够发送成功,发送完毕后,其他什么也不做,然后回到步骤(1)。

② 发送失败:在争用期内检测到碰撞。这时立即停止发送数据,并按规定发送人为干扰信号。适配器接着执行指数退避算法,等待 r 倍 512 比特时间后,返回步骤(2),继续监测信道。但若重传达 16 次仍不能成功,则停止重传而向上报错。

4.5 本章小结

本章首先介绍了数据链路层使用的点对点信道和广播信道的两种常见的通信信道,接着分析了数据链路层的三个基本问题,包括如何封装成帧、如何解决透明传输以及如果解决差错检测问题,并详细介绍了使用 CRC 解决差错检测的问题;之后简单介绍了 HDLC 协议的工作原理。

　　本章接着详细探讨了 PPP，包括 PPP 的功能、PPP 的组成以及 PPP 的帧的格式；还详细分析了同步传输以及异步传输的相关问题；同时探讨了 PPP 的工作状态；完成了 PPP 抓包验证实验以及 PPP 认证配置实验；接着探讨了使用广播信道的数据链路层，分析 CSMA/CD 协议的工作原理。

4.6　习题 4

一、选择题

1. PPP 是（　　）的协议。

　　A. 物理层　　　　　B. 数据链路层　　　　C. 网络层　　　　D. 高层

2. 控制相邻两个结点间链路上的流量的工作在（　　）完成。

　　A. 链路层　　　　　B. 物理层　　　　　　C. 网络层　　　　D. 运输层

3. 在 OSI 参考模型的各层中，（　　）的数据传送单位是帧。

　　A. 物理层　　　　　B. 数据链路层　　　　C. 网络层　　　　D. 运输层

4. 网桥是在（　　）上实现不同网络的互连设备。

　　A. 数据链路层　　　B. 网络层　　　　　　C. 对话层　　　　D. 物理层

5. 若网络形状是由站点和连接站点的链路组成的一个闭合环，则称这种拓扑结构为（　　）。

　　A. 星形拓扑　　　　B. 总线拓扑　　　　　C. 环形拓扑　　　　D. 树形拓扑

6. 100Base-T 使用的传输介质为（　　）。

　　A. 同轴电缆　　　　B. 光纤　　　　　　　C. 双绞线　　　　D. 红外线

7. IEEE 802 规定了 OSI 模型的（　　）。

　　A. 数据链路层和网络层　　　　　　　B. 物理层和数据链路层

　　C. 物理层　　　　　　　　　　　　　D. 数据链路层

8. 要控制网络上的广播风暴，可以（　　）。

　　A. 用路由器将网络分段

　　B. 用网桥将网络分段

　　C. 将网络转接成 10BaseT

　　D. 用网络分析仪跟踪正在发送广播信息的计算

9. 交换机工作在（　　）。

　　A. 数据链路层　　　B. 物理层　　　　　　C. 网络层　　　　D. 传输层

10. 网卡实现的主要功能是（　　）。

　　A. 物理层与网络层的功能　　　　　　B. 网络层与应用层的功能

　　C. 物理层与数据链路层的功能　　　　D. 网络层与表示层的功能

11. 目前应用最广泛的一类局域网是 Ethernet。Ethernet 的核心技术是它的随机争用型介质访问控制方法，即（　　）。

　　A. CSMA/CD　　　B. FDDI　　　　　　C. Token Bus　　　D. Token Ring

12. 100Base-T 使用的传输介质的连接头是（　　）。

A. BNC　　　　　B. AUI　　　　　C. RJ45　　　　　D. RJ11

13. 扩展以太网可以在协议栈的多个层次实现,其中在数据链路层实现以太网扩展的设备是(　　)。

A. 网桥　　　　　B. 路由器　　　　　C. 集线器　　　　　D. 三层交换机

二、填空题

1. 若 HDLC 帧的数据段中出现比特串 01011111110,则比特填充后的输出为_____。

2. 数据链路层的任务是将有噪声线路变成无传输差错的通信线路,为达此目的,数据被分割成_____。

3. 网络互联在链路层一般用_____。

4. 以太网为了检测和防止冲突,采用的是带冲突检测的_____机制。

5. CSMA 技术需要一种退避算法解决避让的时间,常用的退避算法为_____。

6. _____拓扑结构的网络属于共享信道的广播式网络。

7. 由于总线作为公共传输介质被多个连接在上面的结点共享,因此在工作过程中可能出现_____问题。

8. 数据链路层要解决的三个基本问题分别是:_____、_____、_____。

9. 网卡中的 MAC 地址由_____位二进制数组成。

10. _____拓扑结构的网络属于共享信道的广播式网络。

第5章 局 域 网

本章学习目标
- 掌握局域网常见的拓扑结构以及局域网常见的传输介质。
- 掌握局域网的体系结构。
- 掌握常见的局域网类型。
- 熟悉以太网技术。
- 掌握广播域、冲突域的概念。
- 熟悉以太网帧结构,掌握以太网 MAC 帧格式分析实验。
- 熟悉虚拟局域网 VLAN 技术,掌握交换机 VLAN 划分实验。
- 掌握交换机自学习功能实验。

本章主要讲解局域网相关知识,详细讲解局域网拓扑结构,介绍局域网常见的传输介质,探讨局域网的体系结构,分析常见的局域网类型。

本章重点讲解以太网技术,分析冲突域和广播域的概念,接着分析以太网的帧结构,并通过实验验证以太网 MAC 帧格式,分析以太网扩展技术。本章最后详细分析虚拟局域网 VLAN 技术,并通过实验实现交换机 VLAN 技术。

5.1 局域网技术概述

局域网(Local Area Network,LAN)是指在某一区域内由多台计算机互连组成的计算机组,覆盖范围比较小,通常十千米左右,是局部范围内的小规模的计算机网络,如一个实验室、一栋建筑、一个学校等。现在局域网使用非常广泛,学校和企业大都拥有校园网或企业网。局域网可以实现文件管理、应用软件共享、打印机共享等。常见的局域网类型有以太网、令牌环、令牌总线、FDDI 以及无线局域网等。

拓扑结构和传输介质决定了各种局域网的特点。常见的局域网拓扑结构有总线型、环形、星形以及树形。常见的局域网有线传输介质有同轴电缆、双绞线以及光纤,无线传输介质有无线电波、微波、红外线等。局域网的相关标准由 IEEE 802 委员会制定。

出于有关厂商在商业上的激烈竞争,IEEE 802 委员会未能形成一个统一的、"最佳的"局域网标准,而是被迫制定了几个不同的局域网标准,如 802.3 以太网标准、802.4 令牌总线网(Token-Bus)标准、802.5 令牌环网(Token-Ring)标准以及 802.11 无线局域网标准等。

5.1.1 局域网的拓扑结构

局域网常见的拓扑结构有总线型、环形、星形、树形。

1. 总线型

最初的局域网使用同轴电缆进行组网,采用总线型拓扑,一条链路通过 T 形接口连接多个网络设备,链路上的两个计算机通信,同轴电缆会把承载该帧的数字信号传送到所有终端,链路上的所有计算机都能收到(所以称为广播信道)。要在这样的广播信道实现点到点通信,需要给发送的帧添加源地址和目的地址,这就要求网络中的每个计算机的网卡有唯一的一个物理地址(即 MAC 地址),仅当帧的目的 MAC 地址和计算机的网卡 MAC 地址相同,网卡才接收该帧,对于不是发给自己的帧,则丢弃。这和点到点链路不同,点到点链路的帧不需要源 MAC 地址和目的 MAC 地址。

总线型网络结构必须解决的问题是,确保端用户使用媒体发送数据时不会出现冲突。它通过 CSMA/CD 解决碰撞问题。

总线型结构的网络中,总线的两端连接有终结器(电阻),作用是与总线进行阻抗匹配,最大限度吸收传送到端部的能量,避免信号反射回总线而产生不必要的干扰。总线型局域网如图 5.1 所示。

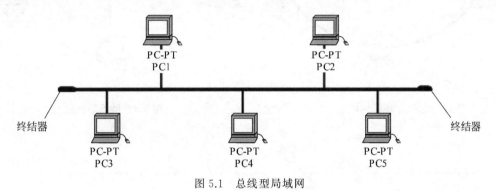

图 5.1　总线型局域网

2. 环形

环形结构由连接成封闭回路的网络结点组成,每个结点与它左右相邻的结点连接。环形局域网如图 5.2 所示。环形局域网的一个典型代表是令牌环局域网。这种网络结构最早由 IBM 推出,被其他厂家采用。在令牌环局域网中,拥有"令牌"的设备允许在网络中传输数据,这样可以保证在某一时间内网络中只有一台设备可以传送信息。在环形网络中,信息流只能是单方向的,每个收到信息包的站点都向它的下游站点转发该信息包。信息包在环形网络中"旅行"一圈,最后由发送站回收。

这种网络结构中的设备是直接通过电缆串接的,最后形成一个闭环,整个网络发送的信息都在这个环中传递。

3. 星形

星形结构局域网是指各工作站以星形方式连接成网。网络有中央结点,便于集中控制,端用户之间的通信必须经过中央结点。星形局域网如图 5.3 所示。

4. 树形

树形网络可以认为由多级星形结构组成,这种多级星形结构自上而下呈三角分布,就像一棵树,最顶端的枝叶少,中间多,最下面最多。树的最下端相当于网络的接入层,树的中间部分相当于网络的汇聚层,树的最顶端相当于网络的核心层。树形局域网如图 5.4 所示。

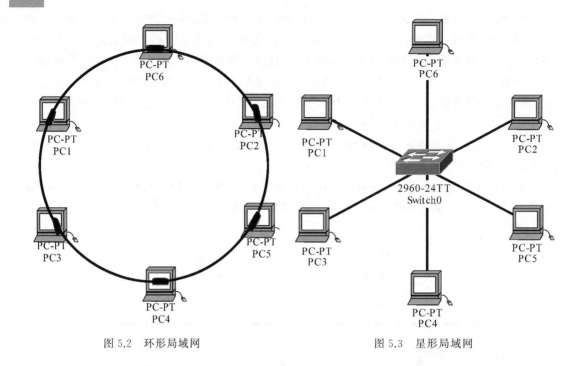

图 5.2　环形局域网　　　　　　　　　　　图 5.3　星形局域网

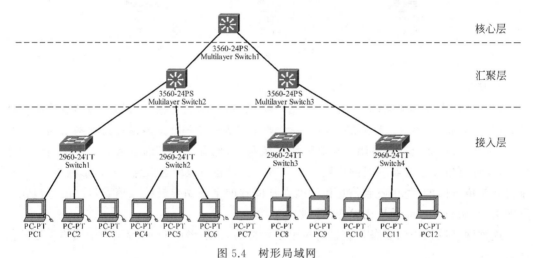

图 5.4　树形局域网

5.1.2　局域网的传输介质

局域网的传输介质分为有线传输介质和无线传输介质两类。其中有线传输介质有同轴电缆、双绞线、光缆,无线传输介质有无线电波、微波以及红外线等。有线传输介质用于有线局域网中,无线传输介质用于无线局域网中。

1. 同轴电缆

同轴电缆主要用于总线型拓扑结构的局域网中,在局域网发展初期曾广泛使用,但随着技术的进步,在局域网领域基本上都采用双绞线。

同轴电缆也应用于环形拓扑结构的局域网中。环形结构的网络形式主要应用于令牌网中,这种网络结构中的设备是直接通过同轴电缆(或光缆)串接的,最后形成一个闭环。

目前,同轴电缆主要用在有线电视网的居民小区中。同轴电缆的带宽取决于电缆的质量。

2. 双绞线

现在的局域网基本上都采用双绞线作为传输介质。目前广泛采用的局域网拓扑结构有星形结构、树形结构等。这些拓扑结构使用的基本上都是双绞线。令牌环网也可采用双绞线作为传输介质。

3. 光缆

光缆可用于环形拓扑结构局域网中,该拓扑结构目前已很少使用。目前,树形结构局域网的主干中通常使用光纤实现远距离传输。在局域网的星形和树形拓扑结构中,光纤到桌面应该是将来发展的趋势。

4. 无线传输介质

无线传输介质应用于无线局域网中,本课程不讨论无线局域网相关知识。

5.1.3　局域网体系结构

局域网体系结构仅涉及 OSI 七层体系结构的低两层,即物理层和数据链路层,或 TCP/IP 体系结构的网络接口层。考虑到局域网类型多,制定的局域网标准多,为了使数据链路层能更好地适应多种局域网标准,IEEE 802 委员会把局域网的数据链路层拆分成两个子层。即逻辑链路控制(Logical Link Control)子层和媒体接入控制(Medium Access Control,MAC)子层。局域网体系结构与 OSI 参考模型的对应关系如图 5.5 所示。

图 5.5　局域网体系结构与 OSI 参考模型的对应关系

20 世纪 90 年代后,激烈竞争的局域网市场逐渐明朗,以太网在局域网市场中取得垄断地位,几乎成了局域网的代名词,由于互联网的发展,TCP/IP 体系支持的局域网为 DIX Ethernet V2(DEC、Intel 和 Xerox 联合提出的以太网标准),而该标准中不支持 LLC 子层。因此,IEEE 802 委员会制定的 LLC 子层(即 IEEE 802.2 标准)的作用已经消失。很多厂商生产的适配器上仅装有 MAC 协议,而没有 LLC 协议,因此现在讨论局域网就不再考虑

LLC 子层。

5.2 常见的局域网类型

常见的局域网类型有：令牌环网、令牌总线网、FDDI 网以及以太网等。

5.2.1 令牌环网

令牌环网(Token-Ring network)常用于 IBM 系统中，在该网络中有一种专门的帧称为"令牌"，在环路上持续传输确定一个结点何时可以发送数据。

令牌环网是 IBM 公司 20 世纪 70 年代发展的，目前这种网络很少见。令牌环网的媒体接入控制机制采用的是分布式控制模式的循环方法。在令牌环网中有一个令牌(Token)沿着环形总线在入网结点计算机间依次传递，令牌实际上是一个特殊格式的帧，本身并不包含信息，仅控制信道的使用，确保在同一时刻只有一个结点能够独占信道。当环上结点都空闲时，令牌绕环行进。结点计算机只有取得令牌后才能发送数据帧，因此不会发生碰撞。由于令牌在令牌环网上是按顺序依次传递的，因此对所有入网计算机而言，访问权是公平的。

令牌在工作中有"闲"和"忙"两种状态。"闲"表示令牌没有被占用，即网中没有计算机在传送信息；"忙"表示令牌已被占用，即网中有信息正在传送。希望传送数据的计算机必须首先检测到"闲"令牌，将它置为"忙"状态，然后在该令牌后面传送数据。当所传数据被目的结点计算机接收后，数据被从网络中除去，令牌被重新置为"闲"。令牌环网上传送的信号是差分曼彻斯特编码信号。

令牌环网的缺点是需要维护令牌，一旦失去令牌，就无法工作，需要选择专门的结点监视和管理令牌。由于以太网技术发展迅速，所以令牌环网存在固有的缺点。令牌环网在整个局域网中已不多见，生产令牌环网设备的厂商也退出了市场。

5.2.2 令牌总线网

令牌总线(Token-Bus)网类似令牌环网，是一个使用令牌通过接入一个总线拓扑的局域网架构。令牌总线被 IEEE 802.4 工作组标准化，它是一种在总线拓扑结构中利用"令牌"(Token)作为控制结点访问公共传输介质的确定型介质访问控制方法。在采用令牌总线方法的局域网中，任何一个结点只有在取得令牌后，才能使用共享总线发送数据。当令牌传到某个结点后，如果该结点没有要发送的信息，就把令牌按顺序传到下一个结点。如果该结点需要发送信息，可以在令牌持有的最大时间内发送自己的一个帧或多个数据帧，信息发送完毕或者到达持有令牌最大时间时，结点必须交出令牌，把令牌传送到下一个结点。

令牌按照站点地址的序列号，从一个站点传到另一个站点。这个令牌实际上是按照逻辑环，而不是物理环进行传递。在数字序列的最后一个站点将令牌返回到第一个站点。这个令牌并不遵照连接到这条电缆的工作站的物理顺序进行传递。可能站点 1 在一条电缆的一端，而站点 2 在这条电缆的另一端，站点 3 却在这条电缆的中间。

令牌总线网在物理拓扑上是总线型的，在令牌传递上是环形的。在令牌总线网中，每个结点都有本结点的地址，以便接收其他站点传来的令牌(令牌按地址传送)，同时，每个结点必须知道它的上一个结点和下一个结点的地址，以便令牌的传递能够形成一个逻辑环形。

令牌总线网与以太网的总线型结构使用的 CSMA/CD 方法相比,令牌总线方法比较复杂。

5.2.3　FDDI 网

FDDI(Fiber Distributed Data Interface)即光纤分布式数据接口,是一项局域网数据传输标准。FDDI 标准由 ANSI(American National Standards Institute,美国国家标准学会)制定,为网络高容量输入输出提供一种访问方法。FDDI 于 20 世纪 80 年代中期发展起来,它提供的高速数据通信能力高于当时的以太网(10Mb/s)和令牌网(4 或 16Mb/s)的能力。

FDDI 的访问方法与令牌环网的访问方法类似,在网络通信中均采用"令牌"传递。它与标准的令牌环又有所不同,主要在于 FDDI 使用定时的令牌环访问方法。FDDI 令牌沿网络环路从一个结点向另一个结点移动,如果某结点不需要传输数据,FDDI 将获取令牌并将其发送到下一个结点中。如果处理令牌的结点需要传输,那么在指定的称为"目标令牌循环时间"(Target Token Rotation Time,TTRT)的时间内,它可以按照用户的需求发送尽可能多的帧。因为 FDDI 采用的是定时的令牌方法,所以在给定时间中,来自多个结点的多个帧可能都在网络上,为用户提供高容量的通信。

由光纤构成的 FDDI 网,其基本结构为逆向双环。一个环为主环,另一个环为备用环。一个顺时针传送信息,另一个逆时针传送信息。当主环上的设备失效或光缆发生故障时,通过从主环向备用环的切换可继续维持 FDDI 的正常工作,这种容错能力是其他网络没有的。

FDDI 使用了比令牌环更复杂的方法访问网络。和令牌环一样,也需在环内传递一个令牌,而且允许令牌的持有者发送 FDDI 帧。和令牌环不同,FDDI 网络可在环内传送几个帧。

令牌接受传送数据帧的任务以后,FDDI 令牌持有者可以立即释放令牌,把它传给环内的下一个站点,无须等待数据帧完成在环内的全部循环。这意味着,第一个站点发出的数据帧仍在环内循环时,下一个站点可以立即开始发送自己的数据。

当时,FDDI 与 10Mb/s 的以太网和令牌环网相比,性能有很大改进,但是,随着快速以太网和千兆以太网技术的发展,用 FDDI 的人越来越少。因为 FDDI 使用的通信介质主要是光纤,这一点它比快速以太网及 100Mb/s 令牌环网传输介质要贵很多,然而,FDDI 最常见的应用是用作校园环境的主干网,以及提供对网络服务器的快速访问,所以 FDDI 技术并没有得到充分认可和广泛应用。

5.2.4　以太网

以太网(Ethernet)是一种计算机局域网技术。IEEE 组织的 IEEE 802.3 标准制定了以太网的技术标准。以太网是目前应用最普遍的局域网技术,取代了其他局域网技术,如令牌环、令牌总线以及 FDDI 等。

目前,以太网在局域网市场中已取得垄断地位,几乎成了局域网的代名词。因此,本章接下来重点探讨以太网技术。

5.3 以太网技术

以太网技术来自 Xerox 公司的 Palo Alto 研究中心的许多先锋技术项目中的一个。罗伯特·梅特卡夫(Robert Metcalfe)与他在 Xerox 公司 PARC(Palo Alto 研究中心)的同事们研究如何将 Xerox Alto 工作站与其他 Xerox Alto 工作站、服务器以及激光打印机相互联网。他们成功地用一个网络实现了 2.94Mb/s 的数据传输率的互联,并将此网络命名为 Alto Aloha 网络,Robert Metcalf 将此延伸至支持其他的计算机类型。人们通常认为以太网发明于 1973 年,当年 Robert Metcalfe 给他 PARC 的老板写了一篇有关以太网潜力的备忘录。但是,Robert Metcalfe 认为以太网是之后几年才出现的。1976 年,Robert Metcalfe 和他的助手 David Boggs 发表了一篇名为《以太网:局域计算机网络的分布式包交换技术》的文章。1977 年年底,Robert Metcalfe 和他的合作者获得了"具有冲突检测的多点数据通信系统"的专利。因为 Ether(以太)曾被科学家认为是电磁波在真空中的传输介质,而 Ethernet 就是以太网的意思,就是数据传输的网络。

1979 年,Robert Metcalfe 离开 Xerox 公司,成立了 3COM 公司。3COM 对 DEC、Intel 和 Xerox 进行游说,希望将以太网标准化。1980 年 9 月,DEC、Intel 和 Xerox 联合提出 10Mb/s 以太网规约的第一个版本 DIX v1(DIX 是这三个公司名称的缩写),1982 年修改为第二版规约,也是最后的版本,即 DIX v2。

IEEE 802 委员会的 802.3 工作组在 DIX v2 的基础上于 1983 年制定了第一个 IEEE 以太网标准 IEEE 802.3,数据率为 10Mb/s。以太网的两个标准 DIX Ethernet v2 与 IEEE 的 802.3 只有很小的差别,因此很多人也常把 802.3 局域网称为"以太网"。严格来说,"以太网"是指符合 DIX Ethernet v2 标准的局域网。

5.3.1 以太网技术基础

传统以太网最初使用粗同轴电缆,后来演进到使用比较便宜的细同轴电缆,最后发展成为使用更便宜和更灵活的双绞线。

1. 同轴电缆总线型以太网

最早的以太网是将许多计算机都连接到一根总线上,当初认为这种连接方法既简单,又可靠,因为在那个时代人们普遍认为:"有源器件不可靠,而无源的电缆线才是最可靠的"。最初的以太网选择了总线型结构,在粗同轴电缆上通过 T 型接口连接各个计算机设备,计算机通过一个叫作附加单元接口(Attachment Unit Interface,AUI)的收发器连接到电缆上,如图 5.6 所示。

粗同轴电缆总线型以太网的特点是:传输距离长,性能高,成本也高,适用于大型以太网干线,连接时两端需接终接器。粗缆与外部收发器相连,收发器与网卡之间用 AUI 电缆相连,网卡必须有 AUI 接口,AUI 接口是一个 15 针 D 形接口,类似显示器接口,如图 5.7 所示。粗同轴电缆可以通过中继器连接,连接的每段可以达到 500m,最多连接 4 个中继器,最终可达 2500m。用粗同轴电缆组建局域网虽然各项性能较高,具有较大的传输距离,但是网络安装、维护等方面比较困难,造价较高。

细同轴电缆总线型以太网的特点是:传输距离短,相对便宜,利用 T 型接口连接器连

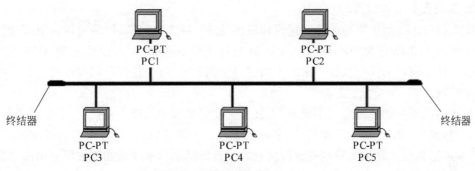

图 5.6 同轴电缆连接的以太网

接 BNC 接口网卡,如图 5.8 所示,两端头需安装终端电阻器。细同轴电缆网络每段干线长度最大为 185m,每段干线最多接入 30 个用户。如要拓宽网络范围,需使用中继器,如采用 4 个中继器连接 5 个网段,使网络最大距离达到 925m。细同轴电缆安装较容易,而且造价较低,但因受网络布线结构的限制,其日常维护不方便,一旦一个用户出故障,便会影响其他用户的正常工作。

图 5.7 AUI 接口

图 5.8 BNC 接口网卡

总之,总线型结构以太网的特点是:当一台计算机发送数据时,总线上的所有计算机都能检测到这个数据,这就是广播通信方式。为了在总线上实现一对一的通信,可以使每台计算机的适配器拥有一个与其他适配器都不同的地址。发送数据帧时,在帧的首部写明接收站的地址,仅当数据帧中的目的地址与适配器 ROM 中存放的硬件地址一致时,该适配器才能接收这个数据帧。适配器对不是发给自己的数据帧就丢弃。这样,具有广播特性的总线上就实现了一对一的通信。

广播信道中的计算机发送数据的机会均等,但是链路上又不能同时传送多个计算机发送的信号,因为会产生信号叠加相互干扰,产生碰撞,发生冲突,最终导致总线上传输的信号产生严重的失真,无法从中恢复出有用的信息。因此,每台计算机发送前要判断链路上是否有信号在传,开始发送后还要判断是否和其他正在链路上传过来的数字信号发生冲突。以太网采用 CSMA/CD 协议解决冲突问题。该协议的工作原理前面已经讨论过,这里不再重复讨论。

实践证明,连接有大量站点的总线型以太网很容易出现故障,后期出现的集线器采用专用集成电路(Application Specific Integrated Circuit,ASIC)芯片,一方面可以将星形结构做得非常可靠;另一方面,使用双绞线的以太网价格便宜、使用方便,因此现在的以太网一般都使用星形结构。

2. 集线器星形以太网

集线器(Hub)的主要功能是对接收到的信号进行放大,以扩大网络的传输距离,同时把所有结点集中在以它为中心的结点上。集线器工作在 OSI 参考模型的物理层,它采用 CSMA/CD 介质访问控制机制。集线器的接口功能简单,每个接口只做简单的收发比特,收到 1 就转发 1,收到 0 就转发 0。

集线器属于纯硬件网络底层设备,不具有智能记忆和学习能力,它发送数据时都是没有针对性的,而是采用广播方式发送,即它向某结点发送数据时,不是直接把数据发送到目的结点,而是把数据包发送到除接收该数据包的接口外其他与集线器相连的所有结点。图 5.9 所示为利用集线器连接网络的情况。

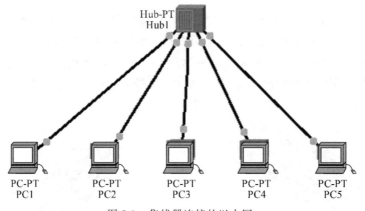

图 5.9　集线器连接的以太网

双绞线以太网和集线器配合使用,每个站需要用两对无屏蔽双绞线(放在一根电缆内),分别用于发送和接收。双绞线的两端使用 RJ-45 插头,如图 5.10 所示。由于集线器使用了大规模集成电路芯片,因此集线器的可靠性大大提高了。

图 5.10　RJ-45 网卡

1990 年,IEEE 制定出星形以太网 10Base-T 的标准 802.3i。10 代表 10Mb/s 的数据率,Base 表示连接线上的信号是基带信号,T 代表双绞线。实践证明,这比使用具有大量机械接头的无源电缆可靠得多。由于使用双绞线电缆的以太网价格便宜,使用方便,因此粗缆和细缆以太网从市场上消失了。

但 10Base-T 以太网的通信距离稍短,每个站到集线器的距离不超过 100m。这种性价比很高的 10Base-T 双绞线以太网的出现,是局域网发展史上的一个非常重要的里程碑,从此以太网的拓扑就从总线型变为更加方便的星形网络,而以太网也就在局域网中占据了统治地位。

表面上看,使用集线器的以太网在物理上是一个星形网,但由于集线器使用电子器件模拟实际电缆线的工作,因此整个系统仍像一个传统以太网那样运行。也就是说,使用集线器的以太网在逻辑上仍然是一个总线网,各站共享逻辑上的总线,使用的还是 CSMA/CD 协议。

3. 交换机星形以太网

交换机(Switch)意为"开关",是一种用于电(光)信号转发的网络设备,为接入交换机的任意两个网络结点提供独享的电(光)信号通路。最常见的交换机是以太网交换机。其他常见的还有电话程控交换机。

交换机有多个端口,每个端口都具有桥接功能,可以连接一个局域网或一台高性能服务器或工作站,如图 5.11 所示。交换机也被称为多端口网桥。

图 5.11　交换机连接的以太网

交换机工作于 OSI 参考模型的第二层,即数据链路层。交换机内部的 CPU 会在每个端口成功连接时,通过将 MAC 地址和端口对应,形成一张 MAC 表。在今后的通信中,发往该 MAC 地址的数据包将仅送往其对应的端口,而不是所有的端口。因此,交换机可以分割冲突域,但它不能分割网络层的广播,即广播域。

交换机的控制电路收到数据包以后,处理端口会查找内存中的地址对照表,以确定目的 MAC(网卡的硬件地址)的 NIC(网卡)接在哪个端口上,通过内部交换矩阵迅速将数据包传送到目的端口,目的 MAC 若不存在,交换机将向所有端口进行广播。接收端口回应后,交换机会学习新的 MAC 地址,并把它添加到内部 MAC 地址表中。

具体工作流程如下:

(1) 当交换机从某个端口收到一个数据包,它先读取包头中的源 MAC 地址,这样它就知道源 MAC 地址的机器是连在交换机的哪个端口上。

(2) 读取包头中的目的 MAC 地址,并在地址表中查找相应的端口。

(3) 如表中有与这个目的 MAC 地址对应的端口,则把数据包直接复制到这个端口上。

(4) 如表中找不到相应的端口,则把数据包广播到所有端口上,当目的机器对源机器回应时,交换机又可以记录这一目的 MAC 地址与交换机端口的对应关系,下次传送数据时就不再需要对所有端口进行广播了。交换机不断循环这个过程,对于全网的 MAC 地址信息都可以学习到,二层交换机就是这样建立和维护它自己的地址表。

二层交换机用于小型的局域网,在小型的局域网中,广播包影响不大,二层交换机的快速交换功能、多个接入端口和低廉价格为小型网络用户提供了很完善的解决方案。

4. 冲突域(或碰撞域)与广播域

碰撞域(Collision Domain)又称为冲突域,是指网络中一个站点发出的帧会与其他站点发出的帧产生碰撞或冲突的那部分网络。碰撞域越大,发生碰撞的概率越高。在 OSI 模型中,冲突域被看作第一层(即物理层)概念。常见的物理层设备有中继器、集线器,因此连接同一冲突域的设备常见的有中继器和集线器,或者其他进行简单复制信号的设备。因此,使用中继器或集线器连接的所有结点被认为是在同一个冲突域内,它不会分割冲突域,如图 5.12 所示。而第二层设备(网桥、交换机)以及第三层设备(路由器)都可以分割冲突域。

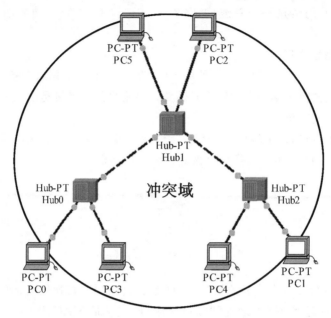

图 5.12　集线器不能分割冲突域

广播是一种信息的传播方式,指网络中的某一设备同时向网络中所有的其他设备发送数据,这个数据所能广播到的范围称为广播域(Broadcast Domain)。也就是说,网络中所有能接收到同样广播消息的设备的集合称为一个广播。广播域基于第二层(数据链路层),即站点发出一个广播信号后能够接收到这个信号的范围,通常一个局域网就是一个广播域。广播域内所有的设备都必须监听所有的广播包。如果广播域太大,用户的带宽就小了,并且需要处理更多的广播,网络响应时间将会长到让人无法容忍的地步。

集线器(Hub)设备不能识别 MAC 地址和 IP 地址,对接收的数据以广播的形式发送。它的所有端口为一个冲突域,同时也是一个广播域。交换机具有 MAC 地址学习功能,通过查找 MAC 地址表将接收到的数据传送到目的端口。相比集线器,交换机可以分割冲突域,它的每个端口相应地称为一个冲突域,如图 5.13 所示。

交换机虽然能够分割冲突域,但是交换机下所有连接的设备依然在一个广播域中,当交换机收到广播数据包时,会在所有连接的设备中进行传播,在一些情况下容易导致网络拥塞以及安全隐患,如图 5.13 所示。通信网络中,为了避免因不可控制的广播导致的网络故障风险,通常使用路由器设备分割广播域。

5. 网络适配器(网卡)及 MAC 地址

1) 网络适配器

网络适配器(Network Adapter)又称网络接口控制器(Network Interface Controller,NIC),或网卡(Network Interface Card),是一块被设计用来允许计算机在计算机网络上进行通信的计算机硬件。网卡拥有 MAC(Media Access Control,媒体访问控制)地址,因此工

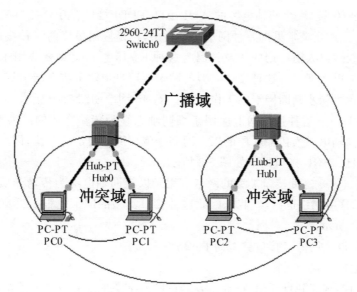

图 5.13　交换机可以分割冲突域,不能分割广播域

作在 OSI 模型的数据链路层的 MAC 子层。之前网卡作为扩展卡插到计算机总线上,由于其价格低廉,且以太网标准普遍存在,因此大部分新的计算机都在计算机主板上集成了网络接口。

网卡上装有处理器和存储器,网卡和以太网之间的通信是通过电缆或双绞线以串行传输方式进行的。而网卡和计算机之间的通信则是通过计算机主板上的 I/O 总线以并行传输方式进行的。因此,网卡的一个重要功能是要进行串并行转换。由于网络上的数据率和计算机总线上的数据率不相同,因此在网卡中必须装有对数据进行缓存的存储芯片。

安装网卡时必须将管理网卡的设备驱动程序安装在计算机的操作系统中,这个驱动程序以后会告诉网卡,应从存储器的什么位置将以太网传送过来的数据块存储下来。

网卡并不是独立的自治单元,因为网卡本身不带电源,而是必须使用所插入的计算机的电源,并受该计算机控制。因此,网卡可看成一个半自治系统的单元。当网卡收到一个有差错的帧时,它就将这个帧丢弃,而不必通知它所插入的计算机。当网卡收到一个正确的帧时,它就使用中断通知该计算机并交付给协议栈中的网络层。当计算机要发送一个 IP 数据包时,它就由协议栈向下交给网卡组装成帧后发送到以太网。

网卡的主要功能如下:

- 数据的封装与解封装——发送时将上一层交下来的数据加上首部和尾部,成为以太网帧。接收时将以太网的帧剥去首部和尾部,然后送交上一层。
- 链路管理——主要是 CSMA/CD 协议的实现。
- 编码与译码——即曼彻斯特编码与译码。
- 串并行传输的转换——网卡与计算机之间通信是并行传输方式,网卡与以太网之间的通信是通过电缆或双绞线以串行传输方式进行的。网卡实现串并行传输方式的转换。

网卡最终要与网络进行连接,因此也就必须有一个接口使网线通过它与其他计算机网络设备连接起来。不同的网络接口适用于不同的网络类型,常见的接口主要有 RJ-45 接口、细同轴电缆的 BNC 接口、粗同轴电缆的 AUI 接口、FDDI 接口、ATM 接口等。

- RJ-45——这是最常见的一种网卡接口类型,也是应用最广的一种接口类型,主要得益于双绞线以太网应用的普及。因为这种 RJ-45 接口类型就应用于以双绞线为传输介质的以太网中。这种接口类型的网卡上还自带两个状态指示灯,通过这两个指示灯颜色可初步判断网卡的工作状态。RJ-45 网卡如图 5.10 所示。
- BNC 接口——这种接口网卡应用于细同轴电缆为传输介质的以太网或令牌网中。由于细同轴电缆为传输介质的以太网和令牌环网已被市场淘汰,因此这种类型的网卡较少见。BNC 接口网卡如图 5.8 所示。
- AUI 接口——这种接口类型的网卡应用于以粗同轴电缆为传输介质的以太网和令牌网中,这些网络也已经淘汰,因此这种接口类型的网卡也很少见。AUI 接口网卡如图 5.7 所示。

目前主流的以太网网卡接口类型为 RJ-45。

2) MAC 地址

在广播信道实现点到点通信,需要给发送的帧添加源地址和目的地址,这就要求网络中的每个计算机的网卡有唯一的地址,仅当帧的目的地址和计算机的网卡地址相同,网卡才接收该帧,对于不是发给自己的帧,则丢弃。这个地址称为 MAC 地址,又称为物理地址或硬件地址。

IEEE 802 标准为局域网规定了一个 48 位的全球地址,该地址被固化在网卡的 ROM 中,当该网卡插入某台计算机后,网卡的 MAC 地址就成为这台计算机的 MAC 地址。在 Windows 操作系统中,通过命令"ipconfig/all"可以查看本机的物理地址。查看本机 MAC 地址的命令执行过程如图 5.14 所示。

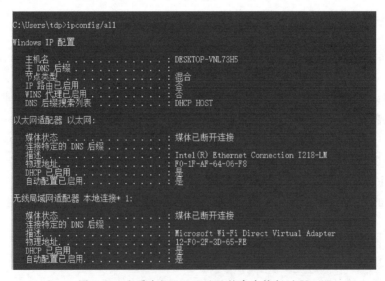

图 5.14　查看本机 MAC 地址的命令执行过程

为了确保网卡的全球唯一性,需要有专门的机构对网卡的 MAC 地址进行统一分配,IEEE 的注册管理机构(Registration Authority,RA)是局域网全球地址的法定管理机构,负责分配地址字段 6 个字节中的前三个字节(即高 24 位)。世界上凡要生产局域网适配器的厂家,都必须向 IEEE 购买由这三个字节构成的号码(即地址块),这个号的正式名称为组织唯一标识符(Organizationally Unique Identifier,OUI),通常也称为公司标识符(company_id)。例如,3Com 公司生产的网卡的 MAC 地址的前三个字节是 02-60-8C。地址字段中的后三个字节(即低 24 位)由厂家自行指派,称为扩展标识符(extended identifier),只要保证生产出的网卡没有重复地址即可。可见,一个地址块最多可以生成 2^{24} 个不同的地址。用这种方式得到的 48 位地址称为 EUI-48,这里的 EUI(Extended Unique Identifier)表示扩展的唯一标识符。

连接在以太网上的路由器接口和计算机网卡一样,也有 MAC 地址,当路由器通过两个接口连接两个网络时,路由器至少需要两个 MAC 地址,因为每个接口都拥有一个 MAC地址。

我们知道网卡有过滤功能,网卡从网络上每收到一个 MAC 帧,就先用硬件检查 MAC帧中的目的地址。如果是发往本站的帧,就收下,再进行其他处理,否则就将此帧丢弃,不再进行其他处理。这样做就不浪费主机处理机和内存资源了。这里的"发往本站的帧"包括以下三种帧。

- 单播(unicast)帧(一对一),即收到的帧的 MAC 地址与本站的硬件地址相同。
- 广播(broadcast)帧(一对全体),即发送给本局域网上所有站点的帧(全 1 地址)。
- 多播(multicast)帧(一对多),即发送给本局域网上一部分站点的帧。

所有的适配器都至少应当能够识别前两种帧,即能够识别单播地址和广播地址。有的适配器可用编程的方法识别多播地址。当操作系统启动时,它就把网络适配器初始化,使网络适配器能够识别某些多播地址。显然,只有目的地址才能使用广播地址和多播地址。

6. 封装成帧——以太网 MAC 帧结构

常用的以太网 MAC 帧格式有两种标准:一种是 DIX Ethernet V2 标准(即以太网 V2标准);另一种是 IEEE 802.3 标准。这里介绍最常见的以太网 V2 标准的帧格式。

假定网络层使用的是 IP,其他协议也是可以的,其帧结构如图 5.15 所示。以太网 V2的 MAC 帧格式由五个字段组成,分别如下。

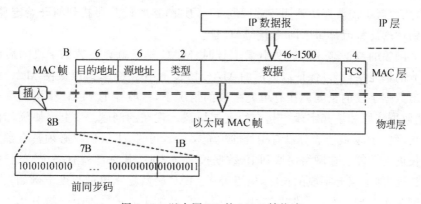

图 5.15　以太网 V2 的 MAC 帧格式

第一个字段为 6B 长的目的地址字段,目的地址为该以太网帧所要发送的目的设备网卡的 MAC 地址,MAC 地址为 6B,即 48 位,因此以太网 MAC 帧的第一个字段(目的地址字段)长为 6B。

第二个字段为 6B 长的源地址字段,源地址为生成该帧的源设备的 MAC 地址。同样,由于 MAC 地址为 6B,即 48 位组成,因此该字段的长度为 6B。

第三个字段为 2B 长的类型字段,该字段用来标志上一层使用的协议类型,以便把收到的 MAC 帧的数据上交给上一层的这个协议。例如,若类型字段的值是 0x0800 时,就表示上层使用的是 IP 数据报。若类型字段的值为 0x8137 时,则表示该帧是由 Novell IPX 发过来的。

第四个字段是数据字段,其长度在 46~1500B,其中 46B 是这样得出的:最小长度 64 减去 18B 的首部和尾部,就得出数据字段的最小长度。而以太网 V2 数据帧的数据部分的长度上限——最大传送单元(MTU)为 1500B,因此该字段的长度范围为 46~1500B。

第五个字段为 4B 的 FCS(使用 CRC 检验)。

在以太网 V2 的 MAC 帧中,数据字段的长度为 46~1500B,是一个变化的值。而对于某个确定的帧来说,该字段的值是确定的。以太网 V2 的 MAC 帧首部并没有一个帧长度(或者数据长度)字段,那么,MAC 子层又怎样知道从接收到的以太网帧中取出多少字节的数据交付上一层协议呢?

以太网采用曼彻斯特编码,在曼彻斯特编码的每个码元(不管码元是 1,或是 0)的正中间一定有一次电压的转换(从高到低或从低到高),这是曼彻斯特编码的一个重要特点。当发送方把一个以太网帧发送完毕后,就不再发送其他码元了(既不发送 1,也不发送 0)。因此,发送方网络适配器的接口上的电压也就不再变化了。这样,接收方就可以很容易地找到以太网帧的结束位置。从这个位置向前数 4B(FCS 字段长度是 4B),就能确定数据字段的结束位置。

在以太网上是以帧为单位传送数据的,以太网在传送帧时,各帧之间还必须有一定的间隔。以太网规定,帧间最小间隔为 9.6μs,对于 10Mb/s 的以太网来说,相当于 96b 的发送时间,一个站检测到总线开始空闲后,还要等待 9.6μs 才能再次发送数据,这样做是为了使刚刚收到数据帧的站的接收缓存来得及清理,做好接收下一帧的准备。另外,由于以太网采用曼彻斯特编码和曼彻斯特编码本身的特点,因此以太网帧不需要添加帧结束定界符区分帧的结束,当然也就不需要解决透明传输问题了。因此,接收端只要找到帧开始定界符,其后面的连续到达的比特流都属于同一个 MAC 帧。

当以太网帧的数据部分的长度小于 46B 时,MAC 子层就会在数据字段的后面加入一个整数字节的填充字段,以保证以太网的 MAC 帧长不小于 64B,但以太网 MAC 帧的首部并没有指出数据字段的长度。在有填充字段的情况下,接收端的 MAC 子层剥去首部和尾部后,就把数据字段和填充字段一起交给上层协议。现在的问题是:上层协议如何知道填充字段的长度? IP 层应当丢弃没有用处的填充字段。可见,上层协议必须具有识别有效的数据字段长度的功能。在网络层谈到 IP 数据报的格式时,其首部就有一个"总长度"字段。因此,"总长度"加上填充字段的长度,应当等于 MAC 帧数据字段的长度。例如,当 IP 数据报的总长度为 42B 时,填充字段共有 4B。当 MAC 帧把 46B 的数据上交给 IP 层后,IP 层就会把其中最后 4B 的填充字段丢弃。

从图 5.15 可看出,在传输介质上实际传送的要比 MAC 帧还多 8B。这是因为一个站在刚开始接收 MAC 帧时,由于适配器的时钟尚未与到达的比特流达成同步,因此 MAC 帧最前面的若干位就无法接收,结果使整个 MAC 成为无用的帧。为了接收端迅速实现位同步,从 MAC 子层向下传到物理层时还要在帧的前面插入 8B(由硬件生成),它由两个字段构成。第一个字段是 7B 的前同步码(1 和 0 交替码),它的作用是使接收端的适配器在接收 MAC 帧时能够迅速调制其时钟频率,使它和发送端的时钟同步,也就是"实现位同步"(位同步就是比特同步的意思)。第二个字段是帧开始定界符,定义为 10101011。它的前六位的作用和前同步码一样,最后两个连续的 1 就是告诉接收端适配器:"MAC 帧的信息马上就要来了,请适配器注意接收"。MAC 帧的 FCS 字段的检验范围不包括前同步码和帧开始定界符。使用 SONET/SDH 进行同步传输时,则不需要用前同步码,因为在同步传输时收发双方一直保持着位同步。

IEEE 802.3 规定的 MAC 帧格式与以太网 V2 的 MAC 帧格式的区别有以下两个地方。

第一,以太网 V2 标准规定的第三个字段是"类型",而 IEEE 802.3 规定的 MAC 帧的第三个字段是"长度/类型"。当 IEEE 802.3 规定的第三个字段的值大于 0x0600(相当于十进制的 1536),就表示"类型",这样的帧和以太网 V2 的 MAC 完全一样。只有当这个字段的值小于 0x0600 时,才表示"长度",即 MAC 帧的数据部分长度。由于以太网采用曼彻斯特编码,因此长度字段无实际意义。

第二,当"长度/类型"字段值小于 0x0600 时,数据字段必须装入上面的 LLC 子层的 LLC 帧。

由于现在广泛使用的局域网只有以太网,因此 LLC 帧已失去原来的意义。现在市场上流行的都是以太网 V2 的 MAC 帧。大家也常常把它称为 IEEE 802.3 标准的 MAC 帧。

5.3.2 实验一——以太网 MAC 帧格式分析

DIX V2 以太网帧仿真实现过程如下。

1) 仿真环境拓扑设计及地址规划

在 Packet Tracer 中构建如图 5.16 所示的网络拓扑结构图,在该网络环境中可以实现以太网帧。在该网络拓扑结构中,主机 PC1 和路由器 R1 的 f0/0 接口之间传输以太网帧,路由器 R1 的 s0/0/0 接口和路由器 R2 的 s0/0/0 接口之间传输 PPP 帧,路由器 R2 的接口 f0/0 和主机 PC2 之间传输以太网帧。路由器实现了异构网络的互联。

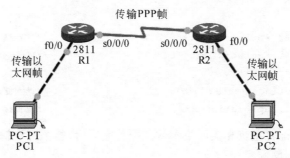

图 5.16　DIX V2 以太网帧以及 PPP 帧仿真拓扑结构图

该网络拓扑结构的地址规划见表 5.1。

2) 配置网络,实现网络互联互通

该网络拓扑由三个网段组成,主机 PC1 和路由器 R1 之间传输以太网帧,网络地址为

表 5.1　网络地址规划

设　备	R1	R2	PC1	PC2
f0/0	192.168.1.1/24	192.168.3.1/24	—	—
s0/0/0	192.168.2.1/24	192.168.2.2/24	—	—
主机地址 默认网关	—	—	192.168.1.10/24 192.168.1.1	192.168.3.10/24 192.168.3.1

192.168.1.0；路由器 R1 与 R2 之间数据链路层使用串口相连，封装 PPP，传输 PPP 帧，网络地址为 192.168.2.0；路由器 R2 和主机 PC2 之间传输以太网帧，网络地址为 192.168.3.0。利用路由器实现异构网络的互联。若要网络互联互通，需要配置接口的 IP 地址，将路由器的串口封装 PPP，最后在路由器上执行动态路由协议。具体配置如下：

```
首先配置路由器 R1
R1(config)#interface serial 0/0/0              //进入路由器 R1 的 s0/0/0 接口
R1(config-if)#ip address 192.168.2.1 255.255.255.0   //为接口配置 IP 地址
R1(config-if)#clock rate 64000                 //为接口配置时钟频率
R1(config-if)#encapsulation ppp                //配置接口封装 PPP
R1(config-if)#no shu                           //激活接口
R1(config-if)#exit                             //退出
R1(config)#interface fastEthernet 0/0         //进入路由器 fa0/0 接口
R1(config-if)#ip address 192.168.1.1 255.255.255.0   //为接口配置 IP 地址
R1(config-if)#no shu                           //激活接口
R1(config-if)#exit                             //退出
R1(config)#route rip                           //路由器执行路由协议 RIP
R1(config-router)#network 192.168.1.0          //宣告网段
R1(config-router)#network 192.168.2.0          //宣告网段
```

按照同样的步骤对路由器 R2 进行相应的配置。配置路由器 R2 的接口 IP 地址，开启路由器 RIP，将路由器 s0/0/0 接口封装成 PPP，主要配置如下：

```
R2(config)#route rip                           //路由器执行路由协议 RIP
R2(config-router)#network 192.168.2.0          //宣告网段
R2(config-router)#network 192.168.3.0          //宣告网段
R2(config-router)#exit                         //退出
R2(config)#interface serial 0/0/0             //进入路由器接口 s0/0/0
R2(config-if)#encapsulation ppp                //配置接口封装 PPP
```

最后按照表 5.1 配置主机相关网络参数。配置完毕后，整个网络就互联互通了。

3）仿真实现以太网帧

首先仿真实现以太网帧，为了抓取数据包，需要有数据的传输，将 Packet Tracer 仿真模式从 Realtime Mode 切换成 Simulation Mode，从主机 PC1 发一个 ping 包给主机 PC2，连续单击 Play Controls 下的 Capture /Forward 按钮，得到如图 5.17 所示的仿真结果。PC1 和路由器 R1 之间传输的协议数据单元（Protocol Data Unite，PDU）为以太网帧，通过展开 PC1 到 R1 的 PDU Information at Device R1，在 Inbound PDU Details 中得到 DIX V2 以太

网帧结构仿真图,如图 5.17 所示,该图中,DIX V2 帧格式与图 5.15 所示帧格式相符。其中源地址为主机 PC1 的 MAC 地址,目的地址为路由器 R1 左边接口 f0/0 的 MAC 地址。类型字段值为 0x0800,说明上层使用 IP 数据报。帧的前面插入 7B 的前同步码以及 1B 的帧开始定界符。

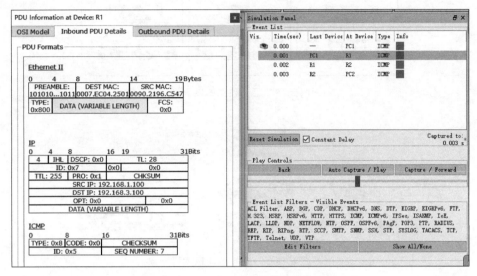

图 5.17　DIX V2 以太网帧结构仿真图

5.3.3　扩展以太网

由于信号在传输过程中强度会衰减,因此以太网上主机之间的距离不能太远,否则主机发送的信息经过传输介质传输后会衰减到使 CSMA/CD 协议无法正常工作。扩展以太网指的是对以太网的规模(即覆盖范围)进行扩展,这里分别讨论从物理层和数据链路层对以太网进行扩展,所以扩展的以太网在网络层看来仍然是一个网络。

1. 物理层扩展以太网

不同的传输介质可以传输的距离不一样。通过选择不同的传输介质,可以实现以太网的扩展。另外,物理层常见的设备有集线器、转发器等。通过级联这些设备同样可以实现以太网的扩展。

双绞线的传输距离为 100m,细同轴电缆的传输距离为 185m,粗同轴电缆的传输距离为 500m,多模光纤的传输距离约 500m,单模光纤的传输距离可以达几千米,甚至上百千米。选择不同的传输介质导致以太网的覆盖范围不一样。

通过集线器,转发器可以扩展以太网覆盖范围。使用集线器,传输介质为双绞线的10Base-T 以太网,两台主机之间的距离可以达到 200m。当初广泛采用的粗同轴电缆以及细同轴电缆以太网,常使用工作在物理层的转发器扩展以太网的地理覆盖范围。IEEE 802.3标准规定,两个站之间级联的转发器的数量是有限的,不能无限地级联下去。

使用多个集线器,可以连接成覆盖更大范围的多级星形结构的以太网。图 5.18 所示为三个独立的以太网。图 5.19 所示为一个扩展的以太网,一个更大的碰撞域(冲突域)。

通过多集线器扩展以太网的优点是:使原来属于不同碰撞域的以太网上的计算机能够

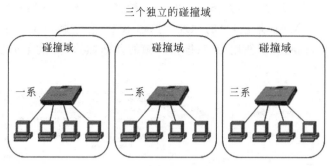

图 5.18 三个独立的以太网

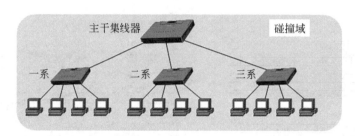

图 5.19 一个扩展的以太网

进行跨碰撞域的通信,扩大了以太网覆盖的地理范围。

通过集线器扩展以太网的缺点是:碰撞域增大了,但总的吞吐量并没有提高。如果不同的碰撞域使用不同的数据率,那么就不能用集线器将它们互联起来。因为集线器基本上是多接口的转发器,并不能把帧进行缓存。

2. 数据链路层扩展以太网

数据链路层的常见设备是网桥和交换机,通过网桥和交换机可以在数据链路层对以太网进行扩展。

1) 使用网桥扩展以太网

网桥工作在数据链路层,人们最初使用网桥根据 MAC 帧的目的地址对收到的帧进行转发。网桥具有过滤帧的功能。当网桥收到一个帧时,并不是向所有接口转发此帧,而是先检查此帧的目的 MAC 地址,然后再确定将该帧转发到哪个接口。网桥还具有自学习的功能。利用网桥扩展以太网如图 5.20 所示。

使用网桥带来的好处为:过滤通信量、扩大了以太网范围、提高了可靠性,可互联不同物理层、不同 MAC 子层和不同速率(如 10Mb/s 和 100Mb/s 以太网)的以太网。

使用网桥的缺点:存储转发增加了时延、在 MAC 子层没有流量控制功能、网桥只适合于用户数不太多和通信量不太大的局域网,否则会因传播过多的广播信息而产生网络拥塞。

网桥已经很少使用,基本退出了市场。接下来探讨使用数据链路层的交换机扩展以太网。

2) 使用交换机扩展以太网

1990 年问世的交换式集线器(switching hub)可明显提高以太网的性能。交换式集线器常称为以太网交换机(switch)或第二层交换机(L2 switch),强调这种交换机工作在数据

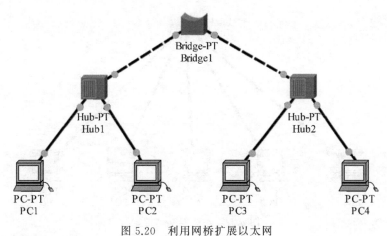

图 5.20　利用网桥扩展以太网

链路层。

　　以太网交换机实质上就是一个多接口的网桥,通常有二十几个或四十几个接口,每个接口都直接与主机或另一个以太网交换机相连,并且一般都工作在全双工方式。以太网交换机具有并行性,能同时连通多对接口,使多对主机能同时通信。相互通信的主机都是独占传输介质,无碰撞地传输数据。对于交换机来说,它是分割碰撞域的。也就是说,以太网交换机的每个接口就是一个碰撞域,如图 5.21 所示。

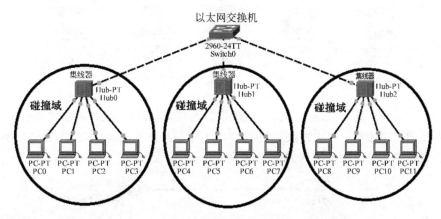

图 5.21　以太网交换机的每个接口就是一个碰撞域

　　以太网交换机的接口有存储器,能在输出端口繁忙时把到来的帧进行缓存,它是一种即插即用设备,其内部的帧交换表(又称地址表)是通过自学习算法自动逐渐建立起来的。以太网交换机使用了专用的交换结构芯片,用硬件转发,其转发速率比使用软件转发的网桥快很多。它的性能远远超过普通的集线器,而且价格不贵。

　　以太网交换机的用户独享带宽,增加了总容量。它与集线器不同,交换机是独享带宽,而集线器是共享带宽,如图 5.22 所示,对于集线器来说,若 N 个用户共享集线器提供的带宽 B,则平均每个用户仅占有 B/N 的带宽。

　　对于图 5.23,交换机是独占带宽,若交换机为每个端口提供带宽为 B,共有 N 个用户,而每个用户独占带宽 B,则交换机总带宽达 $B \times N$ 。

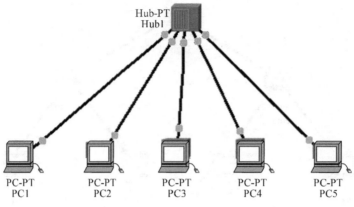

图 5.22　集线器共享带宽

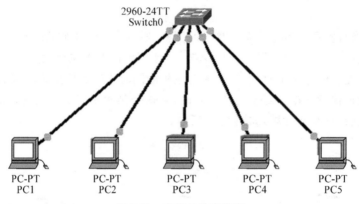

图 5.23　交换机独享带宽

　　从集线器共享总线以太网转换到交换机以太网时,所有接入设备的软件和硬件、适配器等都不需要做任何改动。以太网交换机一般都具有多种速率的接口,方便了各种不同情况的用户。利用交换机扩展以太网如图 5.24 所示。

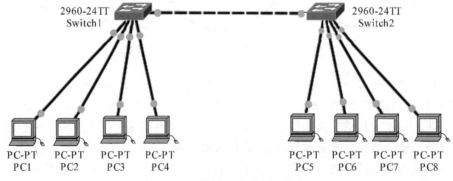

图 5.24　利用交换机扩展以太网

　　以太网交换机通常采用存储转发和直通两种交换方式。存储转发方式是把整个数据帧先缓存,之后再进行处理。直通方式是接收数据帧的同时就立即按数据帧的目的 MAC 地址决定该帧的转发接口,因而提高了帧的转发速度。直通方式的缺点是：它不检查差错,就直接将帧转发出去,因此有可能也将一些无效帧转发给了其他站。

3) 交换机自学习功能

以太网交换机是一种即插即用的设备,其内部的帧交换表(又称 MAC 地址表)是通过自学习算法自动逐渐建立起来的。

假设一个以太网交换机有 1,2,3,4 共 4 个接口,每个接口都分别连接了一台计算机,它们的 MAC 地址分别是 A、B、C 和 D,如图 5.25 所示。最开始时,交换机的交换表是空的,见表 5.2。

假设计算机 PC1(MAC 地址为 A)向计算机 PC2(MAC 地址为 B)发送了一帧,从接口 1 进入交换机,交换机收到这一帧之后,会先查找交换表,不过很显然一开始交换表是空的,交换机查不到应该从哪个接口转发这个帧(就是找不到目

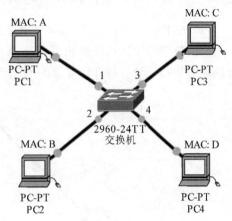

图 5.25　交换机自学习网络拓扑图

的地址为 B 的表项)。接下来,交换机就会把这个帧的源地址 A 和接口 1 写入交换表中,并向除接口 1 之外的所有接口广播这个帧。那么,现在交换表就变成了表 5.3 的样子。

表 5.2　交换机初始状态交换表为空

MAC 地址	接口

表 5.3　PC1 向 PC2 发送一帧后交换机交换表的样子

MAC 地址	接口
A	1

这样,不论交换机的哪个接口收到目的地址是 A 的帧,都只是把这个帧转发到接口 1,因为既然 A 发送的帧能从接口 1 进入交换机,那么交换机自然也能从接口 1 找到 A。

刚才说交换机会向除接口 1 之外的所有接口广播主机 PC1(MAC 地址为 A)发出的那一帧,PC3(MAC 地址为 C)和 PC4(MAC 地址为 D)收到之后将会丢弃这个帧,因为目的地址与它们的 MAC 地址不符,只有主机 PC2(MAC 地址为 B)会收下这个帧,这种机制也称为过滤。

经过一段时间,交换机会把所有发送过的数据的主机和 MAC 地址与对应接口号记录下来,这样交换表中的表项就齐全了,要转发给任何一台主机的帧都能很快地在交换表中找到相应的转发接口。

考虑到有时可能要在交换机的接口更换主机,或者主机要更换其网络适配器,这就需要更改交换表中的项目。为此,在交换表中每个项目都设有一定的有效时间,过期的项目会自动被删除。用这样的方法保证交换表中的数据都符合当前网络的实际状况。

以太网交换机的这种自学习的方法使得以太网交换机能够即插即用,不必人工配置,因

此非常方便。

5.3.4 实验二——交换机自学习功能

（1）在 Packet Tracer 仿真软件中设置网络拓扑结构。

交换机学习原理拓扑图如图 5.26 所示，一台计算机连接 3 台计算机，每台计算机连接交换机的接口编号。每台计算机的 IP 地址与 MAC 地址的对应关系如图 5.26 所示。

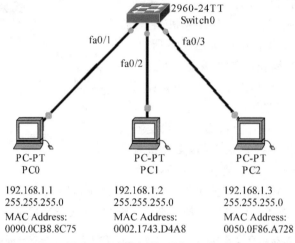

图 5.26　交换机学习原理拓扑图

（2）查看初始状态下的 MAC 地址表。

初始状态下交换机的 MAC 地址表为空，如图 5.27 所示。

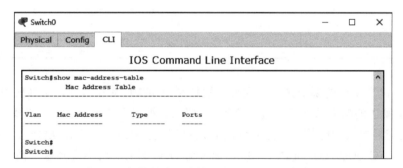

图 5.27　初始状态下交换机的 MAC 地址表为空

（3）利用计算机 PC0 ping 测试计算机 PC1。

为了使交换机转发数据，改变交换机的 MAC 地址表，可利用计算机 PC0 ping 测试计算机 PC1，测试过程如图 5.28 所示。

（4）再次查看交换机的 MAC 地址表。

利用计算机 PC0 ping 测试计算机 PC1 后，再次查看交换机的 MAC 地址表，结果如图 5.29 所示，此时计算机的 MAC 地址表发生了改变，添加了两条记录，分别对应计算机 PC0 和计算机 PC1 对应的交换机的端口。这里要清楚 ping 命令的执行过程，PC0 发数据包给 PC1，同时 PC1 返回数据包给 PC0，因此交换机的 MAC 地址表中添加了这两条记录。

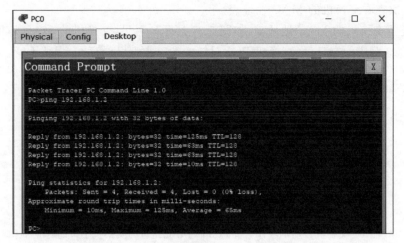

图 5.28　利用计算机 PC0 ping 测试计算机 PC1

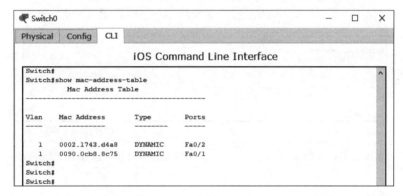

图 5.29　交换机自动学习主机 PC0 和主机 PC1 的 MAC 地址与端口的对应关系

（5）让计算机 PC0 ping 测试计算机 PC2。

再让计算机 PC0 ping 测试计算机 PC2，如图 5.30 所示。

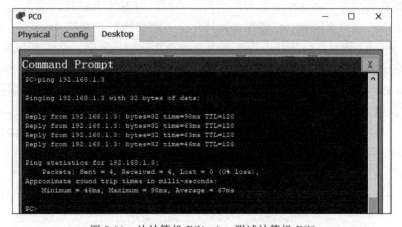

图 5.30　让计算机 PC0 ping 测试计算机 PC2

(6) 再次查看交换机的 MAC 地址表。

再次查看交换机的 MAC 地址表,如图 5.31 所示。可见,交换机的 MAC 地址表中添加了计算机 PC3 对应的端口,而交换机 PC0 对应的端口类型已经存在,保留不变。

```
Switch#show mac-address-table
          Mac Address Table
-------------------------------------------

Vlan    Mac Address        Type        Ports
----    -----------        --------    -----

   1    0002.1743.d4a8     DYNAMIC     Fa0/2
   1    0050.0f86.a728     DYNAMIC     Fa0/3
   1    0090.0cb8.8c75     DYNAMIC     Fa0/1
Switch#
```

图 5.31 交换机自动学习计算机 PC3 的 MAC 地址与交换机端口的对应关系

(7) 通过命令 clear mac-address-table 清除交换机中的 MAC 地址表。

通过命令 clear mac-address-table 清除交换机中的 MAC 地址表,如图 5.32 所示。

```
Switch#clear mac-address-table
Switch#show mac-address-table
          Mac Address Table
-------------------------------------------

Vlan    Mac Address      Type        Ports
----    -----------      --------    -----

Switch#
```
                                            Copy   Paste

图 5.32 通过命令 clear mac-address-table 清除交换机中的 MAC 地址表

5.3.5 交换机生成树协议

交换机与交换机之间往往有多条链路以提供路径冗余,目的是一条链路的损坏不影响整个网络的互联互通。在具有路径冗余的网络中,当交换机接收到一个未知目的地址的数据帧时,交换机的操作是将这个数据帧广播出去,这样,具有冗余路径的交换网络中容易产生广播环,甚至产生广播风暴。广播风暴的产生会占用交换机的大量系统资源,从而导致交换机死机。图 5.33 所示网络拓扑图说明两个交换机之间循环的帧。在图 5.33 中,假定一开始主机 PC1(MAC 地址为 A)通过接口交换机♯1 向主机交换机♯2 的 PC3(MAC 地址为 B)发送一帧,交换机♯1 收到这个帧后向所有其他接口进行广播发送。现观察一个帧的走向:离开交换机♯1 的接口 3 到交换机♯2 的接口 1,再到交换机♯2 的接口 2,再到交换机♯1 的接口 4,再到交换机♯1 的接口 3,然后再到交换机♯2 的接口 1……这样无限制地循环下去,白白消耗了网络资源。

如何解决既要有物理冗余链路保证网络的可靠性,又能避免冗余环路产生广播风暴的问题?生成树协议(Spanning Tree Protocol,STP)能够在逻辑上断开网络的环路,防止广播风暴的产生,而一旦正在使用的线路出现故障,逻辑上被断开的线路又被连通,继续传输数据。因此,生成树协议能够很好地解决具有冗余链路网络的广播风暴问题。

生成树协议的基本工作原理如下:自然界生长的树是不会出现环路的,如果网络也能

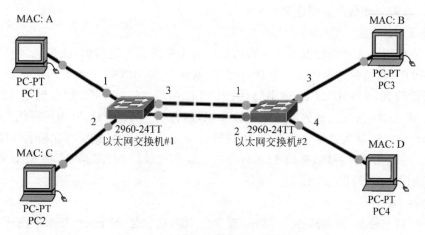

图 5.33　在两个交换机之间循环的帧

够像树一样生长,就不会出现环路。生成树协议中定义了根桥(Root Bridge,RB)、根端口(Root Port,RP)以及指定端口(Designated Port,DP)等概念,目的是通过构造一棵自然树的方法达到裁剪冗余环路的目的,同时实现链路备份和路径最优化。为了实现这些功能,交换机之间必须进行一些信息交流,这些信息交流单元称为网桥协议数据单元(Bridge Protocol Data Unit,BPDU),STP PBDU 为二层报文数据携带了用于生成树计算的所有有用信息。所有支持 STP 的交换机都会接收并处理收到的 BPDU 报文。RB、RP 以及 DP 的选择过程如下。

① 选择 RB:生成树的树根为 RB 交换机,根据桥 ID 的不同,较优的交换机被选为 RB,任意时刻只能有一个 RB。选择 RB 时首先比较优先级,在优先级相同的情况下比较 MAC 地址,最小 MAC 地址的交换机为 RB。RB 交换机的所有接口永远不会出现阻塞状态。RB 的所有端口都是指定端口,指定端口被标记为转发端口。

② 选择 RP:按如下顺序选择,满足条件即停止。ⓐ计算非根交换机到达 RB 的链路开销;ⓑ比较非根交换机的上行交换机桥 ID(由优先级和 MAC 地址决定);ⓒ上行交换机的最小端口号所连接的非根交换机的端口为 RP。

③ 选择 DP:非根交换机与非根交换机之间连接线的两个端口中必定有一个端口为 DP,此时比较两个非根交换机的 RP 到达 RB 的最低链路开销,将最低开销的非根交换机的端口作为 DP。如果开销一样,则比较桥 ID。DP 被标记为转发端口。

④ 阻塞端口:根交换机所有的连接端口均为转发端口。每个网段只有一个转发端口,其余端口为阻塞端口。

生成树协议的要点是不改变网络的实际拓扑,在逻辑上切断某些链路,使得从一台主机到所有其他主机的路径是无环路的树状结构,从而消除了循环的现象。

5.3.6　实验三——生成树协议分析

在 Packet Tracer 仿真软件中仿真实现交换机生成树协议(STP)。

STP 维护一个树状的网络拓扑,当交换机发现拓扑中有环时,就会逻辑地阻塞一个或更多冗余端口实现无环拓扑,当网络拓扑发生变化时,运行 STP 的交换机会自动重新配置它的端口,以避免环路产生或连接丢失。

1. 选择 RB

在网络中需要选择一台 RB,RB 的选择是由交换机自主进行的,交换机之间通信的信息称为 BPDU(桥协议数据单元),该信息每 2s 发送一次,BPDU 中包含的信息较多,但 RB 的选择只比较 BID(桥 ID),BID 最小的是 RB。BID=桥优先级+桥 MAC 地址,BPDU 数据帧中网桥 ID 有 8B,它由 2B 的网桥优先级和 6B 的背板 MAC 组成,其中网桥优先级的取值范围是 0~65535,默认值是 32768。RB 的选择是先比较桥优先级,再比较桥 MAC 地址。一般来说,桥优先级都一样,都是 32768,所以一般只比较桥 MAC 地址,将 MAC 地址最小(也就是 BID 最小的)作为 RB。

2. 选择 RP

对于每台非根桥,都要选择一个端口连接到 RB,这就是 RP,在所有非根网桥交换机上的不同端口之间选出一个到 RB 最近的端口作为 RP。

RP 的判定条件如下:首先,计算非根交换机到达根桥的链路开销,开销小的端口为 RP;开销相同的情况下,比较非根交换机的上行交换机桥 ID(由优先级和 MAC 地址决定),桥 ID 小的非根交换机的端口为 RP;以上都相同的情况下,上行交换机的最小端口号连接的非根交换机的端口为根端口。

关于开销,带宽为 10Mb/s 的端口开销为 100,带宽为 100Mb/s 的端口开销为 19,带宽为 1000Mb/s 的端口开销为 4。

3. 选择 DP

首先,根桥上的所有端口都是指定端口;其次,非根交换机与非根交换机之间连接线的两个端口中必定有一个端口为指定端口,此时比较两个非根交换机的根端口到达根桥的最低链路开销,以最低开销的非根交换机为准,其所在的连接线的端口为指定端口,如果链路开销一样,比较各自的桥 ID 即可。桥 ID 小的交换机的端口为指定端口。

在每个交换机之间的链路上选择一个端口,作为 DP。根桥没有 RP,有的只是 DP。其余端口首先比较到根桥的开销,开销小的为 DP,开销相同的比较交换机的 BID,BID 小的交换机的端口为 DP。

4. 将 RP、DP 设置为转发状态,其他端口设置为阻塞状态

将选出的 RP 和 DP 都设置为转发状态,既不是 RP,也不是 DP 的其他端口将被阻止(Block)。通过上述四步,就可以形成无环路的网络。

如图 5.34 所示,首先选择 RB。三台交换机的优先级以及 MAC 地址如下。

```
Switch0:default 优先级 32768   VLAN1 MAC 地址:0060.3e05.4ceb
Switch1:default 优先级 32768   VLAN1 MAC 地址:0060.2f9d.dae1
Switch2:default 优先级 32768   VLAN1 MAC 地址:0060.3e3d.4caa
```

很明显,在优先级相等的情况下,MAC 地址 Switch1 最小,所以 Switch1 为 RB。

其次选择 RP。

对于每台非根桥,Switch0 和 Switch1 要选择一个端口连接到根桥,作为 RP。选择依据是首先比较开销,其次比较 BID,最后比较 PID(端口 ID)。

交换机 Switch0 有两个端口 G1/1 和 G1/2 连接到根桥交换机 Switch1,如图 5.34 所

示,从端口 G1/1 到根桥交换机 Switch1 的开销为 4,从端口 G1/2 到根桥交换机 Switch1 的
开销为 4+4=8,所以将交换机 Switch0 的端口 G1/1 设置为 RP。

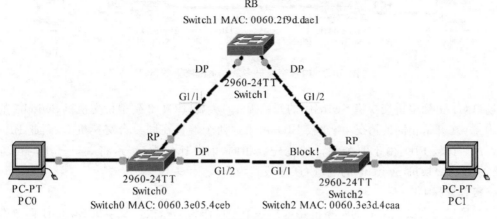

图 5.34　生成树协议工作原理拓扑图

交换机 Switch2 有两个端口 G1/1 和 G1/2 连接到根桥交换机 Switch1,从端口 G1/2
到根桥交换机 Switch1 的开销为 4,从端口 G1/1 到根桥交换机 Switch1 的开销为 4+4=8,
所以将交换机 Switch2 的端口 G1/2 设置为 RP。

接下来选择 DP。

在交换机与交换机之间选择一个端口作为 DP,根桥交换机 Switch1 没有 RP,它的两个
端口 G1/1 和 G1/2 分别连接交换机 Switch0 根端口 G1/1,以及交换机 Switch2 根端口
G1/2。所以,根桥交换机的两个端口 G1/1 和 G1/2 为 DP。

在交换机 Switch0 端口 G1/2 和交换机 Switch2 端口 G1/1 之间选择一个指定端口,由
于 Switch0 端口 G1/2 到根桥的开销和 Switch2 端口 G1/1 到根桥的开销相同,所以比较这
两个交换机的 BID,由于交换机 Switch0 和 Switch2 的优先级相同,均为 32768,所以接下来
比较这两个交换机的 MAC 大小,Switch0VLAN1 MAC 地址:0060.3e05.4ceb;Switch2
VLAN1 MAC 地址:0060.3e3d.4caa,显然 Switch0 的 MAC 小,所以在交换机 Switch0 端口
G1/2 和交换机 Switch2 端口 G1/1 之间选择 Switch0 的端口 G1/2 作为指定端口。

最后将 RP、DP 设置为转发状态,其他端口设置为阻塞状态。也就是说,将 Switch2 的
G1/1 设置为阻塞状态,具体如图 5.34 所示。

如图 5.35 所示,两台交换机两条冗余链路下的 STP 工作情况分析:首先选择根桥交换
机 RB。两台交换机的优先级及 VLAN1 的 MAC 地址如下。

```
Switch0:default 优先级 32768  VLAN1 MAC 地址:00e0.b0b9.4e9e
Switch1:default 优先级 32768  VLAN1 MAC 地址:000c.8566.6888
```

很明显,在优先级相同的情况下,MAC 地址 Switch1 的小,所以 Switch1 为 RB。

其次选择 RP。

对于非根桥 Switch0,两条链路分别选择 RP 连接 RB,选择依据是首先比较开销,其次
比较 BID,最后比较 PID(端口 ID)。

由于交换机 Switch0 有两个端口 G1/1 和端口 G1/2 能够连接到根桥交换机 Switch1,

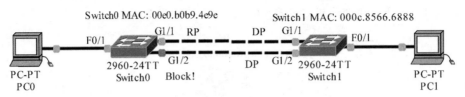

图 5.35　两台交换机多条冗余链路下的 STP

从端口 G1/1 到根桥交换机 Switch1 的开销为 4。从端口 G1/2 到根桥交换机 Switch1 的开销为 4。在开销相同的情况下，比较 BID，由于这两个端口在同一台交换机上，因此 BID 相同。最后比较 PID，由于两个端口的优先级相同，因此比较端口号，将端口号小的设置为 RP，所以将交换机 Switch0 的端口 G1/1 设置为 RP。

接着选择 DP。

交换机与交换机之间的每条链路选择一个端口作为 DP，根桥交换机 Switch1 两个端口 G1/1 和 G1/2 分别连接交换机 Switch0 根端口 G1/1，以及交换机 Switch0 端口 G1/2，所以根桥交换机端口 G1/1 为 DP。

在交换机 Switch0 端口 G1/2 和交换机 Switch1 端口 G1/2 之间选择一个 DP，Switch0 端口 G1/2 到根桥的开销大于 Switch1 端口 G1/2 到根桥的开销，所以交换机 Switch1 端口 G1/2 为 DP。

最后将 RP、DP 设置为转发状态，其他端口设置为阻塞状态。也就是说，将 Switch0 的 G1/2 设置为阻塞状态，具体如图 5.35 所示。

5.3.7　高速以太网

速率达到或超过 100Mb/s 的以太网称为高速以太网。

1. 100M 以太网

100Base-T 是在双绞线上传送 100Mb/s 基带信号的星形拓扑结构的以太网，仍使用 CSMA/CD 协议，又称快速以太网（FastEthernet）。用户只要更换一张 100M 网卡，再配上一个 100M 集线器，就可以很方便地由 10Base-T 以太网直接升级到 100Mb/s 以太网，而不必改变网络的拓扑结构。所有在 10Base-T 上的应用软件和网络软件都可保持不变。100Base-T 的适配器有很强的自适应性，能够自动识别 10Mb/s 和 100Mb/s。1995 年，IEEE 将 100Base-T 的快速以太网定义为 IEEE 802.3u 标准。

使用交换机组建的 100Base-T 以太网，可在全双工方式下工作而无冲突发生，因此在全双工方式工作的快速以太网不使用 CSMA/CD 协议，但它的帧的格式仍然使用 IEEE 802.3 标准，因此仍然称它为以太网。但 100Base-T 交换式以太网在半双工方式下工作时一定要用 CSMA/CD 协议解决冲突问题。

100Base-T 技术规范定义了 100Base-TX、100Base-T4 和 100Base-FX 三种物理层标准，分别支持不同的传输介质。

100Base-TX 使用 5 类无屏蔽双绞线（UTP）或屏蔽双绞线（STP）的快速以太网技术，它使用两对双绞线，一对用于发送，一对用于接收数据，采用全双工方式工作。

100Base-T4 采用 3 类、4 类、5 类 UTP 的 4 对线路进行 100Mb/s 的数据传输，其中 3 对

双绞线用于数据传输，1 对双绞线用于冲突检测。它采用半双工传输模式。100Base-T4 使用 RJ-45 接口，连接方法与 10Base-T 相同。

100Base-FX 使用两根光纤作为传输介质，一根用于发送，一根用于接收。

100Base-T 使用集线器(半双工模式)或者交换机(全双工模式)形成星形结构，保持了与 10Mb/s 以太网相同的 MAC 子层。使用集线器时，采用同样的 CSMA/CD 协议和相同的帧格式，使用同样的基本运行参数，即最大帧长 1518B，最小帧长 64B，冲突重发次数上限为 16，冲突退避次数上限为 10，争用期时长为 512 比特时间，强化冲突信号为 32B，最小帧间间隔为 96 比特。

100Base-T 最短帧长保持不变，仍然为 64B，即 512 比特。由于 100Base-T 快速以太网的速率是传统 10Base-T 以太网速率的 10 倍，因此，100Base-T 以太网争用期 512 比特时间就变成了 $5.12\mu s$，最小帧间间隔变为 $0.96\mu s$。

2. 吉比特以太网

吉比特以太网(Gigabit Ethernet)的数据传输速率为 1Gb/s 或 1000Mb/s，因此又称千兆以太网。千兆以太网技术有两个标准：IEEE 802.3z 和 IEEE 802.3ab。IEEE 802.3z 工作组负责制定基于光纤(单模或多模)和短距离铜缆的 1000Base-X。IEEE 802.3ab 制定了五类双绞线上较长距离连接方案的标准。IEEE 802.3z 具有三种传输介质标准，分别为 1000Base-SX 、1000Base-LX 以及 1000Base-CX。

1）1000Base-SX

1000Base-SX 只支持多模光纤，可以采用直径为 $62.5\mu m$ 或 $50\mu m$ 的多模光纤，工作波长为 $770\sim860nm$，传输距离为 $220\sim550m$。

2）1000Base-LX

1000Base-LX 可以采用直径为 $62.5\mu m$ 或 $50\mu m$ 的多模光纤，工作波长为 $1270\sim1355nm$，传输距离为 550m。1000Base-LX 也可以支持直径为 $10\mu m$ 的单模光纤，工作波长为 $1270\sim1355nm$，传输距离为 5km 左右。

3）1000Base-CX

1000Base-CX 采用 2 对 STP，传输距离为 25m。

IEEE 802.3ab 的标准为 1000Base-T。1000Base-T 使用 4 对 UTP5 类线，传输距离为 100m。

吉比特以太网的标准 IEEE 802.3z 有以下特点：

① 允许在 1Gb/s 下以全双工和半双工两种方式工作。

② 使用 IEEE 802.3 协议规定的帧格式。

③ 在半双工方式下使用 CSMA/CD 协议，在全双工方式不需要使用 CSMA/CD 协议。

④ 与 10Base-T 和 100Base-T 技术向后兼容。

吉比特以太网支持半双工和全双工模式，大部分以全双工方式工作。帧的格式仍然使用 IEEE 802.3 规定的帧格式，最大帧长和最小帧长依然分别为 1518B 和 64B，最小帧间间隔为 96 比特时间。为了与传统的半双工以太网相兼容，吉比特以太网支持 CSMA/CD 协议，冲突重传上限次数仍为 16，冲突退避上限次数为 10，强化冲突信号为 32b。但由于传输速率提升到 1000Mb/s，如果吉比特以太网仍然保持传统以太网 512b 的争用期时间，那么最大网络跨距将缩减到 10m，失去了实用价值。由于争用期时间是最短帧长发送完并且能够收到确认信号的时间,如果最短帧长不变,那么1000M的速率很快发完,发送时延减小。也就是说,帧长不变,发送时延变小,需要在同样的发送时延的时间内收到确认,因此导致传输距离变小。

吉比特以太网为了增加最大传输距离,将最短帧增加到4096比特,1000M以太网如何和10M以太网的最短帧兼容?这里有了新的问题,因为以太网最短帧长是64B,发送最短的数据帧只需要512比特时间。数据帧发送结束之后,可能在远端发生冲突,冲突信号传到发送端时,数据帧已经发送完成,发送端也就感知不到冲突了。最终的解决办法是,当数据帧长度小于512B(即4096比特)时,在FCS域后面添加"载波延伸"域。主机发送完数据帧之后,继续发送载波延伸信号,冲突信号传回来时,发送端就能感知到了。凡发送的帧长不足512B时,就用一些特殊字符填充在帧的后面,使MAC帧的发送长度增大到512B,如图5.36所示。接收端收到以太网的MAC帧后,要把所填充的特殊字符删除后,才向高层交付。当原来仅64B长的短帧填充到512B时,所填充的448B就造成了很大的开销。

图 5.36　载波延伸

再考虑另一个问题。如果发送的数据帧都是64B的短报文,那么链路的利用率就很低,因为"载波延伸"域将占用大量的带宽。千兆以太网标准中引入"分组突发"机制改善这个问题。这就是当很多短帧要发送时,第一个短帧采用上面所说的载波延伸方法进行填充,随后的一些短帧则可以一个接一个发送,它们之间只留必要的帧间最小间隔即可,如图5.37所示,这样就形成了一串分组突发,直到达到1500B或稍多一些字节为止,这样就提高了链路的利用率。

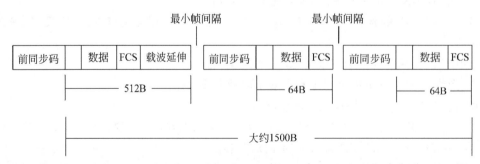

图 5.37　分组突发机制示意图

"载波延伸"和"分组突发"仅用于千兆以太网的半双工模式;而全双工模式不需要使用CSMA/CD机制,也就不需要这两个特性。

3. 10吉比特以太网

10吉比特以太网又称万兆位以太网。万兆位以太网主要有以下特点:

① MAC 子层的帧格式与 10Mb/s、100Mb/s 以及 1000Mb/s 以太网帧格式完全相同。

② 万兆位以太网只工作在全双工方式,因此不存在争用问题,也就不使用 CSMA/CD 协议。万兆位以太网完全突破 CSMA/CD 冲突域的限制,进入了城域网以及广域网的范畴。

万兆位以太网正式标准于 2002 年 6 月完成,即 IEEE 802.3ae。IEEE 802.3ae 定义的万兆位以太网的类型有 10GBase-SR、10GBase-LR 和 10GBase-ER。万兆位以太网的标准 IEEE 802.3ak 于 2004 年完成。IEEE 802.3ak 标准定义的以太网类型为 10GBase-CX4。万兆位以太网的标准 IEEE 802.3an 于 2006 年完成。IEEE 802.3an 标准定义的以太网类型为 10GBase-T。表 5.4 为万兆位以太网物理层标准。

表 5.4　万兆位以太网物理层标准

名　　称	传输介质	网段最大长度	特　　点
10GBase-SR	光缆	300m	多模光纤(0.85μm)
10GBase-LR	光缆	10km	单模光纤(1.3μm)
10GBase-ER	光缆	40km	单模光纤(1.5μm)
10GBase-CX4	铜缆	15m	4 对双芯同轴电缆
10GBase-T	铜缆	100m	4 对 6A 类 UTP 双绞线

现在以太网的工作范围已经从局域网扩大到城域网和广域网,从而实现了端到端的以太网传输。端到端的以太网传输使帧的格式全都是以太网的格式,而不需要再进行帧的格式转换,这就简化了操作和管理。以太网和现有的其他网络(如帧中继或 ATM 网络),仍然需要有相应的接口才能进行互联。

5.3.8　虚拟局域网

作为发现未知设备的主要手段,广播在网络中起着非常重要的作用。一个数据帧或包被传输到本地网段(由广播域定义)上的每个结点就是广播。在广播帧中,帧头中的目的 MAC 地址是 FF.FF.FF.FF.FF.FF,该地址代表网络上所有主机网卡的 MAC 地址。

随着网络中计算机数量的增多,广播包的数量会急剧增加,网络长时间被大量的广播数据包占用,当广播数据包的数量达到一定值时,网络传输速率将会明显下降,使正常的点对点通信无法正常进行,最终导致网络性能下降,甚至网络瘫痪,这就是广播风暴。

VLAN(Virtual Local Area Network,虚拟局域网)技术是一种将局域网交换机从逻辑上划分成一个个网段,从而实现虚拟工作组的新兴数据交换技术。VLAN 技术的产生是为了解决以太网的广播问题和安全性问题,它在以太网数据帧的基础上增加了一个 VLAN ID 字段,通过 VLAN ID 把物理的交换机划分成若干个不同的 VLAN。

VLAN 可以防止交换网络的过量广播风暴。使用 VLAN 可以将某个交换端口用户赋予某一个特定的 VLAN 组,该 VLAN 组可以在一个交换机中或者跨接多个交换机。一个 VLAN 中的广播风暴不会跨越到另一个 VLAN 中。同样,相邻的端口不会收到其他 VLAN 产生的广播风暴,这样可以减少广播流量,减少广播风暴的产生,从而释放带宽给其他用户终端设备使用。

　　一般局域网都是基于端口划分 VLAN 的。在一座楼内尽量设置多个 VLAN：如楼内有大的机房，应让每个机房使用单独的 VLAN，使广播局部化，减少整个局域网的广播流量和广播风暴发生的可能性，保证网络的安全性和高可用性。

　　如图 5.38 所示，在没有划分 VLAN 之前，整个交换机处于一个广播域里，通过端口划分 VLAN 的方法，将这四台计算机划分为 3 个广播域，PC1 和 PC2 为一个广播域，PC3 为一个广播域，PC4 为一个广播域，具体 VLAN 的划分如图 5.39 所示。根据这四台计算机连接的交换机的端口情况，通过交换机端口划分 VLAN，具体划分如下。

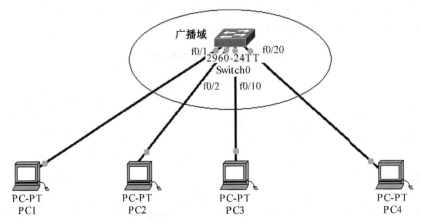

图 5.38　初始阶段交换机的所有端口都处于同一广播域

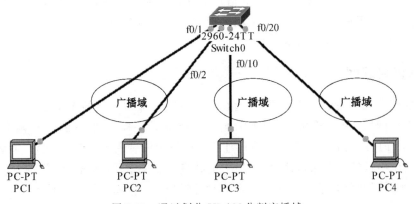

图 5.39　通过划分 VLAN 分割广播域

　　将端口 f0/1 和 f0/2 划分为同一个 VLAN，其 VLAN 号为 10；将端口 f0/10 划分为一个 VLAN，其 VLAN 号为 20；将端口 f0/20 划分为一个 VLAN，其 VLAN 号为 30。

　　1988 年，IEEE 批准了 802.3ac 标准，这个标准定义了以太网的帧格式的扩展，以便支持虚拟局域网。虚拟局域网协议允许在以太网的帧格式中插入一个 4B 的标识符，称为 VLAN 标记(tag)。VLAN 标记用来指明发送该帧的计算机属于哪个虚拟局域网。插入 VLAN 标记的帧称为 802.1Q 帧，如图 5.40 所示。显然，如果还是使用原来的以太网帧格式，就无法区分是否划分了虚拟局域网。

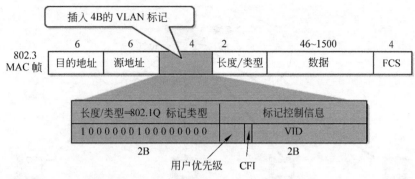

图 5.40　插入 VLAN 标记后的 802.1Q 帧

图 5.41 标注出了在几个粗线链路上传输的帧是 802.1Q 帧,在其他链路上传输的帧仍然是普通的以太网帧。

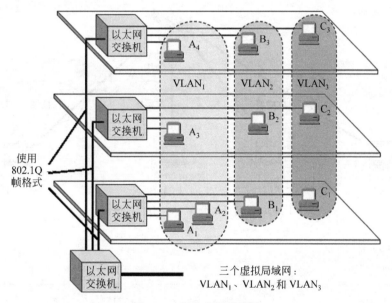

图 5.41　划分虚拟局域网

5.3.9　实验四——交换机 VLAN 划分

如图 5.42 所示,在没有划分 VLAN 之前,整个交换机处于一个广播域里,通过端口划分 VLAN 的方法,将这四台计算机划分为 3 个广播域,PC1 和 PC2 为一个广播域,PC3 为一个广播域,PC4 为一个广播域,具体 VLAN 的划分如图 5.43 所示。根据这四台计算机连接的交换机的端口情况,通过交换机端口划分 VLAN,具体划分如下。

将端口 f0/1 和 f0/2 划分为同一个 VLAN,其 VLAN 号为 10,将端口 f0/10 划分为一个 VLAN,其 VLAN 号为 20,将 f0/20 划分为一个 VLAN,其 VLAN 号为 30。

通过 show vlan 命令,查看交换机初始 VLAN 情况,结果如下:

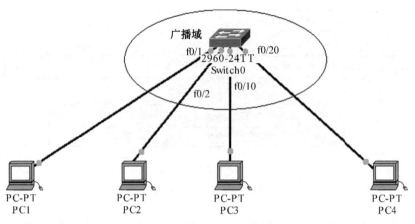

图 5.42　初始阶段交换机的所有端口都处于同一广播域

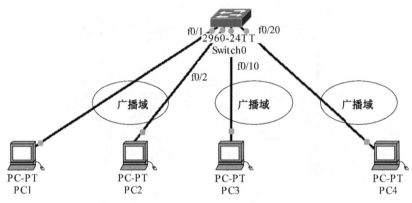

图 5.43　通过划分 VLAN 分割广播域

```
Switch# show vlan

VLAN Name                             Status    Ports
---- -------------------------------- --------- -------------------------------
1    default                          active    fa0/1, fa0/2, fa0/3, fa0/4
                                                fa0/5, fa0/6, fa0/7, fa0/8
                                                fa0/9, fa0/10, fa0/11, fa0/12
                                                fa0/13, fa0/14, fa0/15, fa0/16
                                                fa0/17, fa0/18, fa0/19, fa0/20
                                                fa0/21, fa0/22, fa0/23, fa0/24
                                                Gig1/1, Gig1/2
1002 fddi-default                     act/unsup
1003 token-ring-default               act/unsup
1004 fddinet-default                  act/unsup
1005 trnet-default                    act/unsup

VLAN Type  SAID    MTU   Parent RingNo BridgeNo Stp  BrdgMode Trans1 Trans2
---- ----- ------- ----- ------ ------ -------- ---- -------- ------ ------
1    enet  100001  1500  -      -      -        -    -        0      0
1002 fddi  101002  1500  -      -      -        -    -        0      0
```

```
1003 tr    101003    1500  -      -        -         -    -   0    0
1004 fdnet 101004    1500  -      -        -       ieee -   0    0
1005 trnet 101005    1500  -      -        -       ibm  -   0    0
Remote SPAN VLANs
--------------------------------------------------------------------------------
Primary Secondary Type          Ports
------- --------- -------------- ------------------------------------------------
```

显示结果表明：交换机在初始状态下，所有端口都属于 VLAN1。将交换机中的端口按照图 5.43 所示进行 VLAN 划分的步骤如下：首先在交换机中创建 3 个新的 VLAN，VLAN号分别为 10、20 以及 30。命令配置如下：

```
Switch#config terminal
Enter configuration commands, one per line.  End with CNTL/Z.
Switch(config)#vlan 10                      //创建 VLAN 10
Switch(config-vlan)#exit
Switch(config)#vlan 20                      //创建 VLAN 20
Switch(config-vlan)#exit
Switch(config)#vlan 30                      //创建 VLAN 30
Switch(config-vlan)#
```

通过 show vlan 命令可以看到刚刚创建的 3 个 VLAN，此时新创建的 VLAN 下都没有对应的端口，所有端口仍然属于 VLAN1。显示结果如下：

```
Switch#show vlan
VLAN Name                        Status    Ports
---- -------------------------------- --------- -------------------------------
1    default                     active    fa0/1, fa0/2, fa0/3, fa0/4
                                           fa0/5, fa0/6, fa0/7, fa0/8
                                           fa0/9, fa0/10, fa0/11, fa0/12
                                           fa0/13, fa0/14, fa0/15, fa0/16
                                           fa0/17, fa0/18, fa0/19, fa0/20
                                           fa0/21, fa0/22, fa0/23, fa0/24
                                           Gig1/1, Gig1/2
10   VLAN0010                    active
20   VLAN0020                    active
30   VLAN0030                    active
1002 fddi-default               act/unsup
1003 token-ring-default         act/unsup
1004 fddinet-default            act/unsup
1005 trnet-default              act/unsup
VLAN Type  SAID      MTU   Parent RingNo BridgeNo Stp  BrdgMode Trans1 Trans2
---- ----- --------- ----- ------ ------ -------- ---- -------- ------ ------
1    enet  100001    1500  -      -        -         -    -   0    0
10   enet  100010    1500  -      -        -         -    -   0    0
20   enet  100020    1500  -      -        -         -    -   0    0
30   enet  100030    1500  -      -        -         -    -   0    0
```

```
1002 fddi   101002    1500  -      -      -      -    -    0    0
1003 tr     101003    1500  -      -      -      -    -    0    0
1004 fdnet  101004    1500  -      -      -      ieee -    0    0
1005 trnet  101005    1500  -      -      -      ibm  -    0    0
Remote SPAN VLANs
--------------------------------------------------------------------------

Primary Secondary Type           Ports
------- --------- -------------- ------------------------------------------

Switch#
```

接下来基于端口 VLAN 划分方法,按照图 5.43 的要求将相应的端口分别划分到对应的 VLAN 中。

```
Switch# configure terminal
Enter configuration commands, one per line.  End with CNTL/Z.
Switch(config)# interface fastEthernet 0/1      //进入交换机 0/1 号端口
Switch(config-if)# switchport mode access       //将该端口配置成 access 模式
Switch(config-if)# switchport access vlan 10    //将该端口划分到 VLAN10 中
Switch(config-if)# exit
Switch(config)# interface fastEthernet 0/2      //进入交换机 0/2 号端口
Switch(config-if)# switchport mode access       //将该端口配置成 access 模式
Switch(config-if)# switchport access vlan 10    //将该端口划分到 VLAN10 中
Switch(config-if)#
```

以上命令将端口 f0/1 和端口 f0/2 划分到 VLAN 10 中,通过命令 show vlan 查看配置效果,结果如下:

```
Switch# show vlan
VLAN Name                       Status    Ports
---- --------------------       --------- -------------------------------

1    default                    active    fa0/3, fa0/4, fa0/5, fa0/6
                                          fa0/7, fa0/8, fa0/9, fa0/10
                                          fa0/11, fa0/12, fa0/13, fa0/14
                                          fa0/15, fa0/16, fa0/17, fa0/18
                                          fa0/19, fa0/20, fa0/21, fa0/22
                                          fa0/23, fa0/24, Gig1/1, Gig1/2
10   VLAN0010                   active    fa0/1, fa0/2
20   VLAN0020                   active
30   VLAN0030                   active
1002 fddi-default               act/unsup
1003 token-ring-default         act/unsup
1004 fddinet-default            act/unsup
1005 trnet-default              act/unsup
```

实验结果表明,端口 fa0/1 和端口 fa0/2 已经属于 VLAN10,不再属于 VLAN1 了。

同样,将配置端口 fa0/10 划分到 VLAN20 中,将配置端口 fa0/20 划分到 VLAN30 中,具体配置过程如下:

```
Switch(config)#interface fastEthernet 0/10        //进入交换机 0/10 号端口
Switch(config-if)#switchport mode access          //将该端口配置成 access 模式
Switch(config-if)#switchport access vlan 20       //将该端口划分到 VLAN20 中
Switch(config-if)#exit
Switch(config)#interface fastEthernet 0/20        //进入交换机 0/20 号端口
Switch(config-if)#switchport mode access          //将该端口配置成 access 模式
Switch(config-if)#switchport access vlan 30       //将该端口划分到 VLAN30 中
Switch(config-if)#
```

通过 show vlan 命令,查看配置结果如下:

```
Switch#show vlan
VLAN Name                              Status    Ports
---- ------------------------------- --------- --------------------------------
1    default                          active    fa0/3, fa0/4, fa0/5, fa0/6
                                                fa0/7, fa0/8, fa0/9, fa0/11
                                                fa0/12, fa0/13, fa0/14, fa0/15
                                                fa0/16, fa0/17, fa0/18, fa0/19
                                                fa0/21, fa0/22, fa0/23, fa0/24
                                                Gig1/1, Gig1/2
10   VLAN0010                         active    fa0/1, fa0/2
20   VLAN0020                         active    fa0/10
30   VLAN0030                         active    fa0/20
1002 fddi-default                     act/unsup
1003 token-ring-default               act/unsup
1004 fddinet-default                  act/unsup
```

这样,通过基于端口 VLAN 划分方法将四台计算机划分为 3 个不同的 VLAN,每个 VLAN 属于同一个广播域,四台计算机处于 3 个不同的广播域中。

5.3.10　实验五——插入 VLAN 标记的 802.1Q 帧结构仿真实现

1. 仿真环境拓扑设计及地址规划

图 5.44 为使用四个交换机的网络拓扑,有 10 台计算机分配在三个楼层中,构成三个局域网,即 LAN1(A1,A2,B1,C1)、LAN2(A3,B2,C2)、LAN3(A4,B3,C3),使用另一台交换机将这三个 LAN 互联起来,将互联起来的一个网络中的 10 个用户划分为三个虚拟局域网,即 VLAN10:(A1,A2,A3,A4),VLAN20:(B1,B2,B3),VLAN30:(C1,C2,C3)。

将该网络拓扑在 Packet Tracer 仿真软件中仿真实现,如图 5.45 所示。

2. 网络环境配置

为四台交换机分别创建 VLAN10、VLAN20、VLAN30,将计算机 A1、A2、A3 以及 A4 划分到 VLAN10,将计算机 B1、B2 以及 B3 划分到 VLAN20,将计算机 C1、C2 以及 C3 划分到 VLAN30。同时将三台交换机 Switch1、Switch2 以及 Switch3 与交换机 Switch4 两两相连的接口配置成 Trunk 模式。具体配置过程如下:

首先配置交换机 Switch1。

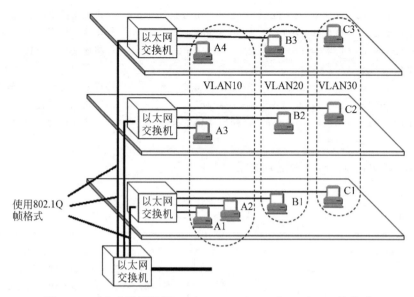

图 5.44　三个虚拟局域网 VLAN10、VLAN20 和 VLAN30 的构成

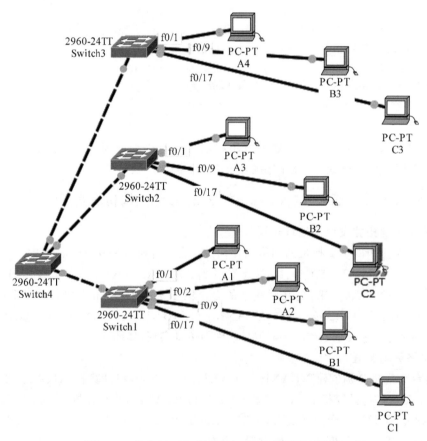

图 5.45　插入 VLAN 标记的 802.1Q 帧网络拓扑图

```
Switch1(config)#vlan 10                                  //为交换机创建 VLAN10
Switch1(config-vlan)#vlan 20                             //为交换机创建 VLAN20
Switch1(config-vlan)#vlan 30                             //为交换机创建 VLAN30
Switch1(config-vlan)#exit                                //退出
Switch1(config)#interface range fastEthernet 0/1 -8      //进入交换机端口
Switch1(config-if-range)#switchport access vlan 10       //接口划分到 VLAN10
Switch1(config-if-range)#exit                            //退出
Switch1(config)#interface range fastEthernet 0/9 -16     //进入交换机端口
Switch1(config-if-range)#switchport access vlan 20       //接口划分到 VLAN20
Switch1(config-if-range)#exit                            //退出
Switch1(config)#interface range fastEthernet 0/17 -24    //进入交换机端口
Switch1(config-if-range)#interface range fastEthernet 0/17 -23    //进入端口
Switch1(config-if-range)#switchport access vlan 30       //接口划分到 VLAN30
```

同样,配置交换机 Switch2 和 Switch3。交换机 Switch4 的配置如下:

```
Switch4(config)#vlan 10                                  //创建 VLAN10
Switch4(config-vlan)#vlan 20                             //创建 VLAN20
Switch4(config-vlan)#vlan 30                             //创建 VLAN30
Switch4(config-vlan)#exit                                //退出
Switch4(config)#interface range gigabitEthernet 0/1 -2   //进入接口 g0/1-2
Switch4(config-if-range)#switchport mode trunk           //将接口配置成 trunk 模式
Switch4(config)#interface fastEthernet 0/24              //进入接口 f0/24
Switch4(config-if)#switchport mode trunk                 //将接口配置成 Trunk 模式
```

最后配置主机 A1 和 A4 的网络参数,将主机 A1 的 IP 地址配置为 192.168.1.10,子网掩码配置为 255.255.255.0;将主机 A4 的 IP 地址配置为 192.168.1.40,子网掩码配置为 255.255.255.0。

3. 仿真实现插入 VLAN 标记的 802.1Q 帧

交换机 Switch4 与交换机 Switch1、交换机 Switch2 以及交换机 Switch3 之间传输的协议数据单元是 802.1Q 帧,从主机 A1 发一个 ping 包给主机 A4,传输 VLAN10 数据信息,连续单击 Play Controls 下的 Capture /Forward 按钮,得到如图 5.46 所示的仿真结果。通过展开 Switch1 到 Switch4 之间的 PDU Information at Device Switch4,在 Inbound PDU Details 中得到如图 5.46 所示的 802.1Q 以太网帧结构仿真结构图,该图所示帧格式与图 5.40 相符。图 5.46 中,VLAN 标记由 4B 分两部分组成,前 2B 为 802.1Q 标记类型,其值为"0x8100",后 2B 为标记控制信息(Tag Control Information,TCI),其值为 0xa,二进制形式为 0000000000001010,前 3 位是用户优先级字段,接着的一位是规范格式指示符(Canonical Format Indicator,CFI),最后的 12 位 000000001010 是该 VLAN 标识符(VLAN ID,VID),其值为 10,与传输 VLAN 10 的信息相符。

5.3.11　实验六——交换机 MAC 地址和端口的关系

网络安全涉及方方面面。从交换机来说,首先要保证交换机端口安全,在企事业单位网络中,员工可以随意使用集线器等工具将一个上网端口增至多个,或者使用外来计算机(如自己的笔记本电脑)连接到单位网络中,给单位的网络安全带来不利的影响。

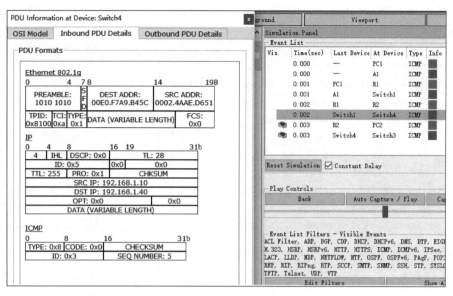

图 5.46　插入 VLAN 标记的 802.1Q 帧结构仿真图

在交换机端口配置中通常采用设置端口最大连接数,以及对计算机端口连接主机的 MAC 地址进行绑定,加强交换机的安全性。下面分别探讨这两种加强交换机安全性的方法。

1. 设置端口最大连接数

交换机端口安全中,往往涉及对计算机端口可连接的主机数进行限制,以防止计算机端口连接过多的主机导致网络性能下降。如图 5.47 所示,两台交换机和一台集线器连接四台计算机,要求:交换机 Switch0 端口 fa0/1 至多连接两台计算机,当连接的计算机数量超过两台时,计算机端口 fa0/1 自动关闭。

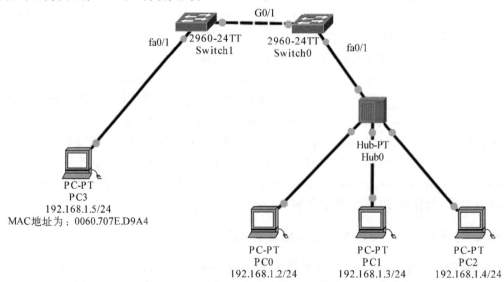

图 5.47　设置端口最大连接数网络拓扑图

```
switch0(config)#hostname Switch0                        //为交换机命名
Switch0(config)#interface fastEthernet 0/1              //进入交换机 fa0/1 端口
Switch0(config-if)#switchport mode access              //配置交换机端口模式 access
Switch0(config-if)#switchport port-security            //开启交换机端口安全
Switch0(config-if)#switchport port-security violation ?
protect     Security violation protect mode
restrict    Security violation restrict mode
shutdown    Security violation shutdown mode           //定义端口违规模式
```

三种违规模式说明分别如下：

protect 模式，当违规时，只丢弃违规的数据流量，不违规的正常转发，而且不会通知有流量违规，也就是不会发送 SNMP trap。

restrict 模式，当违规时，只丢弃违规的数据流量，不违规的正常转发，但它会产生流量违规通知，发送 SNMP trap，并且会记录日志。

shutdown，这是默认模式。当违规时，将接口变成 error-disabled 且将端口关掉；而且接口 LED 灯会关闭，也会发 SNMP trap，并会记录 syslog。

不做具体配置时，默认采用 shutdown 模式。

```
Switch0(config-if)#switchport port-security maximum 2 //将端口的最大连接数设置为 2
Switch0(config-if)#
```

当终端计算机配置上如图 5.47 所示的网络参数时，可以发现交换机 Switch0 端口 fa0/1 自动变为 shutdown 状态，具体如图 5.48 所示。

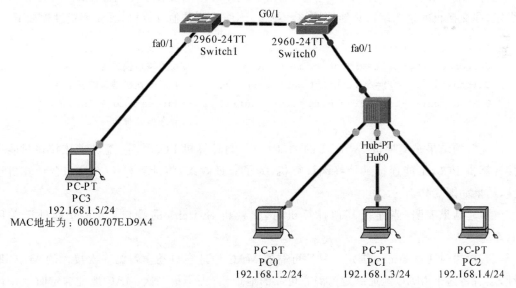

图 5.48　超过网络最大连接数时交换机 Switch0 端口 fa0/1 的变化情况

可以看出，交换机 Switch0 端口 fa0/1 连接的主机数量大于两台时，交换机端口自动关掉。

2. 交换机端口地址绑定

在设置交换机端口安全性时,往往需要对交换机端口连接的终端计算机进行限制,即只允许某台计算机通过该端口联入网络,不允许其他计算机通过该端口联入网络。

交换机端口安全地址绑定配置方式通常有两种:一种是静态手动一对一绑定;一种是通过 sticky(黏性)绑定。黏性可靠的 MAC 地址会自动学习第一次接入的 MAC 地址,然后将这个 MAC 地址绑定为静态可靠的地址。

首先探讨静态手动一对一绑定方式。如图 5.48 所示,要求交换机 Switch1 的端口 fa0/1 只能连接计算机 PC3,不能连接其他计算机;如果连接其他计算机,则交换机端口自动关掉。要完成该实验,首先将刚配置的设置端口最大连接数去掉,将整个网络恢复到正常状态,具体配置如下:

```
Switch0(config-if)#no switchport port-security maximum 2
Switch0(config-if)#shutdown
%LINK-5-CHANGED: Interface FastEthernet0/1, changed state to administratively
down
Switch0(config-if)#no shu
Switch0(config-if)#
%LINK-5-CHANGED: Interface FastEthernet0/1, changed state to up
%LINEPROTO-5-UPDOWN: Line protocol on Interface FastEthernet0/1, changed state
to up
```

将终端计算机 PC3 的 MAC 地址 0060.707E.D9A4 与交换机 Switch1 端口 fa0/1 进行绑定,即交换机的这个端口只能连接该计算机,不能连接其他计算机,具体配置过程如下:

```
Switch(config)#interface fastEthernet 0/1      //进入交换机的 fa0/1 接口
Switch(config-if)#switchport mode access       //设置端口模式为 access
Switch(config-if)#switchport port-security     //开启交换机端口的安全性
Switch(config-if)#switchport port-security mac-address 0060.707E.D9A4
                                               //静态地址绑定
```

配置的结果是交换机 Switch1 的端口 fa0/1 与计算机 PC3 绑定,意味着该接口只能连接计算机 PC3,不能连接其他终端计算机,为了验证效果,将计算机 PC3 换一台计算机连接,结果如图 5.49 所示。

实验结果表明,当连接其他计算机时,交换机 Switch1 的端口 fa0/1 立即处于关闭状态。

其次探讨通过 sticky 绑定。黏性可靠的 MAC 地址会自动学习第一次接入的 MAC 地址,然后将这个 MAC 地址绑定为静态可靠的地址,省去了第一次 MAC 地址绑定时手动烦琐地逐个地址进行绑定配置,具体网络拓扑结构如图 5.50 所示。

将交换机 Switch3 端口地址绑定配置为 sticky,初始状态下,交换机 fa0/1、fa0/2 以及 fa0/3 分别连接计算机 PC1、PC2 以及 PC3。交换机这 3 个端口分别与这 3 台计算机的 MAC 地址进行绑定。验证将 PC4、PC5 以及 PC6 这 3 台计算机连接交换机 fa0/1、fa0/2 以及 fa0/3。查看实验效果。先按照图 5.50 为每台终端计算机配置网络地址。交换机的具体

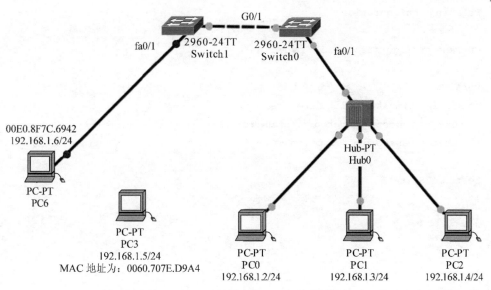

图 5.49 交换机 Switch1 的端口 fa0/1 连接其他计算机的情况

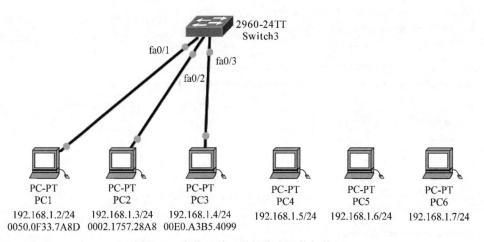

图 5.50 交换机端口黏性绑定网络拓扑图

配置过程如下：

```
Switch(config)#hostname Switch3
Switch3(config)#interface range fastEthernet 0/1-3
Switch3(config-if-range)#switchport mode access
Switch3(config-if-range)#switchport port-security
Switch3(config-if-range)#switchport port-security maximum 1
Switch3(config-if-range)#switchport port-security mac-address sticky
Switch3(config-if-range)#
```

通过 show run 命令可以查看端口的绑定情况。

```
Switch3#show run
```

```
Building configuration...

Current configuration : 1514 bytes
!
version 12.2
no service timestamps log datetime msec
no service timestamps debug datetime msec
no service password-encryption
!
hostname Switch3
!
!
!
!
!
spanning-tree mode pvst
!
interface FastEthernet0/1
switchport mode access
switchport port-security
switchport port-security mac-address sticky
switchport port-security mac-address sticky 0050.0F33.7A8D
!
interface FastEthernet0/2
switchport mode access
switchport port-security
switchport port-security mac-address sticky
switchport port-security mac-address sticky 0002.1757.28A8
!
interface FastEthernet0/3
switchport mode access
switchport port-security
switchport port-security mac-address sticky
switchport port-security mac-address sticky 00E0.A3B5.4099
!
interface FastEthernet0/4
```
以下省略……

可以看出,交换机端口 fa0/1、fa0/2 以及 fa0/3 分别绑定了计算机 PC1、PC2 以及 PC3。将交换机 fa0/1、fa0/2 以及 fa0/3 分别连接计算机 PC4、PC5 以及 PC6,当这 3 台计算机有访问需求时,交换机端口状态变为 shutdown,如图 5.51 所示。

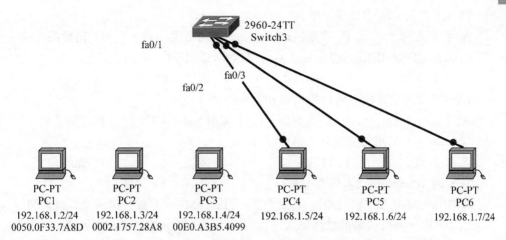

图 5.51　PC4、PC5 以及 PC6 连接交换机 fa0/1、fa0/2 以及 fa0/3 时的情况

5.4　本章小结

　　本章主要讲解局域网的相关知识,详细讲解局域网的拓扑结构,包括总线型、环形、星形、树形;介绍局域网常见的传输介质,包括有线传输介质(同轴电缆、双绞线、光纤)和无线传输介质(无线电波、微波以及红外线等)。本章还探讨了局域网体系结构,分析了常见的局域网类型,包括令牌环、令牌总线、FDDI、以太网。

　　接下来本章重点讲解了以太网技术,介绍了网络适配器(网卡)及 MAC 地址的相关知识,分析了冲突域和广播域的概念,还分析了以太网的帧结构,从物理层以及数据链路层的角度分析了以太网扩展技术,包括 100M 以太网、吉比特以太网、10 吉比特以太网技术。本章还详细分析了 VLAN 技术,通过实验实现了交换机 VLAN 的划分,并通过实验验证了插入 VLAN 标记的 802.1Q 帧结构,最终通过实验实现了交换机 MAC 地址和端口的关系。

5.5　习题 5

一、选择题

1. 采用 100Base-T 物理层介质规范,其数据速率及每段长度分别为(　　　)。

　　A. 100Mb/s, 200m　　　　　　　　　　B. 100Mb/s, 100m

　　C. 200Mb/s, 200m　　　　　　　　　　D. 200Mb/s, 100m

2. 网桥工作于(　　　)。

　　A. 物理层　　　　　B. 数据链路层　　　　C. 网络层　　　　　D. 传输层

3. MAC 地址由一组(　　　)的二进制数字组成。

　　A. 16 位　　　　　　B. 24 位　　　　　　C. 32 位　　　　　　D. 48 位

4. 10Base-T 采用的是(　　　)的物理连接结构。

　　A. 总线　　　　　　B. 环形　　　　　　C. 星形　　　　　　D. 网状形

5. 网卡工作在 OSI 七层模型中的（　　）层。

  A. 物理层　　　　　　B. 数据链路层　　　　C. 网络层　　　　　　D. 运输层

6. CSMA/CD 是 IEEE 802.3 定义的协议标准,适用于（　　）。

  A. 令牌环网　　　　　B. 令牌总线网　　　　　C. 网络互联　　　　　D. 以太网

7. IEEE 802.3 定义的介质访问控制方法是（　　）。

  A. Token Ring　　　　B. Token Bus　　　　　C. CSMA/CD　　　　　D. FDDI

8. 1000Base-T 采用的传输介质是（　　）。

  A. 双绞线　　　　　　B. 同轴电缆　　　　　　C. 微波　　　　　　　D. 光纤

9. 以太网 10Base-T 代表的含义是（　　）。

  A. 10Mb/s 基带传输的粗缆以太网　　　　B. 10Mb/s 基带传输的光纤以太网

  C. 10Mb/s 基带传输的细缆以太网　　　　D. 10Mb/s 基带传输的双绞线以太网

10. 地址（　　）是 MAC 地址。

  A. 0D-01-22-AA　　　　　　　　　　　　B. 00-01-22-0A-AD-01

  C. A0.01.00　　　　　　　　　　　　　　D. 139.216.000.012.002

11. 局域网参考模型一般不包括（　　）。

  A. 网络层　　　　　　B. 物理层　　　　　　C. 数据链路层　　　　D. 介质访问控制层

12. 以太网交换机默认情况下工作在（　　）状态。

  A. 存储转发式　　　　B. 直通式　　　　　　C. 改进的直通式　　　D. 学习

13. 1000 Base-F 采用的传输介质是（　　）。

  A. 双绞线　　　　　　B. 同轴电缆　　　　　　C. 光波　　　　　　　D. 光纤

14. 关于有线传输介质,以下说法错误的是（　　）。

  A. 同轴电缆可用于 100M 的以太网

  B. 使用双绞线架设的局域网拓扑结构为星形

  C. 光纤只能单向传输数据,因此应使用一对光纤连接交换机

  D. FDDI 使用光纤作为传输介质

15. IEEE 802.4 定义的介质访问控制方法是（　　）。

  A. Token Ring　　　　B. Token Bus　　　　　C. CSMA/CD　　　　　D. FDDI

16. FDDI 采用的是（　　）的物理连接结构。

  A. 总线　　　　　　　B. 环形　　　　　　　　C. 星形　　　　　　　D. 网状形

17. 一个快速以太网交换机的端口速率为 100Mb/s,若该端口可以支持全双工传输数据,那么该端口实际的传输带宽为（　　）。

  A. 100Mb/s　　　　　B. 150Mb/s　　　　　　C. 200Mb/s　　　　　D. 1000Mb/s

18. 10Base-T 以太网中,以下说法错误的是（　　）。

  A. 10 指的是传输速率为 10Mb/s　　　　　B. Base 指的是基带传输

  C. T 指的是以太网　　　　　　　　　　　D. 10Base-T 是以太网的一种配置

19. 在某办公室内铺设一个小型局域网,总共有 4 台 PC 需要通过一台集线器连接起来。若采用的线缆类型为 5 类双绞线,则理论上任意两台 PC 的最大间隔距离是（　　）。

  A. 400m　　　　　　B. 100m　　　　　　　C. 200m　　　　　　D. 500m

二、填空题

1. 总线型以太网 IEEE 802.4 标准采用的介质访问技术称为 _____。

2. IEEE 802 模型的局域网参考模型只对应 OSI 参考模型的 _____ 层和 _____ 层。

3. IEEE 802 局域网协议与 OSI 参考模式比较，主要的不同之处在于，IEEE 802 标准将 OSI 的数据链路层分为 _____ 子层和 _____ 子层。

4. 局域网可采用多种有线通信介质，如 _____、_____ 或同轴电缆等。

第6章 广　域　网

本章学习目标
- 了解广域网的基本概念。
- 掌握广域网的线路类型。
- 熟悉常见的广域网连接技术。
- 了解帧中继技术及其配置。
- 了解 VPN 技术及其配置。

本章首先讲解广域网的基本概念,接着探讨广域网的线路类型,分析常见的广域网连接技术,介绍广域网常见的两种技术,即帧中继以及 VPN 技术,并通过实验仿真实现帧中继以及 VPN 的配置过程。

6.1　广域网概述

广域网(Wide Area Network,WAN)是连接不同地区局域网或城域网计算机通信的远程网,通常跨越很远的距离,覆盖的范围从几十千米到几千千米,可以连接多个地区、城市和国家,并能提供远距离通信。互联网属于广域网,但不等同于广域网。

6.1.1　广域网技术简介

广域网是一种跨地区的数据通信网络,使用电信运营商提供的设备作为信息传输平台。从网络分层的角度考虑,广域网技术涉及物理层以及数据链路层。

广域网通常有 DCE 和 DTE 两种设备类型。常见的广域网设备有广域网交换机、调制解调器、CSU/DSU 以及 ISDN 终端适配器等。

广域网交换机是在运营商网络中使用的多端口网络互联设备。广域网交换机工作在数据链路层,可以对帧中继、X.25 等数据流进行操作。

调制解调器主要用于数字和模拟信号之间的转换,从而能够通过话音线路传送数据信息。在数据发送方,计算机数字信号被转换成适合通过模拟通信设备传送的形式;而在目标接收方,模拟信号被还原为数字形式。

CSU/DSU 称为信道服务单元/数据服务单元,类似数据终端设备到数据通信设备的复用器,可以提供信号再生、线路调节、误码纠正、信号管理、同步和电路测试等。

ISDN 终端适配器用来连接 ISDN 基本速率接口(BRI)到其他接口,如 EIA/TIA-232 的设备。

6.1.2　线路类型

有很多广域网解决方案可以选择,包括用于拨号连接的模拟调制解调器和综合服务数字网络(ISDN)、异步传输模式(Asynchronous Transfer Mode，ATM)、专用的点对点租用线路(专线)、数字用户线路(DSL)、帧中继、无线、X.25 等。广域网连接通常有以下 3 种类型。

租用线路：如专用线路或连接。

电路交换连接：如模拟调制解调器与数字 ISDN 拨号连接。

分组交换连接：如帧中继、X.25 以及 ATM 等。

1. 租用线路

租用线路通过电信运营商提供专线，在通信双方之间建立永久链路，用于数据量比较大、对服务质量(QoS)要求比较高的环境。

租用线路能为连接提供较好的带宽和较小的延迟，缺点是成本相对较高，到站点的每个连接要求在路由器上有单独的接口。例如，有一个需要访问 4 个远程站点的中心局路由器，将需要 4 个 WAN 接口连接 4 个专用线路。帧中继和 ATM 可以使用一个 WAN 接口提供相同的连通性。

可用于租用线路连接的公共数据链路层协议包括 PPP 和 HDLC。

2. 电路交换连接

电路交换连接是拨号连接，具有调制解调器的 PC 在拨号到 ISP 时使用。电话和 ISDN 就属于电路交换。电路交换与租用线路比较，电路交换的电路利用率有很大提高。租用线路的使用者独占线路，电路交换可以通过使用时分复用(TDM)技术，把每条物理电路分配给多个广域网服务订购者，提高了电路的利用率，降低了运营商的成本，也降低了广域网服务使用者的费用。

电路交换比较适合数据流量不大，又不需要一直在线的用户，如家庭和小型公司连接 Internet，以及远程用户或移动用户临时连接单位网络时使用。

3. 分组交换连接

电路交换技术中，多个广域网服务订购者共享一条物理电路，每个订购者获得一个固定的时隙，固定地传输特定用户的数据，若对应的用户没有数据可传输，则特定的时隙被浪费。分组交换虽然也在同一条电路上传送多个用户的数据，但分组交换技术没有为不同的用户分配固定的时隙，而是把用户数据以分组的形式转发，每个分组都包含有完整的地址信息和传输控制信息(如 IP 数据包)。分组在网络上独立地寻址和传输，直至到达目的地。

在分组交换的链路上，数据传输之前要进行分组，分组经由每个转发结点都要对分组进行存储，而后选择合适的路由转发。分组交换技术可以动态地分配传输带宽，实际上只要存在可用带宽，就可以分配给用户使用，这样大大提高了用户数据的传输效率，有利于降低传输延迟。

传统的广域网技术中帧中继和 ATM 都是分组交换。

6.1.3　广域网连接技术

常见的广域网连接技术有公共交换电话网(PSTN)、ISDN、DDN、xDSL、HFC、ATM、帧中继以及 VPN 等。

1. PSTN 技术

PSTN 提供的是一个模拟的专有通道，通道之间由若干个电话交换机连接而成。当两个主机或路由器设备需要通过 PSTN 连接时,在两端的网络接入侧必须使用 PSTN 调制解调器(Modem)实现信号的模/数、数/模转换。PSTN 可以看成物理层的一个简单的延伸,没有向用户提供流量控制、差错控制等服务。

PSTN 是一种电路交换的方式,一条通路自建立直至释放,其全部带宽仅能被通路两端的设备使用,即使它们之间并没有任何数据需要传送,因此,这种电路交换的方式不能实现对网络带宽的充分利用。一个 PSTN 的典型应用是通过 PSTN 连接两个局域网,在这两个局域网中各有一个路由器,每个路由器均有一个串行端口与 Modem 相连,Modem 再与 PSTN 相连,从而实现两个局域网的互联。

2. ISDN 技术

综合业务数字网(Integrated Services Digital Network,ISDN)俗称一线通,是一种在综合数字电话网(Integrated Digital Network,IDN)(该网能够提供端到端的数字连接)的基础上发展起来的通信网络,它能够提供端到端的数字连接,以支持一系列的业务(包括话音和非话音业务),为用户提供多用途的标准接口,以便接入网络。通信业务的综合化是利用一条用户线就可以提供电话、传真、可视图文及数据通信等多种业务。

综合业务数字网除了可用来打电话,还可以提供诸如可视电话、数据通信、会议电视等多种业务,从而将电话、传真、数据、图像等多种业务综合在一个统一的数字网络中进行传输和处理,这也就是"综合业务数字网"名称的由来。

当时,对于没有宽带接入的用户,ISDN 成了唯一可以选择的高速上网的解决办法,毕竟 128kb/s 的速度比拨号快多了。ISDN 和电话一样按时间收费。

3. DDN 技术

DDN(Digital Data Network,数字数据网)是一种由光纤、数字微波或卫星等数字传输通道和数字交叉复用设备组成的数字数据传输网。它的主要作用是:向用户提供永久性和半永久性连接的数字数据传输信道,既可用于计算机之间的通信,也可用于传送数字化传真、数字话音、数字图像信号或其他数字化信号。

永久性连接的数字数据传输信道是指用户间建立固定连接,传输速率不变的独占带宽电路。半永久性连接的数字数据传输信道对用户来说是非交换性的,但用户可提出申请,由网络管理人员对其提出的传输速度、传输数据的目的地和传输路由进行修改。ISP(因特网服务提供商)向广大用户提供灵活方便的数字电路出租业务,供各行业构成自己的专用网。

通过 DDN 结点的交叉连接,在网络内为用户提供一条固定的,由用户独自完全占有的数字电路物理通道。无论用户是否在传送数据,该通道始终为用户独享,除非网络管理员删除此条用户电路。

DDN 属于电路交换方式,可向用户提供 2.4k、4.8k、9.6k、19.2k、$N \times 64$($N = 1, 2, \cdots,$ 31)及 2048kb/s 速率的全透明的占用电路。

DDN 是一个透明传输网,为用户提供物理通道,只负责传送,不改动任何用户数据,没有额外的资源交换及协议开销。DDN 只要求用户的物理接口与网络提供的物理接口匹配即可。

4. 广域网连接技术中属于宽带接入技术的部分

广域网接入技术中常见的宽带接入技术包括 xDSL 技术、光纤/同轴电缆混合技术(HFC)、光纤接入技术、以太网接入技术以及无线接入技术。这些技术在第 3 章物理层的宽带接入技术中已经介绍。

5. ATM 技术

ATM(Asynchronous Transfer Mode,异步传输模式)是以信元为基础的一种分组交换和复用技术。它能够在 LAN 和 WAN 上传送声音、视频图像和数据。数据分组大小固定,它能够把数据块从一个设备经过 ATM 交换设备传送到另一个设备。

6. 帧中继技术

帧中继是在用户——网络接口之间提供用户信息流的双向传输,并保持信息顺序不变的一种承载业务。用户信息以帧为单位传输,并对用户信息流进行统计复用。帧中继是 ISDN 标准化过程中产生的一种重要技术,它是在数字光纤传输线路逐步替代原有的模拟线路,用户终端日益智能化的情况下,由 X.25 分组交换技术发展起来的一种传输技术。

7. VPN 技术

VPN(Virtual Private Network,虚拟专用网)的功能是在公用网络上建立专用网络,进行加密通信,在企业网络中有广泛的应用。VPN 网关通过对数据包的加密和数据包目标地址的转换实现远程访问。VPN 有多种分类方式,主要是按协议进行分类。VPN 可通过服务器、硬件、软件等多种方式实现。

下面分两节详细介绍帧中继和 VPN 技术。

6.2 帧中继

6.2.1 帧中继简介

帧中继是一种用于公共或专用网上的局域网互联以及广域网连接,是一种网络与数据终端设备(DTE)的接口标准。作为建立高性能的虚拟广域连接的一种途径,采用虚电路技术对分组交换技术进行简化,可以在一对一或者一对多的应用中快速而低廉地传输信息。理解帧中继技术要掌握如下技术术语。

(1) PVC:永久虚电路,是两个 DTE 之间通过帧中继网络实现的连接,这种连接是逻辑连接,是运营商预配置的电路。

(2) DLCI:数据链路连接标识符(Data Link Connection Identifier),在单一物理传输线路上能够提供多条虚电路。每条虚电路都用 DLCI 标识,有一个链路识别码。DLCI 的值一般由帧中继服务提供商指定。

(3) LMI:本地管理接口(Local Management Interface),是帧中继网络设备和用户端设备进行连通性确认的一种协议,是对基本的帧中继标准的扩展,提供帧中继管理机制。

当路由器通过帧中继网络把 IP 数据包发到下一跳路由器时,必须知道 IP 和 DLCI 的映射才能进行帧的封装。帧中继的映射类型有两种,分别如下。

(1) 动态映射,是路由器自动获得映射关系。

(2) 静态映射,是管理员手工配置映射关系。

6.2.2 实验一——帧中继配置

1. 网络拓扑的构建

网络拓扑的构建如图 6.1 所示,将一个大学的 3 个校区——北校区、西校区和东校区通过帧中继网络互联起来,以达到资源共享的目的。整个网络拓扑由 3 台 2811 路由器、3 台终端设备和帧中继云组成,3 台终端设备代表 3 个不同的网络,也就是 3 个不同的校区,它们分别和 3 台路由器的 f0/0 端口相连。3 台路由器均使用 s0/0/0 端口与帧中继云相连。

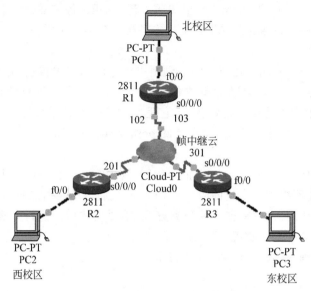

图 6.1　帧中继实验网络拓扑图

具体构建网络拓扑时须注意以下两点。

(1) 分别为 3 台 2811 路由器插入广域网模块,具体操作为:①单击需要添加模块的路由器,关闭机器的电源;②在窗口的 Physical 区选择 WIC-2T 模块,将它拖到空的模块槽中,然后释放鼠标;③重新打开电源。

(2) 路由器和帧中继云相连时,将帧中继云设置为 DCE 端,将 3 台路由器的 s0/0/0 端口均设置为 DTE 端。具体连接为:帧中继云的 s0 端口连接 R1 的 s0/0/0 端口,s1 端口连接 R2 的 s0/0/0 端口,s2 端口连接 R3 的 s0/0/0 端口。

2. 实验环境配置

1) IP 地址规划

将 PC1 所在的北校区的网络地址设置为 1.1.1.0/24,将 PC2 所在的西校区的网络地址设置为 2.2.2.0/24,将 PC3 所在的东校区的网络地址设置为 3.3.3.0/24,将帧中继云所在的网络地址设置为 10.0.0.0/24 和 12.0.0.0/24。

2) 在帧中继云中配置 DLCI 映射关系建立 PVC 通道

具体通过以下两个步骤实现。

① 创建 DLCI 号:在帧中继的 s0 端创建两个 DLCI,分别为 102 和 103,在 s1 端创建 DLCI 为 201,在 s2 端创建 DLCI 为 301。具体操作为:ⓐ单击帧中继云,在弹出的窗口中选择 config 菜单;ⓑ单击 Interface 下的 s0,在右边窗口的 DLCI 中输入 102,name 也输入 102,单击 add 按钮。同样的方法添加 103。再用同样的方法在 s1 中添加 201,在 s2 中添加 301。

② 建立 PVC 通道:选择 connections 菜单中的 frame relay,在右边的窗口中将 s0 的

102 和 s1 的 201 相连(也就是将 s0 的 102 和 s1 的 201 建立映射关系),将 s0 的 103 和 s2 的 301 相连(也就是将 s0 的 103 和 s2 的 301 建立映射关系),也就是建立两条 PVC 通道。可以看出,将路由器 R1 的 s0/0/0 物理接口分成了两个不同的逻辑通道。

3. 实验设计与实验

1) IP 和 DLCI 的动态反转 ARP 映射实验

IP 和 DLCI 的映射关系是动态自动获得的。

首先配置 R1 路由器。

```
Router#config t                                    //进入全局配置模式
Router(config)#hostname R1                         //命名路由器为 R1
R1(config)#interface fastEthernet 0/0              //进入接口 f0/0
R1(config-if)#ip address 1.1.1.1 255.255.255.0     //为该接口配置 IP 地址
R1(config-if)#exit                                 //退出接口模式
R1(config)#interface serial 0/0/0                  //进入接口 s0/0/0
R1(config-if)#no shu                               //激活接口 s0/0/0
R1(config-if)#ip address 10.0.0.1 255.255.255.0    //为接口 s0/0/0 配置 IP 地址
R1(config-if)#encapsulation frame-relay            //配置帧中继封装格式
```

这里可以指定 LMI 的类型。如果是 Cisco 的设备,也可以不指定,默认类型为 Cisco。由于 R1 作为 DTE,故在此不用配时钟。

同样对路由器 R2 和 R3 进行配置。

配置完成后可以查看动态映射表。

```
R1#show frame-relay map                            //查看 R1 路由器中的帧中继动态映射表
Serial0/0/0 (up): ip 10.0.0.2 dlci 102, dynamic, broadcast, CISCO, status defined,
active
Serial0/0/0 (up): ip 10.0.0.3 dlci 103, dynamic, broadcast, CISCO, status defined,
active
```

可以看出是对端的 IP 地址和本端的 DLCI 号形成的动态映射关系,使用的 LMI 为 Cisco 协议。

```
R2#show frame-relay map                            //查看 R2 路由器中的帧中继动态映射表
Serial0/0/0 (up): ip 10.0.0.1 dlci 201, dynamic, broadcast, CISCO, status defined,
active
R3#show frame-relay map                            //查看 R3 路由器中的帧中继动态映射表
Serial0/0/0 (up): ip 10.0.0.1 dlci 301, dynamic, broadcast, CISCO, status defined,
active
```

均为对端的 IP 地址和本端的 DLCI 号形成的动态映射关系,使用的 LMI 均为 Cisco 协议,建立好动态映射就可以进行网络连通性测试了。分别从 R1 路由器 ping 路由器 R2 和 R3,结果是通的。

2) IP 和 DLCI 的静态映射实验

IP 和 DLCI 的映射关系是手动指定的。

```
R1#clear frame-relay inarp                          //清除 R1 路由器中的帧中继动态映射表
```

```
R1#config t                                          //进入 R1 路由器的全局配置模式
R1(config)#interface serial 0/0/0                    //进入 R1 路由器的 s0/0/0 端口
R1(config-if)#frame-relay map ip 10.0.0.1 102  broadcast
//手动指定帧中继静态映射,遵循对端的 IP 地址 10.0.0.1 和本端的 DLCI 号 102 形成映射关系
R1(config-if)#frame-relay map ip 10.0.0.2 102  broadcast
//手动指定帧中继静态映射,遵循对端的 IP 地址 10.0.0.2 和本端的 DLCI 号 102 形成映射关系
R1(config-if)#frame-relay map ip 10.0.0.3 103  broadcast
//手动指定帧中继静态映射,遵循对端的 IP 地址 10.0.0.3 和本端的 DLCI 号 103 形成映射关系
R1#show frame-relay map                              //查看 R1 路由器中的帧中继静态映射表
Serial0/0/0 (up): ip 10.0.0.1 dlci 102, static, CISCO, status defined, active
Serial0/0/0 (up): ip 10.0.0.2 dlci 102, static, CISCO, status defined, active
Serial0/0/0 (up): ip 10.0.0.3 dlci 103, static, CISCO, status defined, active
```

同样的方法设置路由器 R2 和 R3。

```
R2#show frame-relay map                              //查看 R2 路由器中的帧中继静态映射表
Serial0/0/0 (up): ip 10.0.0.1 dlci 201, static, CISCO, status defined, active
Serial0/0/0 (up): ip 10.0.0.2 dlci 201, static, CISCO, status defined, active
Serial0/0/0 (up): ip 10.0.0.3 dlci 201, static, CISCO, status defined, active
R3#show frame-relay map                              //查看 R3 路由器中的帧中继静态映射表
Serial0/0/0 (up): ip 10.0.0.1 dlci 301, static, CISCO, status defined, active
Serial0/0/0 (up): ip 10.0.0.2 dlci 301, static, CISCO, status defined, active
Serial0/0/0 (up): ip 10.0.0.3 dlci 301, static, CISCO, status defined, active
//均为手动指定的对端的 IP 地址和本端的 DLCI 号形成映射关系
```

建立好静态映射就可以进行网络连通性测试了。3 台路由器互相 ping,结果是通的。

3) 帧中继子接口

水平分割是一种避免路由环出现的技术,也就是从一个接口收到的路由更新不会把这条路由更新从这个接口再发送出去。水平分割在 Hub-and-Spoke 结构帧中继网络中会带来问题。Spoke 路由器中的路由更新不能很好地被 Hub 路由器转发,导致网络路由信息不能得到更新。解决的方法有三种:①当把一个接口用 Cisco 类型封装的时候,Cisco 默认是关闭水平分割的;②手动关闭某个接口的水平分割功能,命令是 no ip split;③使用子接口。子接口有两种类型,即 point-to-point 和 point-to-multipoint。这里介绍 point-to-point,在路由器 R1 上创建两个点到点子接口,分别与路由器 R2 和路由器 R3 上创建的点到点子接口形成点到点连接,采用 Hub-and-Spoke 拓扑结构,整个网络运行 RIP。

具体操作为:在路由器 R1 的 s0/0/0 上创建两个子端口,分别为 s0/0/0.102 和 s0/0/0.103。在 R2 路由器的 s0/0/0 上创建子接口 s0/0/0.201,在 R3 路由器的 s0/0/0 上创建子接口 s0/0/0.301,最终使不同的 PVC 逻辑上属于不同的子网。将路由器 R1 的 s0/0/0.102 和路由器 R2 的 s0/0/0 上与子接口 s0/0/0.201 连接的 PVC 的网络地址设置为 10.0.0.0/24,将路由器 R1 的 s0/0/0.103 和路由器 R3 的 s0/0/0 上与子接口 s0/0/0.301 连接的 PVC 的网络地址设置为 12.0.0.0/24。

```
R1(config)#interface serial 0/0/0                    //进入路由器 R1 的 s0/0/0 接口
R1(config-if)#no ip add                              //去掉接口的 IP 地址
R1(config-if)#no shu                                  //激活该接口
```

```
R1(config-if)#encapsulation frame-relay          //配置帧中继封装格式
R2(config)#interface serial 0/0/0                //进入路由器 R2 的 s0/0/0 接口
R2(config-if)#no ip add                          //去掉接口的 IP 地址
R2(config-if)#no shu                             //激活该接口
R2(config-if)#encapsulation frame-relay          //配置帧中继封装格式
R3(config)#interface serial 0/0/0                //进入路由器 R3 的 s0/0/0 接口
R3(config-if)#no ip add                          //去掉接口的 IP 地址
R3(config-if)#no shu                             //激活该接口
R3(config-if)#encapsulation frame-relay          //配置帧中继封装格式
R1(config)#interface serial 0/0/0.102 point-to-point   //进入 s0/0/0.102 点到点子接口
R1(config-subif)#ip address 10.0.0.1 255.255.255.0    //为子接口配置 IP 地址
R1(config-subif)#frame-relay interface-dlci 102
//点到点的子接口,只要指定从 DLCI 号为 102 的通道出去就可以直接到达对方
R1(config-subif)#exit                            //退出
R1(config)#interface serial 0/0/0.103 point-to-point
                                                 //进入 s0/0/0.103 点到点子接口
R1(config-subif)#ip address 12.0.0.1 255.255.255.0   //为子接口配置 IP 地址
R1(config-subif)#frame-relay interface-dlci 103
//点到点的子接口,只要指定从 DLCI 号为 103 的通道出去就可以直接到达对方
R2(config)#interface serial 0/0/0.201 point-to-point
                                                 //进入 s0/0/0.201 点到点子接口
R2(config-subif)#ip address 10.0.0.2 255.255.255.0   //为子接口配置 IP 地址
R2(config-subif)#frame-relay interface-dlci 201
//点到点的子接口,只要指定从 DLCI 号为 201 的通道出去就可以直接到达对方
R3(config)#interface serial 0/0/0.301 point-to-point
//进入 s0/0/0.301 点到点子接口
R3(config-subif)#ip address 12.0.0.2 255.255.255.0   //为子接口配置 IP 地址
R3(config-subif)#frame-relay interface-dlci 301
//点到点的子接口,只要指定从 DLCI 号为 301 的通道出去就可以直接到达对方
R1#show frame-relay map                          //查看 R1 路由器中的帧中继映射表
Serial0/0/0.102 (up): point-to-point dlci, dlci 102, broadcast, status defined,
active
Serial0/0/0.103 (up): point-to-point dlci, dlci 103, broadcast, status defined,
active
R2#show frame-relay map                          //查看 R2 路由器中的帧中继映射表
Serial0/0/0.201 (up): point-to-point dlci, dlci 201, broadcast, status defined,
active
R3#show frame-relay map                          //查看 R3 路由器中的帧中继映射表
Serial0/0/0.301 (up): point-to-point dlci, dlci 301, broadcast, status defined,
active
```

以上输出表明,路由器使用了点对点子接口,在每条映射条目中,只看到该子接口下的 DLCI,没有对端的 IP 地址。

4) 帧中继上的路由协议的配置,使整个网络互联起来

通过帧中继云将 3 个不同网段连接起来,需要在帧中继上配置路由协议。以配置 RIP

路由协议为例,实现不同网段的互联。

```
R1(config)#router rip                           //启用动态 RIP
R1(config-router)#version 2                      //启用版本 2
R1(config-router)#no au                          //取消自动汇总功能
R1(config-router)#network 10.0.0.0
R1(config-router)#network 12.0.0.0
R1(config-router)#network 1.0.0.0
R2#config t
R2(config)#router rip                            //启用动态 RIP
R2(config-router)#version 2                      //启用版本 2
R2(config-router)#no auto-summary                //取消自动汇总功能
R2(config-router)#network 10.0.0.0
R2(config-router)#network 2.0.0.0
R3#config t
R3(config)#router rip                            //启用动态 RIP
R3(config-router)#version 2                      //启用版本 2
R3(config-router)#no auto-summary                //取消自动汇总功能
R3(config-router)#network 12.0.0.0
R3(config-router)#network 3.0.0.0
```

4. 实验效果验证

通过 R1♯show ip route 命令查看路由表,获得了动态路由信息,可以确定整个网络互联,通过 PC1 ping PC2 对结果进行验证。

```
PC>ping 2.2.2.2
Pinging 2.2.2.2 with 32 bytes of data:
Request timed out.
Reply from 2.2.2.2: bytes=32 time=125ms TTL=126
Reply from 2.2.2.2: bytes=32 time=94ms TTL=126
Reply from 2.2.2.2: bytes=32 time=125ms TTL=126
```

结果是联通的。

PC1 和 PC3 连通性测试结果如下:

```
PC>ping 3.3.3.3
Pinging 3.3.3.3 with 32 bytes of data:
Request timed out.
Reply from 3.3.3.3: bytes=32 time=188ms TTL=125
Reply from 3.3.3.3: bytes=32 time=172ms TTL=125
Reply from 3.3.3.3: bytes=32 time=187ms TTL=125
```

结果表明,该所大学的 3 个校区通过帧中继网络将其互联起来,能够实现资源共享。

帧中继已经成为应用广泛的 WAN 协议之一,通过 Packet Tracer 仿真软件的使用,可以模拟出真实的帧中继网络,使每个学生能够独立完成帧中继网络的组建、配置、验收等整个网络工程过程。

6.3 VPN 技术

VPN 即 Virtual Private Network,是"虚拟专用网络"的意思。通过特殊的加密通信协议,将连接在 Internet 上位于不同地理位置的两个或多个企业内部网之间建立一条专有的通信线路。实现 VPN 通信的方式有多种,常见的有 IPSec VPN、PPTP VPN、SSL VPN 等。

6.3.1 IPSec VPN

IPSec VPN 即采用 IPSec 协议实现远程接入的一种 VPN 技术。IPSec 即 Internet Protocol Security,是由 Internet Engineering Task Force(IETF)定义的安全标准框架,用以提供公用和专用网络的端对端加密和验证服务。

IPsec 协议不是一个单独的协议,它给出了应用于 IP 层上网络数据安全的一整套体系结构,包括网络认证协议的 AH(Authentication Header,认证头)、ESP(Encapsulating Security Payload,封装安全载荷)、IKE(Internet Key Exchange,因特网密钥交换)和用于网络认证及加密的一些算法等。其中,AH 协议和 ESP 协议用于提供安全服务,IKE 协议用于密钥交换。

6.3.2 实验二——IPSec VPN

IPSec VPN 的配置过程如下。

(1)网络拓扑结构设计。

IPSec VPN 的配置仿真环境为:苏州大学文正学院远离苏州大学本部实行两地办学,两地都有规模庞大的校园网络。由于两地相距很远,导致校园网联网困难,这给日常工作带来了麻烦。现在要求使用 IPSec VPN 技术将两地校园网安全地连接起来,使两地的校园网络构成一个大的网络。IPSec VPN 配置实验拓扑结构图如图 6.2 所示。

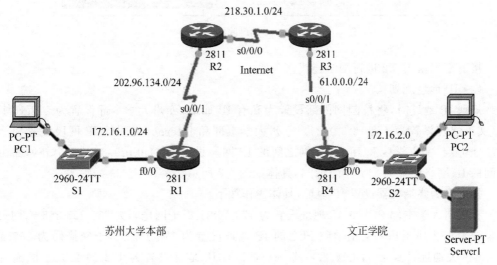

图 6.2 IPSec VPN 配置实验拓扑结构图

整个网络工程结构上分为三大块,分别为苏州大学本部校园网、文正学院校园网以及Internet网络。两部分校园网均连入了Internet网络。为了完成该实验,设计了如图6.2所示的网络拓扑图。图6.2中,路由器R1为苏州大学本部的出口路由器,路由器R4为文正学院的出口路由器,路由器R2和R3属于电信部门的路由器,用它们模拟Internet网络。在苏州大学本部和文正学院的内部网络中均连接了终端设备,用于测试网络的联通性。在文正学院内部网络中还放置了服务器。

在Cisco Packet Tracer模拟软件中构建如图6.2所示的网络拓扑图,包括4台2811路由器、两台2960交换机、两台PC和一台服务器。默认的2811路由器是没有广域网模块的,需要添加。步骤为:①单击路由器,弹出如图6.3所示的窗口,关闭电源;②在Physical区拖动WIC-2T模块放入模块槽后释放鼠标;③重新打开电源。同样的方法添加WIC-2T模块到其他路由器。

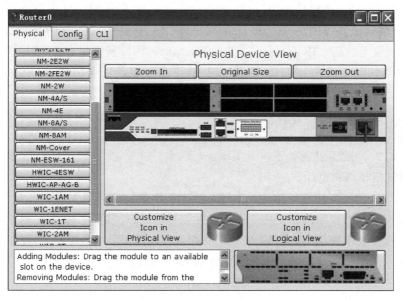

图6.3　添加删除模块窗口

接下来根据图6.2进行网络连线。

(2) IP地址规划。

规划IP地址时,将校园网内部设置为私有IP地址,苏州大学本部设置为172.16.1.0/24,文正学院设置为172.16.2.0/24。苏州大学本部和Internet之间的IP网段设置为202.96.134.0/24,文正学院和Internet网之间的IP网段设置为61.0.0.0/24。两个外网路由器之间的IP网络设置为218.30.1.0/24,具体如图6.2所示。

接下来为终端机器设置IP地址,具体操作如下。

将苏州大学本部PC1的IP地址设置为172.168.1.2,子网掩码为255.255.255.0,网关地址设置为172.16.1.1;将文正学院PC2的IP地址设置为172.16.2.2,子网掩码为255.255.255.0,网关地址设置为172.16.2.1;将Server1的IP地址设置为172.16.2.3,子网掩码为255.255.255.0,网关地址设置为172.16.2.1。

（3）具体实验配置。

① 模拟 Internet。

```
Router#config t                                    //进入全局配置模式
Router(config)#hostname R2                          //命名路由器为 R2
R2(config)#interface serial 0/0/0                   //进入路由器接口 s0/0/0
R2(config-if)#no shu                                //激活路由器接口 s0/0/0
R2(config-if)#clock rate 64000                      //设置端口的时钟频率为 64000b/s
R2(config-if)#ip address 218.30.1.1 255.255.255.0   //设置端口的 IP 地址
R2(config-if)#exit                                  //退出
R2(config)#interface serial 0/0/1                   //进入路由器接口 s0/0/1
R2(config-if)#ip address 202.96.134.2 255.255.255.0 //为路由器接口 s0/0/1 设置 IP 地址
R2(config-if)#no shu                                //激活 s0/0/1 接口
R2(config-if)#clock rate 64000                      //设置接口 s0/0/1 的时钟频率
R2(config-if)#exit                                  //退出
R2(config)#ip route 61.0.0.0 255.255.255.0 218.30.1.2 //为路由器 R2 配置静态路由
Router#config t                                    //进入第三台路由器的全局配置模式
Router(config)#hostname R3                          //命名路由器为 R3
R3(config)#interface serial 0/0/0                   //进入路由器的接口 s0/0/0
R3(config-if)#no shu                                //激活接口 s0/0/0
R3(config-if)#ip address 218.30.1.2 255.255.255.0   //为路由器接口 s0/0/0 设置 IP 地址
R3(config-if)#clock rate 64000                      //设置接口的时钟频率为 64000b/s
R3(config-if)#exit                                  //退出
R3(config)#interface serial 0/0/1                   //进入路由器接口 s0/0/1
R3(config-if)#ip address 61.0.0.1 255.255.255.0     //设置接口的 IP 地址
R3(config-if)#no shu                                //激活接口
R3(config-if)#clock rate 64000                      //设置接口的时钟频率为 64000b/s
R3(config-if)#exit                                  //退出
R3(config)#ip route 202.96.134.0 255.255.255.0 218.30.1.1   //为路由器 R3 设置静态路由
```

经过以上设置，模拟的 Internet 就组建起来了。

② 对路由器 R1 和 R4 进行 IPSec VPN 设置。

首先设置路由器 R1。

```
Router#config t                    //进入苏州大学本部连入 Internet 路由器的全局配置模式
Router(config)#hostname R1                          //命名路由器为 R1
R1(config)#interface serial 0/0/1                   //进入路由器的接口 s0/0/1
R1(config-if)#no shu                                //激活路由器的 s0/0/1 接口
R1(config-if)#ip address 202.96.134.1 255.255.255.0 //设置接口的 IP 地址
R1(config-if)#exit                                  //退出
R1(config)#interface fastEthernet 0/0              //进入路由器的接口 f0/0
R1(config-if)#ip address 172.16.1.1 255.255.255.0   //为路由器的接口 f0/0 设置 IP 地址
R1(config-if)#no shu                                //激活路由器的 f0/0 接口
R1(config-if)#exit                                  //退出
R1(config)#ip route 0.0.0.0 0.0.0.0 202.96.134.2   //为路由器 R1 设置默认路由
R1(config)#crypto isakmp policy 10
```

//创建一个 isakmp 策略,编号为 10,可以有多个策略

R1(config-isakmp)#hash md5

//配置 isakmp 采用什么 Hash 算法,可以选择 sha 和 md5,这里选择 md5

R1(config-isakmp)#authentication pre-share

//配置 isakmp 采用什么身份认证算法,这里采用预共享密码。如果有 CA 服务器,也可以 CA(电子

//证书)进行身份认证

R1(config-isakmp)#group 5

//配置 isakmp 采用什么密钥交换算法,这里采用 DH group5,可以选择 1、2 和 5

R1(config-isakmp)#exit   //退出

R1(config)#crypto isakmp key cisco address 61.0.0.2

//配置对等体 61.0.0.2 的预共享密码为 cisco,双方配置的密码须一致

R1(config)#access-list 110 permit ip 172.16.1.0 0.0.0.255 172.16.2.0 0.0.0.255

//定义一个 ACL,用来指明什么样的流量要通过 VPN 加密发送,这里限定对从苏州大学本部发出到达

//文正学院的流量进行加密,其他流量(如,到 Internet)不加密

R1(config)#crypto ipsec transform-set TRAN esp-des esp-md5-hmac

//创建一个 IPSec 转换集,名称为 TRAN,该名称本地有效,这里的转换集采用 ESP 封装,加密算法为

//AES,HASH 算法为 SHA。双方路由器要有一个参数一致的转换集

R1(config)#crypto map MAP 10 ipsec-isakmp

//创建加密图,名为 MAP,10 为该加密图的其中之一的编号,名称和编号都本地有效,如果有多个编

//号,路由器将从小到大逐一匹配

R1(config-crypto-map)#set peer 61.0.0.2   //指明路由器对等体为路由器 R4

R1(config-crypto-map)#set transform-set TRAN   //指明采用之前已经定义的转换集 TRAN

R1(config-crypto-map)#match address 110

//指明匹配 ACL 为 110 的定义流量就是 VPN 流量

R1(config-crypto-map)#exit   //退出

R1(config)#interface serial 0/0/1   //进入接口 s0/0/1

R1(config-if)#crypto map MAP   //在接口上应用之前创建的加密图 MAP

配置路由器 R4。

Router#config t

//进入文正学院连入 Internet 的路由器的全局配置模式

Router(config)#hostname R4   //命名该路由器为 R4

R4(config)#interface serial 0/0/1   //进入路由器的接口 s0/0/1

R4(config-if)#ip address 61.0.0.2 255.255.255.0 //为路由器接口 s0/0/1 配置 IP 地址

R4(config-if)#no shu   //激活路由器的接口 s0/0/1

R4(config-if)#exit   //退出

R4(config)#interface fastEthernet 0/0   //进入路由器 R4 的以太网口 f0/0

R4(config-if)#no shu   //激活以太网口

R4(config-if)#ip address 172.16.2.1 255.255.255.0 //为以太网口配置 IP 地址

R4(config-if)#no shu   //激活以太网口

R4(config-if)#exit   //退出

R4(config)#ip route 0.0.0.0 0.0.0.0 61.0.0.1   //为路由器 R1 设置默认路由

R4(config)#crypto isakmp policy 10   //创建一个 isakmp 策略,编号为 10,可以有多个策略

R4(config-isakmp)#hash md5

//配置 isakmp 采用什么 Hash 算法,可以选择 sha 和 md5,这里选择 md5

R4(config-isakmp)#authentication pre-share
//配置 isakmp 采用什么身份认证算法,这里采用预共享密码。如果有 CA 服务器,也可以 CA(电子
//证书)进行身份认证
R4(config-isakmp)#group 5
//配置 isakmp 采用什么密钥交换算法,这里采用 DH group5,可以选择 1、2 和 5
R4(config-isakmp)#exit   //退出
R4(config)#crypto isakmp key cisco address 202.96.134.1
//配置对等体 61.0.0.2 的预共享密码为 cisco,双方配置的密码须一致
R4(config)#access-list 110 permit ip 172.16.2.0 0.0.0.255 172.16.1.0 0.0.0.255
//定义一个 ACL,用来指明什么样的流量要通过 VPN 加密发送,这里限定对从文正学院发出到达苏州
//大学本部的流量进行加密,其他流量(如,到 Internet)不加密
R4(config)#crypto ipsec transform-set TRAN esp-des esp-md5-hmac
//创建一个 IPSec 转换集,名称为 TRAN,该名称本地有效,这里的转换集采用 ESP 封装,加密算法为
//AES,HASH 算法为 SHA。双方路由器要有一个参数一致的转换集
R4(config)#crypto map MAP 10 ipsec-isakmp
//创建加密图,名为 MAP,10 为该加密图的其中之一的编号,名称和编号都本地有效,如果有多个编
//号,路由器将从小到大逐一匹配
R4(config-crypto-map)#set peer 202.96.134.1   //指明路由器对等体为路由器 R1
R4(config-crypto-map)#set transform-set TRAN   //指明采用之前已经定义的转换集 TRAN
R4(config-crypto-map)#match address 110
//指明匹配 ACL 为 110 的定义流量就是 VPN 流量
R4(config-crypto-map)#exit   //退出
R4(config)#interface serial 0/0/1   //进入路由器的端口 s0/0/1
R4(config-if)#crypto map MAP   //在接口上应用之前创建的加密图 MAP

(4) 实验的运行与测试、实验效果验证。
经过以上的配置过程,对实验结果进行测试。
从苏州大学本部的 PC ping 文正学院的服务器 s1,结果如下:

Packet Tracer PC Command Line 1.0
PC>ping 172.16.2.3
Pinging 172.16.2.3 with 32 bytes of data:
Request timed out.
Request timed out.
Reply from 172.16.2.3: bytes=32 time=157ms TTL=126
Reply from 172.16.2.3: bytes=32 time=203ms TTL=126

从苏州大学本部的 PC ping 文正学院的计算机 PC2,结果如下:

PC>ping 172.16.2.2
Pinging 172.16.2.2 with 32 bytes of data:
Request timed out.
Reply from 172.16.2.2: bytes=32 time=203ms TTL=126
Reply from 172.16.2.2: bytes=32 time=219ms TTL=126
Reply from 172.16.2.2: bytes=32 time=203ms TTL=126

以上结果表明,苏州大学本部和文正学院已经实现了互联互通。

利用 Packet Tracer 软件可以帮助我们仿真现实中的网络工程项目,能够完成真实网络工程项目的分析、设计、配置、测试以及运行维护等一系列过程,在资金有限以及真实实训环境难以组建的情况下,能够达到很好的教学效果。

6.3.3 GRE over IPSec VPN

在信息化带动工业化,工业化促进信息化的大潮下,各企事业单位越来越重视信息化水平的建设,随着公司规模的不断扩大,以及自身发展的需要,越来越多的单位在异地组建了分公司。为了将总公司和分公司的网络统一起来,以达到资源共享的目的,需要将异地的局域网络进行互联,互联时需要共享路由信息,GRE 隧道技术可以实现。进行异地网络互联时,同样需要考虑数据传输的安全问题。为了更安全地传输公司内部的保密数据,可以通过 IPSec VPN 技术实现。

基于 GRE over IPSec VPN 技术实现异地网络互联,能够实现分公司和总公司之间的路由信息共享和信息安全传输双重功能,被广大企事业单位所接受。

GRE(Generic Routing Encapsulation)即通用路由封装协议,是对某些网络层协议的数据报进行封装,使这些被封装的数据报能够在另一个网络层协议中传输。它采用了一种被称为 Tunnel(隧道)的技术。GRE 通常用来构建站点到站点的 VPN 隧道。

GRE 技术最大的优点是可以对多种协议、多种类型的报文进行封装,并且能够在隧道中进行传输。它的缺点是对传输的数据不进行加密,也就是数据在传输过程中是不安全的。

IPSec(IP Security)协议族为 IP 数据包提供了高质量的、可互相操作的、基于密码学的安全保护。它能够保证 IP 数据包传输时的安全性。IPSec 协议不是一个单独的协议,它包括 AH、ESP 和 IKE 3 个协议,其中 AH 协议和 ESP 协议为安全协议、IKE 协议为密钥管理协议。IPSec VPN 适用于 LAN to LAN 的局域网互联。

IPSec 技术的优点是能够提供安全的数据传输。它的缺点是不能对网络中的组播报文进行封装。也就是说,不能在 IPSec 协议封装隧道中传输常见的动态路由协议报文。

综合这两种技术,利用 GRE 技术对用户数据和动态路由协议报文进行隧道封装,并且能很好地提供一个真正意义上的点对点的隧道,然后使用 IPSec 技术保护 GRE 隧道的安全,这样就构成了 GRE over IPSec VPN 技术。

6.3.4 实验三——GRE over IPSec VPN

接下来通过仿真一个实验环境具体实现 GRE over IPSec VPN 过程。

(1) 网络拓扑结构的分析、设计。

首先介绍仿真网络环境的基本状况:一家公司在上海成立了总公司,随着公司业务的发展,北京成立了分公司,两地均有各自独立的局域网络。由于分公司要远程访问总公司的各种内部网络资源,如 FTP 服务器、考勤系统、人事系统、财务系统以及内部 Web 网站等,因此需要将两地独立的局域网络互联起来,将相距较远的局域网进行互联,需要借助 Internet。

该网络的拓扑结构总体分为 3 个部分:上海总公司、北京分公司以及连接两地的 Internet。可利用 4 台路由器和两台计算机简单描述该网络拓扑。其中 PC0 表示上海总公司的一台普通的计算机,路由器 R1 为上海总公司的出口路由器,路由器 R3 为上海总公司

连接的 Internet 服务提供商的路由器。PC1 为北京分公司的一台普通的计算机,路由器 R2
为北京分公司的出口路由器,路由器 R4 为北京分公司连接的 Internet 服务提供商的路由
器。上海总公司的 Internet 服务提供商和北京分公司的 Internet 服务提供商通过 Internet
互联起来,具体网络拓扑图如图 6.4 所示。

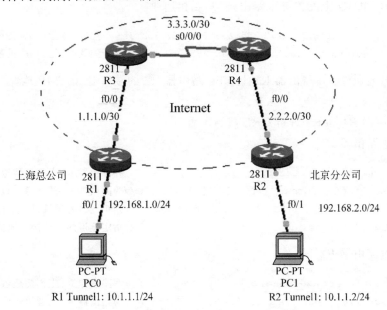

图 6.4　GRE over IPSec VPN 实现异地网络互联网络拓扑图

(2) 网络地址规划。

由于上海总公司和北京分公司的内部局域网规模均不大,故将它们规划为 C 类私有地
址,上海总公司的网络地址规划为 192.168.1.0/24,北京分公司的网络地址规划为 192.168.
2.0/24。上海总公司出口路由器连接 Internet 服务提供商的网络地址为 1.1.1.0/30,北京分
公司为 2.2.2.0/30,上海和北京之间的网络地址为 3.3.3.0/30。

由于两地之间要借助 GRE 隧道进行互联,因此路由器 R1 连接路由器 R2 的隧道的地
址为 10.1.1.1/24,路由器 R2 连接路由器 R1 的隧道的地址为 10.1.1.2/24。

(3) 具体的实现过程。

① 配置 R1 与 R2 的 Internet 连通性。

对路由器 R1、R2、R3 以及 R4 进行基本的配置,包括端口地址的配置、端口的激活以及
广域网 DCE 端口的时钟配置。IP 地址分配见表 6.1。

表 6.1　IP 地址分配

设备	R1	R2	R3	R4	PC0	PC1
f0/0	1.1.1.1/30	2.2.2.2/30	1.1.1.2/30	2.2.2.1/30	IP 地址: 192.168.1.2/24 默认网关: 192.168.1.1	IP 地址: 192.168.2.2/24 默认网关: 192.168.2.1
f0/1	192.168.1.1/24	192.168.2.1/24				
s0/0/0			3.3.3.1/30	3.3.3.2/30		

② 配置路由,使得 Internet 连通。

首先在 R1 和 R2 上配置默认路由,使非内网数据包指向 Internet。

```
R1(config)#ip route 0.0.0.0 0.0.0.0 1.1.1.2   //配置 R1 指向 Internet 的默认路由
R2(config)#ip route 0.0.0.0 0.0.0.0 2.2.2.1   //配置 R2 指向 Internet 的默认路由
```

其次在 R3 和 R4 上配置静态路由,使其互相连通。

```
R3(config)#ip route 2.2.2.0 255.255.255.252 3.3.3.2 //配置 R3 指向 R4 的静态路由
R4(config)#ip route 1.1.1.0 255.255.255.252 3.3.3.1 //配置 R4 指向 R3 的静态路由
```

最后测试连通性:在路由器 R1 上 ping 路由器 R2 的端口 f0/0 的 IP 地址 2.2.2.2,结果是通的。

③ 对路由器 R1 和 R2 进行 GRE 隧道配置。

首先配置路由器 R1。

```
R1(config)#interface tunnel 1                      //在路由器 R1 上创建隧道 1
R1(config-if)#ip address 10.1.1.1 255.255.255.0    //为路由器 R1 的隧道 1 设置 IP 地址
R1(config-if)#tunnel source fastEthernet 0/0       //指定隧道的源接口为 f0/0
R1(config-if)#tunnel destination 2.2.2.2           //指定隧道的目的接口地址为 2.2.2.2
```

其次配置路由器 R2

```
R2(config)#interface tunnel 1                      //在路由器 R2 上创建隧道 1
R2(config-if)#ip address 10.1.1.1 255.255.255.0    //为路由器 R2 的隧道 1 设置 IP 地址
R2(config-if)#tunnel source fastEthernet 0/0       //指定隧道的源接口为 f0/0
R2(config-if)#tunnel destination 1.1.1.1           //指定隧道的目的接口地址为 1.1.1.1
```

④ 在 R1 和 R2 上配置动态路由协议。

首先配置路由器 R1:

```
R1(config)#router rip                    //在路由器 R1 上启用动态 RIP
R1(config-router)#version 2              //启用动态 RIP 的版本 2
R1(config-router)#no auto-summary        //取消自动汇总功能
R1(config-router)#network 192.168.1.0    //宣告网络地址 192.168.1.0
R1(config-router)#network 10.0.0.0       //宣告网络地址 10.0.0.0
```

其次配置路由器 R2:

```
R2(config)#router rip                    //在路由器 R2 上启用动态 RIP
R2(config-router)#version 2              //启用动态 RIP 的版本 2
R2(config-router)#no auto-summary        //取消自动汇总功能
R2(config-router)#network 192.168.2.0    //宣告网络地址 192.168.2.0
R2(config-router)#network 10.0.0.0       //宣告网络地址 10.0.0.0
```

最后测试网络的连通性。

PC0 ping PC1 的结果是通的。

```
PC>ping 192.168.2.2
Reply from 192.168.2.2: bytes=32 time=156ms TTL=126
Reply from 192.168.2.2: bytes=32 time=139ms TTL=126
```

⑤ 配置 R1 的 IKE 参数和 IPSec 参数。

首先配置 R1 的 IKE 参数。

```
R1(config)#crypto isakmp policy 1                        //创建 IKE 策略
R1(config-isakmp)#encryption 3des                       //使用 3DES 加密算法
R1(config-isakmp)#authentication pre-share              //使用预共享密钥验证方式
R1(config-isakmp)#hash sha                              //使用 SHA-1 算法
R1(config-isakmp)#group 2                               //使用 DH 组 2
R1(config-isakmp)#exit
R1(config)#crypto isakmp key 123456 address 2.2.2.2     //配置预共享密钥
```

其次配置 R1 的 IPSec 参数。

```
R1(config)#crypto ipsec transform-set 3des_sha esp-sha-hmac
//配置 IPSec 转换集,使用 ESP 协议、3DES 算法和 SHA-1 散列算法
R1(cfg-crypto-trans)#mode transport                     //指定 IPSec 工作模式为传输模式
R1(config)#access-list 100 permit gre host 1.1.1.1 host 2.2.2.2
//针对 GRE 隧道的流量进行保护
R1(config)#crypto map to_R2 1 ipsec-isakmp              //配置 IPSec 加密映射
R1(config-crypto-map)#match address 100                //应用加密访问控制列表
R1(config-crypto-map)#set transform-set 3des_sha       //应用 IPSec 转换集
R1(config-crypto-map)#set peer 2.2.2.2                  //配置 IPSec 对等体地址
R1(config-crypto-map)#exit
R1(config)#interface fastEthernet 0/0
R1(config-if)#crypto map to_R2                          //将 IPSec 加密映射应用到接口
```

⑥ 配置 R2 的 IKE 参数和 IPSec 参数。

首先配置 R2 的 IKE 参数。

```
R2(config)#crypto isakmp policy 1                        //创建 IKE 策略
R2(config-isakmp)#encryption 3des                       //使用 3DES 加密算法
R2(config-isakmp)#authentication pre-share              //使用预共享密钥验证方式
R2(config-isakmp)#hash sha                              //使用 SHA-1 算法
R2(config-isakmp)#group 2                               //使用 DH 组 2
R2(config-isakmp)#exit
R2(config)#crypto isakmp key 123456 address 1.1.1.1 //配置预共享密钥
```

其次配置 R2 的 IPSec 参数。

```
R2(config)#crypto ipsec transform-set 3des_sha esp-sha-hmac
//配置 IPSec 转换集,使用 ESP 协议、3DES 算法和 SHA-1 散列算法
R2(cfg-crypto-trans)#mode transport                     //配置 IPSec 工作模式为传输模式
R2(config)#access-list 100 permit gre host 2.2.2.2 host 1.1.1.1
                                                        //针对 GRE 隧道的流量进行保护
R2(config)#crypto map to_R1 1 ipsec-isakmp              //配置 IPSec 加密映射
R2(config-crypto-map)#match address 100                //应用加密访问控制列表
R2(config-crypto-map)#set transform-set 3des_sha       //应用 IPSec 转换集
R2(config-crypto-map)#set peer 1.1.1.1                  //配置 IPSec 对等体地址
```

```
R2(config-crypto-map)#exit
R2(config)#interface fastEthernet 0/0
R2(config-if)#crypto map to_R1                    //将 IPSec 加密映射应用到接口
```

(4) 实验的运行与测试、实验效果验证。

PC0 ping PC1 的结果是通的,表示构建 GRE over IPSec VPN 隧道建立成功。

```
PC>ping 192.168.2.2
Reply from 192.168.2.2: bytes=32 time=156ms TTL=126
Reply from 192.168.2.2: bytes=32 time=139ms TTL=126
```

6.4 本章小结

本章讲解了广域网的基本概念,探讨了广域网中的两种设备类型,即 DCE 和 DTE;分析了广域网的线路类型,包括租用线路、电路交换连接、分组交换连接;详细分析了常见的广域网连接技术,包括 PSTN、ISDN、DDN、xDSL、HFC、帧中继、ATM 以及 VPN 等。

本章最后介绍了广域网常见的两种技术,即帧中继以及 VPN 技术,并通过仿真实验实现了帧中继以及 VPN 的配置过程。

6.5 习题 6

一、单选题

1. 在计算机网络中,一般局域网的数据传输速率要比广域网的数据传输速率(   )。
   A. 高   B. 低   C. 相同   D. 不确定
2. 下列属于广域网拓扑结构的是(   )。
   A. 树形结构   B. 网状形结构   C. 总线型结构   D. 环形结构
3. 帧中继网是一种(   )。
   A. 广域网   B. 局域网   C. ATM 网   D. 以太网
4. T1 载波的数据传输率为(   )。
   A. 1Mb/s   B. 10Mb/s   C. 2.048Mb/s   D. 1.544Mb/s
5. 市话网在数据传输期间,源结点与目的结点之间有一条利用中间结点构成的物理连接线路。这种市话网采用的技术是(   )。
   A. 报文交换   B. 电路交换   C. 分组交换   D. 数据交换
6. 以下属于广域网技术的是(   )。
   A. 以太网   B. 令牌环网   C. 帧中继   D. FDDI
7. 不属于存储转发交换方式的是(   )。
   A. 数据报方式   B. 虚电路方式   C. 电路交换方式   D. 分组交换方式
8. E1 系统的速率为(   )。
   A. 1.544Mb/s   B. 155Mb/s   C. 2.048Mb/s   D. 64 kb/s
9. 计算机接入 Internet 时,可以通过公共电话网进行连接。以这种方式连接并在连接时分配到一个临时性 IP 地址的用户,通常使用的是(　　　)。

    A. 拨号连接仿真终端方式　　　　　　B. 经过局域网连接的方式

    C. SLIP/PPP 连接方式　　　　　　　　D. 经分组网连接的方式

10. 帧中继网是一种(　　　)。

    A. 广域网　　　　　B. 局域网　　　　　C. ATM 网　　　　D. 以太网

11. 世界上很多国家都相继组建了自己国家的公用数据网,现有的公用数据网大多采用(　　　)。

    A. 分组交换方式　　B. 报文交换方式　　C. 电路交换方式　　D. 空分交换方式

12. ATM 采用的线路复用方式为(　　　)。

    A. 频分多路复用　　　　　　　　　　B. 同步时分多路复用

    C. 异步时分多路复用　　　　　　　　D. 独占信道

13. X.25 数据交换网使用的是(　　　)。

    A. 分组交换技术　　B. 报文交换技术　　C. 帧交换技术　　　D. 电路交换技术

第7章 网　络　层

本章学习目标
- 熟悉网络层提供的两种服务。
- 掌握 IP 地址。
- 熟悉地址解析协议(ARP)。
- 熟悉 IP 数据报首部格式并通过实验进行验证。
- 掌握静态路由技术并通过实验实现静态路由。
- 掌握动态路由技术并通过实验实现动态路由。
- 熟悉 NAT 技术并通过实验实现 NAT 技术。

　　本章首先讲解网络层提供的两种服务：虚电路服务和数据报服务；接着讲解 IP 地址的相关知识、ARP、网络层 IP 数据报的格式、子网划分；最后讲解静态路由、动态路由技术以及 NAT 技术。

　　本章的实验部分主要包括 ARP 的分析、IP 报文的分析、ICMP 的分析、静态路由、动态路由以及 NAT 的配置过程。

7.1　网络层概述

7.1.1　网络层的功能

　　网络层位于运输层和数据链路层之间，它在数据链路层提供两个相邻端点之间的数据帧的传送功能上，进一步管理网络中的数据通信，将数据设法从源端经过若干中间结点传送到目的端，从而向运输层提供最基本的端到端的数据传送服务。网络层的目的是实现两个端系统之间的数据透明传送。具体功能包括寻址和路由选择。它提供的服务使运输层不需要了解网络中的数据传输和交换技术。

7.1.2　网络层的两种服务

　　网络层向它的上层提供两种服务：一种是虚电路(Virtual-Circuit,VC)服务；另一种是数据报服务。

　　1. 虚电路服务

　　虽然互联网是利用数据报服务传输信息，但其他网络体系(如 ATM、帧中继等)使用的是虚电路方式。虚电路方式已预留双方通信所需的一切网络资源，然后双方沿着已建立的虚电路发送分组。这样的分组的首部不需要填写完整的目的主机地址，只填写这条虚电路的编号，因而减少了分组的开销。这种通信方式如果再使用可靠传输的网络协议，就可使所发送的分组无差错地按序到达终点，当然也不丢失、不重复。在通信结束后要释放建立的虚电路。

2. 数据报服务

互联网采用的是数据报服务,数据报通常被称为网络层无连接服务。在数据报服务的方式中,每个分组的传送是被单独处理的,这里的每个分组被称为一个数据报。每个数据报自身必须包含目的端的完整的地址信息。一个结点接收到一个数据报后,会根据数据报中的地址信息和结点所存储的路由信息找出一个合适的路径,把数据报原封不动地发送到下一个结点。

这样,当端系统发送一个报文时,要把报文拆装成若干个带有序号和地址信息的数据报,依次发送到网络结点。之后,各个数据报经过的路径可能互不相同,因为各个结点会随时根据网络的流量、故障等情况选择路由,从而没有办法保证各个数据报是顺序到达,甚至有的数据报可能丢失。

7.2　IP 地址

网络层进行寻址时使用 IP 地址。IP 地址是一个虚拟的地址。互联网上的每个网络结点都拥有 IP 地址,每个 IP 数据报中都会携带源 IP 地址和目标 IP 地址标识该 IP 数据报的源和目的主机。IP 数据报在传输过程中,每个中间结点(IP 网关)还需要为其选择从源主机到目的主机的合适的转发路径(即路由)。IP 可以根据路由选择协议提供的路由信息对 IP 数据报进行转发,直至抵达目的主机。

7.2.1　IP 地址简介

IP 地址指互联网协议地址(Internet Protocol Address),又称网际协议地址。IP 地址是 IP 提供的一种统一的地址格式,为互联网上每台主机分配的逻辑地址。

目前,IP 地址的版本有 IPv4 和 IPv6,IPv4 由 32 位二进制数组成,通常被划分为 4 个 8 位二进制数。为了便于书写,IPv4 通常用点分十进制数表示成 a.b.c.d 的形式,其中,a、b、c、d 都是 0～255 的十进制整数。例如,IP 地址 192.168.1.1,实际上是 32 位二进制数 11000000 10101000 00000001 00000001。理论上,IPv4 地址总数量为 $2^{32}=4294967296$,从当时 IP 地址诞生时的现状看,这么庞大的地址数量是很难耗尽的。

IPv6 由 128 位二进制数组成,通常写成 8 组,每组为 4 个十六进制数形式。理论上,IPv6 地址总数量为 2^{128},其数量是 IPv4 地址的 2^{96} 倍。可以说,IPv6 地址总数量相当庞大。如果地球表面都覆盖计算机,那么 IPv6 允许每平方米拥有 7×10^{23} 个 IP 地址;如果地址分配的速率是每微秒 100 万个,那么 10^{19} 年才能将所有的 IPv6 地址分配完。

IP 地址编址方法共经历了 3 个历史阶段。

第一个阶段:分类的 IP 地址。这是最基本的编制方法,1981 年就制定了相应的标准。

第二个阶段:子网的划分。这是对最基本编址方法的改进,其标准 RFC 950 在 1985 年通过。

第三个阶段:构成超网。这是比较新的无分类编址方法,1993 年提出后很快就得到推广应用。

7.2.2　分类的 IP 地址

整个互联网(Internet)可看成一个单一的、抽象的网络,IP 地址就是给每个连接在互联网上主机的网络接口(或者路由器端口)分配全世界范围内唯一的 32 位标识符。

在 IP 地址编址的第一个阶段,将 IP 地址划分为若干固定类,每类地址都由两个固定长度的字段组成,其中一个字段是网络号,它标志主机(或路由器)连接到的网络,而另一个字段是主机号,它标志该主机(或路由器)。

可见,网络号在全世界范围内是唯一的。同时,在同一个网络号指明的网络范围内,主机号也必须是唯一的。由此可见,一个 IP 地址在整个互联网范围内是唯一的。

分类的 IP 地址将 IP 地址划分为 A、B、C、D、E 五类,具体的划分方法如图 7.1 所示。

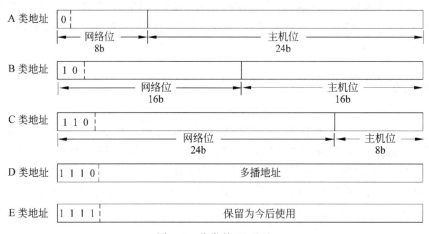

图 7.1 分类的 IP 地址

1. A 类 IP 地址

A 类 IPv4 地址,其网络位占 1B,即 8b,主机位占 3B,即 24b。由于该类地址主机位占的位数多,所以一个 A 类网络可分配的主机数比较多,因此 A 类网络适合网络规模比较大的网络。

A 类地址的网络号字段占 1B,只有 7b 可供使用(该字段的第一位已固定为 0),但可指派的网络号是 126(即 2^7-2)个。减去的 2 分别为 0000 0000 以及 0111 1111,其中 0000 0000 是保留地址,意思是"本网络",网络号为 0111 1111,即 127,保留作为本地软件环回测试使用。若主机发送一个目的地址为环回地址(如 127.0.0.1)的 IP 数据报,则本主机中的协议软件就处理数据报中的数据,而不会把数据报发送到任何网络。

A 类地址的主机号占 3B,因此一个 A 类网络中的最大主机数是 $2^{24}-2=1677214$。减 2 分别表示主机位为全 0,以及主机位为全 1 的地址。主机位为全 0 的地址为该网络的网络地址,主机位为全 1 的地址为该网络的广播地址。

IP 地址空间共有 2^{32}(即 4294967296)个地址。整个 A 类地址空间共有 2^{31} 个地址,占整个 IP 地址空间的 50%。

2. B 类 IP 地址

相对于 A 类 IPv4 地址针对大型网络设计而言,B 类 IPv4 地址针对中型网络而设计,其网络位和主机位均占 2B 的位数。B 类地址 2B 的网络位中,前两位(1 0)已经固定了,只剩下 14b 可以进行分配。因为网络位字段后面的 14b 无论怎样取值,也不可能出现使整个 2B 的网络位成为全 0 或全 1,因此不存在网络总数减 2 的问题。但实际上网络位 128.0(即

1000 0000 0000 0000)是不指派的,因此 B 类网络的网络数为 $2^{14}-1$,即 16383。每个 B 类网络的最大主机数为 $2^{16}-2=65534$,减 2 的原因是去掉主机位为全 0 以及主机位为全 1 的情况。主机位为全 0 的地址为该网络的网络地址,主机位为全 1 的地址为该网络的广播地址。

整个 B 类地址的地址空间约为 2^{30} 个地址,占整个 IP 地址空间的 25%。

3. C 类 IP 地址

前面的 A 类和 B 类 IPv4 地址分别针对大型网络和中型网络而设计,而 C 类 IPv4 地址则针对小型网络而设计。C 类 IPv4 地址网络位占 3B,即 24b,主机位占 1B,即 8b。可见,C 类 IPv4 地址可分配的网络数是最多的,但每个 C 类网络可分配的主机数是最少的。

C 类地址网络位的前 3 位为(1 1 0),剩下 21 位网络位可以分配。C 类网络地址 192.0.0 也是不指派的,因此 C 类地址可指派的网络总数是 $2^{21}-1$,即 2097151。每个 C 类网络的最大主机数是 $2^8-2=254$。

整个 C 类地址空间约有 2^{29} 个地址,占整个 IP 地址的 12.5%。

4. D 类 IP 地址

D 类地址用于多播,它不指向特定的网络,用来一次寻址一组计算机。

5. E 类 IP 地址

E 类地址保留为今后使用。

常见的 A、B、C 三种类别的 IP 地址指派范围见表 7.1。

表 7.1　常见的 A、B、C 三种类别的 IP 地址指派范围

网络类别	最大可指派的网络数	第一个可指派的网络号	最后一个可指派的网络号	每个网络中的最大主机数
A	$126(2^7-2)$	1(00000001)	126(01111110)	$1677214(2^{24}-2)$
B	$16383(2^{14}-1)$	128.1 (10000000.00000001)	191.255 (10111111.11111111)	$65534(2^{16}-2)$
C	$2097151(2^{21}-1)$	192.0.1 (11000000.00000000.00000001)	223.255.255 (11011111.11111111.11111111)	$254(2^8-2)$

当初将 IP 地址如此分配,也是考虑到不同网络规模对 IP 地址的需求是不同的。这里要特别注意,普遍认为的 IP 地址分配,其本质并不是指分配具体的某个 IP 地址,实际分配的是网络地址。获得网络地址的单位,实际上就获得了整个网络内的所有可以分配的 IP 地址,因此将 IP 地址按照网络规模大小划分为 A、B、C 类,这样的划分符合当时的历史现状。如果大规模的网络需要申请 IP 地址,则分配一个 A 类网络地址。如果中等规模的网络需要申请 IP 地址,则分配一个 B 类网络地址。如果小型规模的网络需要申请 IP 地址,则分配一个 C 类网络地址。这样就从一定程度上避免了 IP 地址的浪费问题。

关于同一个网络中的主机,网络位相同,主机位不同。图 7.2 所示为互联网络中的 IP 地址规划。

7.2.3　子网划分

Internet 组织管理机构定义五类 IP 地址,分别为 A、B、C、D、E。A 类网络有 126 个,每

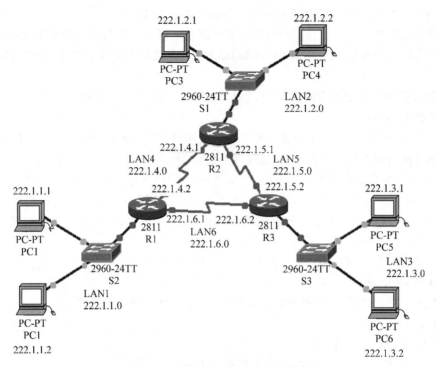

图 7.2　互联网络中的 IP 地址规划

个 A 类网络最多有 16777214 台主机,它们处于同一广播域。而在同一广播域中有这么多结点是不可能的,网络会因为广播通信而饱和,结果造成 16777214 个地址大部分不可能被分配出去。可以把基于每类的 IP 网络进一步分成更小的网络,每个子网由路由器界定并分配一个新的子网网络地址,子网地址是借用基于每类的网络地址的主机部分创建的。

当对一个网络进行子网划分时,基本上就是将它划分成更小的网络。例如,当一组 IP 地址指定给一个公司时,公司可能将该网络"分割"成更小的网络,每个部门一个网络。这样,每个部门都可以有属于它们自己的小网络。通过划分子网,可以按照需要将网络分割成多个更小的网络,这样也有助于降低流量和隐藏网络的复杂性。

RFC 950 定义了子网掩码的使用。子网掩码由一个 32 位的二进制数组成,它和 IP 地址的位数相同,并且是一一对应的关系。子网掩码中对应 IP 地址中的网络地址的所有位都为 1,对应主机地址的所有位都为 0。

由此可知,A 类网络的默认子网掩码是 255.0.0.0,B 类网络的默认子网掩码是 255.255.0.0,C 类网络的默认子网掩码是 255.255.255.0。将子网掩码和 IP 地址按位进行逻辑"与"运算,得到该 IP 地址对应网络的网络地址,剩下的部分就是主机地址,从而区分出任意 IP 地址中的网络地址位和主机地址位。

由于互联网刚诞生时规模较小,人们对网络地址的需求量不是很大,因此分类的 IP 地址在当时的历史状况下能够满足需要。

但是,随着互联网规模的不断扩大,人们对网络地址的需求量不断增加,分类的 IP 地址的缺陷也暴露出来了。

首先,IP 地址浪费现象严重。一个 A 类网络可分配的 IP 地址数的数量级别达到千万。

很少有单位能够分配完这个数量级别的 IP 地址。即使是 B 类网络,每个 B 类网络可分配的 IP 地址数的数量级别也要达到 6 万多,有这么大地址需求的单位也很少,因此,分配到 A 类和 B 类网络的单位基本会浪费大量的 IP 地址。这样分配 IP 地址导致的后果是,网络地址被分配出去的越来越多,剩下的越来越少,很多单位已经很难再申请到网络地址。而获得网络地址的单位有大量的 IP 地址没有使用,造成地址的大量浪费,而这些浪费的 IP 地址也没有办法再分配给别的单位使用。其次,A 类、B 类网络的主机在一个广播域内,如此大规模的网络在一个广播域内,必定造成网络性能大幅下降。最后,按照这种方法分类的 IP 地址,其网络安全性差,安全策略设置不灵活。

在这样的历史背景下出现了 IP 编址方案的第二个阶段,即子网划分。

从 1985 年起,在 IP 地址中又增加了一个子网号字段,将 IP 地址从两级结构设计成三级结构。划分子网是从主机位借用若干位作为子网位,相应地,主机位也就减少了相同的位数。

划分子网的优点主要表现在以下几个方面:①减少了 IP 地址的浪费;②使网络的组织更加灵活;③更便于维护和管理;④减少广播报文的影响,优化网络性能;⑤提高网络安全性,增加安全策略设置的灵活性。

这样,仅从一个 IP 数据报的首部并不能判断源主机或目的主机所连接的网络是否进行了子网划分。此时需要使用子网掩码帮助找出 IP 地址中的子网部分。子网掩码和 IP 地址一样,同样由 32 位二进制数组成,它和 IP 地址是一一对应的关系。子网掩码由连续的 1 和连续的 0 组成。32 位子网掩码与 32 位 IP 地址一一对应,其中子网掩码中 1 对应的 IP 地址部分为网络位和子网位,子网掩码中 0 对应的 IP 地址部分为主机位。

因此,在配置网络参数时,不但要配置 IP 地址,还要配置相应的子网掩码。两者配合起来使用,才能真正决定该 IP 地址的网络位、子网位以及主机位。

如 IP 地址为 172.16.1.1,如果没有明确子网掩码,则在传统的分类 IP 地址中,它属于 B 类地址。根据 B 类地址规定,其前两个 8 位为网络位,后两个 8 位为主机位,可以得出它的网络位为 172.16,主机位为 1.1。但在划分子网的 IP 地址中,仅从 172.16.1.1 并不能看出哪部分是子网位,此时需要配置相应的子网掩码。如果它的子网掩码为 255.255.255.0,则可以看出子网位为第 3 个 8 位,也就是 1。

通过划分子网,可以划分出更多的子网地址分配给更多的单位使用,使 IP 地址更加充分合理地得到应用。

划分子网首先要熟记 2 的幂次方,其中 2 的 0 次方到 7 次方的值分别为 1、2、4、8、16、32、64 和 128。要明白的是,子网划分是借主机位,把借的主机位作为子网位。因此,划分越多的子网,每个子网可容纳的主机数越少。

例题 1 某公司有两个相互独立的部门,属于两个不同的网络,每个部门的主机数不超过 50 台,现公司申请一个网络 211.84.241.0,子网掩码为 255.255.255.0。问如何规划,才能满足该公司要求? 若需要子网划分,必须列出每个网络的网络地址、子网掩码以及主机范围。

分析:公司申请的网络为 C 类,属于一个网络地址。只有通过子网划分,才能满足公司的要求。又因为该公司有两个部门,所以需要两个子网,这就决定在进行子网划分时,必须划分至少两个子网。划分子网,需要从 211.84.241.0 的主机位部分拿出高 2 位($2^n - 2 \geqslant 2$,

其 n 的最小值为 2),则每个子网内的主机数量为 62 台($2^{8-2}-2=62$),62 个主机数符合每个部门主机数不超过 50 台的要求。如果划分为 4 个子网,需要从 211.84.241.0 主机部分拿出高 3 位($2^n-2\geqslant4$,其 n 的最小值为 3),每个子网内的主机数量为 30 台($2^{8-3}-2=30$),不符合要求。该题目的解决方案具有唯一性(划分两个子网的方案),具体解答如下:

第一个子网:

网络地址:211.84.241.01 000000(211.84.241.64)

主机范围:211.84.241.01 000001～211.84.241.01 111110

211.84.241.65～211.84.241.126

子网掩码:255.255.255.11000000(255.255.255.192)

第二个子网:

网络地址:211.84.241.10 000000(211.84.241.128)

主机范围:211.84.241.10 000001～211.84.241.10 111110

211.84.241.129～211.84.241.190

子网掩码:255.255.255.11000000(255.255.255.192)

记住表 7.2 所示的常见的子网掩码转换关系。

表 7.2 常见的子网掩码转换关系

二进制掩码	十进制掩码	二进制掩码	十进制掩码
1000 0000	128	1111 1000	248
1100 0000	192	1111 1100	252
1110 0000	224	1111 1110	254
1111 0000	240	1111 1111	255

注意:进行子网划分时,借主机位为全 0 和全 1 的子网,通常情况下不能使用(现在有种说法是子网号为全 0 和全 1 的可以使用),因此在所有可能的子网数量中减去 2。另外,每个子网的主机位同样不能全 0 和全 1,主机位为全 0 的为该子网的网络地址,主机位为全 1 的为该子网的广播地址。

例题 2 有一网络为 171.1.0.0,子网掩码为 255.255.0.0,现需要把该网络划分为 6 个不同的子网,请列出每个网络的网络地址、子网掩码、主机范围。

解答:

该题在主机数量不确定的情况下有多种解决方案,这里写出其中一种:由于划分为 6 个子网,因此主机部分拿出高 3 位($2^n-2\geqslant6$,其 n 的最小值为 3)。由于 171.1.0.0 为 B 类网络,其主机部分有 16 位,去掉被子网借用的 3 位,剩下的主机位数为 13 位,因此划分子网的情况如下:

第一个子网:

网络地址:171.1.001 00000.0000 0000(172.1.32.0)

主机范围:171.1.001 00000.0000 0001～171.1.001 11111.1111 1110

(171.1.32.1～171.1.63.254)

子网掩码:255.255.11100000.00000000(255.255.224.0)

第二个子网：

网络地址：171.1.010 00000.0000 0000(172.1.64.0)

主机范围：171.1.010 00000.0000 0001～171.1.010 11111.1111 1110

　　　　　(171.1.64.1～171.1.95.254)

子网掩码：255.255.11100000.00000000(255.255.224.0)

第三个子网：

网络地址：171.1.011 00000.0000 0000(172.1.96.0)

主机范围：171.1.011 00000.0000 0001～171.1.011 11111.1111 1110

　　　　　(171.1.96.1～171.1.127.254)

子网掩码：255.255.11100000.00000000(255.255.224.0)

第四个子网：

网络地址：171.1.100 00000.0000 0000(172.1.128.0)

主机范围：171.1.100 00000.0000 0001～171.1.100 11111.1111 1110

　　　　　(171.1.128.1～171.1.159.254)

子网掩码：255.255.11100000.00000000(255.255.224.0)

第五个子网：

网络地址：171.1.101 00000.0000 0000(172.1.160.0)

主机范围：171.1.101 00000.0000 0001～171.1.101 11111.1111 1110

　　　　　(171.1.160.1～171.1.191.254)

子网掩码：255.255.11100000.00000000(255.255.224.0)

第六个子网：

网络地址：171.1.110 00000.0000 0000(172.1.192.0)

主机范围：171.1.110 00000.0000 0001～171.1.110 11111.1111 1110

　　　　　(171.1.192.1～171.1.223.254)

子网掩码：255.255.11100000.00000000(255.255.224.0)

7.2.4　无分类编址

划分子网一定程度上缓解了互联网在发展过程中遇到的难题。然而,在 1992 年互联网仍然面临 3 个必须尽早解决的问题。

(1) B 类地址在 1992 年已分配近一半,眼看即将分配完毕。

(2) 互联网主干网上的路由表中的项目数急剧增长。

(3) 整个 IPv4 地址空间最终将全部耗尽。

1987 年,RFC1009 指明了在一个划分子网的网络中可同时使用几个不同的子网掩码,即可变长子网掩码(Variable Length Subnet Mask,VLSM)。使用 VLSM 可进一步提高 IP 地址资源利用率。在 VLSM 的基础上又进一步研究出无分类编址方法,正式名字是无分类域间路由选择(Classless Inter-Domain Routing,CIDR)。

CIDR 消除了传统的 A 类、B 类和 C 类地址以及划分子网的概念,从而更加有效分配 IPv4 地址空间。CIDR 使用各种长度的网络前缀代替分类地址中的网络号和子网号。IP 地址从三级编址又回到两级编址。

CIDR 地址中包含标准的 32 位 IP 地址和有关网络前缀位数的信息。以 CIDR 地址 222.80.18.18/25 为例,其中"/25"表示其地址中的前 25 位,代表网络部分,其余位代表主机部分。

CIDR 建立在"超级组网"的基础上,"超级组网"是"子网划分"的派生词,可看作子网划分的逆过程。子网划分时,从主机部分借位,将其合并进网络部分;而在超级组网中,则是将网络部分的某些位合并进主机部分。这种无类别超级组网技术通过将一组较小的无类别网络汇聚为一个较大的单一路由表项,减少了 Internet 路由域中路由表条目的数量。

VLSM 子网划分例题:

一个 192.168.100.0/24 的 C 类地址段,现在需要划分 5 个区域的地址段,分别为 A、B、C、D、E,如图 7.3 所示,具体要求如下:

① A 区域有 100 台主机。

② B 区域有 25 台主机。

③ C 区域有 20 台主机。

④ D 区域有 12 台主机。

⑤ E 区域只需要 2 个 IP 地址。

求五个网段的网络地址及子网掩码。

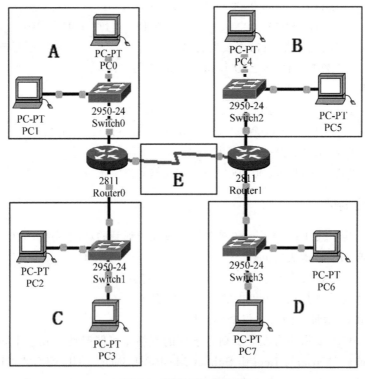

图 7.3　网络拓扑结构图

解答:

由于 A 区域需要 100 台主机,因此主机位满足如下要求:$2^n - 2 \geqslant 100$,n 至少为 7 位,而给定的 192.168.100.0/24 的 C 类地址段中主机位为 8 位,因此只能借一位主机位划分子网,因此可以划分为两个子网(说明: 在划分子网时,有时可以将全 0 和全 1 作为子网位)。

子网 1 为 192.168.100.0/255.255.255.128(192.168.100.0/25)

子网 2 为 192.168.100.128/255.255.255.128(192.168.100.128/25)

按照定长子网划分方法,就不能满足本题要求的划分 5 个子网的要求。因此,采用可变长 VLSM 划分子网的方法对本题进行子网划分。

将刚才划分的两个子网中的子网 1 分配给 A 区域,因此得到: A 区域有 100 台主机,它的网段的网络号是 192.168.100.0,子网掩码是 255.255.255.128。

由于 B 区域和 C 区域需要 25 台以及 20 台主机,根据公式 $2^n-2\geqslant25$,或者 $2^n-2\geqslant20$,得到主机位至少为 5 位,因此将刚才的子网 2 再进行子网划分,子网 2 有 7 位主机位,再借用 2 位主机位划分子网,可以划分 4 个子网分别为

子网 1 为 192.168.100.100 00000/255.255.255.224(192.168.100.128/27)

子网 2 为 192.168.100.101 00000/255.255.255.224(192.168.100.160/27)

子网 3 为 192.168.100.110 00000/255.255.255.224(192.168.100.192/27)

子网 4 为 192.168.100.111 00000/255.255.255.224(192.168.100.224/27)

因此将子网 1 给 B 区域,子网 2 给 C 区域,得到 B 区域有 25 台主机,它的网段的网络号是 192.168.100.128,子网掩码是 255.255.255.224;C 区域有 20 台主机,它的网段的网络号是 192.168.100.160,子网掩码是 255.255.255.224。

整个地址段中还剩以下两个子网段:

子网 3 192.168.100.110 00000/255.255.255.224(192.168.100.192/27)

子网 4 192.168.100.111 00000/255.255.255.224(192.168.100.224/27)

由于 D 区域需要 12 台主机,根据公式 $2^n-2\geqslant12$,得到主机位至少为 4 位,因此将刚才的子网 3 再进行子网划分,子网 3 有 5 位主机位,再借用 1 位主机位划分子网,可以划分 2 个子网分别为

子网 1 192.168.100.110 00000/255.255.255.240(192.168.100.192/28)

子网 2 192.168.100.110 10000/255.255.255.240(192.168.100.208/28)

因此将子网 1 给 D 区域,得到 D 区域有 12 台主机,它的网段的网络号是 192.168.100.192,子网掩码是 255.255.255.240。

由于 E 区域需要 2 台主机,根据公式 $2^n-2\geqslant2$,得到主机位至少为 2 位,因此将刚才的子网 2 再进行子网划分,子网 2 有 4 位主机位,再借用 2 位主机位划分子网,可以划分 4 个子网分别为

子网 1 192.168.100.110 10000/255.255.255.252(192.168.100.208/30)

子网 2 192.168.100.110 10100/255.255.255.240(192.168.100.212/30)

子网 3 192.168.100.110 11000/255.255.255.240(192.168.100.216/30)

子网 4 192.168.100.110 11100/255.255.255.240(192.168.100.220/30)

因此将子网 1 给 E 区域,得到 E 区域有 2 台主机,它的网段的网络号是 192.168.100.208,子网掩码是 255.255.255.252,地址分别是 192.168.100.209 和 192.168.100.210。

经过 VLSM 子网划分,在定长子网划分中不能解决的子网划分问题,在 VLSM 子网划分中得到解决,并且还有以下子网得到保留,以便后续使用。剩余的子网如下:

子网 192.168.100.110 10100/255.255.255.240(192.168.100.212/30)

子网 192.168.100.110 11000/255.255.255.240(192.168.100.216/30)

子网 192.168.100.110 11100/255.255.255.240(192.168.100.220/30)

子网 4 192.168.100.111 00000/255.255.255.224(192.168.100.224/27)

7.3　ARP

地址解析协议(Address Resolution Protocol,ARP)实现 IP 地址到硬件地址的转换,属于 TCP/IP 协议族一员。在网络通信中,网络层及以上使用 IP 地址进行寻址,而在实际网络链路上传送数据帧时使用的是硬件地址。在已知被访问目标主机 IP 地址的情况下如何得到该主机的硬件地址,是 ARP 的功能。

7.3.1　ARP 的工作原理

通过 ARP 得到 IP 地址和硬件地址之间的对应关系,在一定程度上是固定的,每个主机都有一个 ARP 高速缓存,保存着本局域网中的主机以及路由器的 IP 地址和硬件地址的映射表。

下面分析 ARP 的报文格式。ARP 的报文格式中前 2B 是硬件类型,接着 2B 是协议类型,ARP 使用的是 IP,类型代号为 0x0800;接下来的字段为硬件地址长度和协议地址长度;之后的 2B 是操作,指示当前数据报文是请求报文,还是应答报文;接下来 6B 是发送方硬件地址,后面 4B 是发送方 IP 地址;接下来的 6B 为目的主机的硬件地址,若为 ARP 请求报文,则该值为空;接下来为 4B 的目标 IP 地址字段,具体结构如图 7.4 所示。

B	2		2
硬件类型		协议类型	
硬件地址长度	协议地址长度	操作	
发送方硬件地址(八位组0~3)			
发送方硬件地址(八位组4~5)		发送方IP地址(八位组0~1)	
发送方IP地址(八位组2~3)		目标主机的硬件地址(八位组0~1)	
目标主机的硬件地址(八位组2~5)			
目标IP地址(八位组0~3)			

图 7.4　ARP 的报文格式

1. 同一局域网通信时的 ARP 工作原理

同一局域网通信时的 ARP 工作原理描述如下:源主机需要将一个 IP 数据报发送到已知 IP 地址的目标主机,会检查自身 ARP 高速缓存中 ARP 列表是否存在目标主机 IP 地址对应的 MAC 地址信息,如果存在,就直接将硬件地址信息封装到数据帧对应的目的 MAC 地址字段;如果缓存中的 ARP 映射表不存在所需的对应关系,则主机的 ARP 会自动运行,向本局域网广播发送一个 ARP 请求包,请求包的内容包括本身 IP 地址和硬件地址以及目的主机 IP 地址,请求得到目的 IP 地址对应的硬件地址。本局域网中的所有主机均会收到该 ARP 请求,它们会检查 ARP 请求包中目的 IP 地址是否和自己的 IP 地址一致。如果不一致,则忽略该数据包;若一致,该主机将发送端的硬件地址和 IP 地址的对应关系添加到自身的 ARP 高速缓存的 ARP 列表中,为将来向请求主机发送数据包时能够得到硬件地址做准备,避免了再次发送 ARP 请求数据包给网络带来额外通信量。如果 ARP 表中已经存在该对应关系信息,则将其覆盖,接着向请求主机发送一个 ARP 响应数据包,告诉对方自己的硬件地址;源主机收到 ARP 响应数据包后,将得到的目的主机的 IP 地址和硬件地址的对应关系添加到自己的 ARP 高速缓存列表中。

2. 不同局域网之间通信时的 ARP 工作原理

ARP 解决的是同一局域网上的主机 IP 地址到硬件地址的映射问题,如果源主机和所要访问的目的主机处于不同的局域网中,源主机不能通过 ARP 解析出目的主机的硬件地址信息。但在实际通信过程中,源主机并不需要知道处于不同局域网的另一目的主机的硬件地址。源主机与目的主机通信需要通过连接源主机的路由器进行转发。源主机需要通过 ARP 解析出连接该主机的路由器接口的硬件地址,以便将 IP 数据报传送到该路由器,接下来由路由器对 IP 数据报进行转发,以便最终与目的主机进行通信。

7.3.2 实验一——ARP 分析

1. 同一局域网通信时 ARP 工作原理的仿真实验设计与实现

同一局域网通信时 ARP 工作原理仿真拓扑结构如图 7.5 所示。为了仿真总线型共享网络的特点,以集线器(HUB)为网络互连设备,连接 A、B、X、Y、Z 共 5 台终端计算机,图 7.5 中标明了 5 台计算机的 IP 地址以及对应的硬件地址。

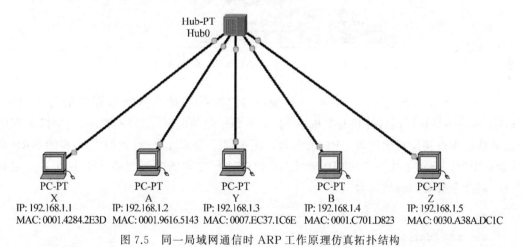

图 7.5 同一局域网通信时 ARP 工作原理仿真拓扑结构

ARP 工作原理仿真实验的实现,在初始状态下通过命令"arp -a"查看各终端计算机的 ARP 高速缓存中的 ARP 列表,结果显示为 No ARP Entries Found,均为空。

为了仿真 A 与 B 进行通信,在 A 上利用 ICMP 发送 ping 包给 B,A 首先查看 ARP 高速缓存 ARP 列表中是否有目的主机 B 的硬件地址,由于初始状态 ARP 列表均为空,此时 A 向整个局域网发送 ARP 广播请求,请求 IP 地址为 192.168.1.4(B 的 IP 地址)的计算机的硬件地址,该广播请求被除 A 本身以外的所有计算机接收。具体仿真过程为:选择 Packet Tracer 仿真软件的模拟模式,选择该模式下的 Edit Filters(编辑过滤器),清除除 ARP 外的所有默认选择,打开主机 A 的 Command Prompt,输入命令 ping 192.168.1.4 后按 Enter 键确认。此时在主机 A 上生成了一个 ARP 广播请求包。

对照前面分析的以太网帧结构以及 ARP 报文格式,可以看出,以太网帧的类型为 0x0806,即上层使用的是 ARP,目的硬件地址为 FFFF.FFFF.FFFF,源硬件地址为 0001.9616.5143,即主机 A 的硬件地址。ARP 报文格式中,操作类型 OPCODE 值为 0x1,表示为 ARP 请求报文,源硬件地址为 0001.9616.5143,源 IP 地址为 192.168.1.2,即源主机 A 的硬件地址和 IP 地址。目的主机的硬件地址为全 0,即 0000.0000.0000,IP 地址为 192.168.1.4,即 B 主机的 IP 地址,如图 7.6 所示。

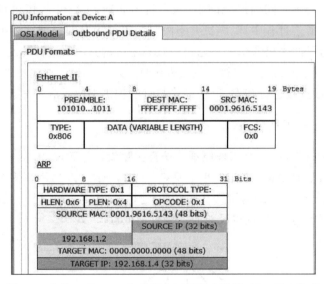

图 7.6 主机 A 的 PDU 包括以太网帧格式以及 ARP 报文格式

接下来通过单击 Capture/Forward(捕获/转发)按钮仿真数据包详细的传输过程。图 7.7 所示为局域网的计算机对主机 A 的 ARP 请求包的响应,结果表明,除了主机 B 有响应,其他计算机均没有响应该 ARP 请求包。根据前面的原理分析,此时主机 B 的 ARP 高速缓存中应该记录了主机 A 的 IP 地址与 MAC 地址之间的映射关系。在主机 B 上通过"arp -a"命令查看到的结果为

```
PC>arp -a
Internet Address      Physical Address      Type
192.168.1.2           0001.9616.5143        dynamic
```

表明主机 B 获得了主机 A 的 IP 地址与 MAC 地址的映射关系,该映射关系的存在避免了将来主机 B 访问主机 A,主机 B 向主机 A 发送 ARP 请求分组而增加网络通信量。

此时分析数据包流出主机 B 的 Outbound PDU Details,在以太网帧结构中,目的硬件地址为 0001.9616.5143,源硬件地址为 0001.C701.D823,类型为 0x0806。ARP 报文格式中,操作类型 OPCODE 值为 0x2,表示为 ARP 响应报文,源硬件地址为 0001.C701.D823,源 IP 地址为 192.168.1.4,目的硬件地址为 0001.9616.5143,目的 IP 地址为 192.168.1.2。通过命令查看此时的主机 A 以及主机 X、Y、Z 的 ARP 高速缓存中 ARP 列表仍然为空,与理

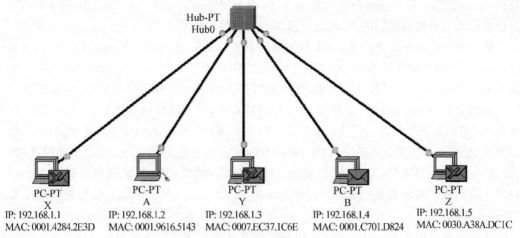

图 7.7　局域网的计算机对主机 A 的 ARP 请求包响应

论分析结果相符。

　　继续单击 Capture/Forward 按钮仿真数据包详细的传输过程,当主机 B 的 ARP 响应报文到达主机 A 时,主机 A 的高速缓存中 ARP 列表记录主机 B 的 IP 地址与硬件地址的映射关系,通过命令"arp -a"查看的结果为

```
PC>arp -a
Internet Address      Physical Address      Type
192.168.1.4           0001.C701.D823        dynamic
```

　　与理论分析结果相同。至此,同一局域网通信时 ARP 工作原理的仿真实验就完成了。接下来,主机 A 访问主机 B 时,可以直接在主机 A 的 ARP 高速缓存中读取主机 B 的硬件地址进行数据帧的封装。

2. 不同局域网通信时 ARP 工作原理的仿真实验设计与实现

　　不同局域网通信时 ARP 工作原理仿真拓扑结构如图 7.8 所示,左边的网络连接两台计

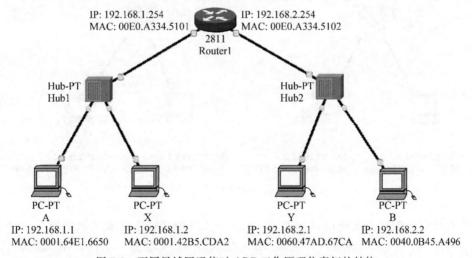

图 7.8　不同局域网通信时 ARP 工作原理仿真拓扑结构

算机 A、X,右边的网络连接两台计算机 Y、B,两个网络通过路由器进行互联,图中标明了 4 台计算机以及路由器接口的 IP 地址以及对应的硬件地址。

接下来探讨该情况下的 ARP 工作原理仿真实验的实现。选择 Packet Tracer 仿真软件的模拟模式,同样清除除 ARP 外的所有默认选择,打开主机 A 的 Command Prompt,输入命令 ping 192.168.2.2 后按 Enter 键确认,此时在主机 A 上生成一个 ARP 广播请求包。

通过主机 A 的 Outbound PDU details 可以看出,以太网帧的类型为 0x0806,即上层使用的是 ARP,目的硬件地址为 FFFF.FFFF.FFFF,源硬件地址为 0001.64E1.6650,即主机 A 的硬件地址。ARP 报文格式中,操作类型 OPCODE 值为 0x1,表示为 ARP 请求报文,源硬件地址为 0001.64E1.6650,源 IP 地址为 192.168.1.1,即源主机 A 的硬件地址和 IP 地址。目的主机的硬件地址为全 0,即 0000.0000.0000,IP 地址为 192.168.1.254,即路由器左边接口的 IP 地址。

接下来通过单击 Capture/Forward 按钮仿真数据包详细的传输过程。图 7.9 所示为局域网中的计算机对主机 A 的 ARP 请求包的响应,结果表明,路由器左边接口响应 ARP 请求包,主机 X 没有响应。ARP 请求包并没有跨路由器传到右边网络,此时路由器的 ARP 高速缓存中应该记录了主机 A 的 IP 地址与 MAC 地址之间的映射关系。在路由器上通过"show arp"命令查看到的结果为

```
Router#show arp
Protocol  Address        Age (min)  Hardware Addr   Type    Interface
Internet  192.168.1.1    0          0001.64E1.6650  ARPA    FastEthernet0/0
Internet  192.168.1.254  -          00E0.A334.5101  ARPA    FastEthernet0/0
Internet  192.168.2.254  -          00E0.A334.5102  ARPA    FastEthernet0/1
```

表明路由器获得了主机 A 的 IP 地址与 MAC 地址的映射关系。

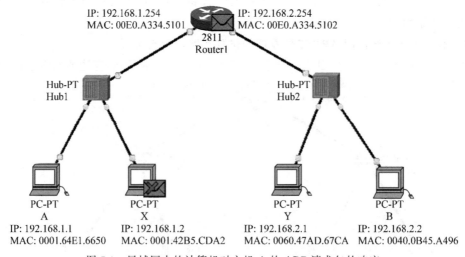

图 7.9 局域网中的计算机对主机 A 的 ARP 请求包的响应

此时分析数据包流出路由器的 Outbound PDU Details,在以太网帧结构中,目的硬件地址为 0001.64E1.6650,源硬件地址为 00E0.A334.5101,类型为 0x0806,ARP 报文格式中,操作类型 OPCODE 值为 0x2,表示为 ARP 响应报文,源硬件地址为 00E0.A334.5101,源 IP

地址为 192.168.1.254,(均为路由器左边接口的硬件地址和 IP 地址,并不是主机 B 的硬件地址和 IP 地址),目的硬件地址为 0001.64E1.6650,目的 IP 地址为 192.168.1.1,(均为主机 A 的硬件地址和 IP 地址)。通过命令查看此时的主机 A 以及主机 X 的 ARP 高速缓存中 ARP 列表仍然为空,与理论分析结果相符。继续单击 Capture/Forward 按钮仿真数据包详细的传输过程,当路由器 ARP 响应报文到达主机 A 时,主机 A 的高速缓存中 ARP 列表记录路由器左边接口的 IP 地址与硬件地址的映射关系,通过命令"arp -a"查看的结果为

```
PC>arp -a
  Internet Address      Physical Address      Type
  192.168.1.254         00E0.A334.5101
```

与理论分析结果相同。至此,不同局域网通信时 ARP 工作原理的仿真实验就完成了。接下来,主机 A 访问主机 B 时,可以直接在主机 A 的 ARP 高速缓存中读取路由器左边接口的硬件地址进行数据帧的封装。数据到达路由器后,由路由器再进行转发,继续进行路由器右边的 ARP 工作过程。

7.4 IP 数据报首部格式

IP 提供不可靠无连接的数据报传输服务,IP 层提供的服务是通过 IP 层对数据报的封装与拆封实现的。IP 数据报的格式分为报头区和数据区两大部分,其中报头区是为了正确传输高层数据而加的各种控制信息,数据区包括高层协议需要传输的数据。

7.4.1 IP 数据报首部格式分析

IP 数据报的格式如图 7.10 所示。

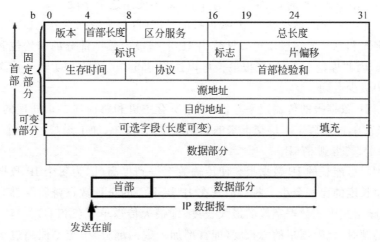

图 7.10 IP 数据报的格式

IP 数据报各字段的功能如下。

(1) 版本:占 4b,表示该 IP 数据报使用的 IP 版本。目前 Internet 中使用 TCP/IP 协议族中的版本 IPv4 和 IPv6。

(2) 首部长度：占 4b,此字段指出整个报头的长度(包括可变部分),4 位二进制位表示的值最大为 15,显然单位不可能为 1B,它的实际单位为 32 位字,即 4B。最大首部长度为 15×4＝60B。因为 IP 首部的固定长度是 20B,因此首部长度字段的最小值为 5,二进制表示为 0101。接收端通过该字段可以计算出报头在何处结束以及从何处开始读数据。当 IP 分组的首部长度不是 4B 的整数倍时,必须利用最后的填充字段加以填充。因此,IP 数据报的数据部分永远在 4B 的整数倍时开始,这样在实现 IP 时较方便。普通 IP 数据报没有可变部分,该字段的值为 5,即 20B 的长度。

(3) 区分服务：占 8b,该字段主要用于区分不同的优先级、延迟、吞吐率以及可靠性的参数,以便获得不同的服务质量。该字段将 8 位二进制分成 5 个子域,如图 7.11 所示,这 5 个子域的含义分别如下。

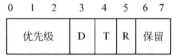

图 7.11　区分服务字段

① 优先级：占 3b,取值范围为 0～7,值越大,表示该数据报的优先级越高。网络中的路由器可以使用优先级进行拥塞控制,如当网络发送拥塞时,可以根据数据报的优先级决定数据报的取舍。

② 短延迟位 D(Delay)：该位的值为 1 时,表示数据报请求以短延迟信道传输,为 0 时表示正常延时。

③ 高吞吐量位 T(Throughput)：该位的值为 1 时,表示数据报请求以高吞吐量信道传输,为 0 时表示以普通吞吐量信道传输。

④ 高可靠位 R(Reliability)：该位的值为 1 时,表示数据报请求以高可靠性信道传输,为 0 时表示以普通可靠性信道传输。

⑤ 保留位。

目前在 Internet 中使用 TCP/IP,大多数情况下网络并未对区分服务进行处理。也就是说,只有在使用区分服务时,该字段才有用,一般不使用这个字段。

(4) 总长度：占 16b,是指整个 IP 数据报的长度(首部＋数据部分),以字节为单位。利用首部长度字段和总长度字段就可以计算出 IP 数据报中数据部分的起始位和长度。由于该字段占 16b,因此理论上 IP 数据报最长可以达到 65535b。然而,实际上传送这样长的数据报在现实中极少遇到。

为了不使 IP 数据报的传输速率降低,规定所有主机和路由器必须处理的 IP 数据报长度不得小于 576B,这里假定上层交下来的数据长度有 512B,加上最长的 IP 首部 60B,再加上 4B 的富余量,就得到 576B。

虽然使用尽可能长的 IP 数据报会使传输效率得到提高(因为每个 IP 数据报中首部长度占数据报总长度的比例会小一些),但是在 IP 层下面的每种数据链路层都有自己的帧格式,其中包括帧格式中的数据字段的最大长度,即最大传送单元(MTU)。当一个数据报封装成链路层的帧时,此数据报的总长度(即首部加上数据部分)一定不能超过下面的数据链路层的 MTU 值。例如,最常用的以太网就规定其 MTU 值是 1500B。若所传送的数据报长度超过数据链路层的 MTU 值,就必须把过长的数据报进行分片处理。

(5) 标识：占 16b。IP 软件在存储器中维持一个计数器,每产生一个数据报,计数器就加 1,并将该值赋给标识字段,但这个"标识"并不是序号,因为 IP 是无连接服务,数据报不存在按序接收的问题。当数据报由于长度超过网络的 MTU 而必须分片时,这个标识字段的值就被复制到所有的数据报片的标识字段中。相同的标识字段的值使分片后的各数据报片最后能正确地重装成为原来的数据报。

（6）标志：占 3b，目前只有两位有意义。标志字段中的最低位记为 MF（More Fragment），意思是"更多的分片"。MF＝1 表示这不是该数据报的最后一个分片，后面还有该数据报的分片。MF＝0 表示该数据报片是该数据报的最后一个分片。

标志字段中间的一位记为 DF（Don't Fragment），意思是"不能分片"。DF＝1 表示不能分片，DF＝0 表示允许分片。

（7）片偏移：占 13b。片偏移指出，较长的分组在分片后，某片在原分组中的相对位置。也就是说，相对用户数据字段的起点，该片从何处开始。片偏移以 8B 为偏移单位。也就是说，每个分片的长度一定是 8B(64b)的整数倍。

下面举一个例子。

数据报的总长度为 2450B，使用固定首部 20B，其数据部分的长度为 2430B，需要分片为长度不超过 1020B 的数据报片。因固定首部长度为 20B，因此每个数据报片的数据部分的长度不超过 1000B。对于 2430B 的数据部分，现在分片的长度不超过 1000B，所以可以把数据部分分为 3 部分，3 部分数据的长度分别为 1000B、1000B 和 430B，在每个分片前面加上 20B 的首部信息，得到 3 个分片的总长度分别为 1020B、1020B 和 450B。原始数据报首部被复制为各数据报片的首部，但必须修改首部有关字段的值。图 7.12 所示为数据报分片情况。

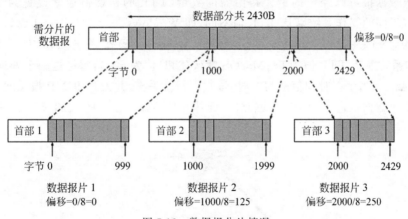

图 7.12　数据报分片情况

表 7.3 为本例中 IP 数据报首部中与分片有关的字段中的数值，其中标识字段的值是任意给定的，这里为 11。具有相同标识的数据报片在目的站就可以无误地装成原来的数据报。

表 7.3　IP 数据报首部中与分片有关的字段中的数值

数据报	总长度	标识	MF	DF	片偏移
原始数据报	2450	11	0	0	0
数据报片 1	1020	11	1	0	0
数据报片 2	1020	11	1	0	125
数据报片 3	450	11	0	0	250

偏移量实际指的是分片中的数据的起始位置在原来不分片的数据中的位置,不用考虑头部长度,偏移量的单位是 8B,也就是一个偏移量就是 8B,125 个偏移量就是 1000B。

现在假定数据报片 2 经过某个网络时还需要再进行分片,要求数据部分的长度不超过 600B,则划分数据报片的结果为:数据报片 2-1,携带数据 600B;数据报片 2-2,携带数据 400B。最终这两个数据报片的总长度、标识、MF、DF 以及片偏移分别为 620、11、1、0、125;420、11、1、0、200,见表 7.4。

表 7.4 将数据报片 2 再划分两个报片的情况

数据报片	总长度	标识	MF	DF	片偏移
数据报片 2-1	620	11	1	0	125
数据报片 2-2	420	11	1	0	200

(8) 生存时间(Time To Live,TTL):占 8b,它指定了数据报可以在网络中传输的最长时间。设置该字段的目的是为了防止由于多种原因导致的无法交付的数据报无限制在网络中循环,而白白消耗网络资源。

最初 TTL 的值以秒为单位,数据报每经过一个路由器时,TTL 的值就减去数据报在路由器上消耗的时间,若消耗的时间小于 1,则把 TTL 的值减 1。现在实际应用中把生存时间字段设置成数据报可以经过的最大路由器的数量,TTL 的初始值通常设置为 32、60、64、128 或 255(不同的操作系统默认 TTL 值不同,如 Windows 95/98/NT 3.51 默认 TTL 值为 32;Windows NT4.0/2000/xp/2003 等之后的 Windows 操作系统默认 TTL 值为 128;Linux 操作系统默认 TTL 值为 64;MacOS 默认 TTL 值为 60。),每经过一个处理它的路由器,该值就减 1。当生存时间值减为 0 时,该数据报就丢弃,并发送 ICMP 报文通知源主机,因此可以防止数据报进入一个循环回路时,无休止地传输下去。图 7.13 所示为两台主机没有经过路由器的情况。

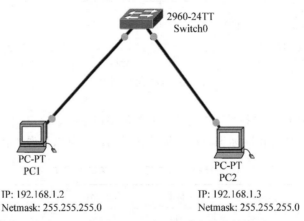

图 7.13 两台主机没有经过路由器的情况

两台主机没有经过路由器时,TTL 值保持不变,仍为 128,如图 7.14 所示。

图 7.15 所示为两台主机经过一台路由器的情况。

两台主机经过一台路由器时,TTL 值减 1,结果为 127,如图 7.16 所示。

```
C:\>ping 192.168.1.2

Pinging 192.168.1.2 with 32 bytes of data:

Reply from 192.168.1.2: bytes=32 time<1ms TTL=128
Reply from 192.168.1.2: bytes=32 time<1ms TTL=128
Reply from 192.168.1.2: bytes=32 time=1ms TTL=128
Reply from 192.168.1.2: bytes=32 time<1ms TTL=128

Ping statistics for 192.168.1.2:
    Packets: Sent = 4, Received = 4, Lost = 0 (0% loss),
Approximate round trip times in milli-seconds:
    Minimum = 0ms, Maximum = 1ms, Average = 0ms

C:\>
```

图 7.14 两台主机没有经过路由器时 TTL 值的情况

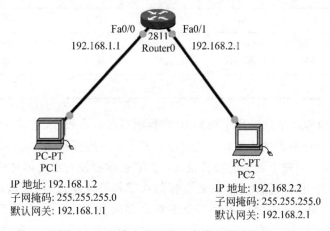

图 7.15 两台主机经过一台路由器的情况

```
C:\>ping 192.168.1.2

Pinging 192.168.1.2 with 32 bytes of data:

Reply from 192.168.1.2: bytes=32 time=1ms TTL=127
Reply from 192.168.1.2: bytes=32 time<1ms TTL=127
Reply from 192.168.1.2: bytes=32 time<1ms TTL=127
Reply from 192.168.1.2: bytes=32 time<1ms TTL=127

Ping statistics for 192.168.1.2:
    Packets: Sent = 4, Received = 4, Lost = 0 (0% loss),
Approximate round trip times in milli-seconds:
    Minimum = 0ms, Maximum = 1ms, Average = 0ms

C:\>
```

图 7.16 两台主机经过一台路由器时 TTL 值的情况

(9) 协议：占 8b，该字段指出此数据报携带的数据使用的协议，以便使目标端根据协议标识就可以把收到的 IP 数据报的数据部分上交给那个协议进行处理。常见的协议类型如图 7.17 所示。常见的协议类型和相应的协议字段值见表 7.5。

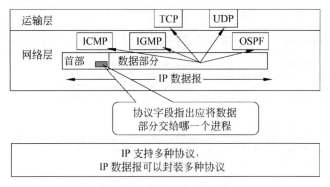

图 7.17 常见的协议类型

表 7.5 常见的协议类型和相应的协议字段值

协议名	ICMP	IGMP	TCP	IGP	UDP	OSPF
说明	网际控制报文协议	网际组管理协议	传输控制协议	内部网关协议	用户数据报协议	开放最短路径优先
协议字段值	1	2	6	9	17	89

(10) 首部检验和: 占 16b,用于检验 IP 数据报首部的有效性,它只检验 IP 数据报的首部,不检验数据部分的有效性。这样做的目的有两个:一是所有将数据封装在 IP 数据报中的高层协议均含有覆盖整个数据的检验位,因此 IP 数据报没有必要再对其承载的数据部分进行检验;二是每经过一个路由器,IP 数据报的头部都要发生改变,而数据部分不变,这样只对发生改变的头部进行检验,显然不会浪费太多时间。为了减少计算时间,一般不用 CRC 检验码,而是采用更简单的计算方法,该方法简单描述为:在发送端首先将检验和字段置为 0,然后对头部中每 16 位二进制数进行反码求和运算(反码求和运算规则为,从低位到高位逐列进行计算。0 和 0 相加是 0;0 和 1 相加是 1;1 和 1 相加是 0,但要产生一个进位 1,加到下一列。若最高位相加后产生进位,则最后得到的结果要加 1),并将结果取反码存在检验和字段中。由于接收方在计算过程中包含了发送方放在头部的检验和,因此,接收方同样采用反码算术运算求和,并对计算的结果取反码,若最终的结果为 0,说明头部在传输过程中没有发生任何差错则保留,否则说明头部在传输过程中发生差错,丢弃该数据报。IP 数据报首部检验和的计算过程如图 7.18 所示。

现在举例说明检验和的计算过程。假如一数据报的 20B 的首部用十六进制数表示为:45 00 05 D4 CA E0 40 00 75 06 70 D2 CA 62 39 64 C0 A8 00 02。从 IP 数据报格式可以看出,它的首部中两个字节的检验和字段为 70 D2。下面具体分析检验和字段 70 D2 的计算过程。

首先把首部检验和字段即 70D2 用 0000 代替,将十六进制数相加 4500+05D4+CAE0+4000+7506+0000+CA62+3964+C0A8+0002 列成二进制形式,结果如图 7.19 所示。

其次按照反码算术运算求和规则进行运算,从低位到高位,每位的运算过程如下。

最后一位:10 个 0 相加结果为 0;倒数第二位:3 个 1 相加结果为 1,产生 1 个进位 1;倒数第三位:3 个 1 相加再加上 1 个进位 1,共 4 个 1 相加,结果为 0,产生 2 个进位 1;倒数第

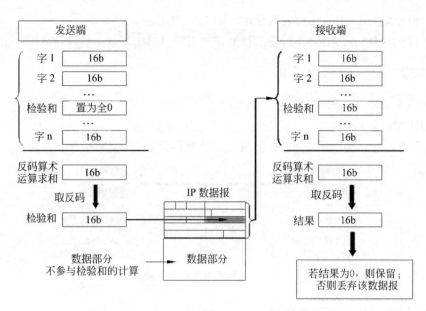

图 7.18　IP 数据报首部检验和的计算过程

四位：1 个 1 相加再加上 2 个进位 1,共 3 个 1 相加,结果为 1,产生 1 个进位 1;倒数第五位：
1 个 1 相加再加上 1 个进位 1,共 2 个 1 相加,结果
为 0,产生 1 个进位 1;倒数第六位：4 个 1 相加再加
上 1 个进位 1,共 5 个 1 相加,结果为 1,产生 2 个进
位 1;倒数第七位：4 个 1 相加再加上 2 个进位 1,共
6 个 1 相加,结果为 0,产生 3 个进位 1;倒数第八
位：3 个 1 相加再加上 3 个进位 1,共 6 个 1 相加,
结果为 0,产生 3 个进位 1;倒数第九位：4 个 1 相加
再加上 3 个进位 1,共 7 个 1 相加,结果为 1,产生 3
个进位 1;倒数第十位：2 个 1 相加再加上 3 个进位

```
0100010100000000    4500
0000010111010100    05D4
1100101011100000    CAE0
0100000000000000    4000
0111010100000110    7506
0000000000000000    0000
1100101001100010    CA62
0011100101100100    3964
1100000010101000    C0A8
0000000000000010    0002
```

图 7.19　列式计算

1,共 5 个 1 相加,结果为 1,产生 2 个进位 1;倒数第十一位：3 个 1 相加再加上 2 个进位 1,
共 5 个 1 相加,结果为 1,产生 2 个进位 1;倒数第十二位：3 个 1 相加再加上 2 个进位 1,共
5 个 1 相加,结果为 1,产生 2 个进位 1;倒数第十三位：2 个 1 相加再加上 2 个进位 1,共 4
个 1 相加,结果为 0,产生 2 个进位 1;倒数第十四位：2 个 1 相加再加上 2 个进位 1,共 4 个
1 相加,结果为 0,产生 2 个进位 1;倒数第十五位：6 个 1 相加再加上 2 个进位 1,共 8 个 1
相加,结果为 0,产生 4 个进位 1;倒数第十六位：3 个 1 相加再加上 4 个进位 1,共 7 个 1 相
加,结果为 1,产生 3 个进位 1;倒数第十七位,3 个进位 1 相加结果为 1,并进 1 位,即结果为
11 ;最终计算的结果为"11 1000 1111 0010 1010",用十六进制数表示为：3 8 F 2 A。

　　然后把进出来的一位与后 4 位再进行十六进制加法运算,结果为 8F2A＋0003＝8F2D。

　　最后将结果 8F2D 取反码,得到检验和为 70D2。

　　接收方同样对接收到的数据报的首部采用反码算术运算求和,并对计算的结果取反码,
如果为 0,则说明头部在传输过程中没有发生任何差错,否则说明头部在传输过程中发生
差错。

（11）源地址：占 4B(32b)，表示发送端的 IPv4 地址。

（12）目的地址：占 4B(32b)，表示目的端的 IPv4 地址。

7.4.2 实验二——IP 报文分析

1. 利用 Packet Tracer 仿真实现 IP 报文

1）构建网络拓扑结构

构建网络拓扑结构如图 7.20 所示，并设置主机网络参数，使网络互联互通。

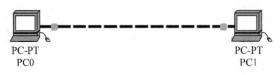

IP 地址: 192.168.1.1   IP 地址: 192.168.1.2

子网掩码: 255.255.255.0   子网掩码: 255.255.255.0

图 7.20　构建网络拓扑结构

2）通过 Simulation 抓取数据包

通过 Packet Tracer 中的 Simulation 抓取数据包。Simulation 界面如图 7.21 所示。通过 Add simple pdu(P)在计算机 PC0 上产生协议数据单元(PDU)，如图 7.22 所示，并通过单击 Capture/Forward 在计算机 PC0 和计算机 PC1 之间形成 PDU 的流动，如图 7.23 所示。

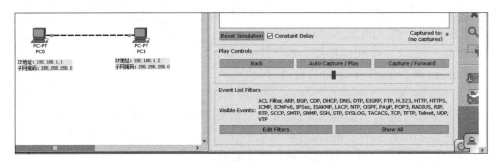

图 7.21　Simulation 界面

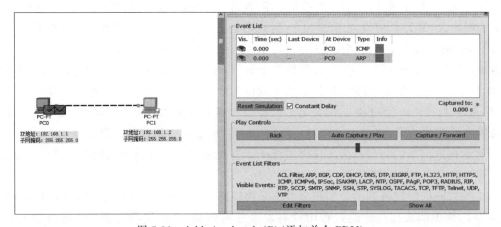

图 7.22　Add simple pdu(P)(添加单个 PDU)

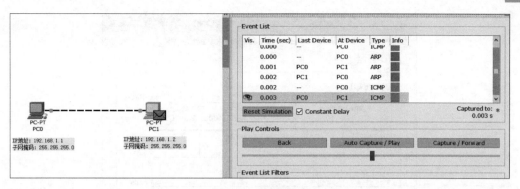

图 7.23　抓取 PDU

3）对 PDU 进行分析

PDU 分析如图 7.24～图 7.26 所示。

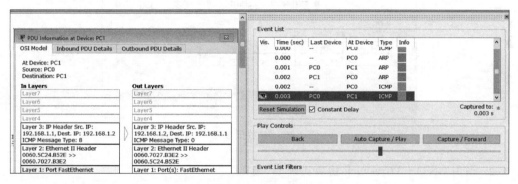

图 7.24　分析 PDU

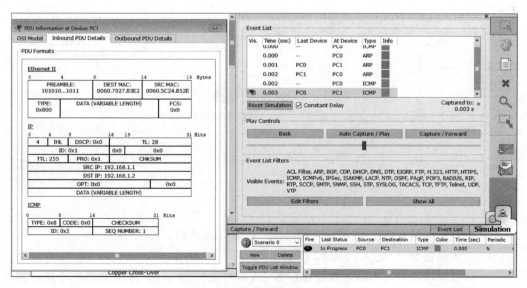

图 7.25　具体分析某个 PDU

在图 7.26 中，可以看到 IP 数据报的格式与前面分析的一致。

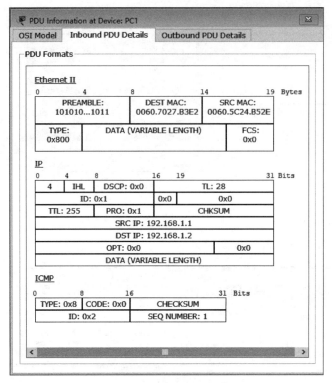

图 7.26　IP 数据报格式

2. 利用 GNS3＋Wireshark 仿真实现 IP 报文

（1）构建网络拓扑，如图 7.27 所示。

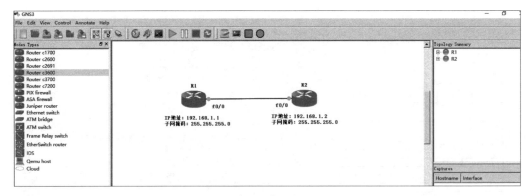

图 7.27　构建网络拓扑

（2）配置路由器 R1 的 f0/0 端口 IP 地址，如图 7.28 所示。

（3）配置路由器 R2 的 f0/0 端口 IP 地址，如图 7.29 所示。

（4）设置抓取两台路由器之间链路的数据，如图 7.30 所示，在弹出的菜单中选择路由器 R1 的 fa0/0 端口，如图 7.31 所示。

```
Dynamips(0): R1, Console port                                    —    □    ×
Connected to Dynamips VM "R1" (ID 0, type c3600) - Console port


R1>enable
R1#config t
Enter configuration commands, one per line.  End with CNTL/Z.
R1(config)#interface f0/0
R1(config-if)#ip add 192.168.1.1 255.255.255.0
R1(config-if)#no shu
R1(config-if)#
*Mar  1 00:02:12.119: %LINK-3-UPDOWN: Interface FastEthernet0/0, changed state t
o up
*Mar  1 00:02:13.119: %LINEPROTO-5-UPDOWN: Line protocol on Interface FastEthern
et0/0, changed state to up
R1(config-if)#
```

图 7.28　配置路由器 R1 的 f0/0 端口 IP 地址

```
Dynamips(1): R2, Console port                                    —    □    ×
Connected to Dynamips VM "R2" (ID 1, type c3600) - Console port


R2>enable
R2#config t
Enter configuration commands, one per line.  End with CNTL/Z.
R2(config)#interface f0/0
R2(config-if)#ip add 192.168.1.2 255.255.255.0
R2(config-if)#no shu
R2(config-if)#
*Mar  1 00:02:47.647: %LINK-3-UPDOWN: Interface FastEthernet0/0, changed state t
o up
*Mar  1 00:02:48.647: %LINEPROTO-5-UPDOWN: Line protocol on Interface FastEthern
et0/0, changed state to up
R2(config-if)#
```

图 7.29　配置路由器 R2 的 f0/0 端口 IP 地址

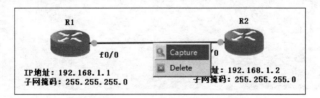

图 7.30　设置抓取两台路由器之间的数据

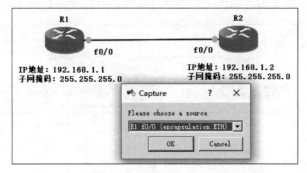

图 7.31　设置抓取路由器 R1 的 fa0/0 端口数据

（5）Wireshark 抓取界面如图 7.32 所示。

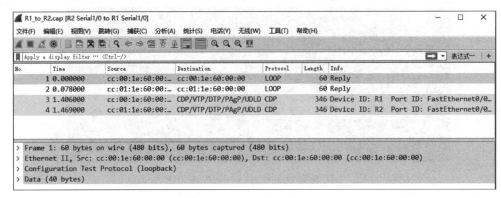

图 7.32　Wireshark 抓取界面

（6）通过发送 ping 命令在两台路由器之间产生数据流，如图 7.33 所示。

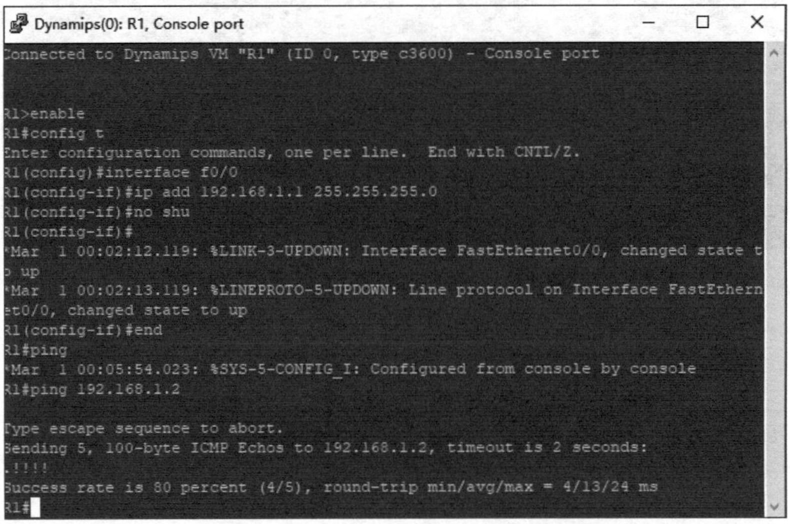

图 7.33　通过发送 ping 命令在两台路由器之间产生数据流

（7）再次打开 Wireshark，如图 7.34 所示，抓取的数据界面如图 7.35 所示。

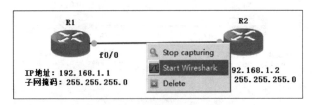

图 7.34　再次打开 Wireshark

（8）分析抓取的 IP，如图 7.36 和图 7.37 所示。

从图 7.37 中可以看到 IP 报文格式与前面分析的一致。

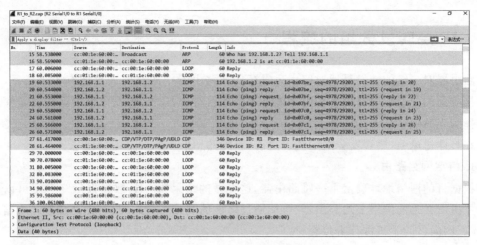

图 7.35 抓取的数据界面

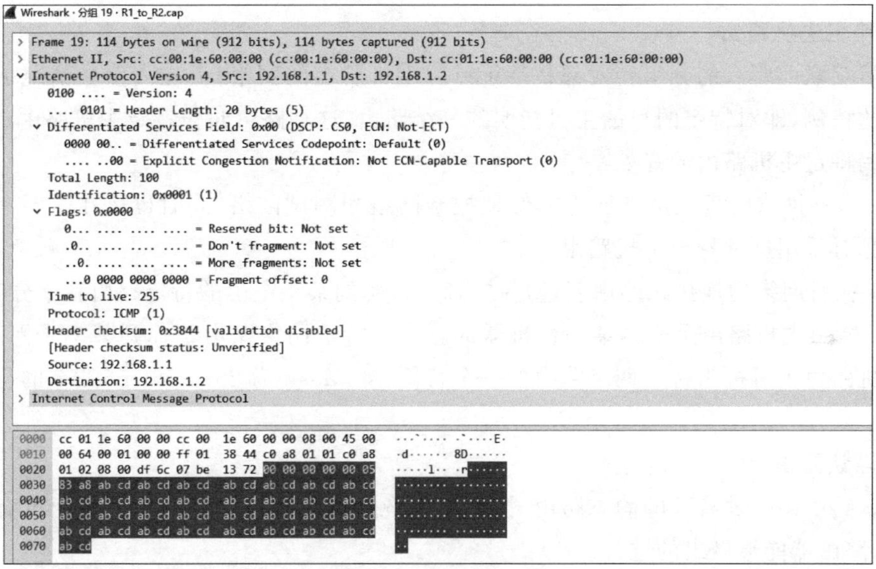

> Frame 19: 114 bytes on wire (912 bits), 114 bytes captured (912 bits)
> Ethernet II, Src: cc:00:1e:60:00:00 (cc:00:1e:60:00:00), Dst: cc:01:1e:60:00:00 (cc:01:1e:60:00:00)
> Internet Protocol Version 4, Src: 192.168.1.1, Dst: 192.168.1.2
    0100 .... = Version: 4
    .... 0101 = Header Length: 20 bytes (5)
    v Differentiated Services Field: 0x00 (DSCP: CS0, ECN: Not-ECT)
        0000 00.. = Differentiated Services Codepoint: Default (0)
        .... ..00 = Explicit Congestion Notification: Not ECN-Capable Transport (0)
    Total Length: 100
    Identification: 0x0001 (1)
    v Flags: 0x0000
        0... .... = Reserved bit: Not set
        .0.. .... = Don't fragment: Not set
        ..0. .... = More fragments: Not set
        ...0 0000 0000 0000 = Fragment offset: 0
    Time to live: 255
    Protocol: ICMP (1)
    Header checksum: 0x3844 [validation disabled]
    [Header checksum status: Unverified]
    Source: 192.168.1.1
    Destination: 192.168.1.2
> Internet Control Message Protocol

```
0000  cc 01 1e 60 00 00 cc 00  1e 60 00 00 08 00 45 00   ···`·····`····E·
0010  00 64 00 01 00 00 ff 01  38 44 c0 a8 01 01 c0 a8   ·d······8D······
0020  01 02 08 00 df 6c 07 be  13 72 00 00 00 00 00 05   ·····l···r······
0030  83 a8 ab cd ab cd ab cd  ab cd ab cd ab cd ab cd   ················
0040  ab cd ab cd ab cd ab cd  ab cd ab cd ab cd ab cd   ················
0050  ab cd ab cd ab cd ab cd  ab cd ab cd ab cd ab cd   ················
0060  ab cd ab cd ab cd ab cd  ab cd ab cd ab cd ab cd   ················
0070  ab cd                                              ··
```

图 7.36 抓取 IP

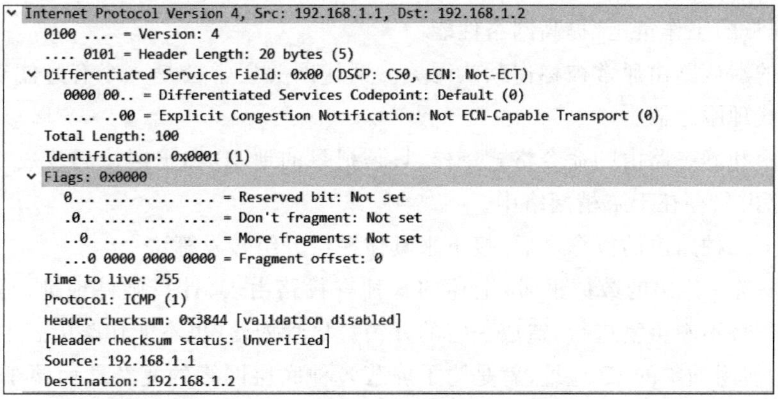

v Internet Protocol Version 4, Src: 192.168.1.1, Dst: 192.168.1.2
    0100 .... = Version: 4
    .... 0101 = Header Length: 20 bytes (5)
    v Differentiated Services Field: 0x00 (DSCP: CS0, ECN: Not-ECT)
        0000 00.. = Differentiated Services Codepoint: Default (0)
        .... ..00 = Explicit Congestion Notification: Not ECN-Capable Transport (0)
    Total Length: 100
    Identification: 0x0001 (1)
    v Flags: 0x0000
        0... .... = Reserved bit: Not set
        .0.. .... = Don't fragment: Not set
        ..0. .... = More fragments: Not set
        ...0 0000 0000 0000 = Fragment offset: 0
    Time to live: 255
    Protocol: ICMP (1)
    Header checksum: 0x3844 [validation disabled]
    [Header checksum status: Unverified]
    Source: 192.168.1.1
    Destination: 192.168.1.2

图 7.37 展开 IP 的具体组成结构

7.5　IP 层转发分组的流程

路由器对分组的转发是通过路由表进行的。路由器中的路由表可能有多个条目,对路由器接收到的分组进行路由匹配时可能有多个条目符合,IP 层转发分组的流程就是探讨路由选择的先后顺序。

在具体讨论 IP 层转发分组的流程之前,首先熟悉以下几种路由的概念。

1. 特定网络路由

根据目的网络地址确定下一跳路由器,这样做的结果为: IP 数据报最终一定可以找到目的主机所在目的网络上的路由器(可能通过多次的间接交付)。只有到达最后一个路由器时,才试图向目的主机进行直接交付。

在互联网上转发分组时,是从一个路由器转发到下一个路由器。总之,在路由表中,对每条路由最主要的是以下两个信息:(目的网络地址,下一跳地址)。

2. 特定主机路由

虽然互联网所有的分组转发都是基于目的主机所在的网络,但在大多数情况下都允许有这样的特例,即对特定的目的主机指明的一个路由,这种路由叫作特定主机路由。

采用特定主机路由的好处:

(1) 可使网络管理人员能够更方便地控制网络和测试网络,同时也可在需要考虑某种安全问题时采用这种特定主机路由。

(2) 在对网络的连接或路由表进行排错时,指明到某一主机的特定路由就十分有用。

注:特定主机路由是要到某一台机器的路由。特定网络路由是你到某个子网的路由。特定主机路由也可视为特定网络路由的一个特例,即 Mask 为 255.255.255.255 的特定网络路由。

3. 默认路由

默认路由是一种特殊的静态路由,指的是当路由表中与包的目的地址之间没有匹配的表项时,路由器能够做出的选择。

如果没有默认路由,那么目的地址在路由表中没有匹配表项的包将被丢弃。

默认路由在某些时候非常有效,当存在末梢网络时,默认路由会大大简化路由器的配置,减轻管理员的工作负担,提高网络性能。

主机里的默认路由通常被称作默认网关。默认网关通常会是一个有过滤功能的设备,如防火墙和代理服务器。

默认路由和静态路由的命令格式一样,只是把目的地 IP 和子网掩码改成 0.0.0.0 和 0.0.0.0,默认路由只存在于末梢网络中。

熟悉以上几种路由的概念之后,接下来具体探讨分组转发算法。

注:当发送一连串的数据报时,上述的这种查找路由表、计算硬件地址、写入 MAC 帧的首部等过程将不断重复进行,造成一定的开销。尽管如此,也不能在路由表中直接使用硬件地址,因为使用抽象的 IP 地址,就是为了屏蔽各种底层网络的复杂性而便于分析和研究问题,这样就不可避免地多了一些开销。

（1）从数据报的首部提取目的主机的 IP 地址 D，得出目的网络地址为 N。

（2）若 N 就是与此路由器直接相连的某个网络地址，则进行直接交付，不需要再经过其他路由器，直接把数据报交付给目的主机（这里包括把目的主机地址 D 转换为具体的硬件地址，把数据报封装为 MAC 帧，再发送此帧）；否则就要执行步骤（3）进行间接交付。

（3）若路由表中有目的地址为 D 的特定主机路由，则把数据报传送给路由表中指明的下一跳路由器，否则执行步骤（4）。

（4）若路由表中有到达网络 N 的路由，则把数据报传送给路由表中指明的下一跳路由器，否则执行步骤（5）。

（5）若路由表中有一个默认路由，则把数据报传送给路由表中指明的下一跳路由器，否则执行步骤（6）。

（6）报告转发分组出错。

7.6　ICMP

IP 是不可靠的协议，它不保证数据能够被成功送达目的端，当传送 IP 数据包发生错误（如主机不可达、路由不可达等），ICMP（Internet Control Message Protocol，网络控制消息协议）将会把错误信息封包，然后传送回发送端。ICMP 的主要功能是传输网络诊断信息。

7.6.1　ICMP 简介

ICMP 是一个非常重要的协议，它对于网络安全具有极其重要的意义。它是 TCP/IP 协议族的一个子协议，工作在网络层，用于在 IP 主机、路由器之间传递控制消息。

控制消息是指网络通不通、主机是否可达、路由是否可用等网络本身的消息。这些控制消息虽然并不传输用户数据，但是对于用户数据的传递起着重要的作用。在网络中经常会使用到 ICMP，只不过觉察不到而已。如经常使用的用于检查网络通不通的 ping 命令（Linux 和 Windows 中均有），ping 的过程实际上就是 ICMP 工作的过程。ICMP 属于网络层的一个协议。

ICMP 封装在 IP 中，它有很多报文类型，每个报文类型又各不相同，所以无法找到一个统一的报文格式进行说明，但是它们的前 4B 的报文格式是相同的。前 4B 共由 3 个字段组成，分别为类型、代码和检验和。接着的 4B 的内容与 ICMP 的类型有关。最后面是数据字段，其长度取决于 ICMP 的类型。

ICMP 的报文分为两类：一类是 ICMP 询问报文；一类是 ICMP 差错报告报文。

下面介绍几个常见的 ICMP 报文。

1. 回送请求和回答

日常进行的 ping 操作中就包括了回送请求（类型字段值为 8）和回答（类型字段值为 0）ICMP 报文。一台主机向一个结点发送一个类型字段值为 8 的 ICMP 报文，如果途中没有异常，则目标返回类型字段值为 0 的 ICMP 报文，说明这台主机存在。

2. 目标不可达

目标不可达报文(类型值为 3)在路由器或者主机不能传递数据时使用。常见的不可到达类型还有网络不可到达(代码字段值为 0)、主机不可到达(代码字段值为 1)、协议不可到达(代码字段值为 2)等。

3. 源抑制报文

源抑制报文(类型字段值为 4,代码字段值为 0),充当控制流量的角色,通知主机减少数据报流量。由于 ICMP 没有回复传输的报文,所以只要停止该报文,主机就会逐渐恢复传输速率。

4. 超时报文

超时报文(类型字段值为 11)的代码有两种取值: 代码字段值为 0,表示传输超时;代码字段值为 1,表示分段重组超时。

5. 时间戳请求

时间戳请求报文(类型值字段 13)和时间戳应答报文(类型值字段 14)用于测试两台主机之间数据报来回一次的传输时间。传输时,主机填充原始时间戳,接收方收到请求后填充接收时间戳后以类型值字段 14 的报文格式返回,发送方计算这个时间差。有些系统不响应这种报文。

7.6.2　ICMP 典型应用

1. ping

ICMP 的一个典型应用是 ping,ping 是检测网络连通性的常用工具,同时也能够收集其他相关信息。用户可以在 ping 命令中指定不同参数,如 ICMP 报文长度、发送的 ICMP 报文个数、等待回复响应的超时时间等,设备根据配置的参数构造并发送 ICMP 报文,进行 ping 测试。

ping 命令执行的时候,源主机首先会构建一个 ICMP 请求数据包。ICMP 数据包内包含多个字段,最重要的是两个: 第一个是类型字段,对于请求数据包而言该字段为 8;另外一个是顺序号,主要用于区分连续 ping 的时候发出的多个数据包。每发出一个请求数据包,顺序号就自动加 1。为了能够计算往返时间(RTT),它会在报文的数据部分插入发送时间。

然后,由 ICMP 将数据包连同目的 IP 地址一起交给 IP 层,IP 层将以该目的 IP 地址作为目的地址,本机 IP 地址作为源地址,加上一些其他控制信息,构建一个 IP 数据包。接下来加上数据链路层的帧头和帧尾信息,构成数据链路层的帧发送出去。接收端接收到数据帧后,先检查它的目的 MAC 地址并和本机的 MAC 地址进行对比,若一致,则接收,否则丢弃。接收后检查该数据帧,将 IP 数据包从帧中提取出来交给本机的 IP 层。同样,IP 层检查后,将有用的信息提取后交给 ICMP。

接收主机会构建一个 ICMP 应答包,应答数据包的类型字段为 0,顺序号为收到的请求数据包中的顺序号,然后再发送回发送主机。在规定的时间内,源主机如果没有接收到 ICMP 的应答包,则说明目标主机不可达;如果接收到了 ICMP 应答包,则说明目标主机可达。

2. Traceroute

ICMP 的另一个典型应用是 Traceroute。Traceroute 是基于报文头中的 TTL 值逐跳跟踪报文的转发路径。为了跟踪到达某特定目的地址的路径，源端首先将报文的 TTL 值设置为 1。该报文到达第一个结点后，TTL 超时，于是该结点向源端发送 TTL 超时消息，消息中携带时间戳。然后源端将报文的 TTL 值设置为 2，报文到达第二个结点后超时，该结点同样返回 TTL 超时消息，以此类推，直到报文到达目的地。这样，源端根据返回的报文中的信息可以跟踪到报文经过的每个结点，并根据时间戳信息计算 TTL。Traceroute 是检测网络丢包及时延的有效手段，同时可以帮助管理员发现网络中的路由环路。

7.6.3　实验三——ICMP 分析

1. Packet Tracer 仿真实现 ICMP

（1）构建网络拓扑，抓取 ICMP 数据包，如图 7.38 所示。

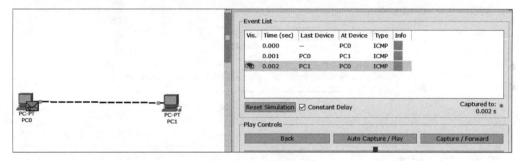

图 7.38　构建网络拓扑

（2）分析 ICMP，如图 7.39 所示。

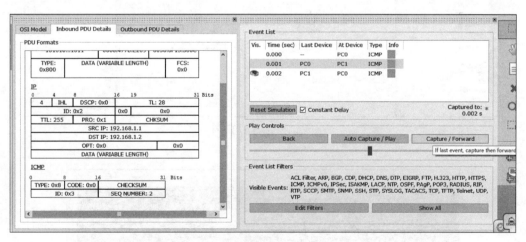

图 7.39　分析 ICMP

ICMP 的组成结构如图 7.40 所示。

2. 利用 GNS3＋Wireshark 仿真实现 ICMP

（1）构建网络拓扑，如图 7.41 所示。

（2）配置路由器 R1 的 f0/0 端口 IP 地址，如图 7.42 所示。

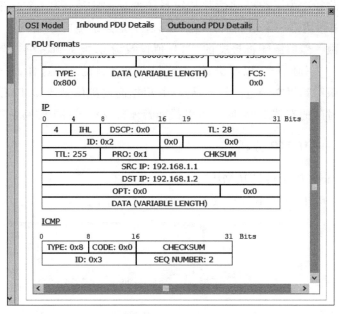

OSI Model
Inbound PDU Details
Outbound PDU Details
PDU Formats
TYPE: 0x800
DATA (VARIABLE LENGTH)
FCS: 0x0
IP
0 4 8 16 19 31 Bits
4
IHL
DSCP: 0x0
TL: 28
ID: 0x2
0x0
0x0
TTL: 255
PRO: 0x1
CHKSUM
SRC IP: 192.168.1.1
DST IP: 192.168.1.2
OPT: 0x0
0x0
DATA (VARIABLE LENGTH)
ICMP
0 8 16 31 Bits
TYPE: 0x8
CODE: 0x0
CHECKSUM
ID: 0x3
SEQ NUMBER: 2

图 7.40　ICMP 的组成结构

GNS3
File Edit View Control Annotate Help
Router c1700
Router c2600
Router c2691
Router c3600
Router c3700
Router c7200
PIX firewall
ASA firewall
Juniper router
Ethernet switch
ATM bridge
ATM switch
Frame Relay switch
EtherSwitch router
IDS
Qemu host
Cloud
R1
R2
f0/0
f0/0
IP地址：192.168.1.1
子网掩码：255.255.255.0
IP地址：192.168.1.2
子网掩码：255.255.255.0
Hostname
Interface

图 7.41　构建网络拓扑

Dynamips(0): R1, Console port
Connected to Dynamips VM "R1" (ID 0, type c3600) - Console port
R1>enable
R1#config t
Enter configuration commands, one per line. End with CNTL/Z.
R1(config)#interface f0/0
R1(config-if)#ip add 192.168.1.1 255.255.255.0
R1(config-if)#no shu
R1(config-if)#
*Mar 1 00:02:12.119: %LINK-3-UPDOWN: Interface FastEthernet0/0, changed state to up
*Mar 1 00:02:13.119: %LINEPROTO-5-UPDOWN: Line protocol on Interface FastEthernet0/0, changed state to up
R1(config-if)#

图 7.42　配置路由器 R1 的 f0/0 端口 IP 地址

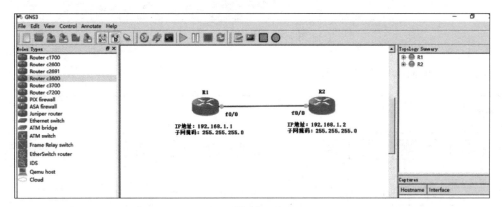

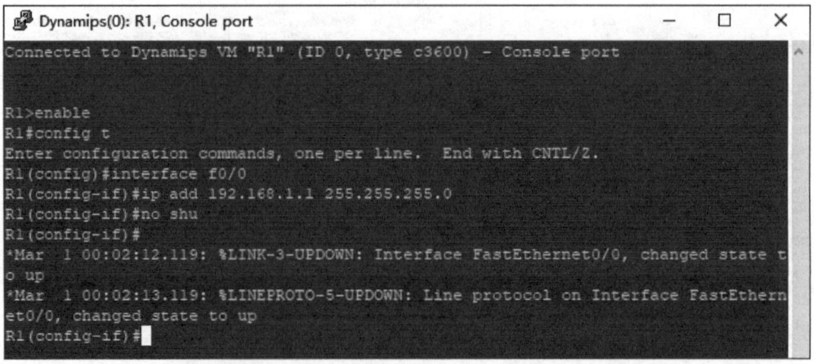

（3）配置路由器 R2 的 f0/0 端口 IP 地址，如图 7.43 所示。

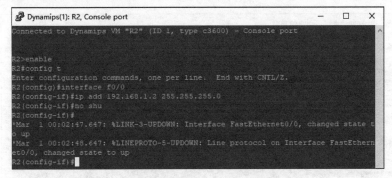

图 7.43　配置路由器 R2 的 f0/0 端口 IP 地址

（4）设置抓取两台路由器之间链路的数据，如图 7.44 所示，在弹出的菜单中选择路由器 R1 的 fa0/0 端口，如图 7.45 所示。

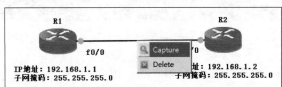

图 7.44　设置抓取两台路由器之间链路的数据

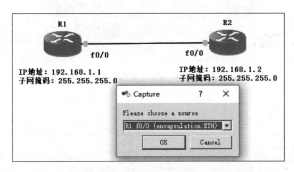

图 7.45　设置抓取路由器 R1 的 fa0/0 端口数据

（5）Wireshark 抓取界面，如图 7.46 所示。

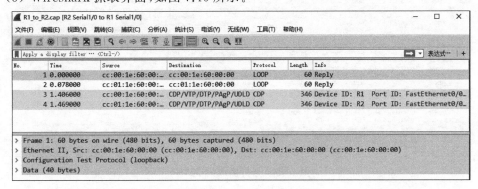

图 7.46　Wireshark 抓取界面

（6）通过发送 ping 命令在两台路由器之间产生数据流，如图 7.47 所示。

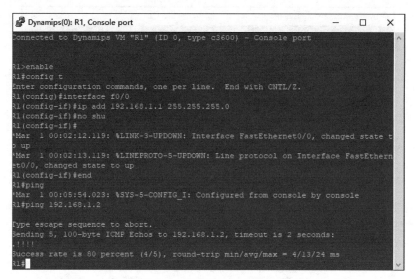

图 7.47　通过发送 ping 命令在两台路由器之间产生数据流

（7）再次打开 Wireshark，抓取的数据界面如图 7.48 所示。

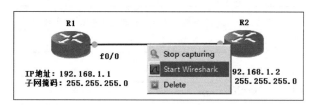

图 7.48　再次打开 Wireshark，抓取的数据界面

（8）分析抓取的 ICMP，如图 7.49 所示。

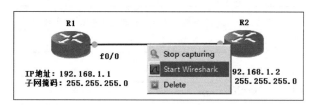

图 7.49　分析抓取的 ICMP

展开 ICMP 的具体组成结构如图 7.50 所示。

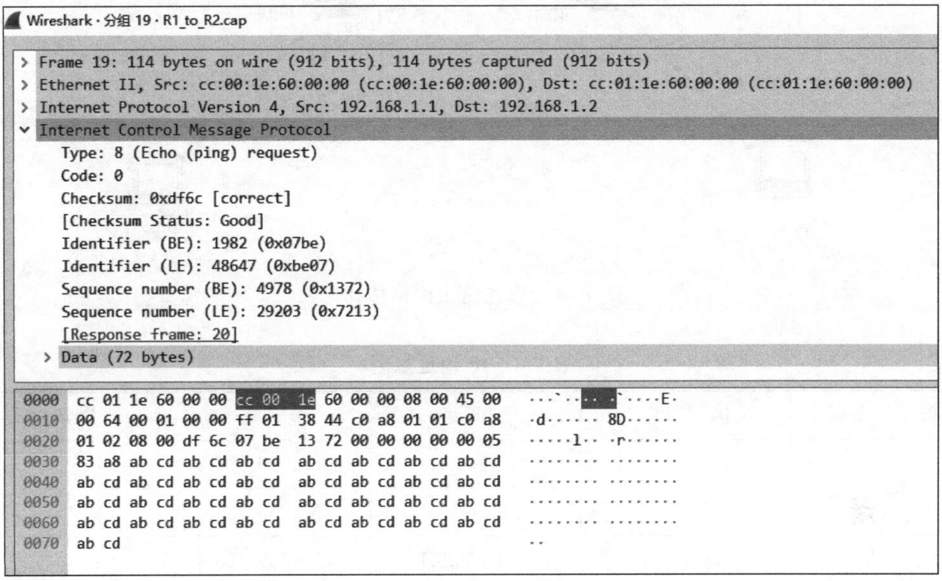

```
Wireshark · 分组 19 · R1_to_R2.cap
> Frame 19: 114 bytes on wire (912 bits), 114 bytes captured (912 bits)
> Ethernet II, Src: cc:00:1e:60:00:00 (cc:00:1e:60:00:00), Dst: cc:01:1e:60:00:00 (cc:01:1e:60:00:00)
> Internet Protocol Version 4, Src: 192.168.1.1, Dst: 192.168.1.2
∨ Internet Control Message Protocol
    Type: 8 (Echo (ping) request)
    Code: 0
    Checksum: 0xdf6c [correct]
    [Checksum Status: Good]
    Identifier (BE): 1982 (0x07be)
    Identifier (LE): 48647 (0xbe07)
    Sequence number (BE): 4978 (0x1372)
    Sequence number (LE): 29203 (0x7213)
    [Response frame: 20]
> Data (72 bytes)

0000  cc 01 1e 60 00 00 cc 00  1e 60 00 00 08 00 45 00   ···`··`····E·
0010  00 64 00 01 00 00 ff 01  38 44 c0 a8 01 01 c0 a8   ·d······8D······
0020  01 02 08 00 df 6c 07 be  13 72 00 00 00 00 00 05   ·····l···r······
0030  83 a8 ab cd ab cd ab cd  ab cd ab cd ab cd ab cd   ················
0040  ab cd ab cd ab cd ab cd  ab cd ab cd ab cd ab cd   ················
0050  ab cd ab cd ab cd ab cd  ab cd ab cd ab cd ab cd   ················
0060  ab cd ab cd ab cd ab cd  ab cd ab cd ab cd ab cd   ················
0070  ab cd                                              ··
```

图 7.50　展开 ICMP 的具体组成结构

7.7　静态路由

在数据链路层相邻结点之间，目的主机和源主机处于同一个网络，它们通信时可以直接进行交付。如果两个主机不在同一个网络中，则需要源主机把报文交给该网络的路由器，由路由器进行转发，也就是利用网络层进行间接交付。路由器是通过路由表转发的，那么路由器中的路由表是如何形成的呢？本节介绍通过静态路由形成路由表，7.8 节介绍通过路由选择协议（即动态路由）形成路由表的原理。

7.7.1　静态路由原理

静态路由是由网络管理员根据网络拓扑，使用命令在路由器上手工配置的路由。静态路由的缺点是，它不会随着网络拓扑结构的变化而改变路由信息，当网络拓扑发生变化而需要改变路由时，管理员必须手工改变路由信息。静态路由的优点是，路由器不需要进行路由计算，不占用路由器 CPU 及存储资源，它完全依赖网络管理员的手动配置。

7.7.2　实验四——静态路由配置

直接路由网络拓扑图如图 7.51 所示。IP 地址规划见表 7.6。初始状态下，路由器 R1 和 R2 分别获得了两条直连路由，在该状态下，主机 PC1 和主机 PC2 之间不能互相通信，具体过程简单分析如下。

主机 PC1 通过计算匹配，发现要访问的目标主机 PC2 和自己并不处于同一个网络中，不能直接访问，此时主机 PC1 将访问请求发送给它的网关路由器 R1 进行处理（这里需要说明的是，主机 PC1 若要访问异构网络，必须配置网关地址）。此访问请求的发送需要数据链

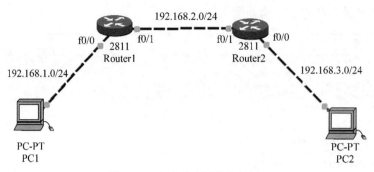

图 7.51   直连路由网络拓扑图

表 7.6   IP 地址规划

设 备	接 口	IP 地址	子网掩码	默认网关
R1	fa0/0	192.168.1.1	255.255.255.0	—
	fa0/1	192.168.2.1	255.255.255.0	—
R2	fa0/0	192.168.3.1	255.255.255.0	—
	fa0/1	192.168.2.2	255.255.255.0	—
PC1	网卡	192.168.1.100	255.255.255.0	192.168.1.1
PC2	网卡	192.168.3.100	255.255.255.0	192.168.3.1

路层以及物理层的帮助,主机 PC1 通过 ARP 获得路由器 R1 的接口 fa0/0 的 MAC 地址,主机 PC1 将网际层的 IP 数据包封装帧头和帧尾,形成数据链路层的帧,其中帧头的目的 MAC 地址为 ARP 获得的路由器 R1 的接口 fa0/0 的 MAC 地址。最终通过物理层的主机 PC1 的网卡接口将二进制比特流通过通信介质传输给路由器 R1 的接口 fa0/0。路由器 R1 获得目的 IP 地址后,才能在路由表中查找对应的路由条目进行数据转发。路由器 R1 的接口 fa0/0 获得的二进制比特流需要由底层向高层进行解封装,去掉数据链路层的帧头和帧尾,此时才能得到网际层的 IP 数据报,在 IP 数据报中可以获得需要访问的目的 IP 地址为 192.168.3.100,通过与子网掩码 255.255.255.0 做"与"运算,得到目标网络地址为 192.168.3.0,接着路由器查找自己的路由表,寻找到目标网络 192.168.3.0 的路由条目,而此时路由器 R1 的路由条目仅有两条,分别为到网络 192.168.1.0 和到网络 192.168.2.0 的直连路由,没有到网络 192.168.3.0 的路由条目,因此需要在路由器 R1 中添加到达目标网络 192.168.3.0 的路由条目,这样才能让数据包继续传输下去。通过配置静态路由可以添加该路由条目。静态路由的配置格式如下:

```
Router(config)#ip route 目标网络地址 目标网络子网掩码 下一跳地址
```

在两台路由器连接的点到点链路上,也可以不使用下一跳地址,而改用本路由器出口的接口标识。在多路访问链路,如以太网或帧中继上,将不能采用这种方式,因为若有多台设备出现在链路上,本地路由器就不知道应当将信息转发到哪台路由器上。

在路由器 R1 上配置到网络 192.168.3.0 的静态路由,具体配置过程如下:

```
R1(config)#ip route 192.168.3.0 255.255.255.0 192.168.2.2
R1(config)#
```

通过命令 show ip route 查看路由器 R1 的路由表如下：

```
R1#show ip route
Codes: C -connected, S -static, I -IGRP, R -RIP, M -mobile, B -BGP
       D -EIGRP, EX -EIGRP external, O -OSPF, IA -OSPF inter area
       N1 -OSPF NSSA external type 1, N2 -OSPF NSSA external type 2
       E1 -OSPF external type 1, E2 -OSPF external type 2, E -EGP
       i -IS-IS, L1 -IS-IS level-1, L2 -IS-IS level-2, ia -IS-IS inter area
        * -candidate default, U -per-user static route, o -ODR
       P -periodic downloaded static route
Gateway of last resort is not set
C    192.168.1.0/24 is directly connected, FastEthernet0/0
C    192.168.2.0/24 is directly connected, FastEthernet0/1
S    192.168.3.0/24 [1/0] via 192.168.2.2
R1#
```

结果显示，路由器 R1 除了前面获得的两条直连路由，还新增了到目标网络 192.168.3.0 的静态路由条目“S　　　192.168.3.0/24 [1/0] via 192.168.2.2”，其中 S 表示是静态路由，192.168.3.0/24 为目标网络地址，[1/0] 中的 1 表示管理距离（AD），0 表示度量值（metric）。via 表示通过，经由。192.168.2.2 为下一跳地址。

同样，在路由器 R2 上配置到网络 192.168.1.0 的静态路由，具体配置过程如下。

```
R2(config)#ip route 192.168.1.0 255.255.255.0 192.168.2.1
R2(config)#
```

路由器 R2 到达目标网络 192.168.1.0 的下一跳地址为 192.168.2.1。通过“show ip route”命令查看路由器 R2 的路由表如下。

```
R2#show ip route
Codes: C -connected, S -static, I -IGRP, R -RIP, M -mobile, B -BGP
       D -EIGRP, EX -EIGRP external, O -OSPF, IA -OSPF inter area
       N1 -OSPF NSSA external type 1, N2 -OSPF NSSA external type 2
       E1 -OSPF external type 1, E2 -OSPF external type 2, E -EGP
       i -IS-IS, L1 -IS-IS level-1, L2 -IS-IS level-2, ia -IS-IS inter area
        * -candidate default, U -per-user static route, o -ODR
       P -periodic downloaded static route
Gateway of last resort is not set
S    192.168.1.0/24 [1/0] via 192.168.2.1
C    192.168.2.0/24 is directly connected, FastEthernet0/1
C    192.168.3.0/24 is directly connected, FastEthernet0/0
R2#
```

最终用 ping 命令测试主机 PC1 与主机 PC2 的网络连通性情况，结果如下。

```
PC>ping 192.168.3.100
```

```
Pinging 192.168.3.100 with 32 bytes of data:
Reply from 192.168.3.100: bytes=32 time=14ms TTL=126
Reply from 192.168.3.100: bytes=32 time=15ms TTL=126
Reply from 192.168.3.100: bytes=32 time=10ms TTL=126
Reply from 192.168.3.100: bytes=32 time=12ms TTL=126
Ping statistics for 192.168.3.100:
    Packets: Sent =4, Received =4, Lost =0 (0%loss),
Approximate round trip times in milli-seconds:
    Minimum =10ms, Maximum =15ms, Average =12ms
PC>
```

结果表明,PC1 能够 ping 通 PC2,网络是连通的,ping 结果返回的 TTL 值为 126,说明两台主机之间经过了两台路由器。每经过一台路由器,TTL 值减 1。因为经过两台路由器,所以 TTL 值为 128－2＝126,结果与实际相符。

7.8 路由选择协议

路由选择协议通过提供一种共享路由选择信息的机制,允许路由器与其他路由器通信,以更新和维护自己的路由表,并确定最佳的路由选择路径。通过路由选择协议,路由器可以了解未直接连接的网络的状态,当网络发生变化时,路由表中的信息可以随时更新,以保证网络上的路由选择路径处于可用状态。

在具体讨论路由选择协议之前,首先掌握自治系统的概念。所谓自治系统,是指处于一个管理机构控制下的路由器和网络群组,它是一个有权自主决定在本系统中应采用何种路由协议的小型单位。一个自治系统有时也被称为一个路由选择域,一个自治系统将会分配一个全局的唯一的 16 位号码,该号码也称为自治系统号。

1. 内部网关协议和外部网关协议

根据路由选择协议是运行在一个自治系统(Autonomous system,AS)的内部,还是运行在自治系统之间,将路由选择协议分为内部网关协议(Interior Gateway Protocols,IGP)和外部网关协议(Exterior Gateway Protocols,EGP)。

IGP 用于在自治系统内部交换路由选择信息的路由选择协议,如 RIP 和 OSPF 等。EGP 用于在自治系统之间交换路由选择信息的路由选择协议,如 BGP。

2. 距离矢量路由协议和链路状态路由协议

距离矢量路由协议采用距离矢量路由选择算法,它确定到网络中任一链路的方向与距离,如 RIP(路由信息协议)。

链路状态路由协议创建整个网络的准确拓扑,以计算路由器到其他路由器的最短路径,如 OSPF、IS-IS 等。

7.8.1 内部网关协议 RIP

RIP 是基于距离矢量算法的路由协议,它利用跳数作为计量标准。目前,RIP 的版本有 RIPv1、RIPv2 及 RIPng,RIPv1 和 RIPv2 适用于 IPv4 网络,RIPng 适用于 IPv6 网络。

Xerox 公司和加州大学伯克利分校在 20 世纪 80 年代初开发了 RIP 的早期版本。1988

年的 RFC1058 对 RIP 做了说明,形成 RIPv1;1998 年,国际互联网工程任务组(The Internet Engineering Task Force,IETF)推出了 RIP 改进版本的正式标准 RFC2453,即 RIPv2;1997 年,IETF 推出下一代 RIP——RIPng,它的建议标准为 RFC2080。

1. RIP 的工作原理

RIP 属于内部网关协议,适用于小型网络一个 AS 内的路由信息的传递。RIP 基于距离矢量算法(Distance Vector Algorithms,DVA),用"跳数"衡量到达目的地的路由距离,即度量值(metric)。

RIP 基于 Bellman-Ford 算法,在路由实现时,RIP 作为系统长驻进程而存在于路由器中,负责从网络系统的其他路由器接收路由信息,从而对本地 IP 层路由表作动态的维护,保证 IP 层发送报文时选择正确的路由。每台路由器负责将本路由器的路由信息通知给相邻路由器,相邻路由器依据传送来的路由器信息对自己的路由信息做相应的修改。RIP 处于 UDP 的上层,RIP 接收的路由信息都封装在 UDP 的数据报中,RIP 利用 520 号 UDP 端口接收来自远程路由器的路由修改信息,并对本地的路由表做相应的修改,同时通知其他路由器。通过这种方式使每个路由器形成完整的路由条目。

通过使用 Bellman-Ford 算法,距离矢量路由协议在邻接的数据链路上,周期性地向直连邻居广播包含整个路由表的路由更新信息,而不管网络是否发生了拓扑改变。当那些设备接收到此更新之后,它们就将它与其现有的路由表信息进行比较。

对每个相邻路由器发来的 RIP 报文,依据 Bellman-Ford 算法,路由器都要进行处理,具体步骤如下。

(1) 对地址为 X 的相邻路由器发来的 RIP 报文,先修改此报文中的所有项目:把"下一跳"字段中的地址都改为 X,并把所有的"距离"字段的值加 1,这样做是为了便于进行本路由表的更新。假设从位于地址为 X 的相邻路由器发来的 RIP 报文的某一个项目是:"网络 2,3,Y"(表示到目标网络 2,下一跳为 Y,经过 3 跳到达),那么本路由器就可以推断出"我经过 X 到网络 2 的距离应该为 $3+1=4$",于是,本路由器就把收到的 RIP 报文的这一个项目修改为"网络 2,4,x",作为下一步和路由表中的原有项目进行比较时使用(只有比较后,才能知道是否需要更新)。每个项目都有三个关键数据,即到目的网络 N、距离 d、下一跳路由器 X。

(2) 对修改后的 RIP 报文中的每个项目进行处理,步骤如下。

若原来的路由表中没有到达目的网络 N 的路由条目,则把该项目直接添加到路由表中;说明原来没有到该网络的路由,现在邻居告诉我到该网络的路由,我应当直接把该路由信息加到路由表中。

否则(即在路由表中有目的网络 N,这时就再查看下一条路由器地址)

若下一跳路由器地址也是 X,则把收到的项目替换成原路由表中的项目。原因是同样的下一跳地址,目前的路由信息应该是最新的,我们要以最新的路由信息为准,所以要进行替换。此时到目的网络的距离有可能增大或减少,但也可能没有改变。否则(即这个项目是:到目的网络 N,但下一跳路由器不是 X),在这样的情况下,若收到的项目中的距离 d 小于路由表中已有的距离,则更新路由信息,说明通过新的下一跳找到更短的、更优的路径,否则什么也不做。若距离更大了,显然更不应该更新,目前已有的路径是优于更新的路径。若距离不变,更新后得不到任何好处,因此也不更新。

（3）若 3min 还没有收到相邻路由器的更新路由表,说明该路由器出了故障,不能正常工作,因此把该相邻路由器记为不可达的路由器,即把距离置为 16(距离为 16,表示不可达)。

2. RIPv1 路由协议

RIPv1 属于有类路由协议,定义在 RFC 1058 中。在 RIPv1 的路由更新(Routing Updates)中并不带有子网的信息,它不支持可变长子网掩码(VLSM)和无类别域间路由(CIDR)。这个限制造成在 RIPv1 的网络中无法使用不同的子网掩码。另外,RIPv1 以广播的形式发送报文,它也不支持对路由过程的认证,使得其有被攻击的可能。

RIPv1 的特点如下。

（1）数据包中不包含子网掩码,所以要求网络中的所有设备必须使用相同的子网掩码,否则就会出错。

（2）发送数据包的目的地址使用的是广播地址。

（3）不支持路由器之间的认证。

3. RIPv2 路由协议

由于 RIPv1 缺陷,因此 RIPv2 在 1994 年被提出,RIPv2 为无类别路由协议,将子网的信息包含在内,透过这样的方式提供无类域间路由,并支持 VLSM、路由聚合与 CIDR,并支持以广播或组播(224.0.0.9)方式发送报文。另外,针对安全性问题,RIPv2 也提供了一套方法,通过加密达到认证的效果,支持明文认证,之后 RFC 2082 也定义了利用 MD5 达到认证的方法。RIPv2 的相关规定见 RFC 2453。

如今 IPv4 网络中使用的基本都是 RIPv2,RIPv2 在 RIPv1 的基础上进行了改进。RIPv2 支持不连续子网、VLSM 以及 CIDR。另外,RIPv2 还支持验证、手动汇总等。下面比较 RIPv2 与 RIPv1 的相同点和不同点。

RIPv2 与 RIPv1 的相同点:

（1）都是用跳数作为度量值,最大值为 15。

（2）都是距离矢量路由协议。

（3）容易产生环路,可以使用最大跳计数、水平分割、触发更新、路由中毒和抑制计时器防止路由环路。

（4）同样是周期更新,默认每 30s 发送一次路由更新。

RIPv2 的增强特性有:

（1）在路由更新中携带有子网掩码的路由选择信息,因此支持 VLSM 和 CIDR。

（2）提供身份验证功能,路由器之间通过明文或者是 MD5 验证,只是认证通过,才可以进行路由同步,因此安全性更高。

（3）下一跳路由器的 IP 地址包含在路由更新信息中。

（4）运用组播地址 224.0.0.9 代替 RIPv1 的广播更新。

（5）支持手动汇总。

RIPv1 和 RIPv2 的对比情况见表 7.7。

4. RIP 计时器

RIP 使用了 4 种计时器来管理性能。

表 7.7　**RIPv1 和 RIPv2 的对比情况**

协议	类型	对 VLSM 的支持情况	对 CIDR 的支持情况	报文发送情况	支持认证情况
RIPv1	有类	不支持	不支持	广播	不支持
RIPv2	无类	支持	支持	广播或组播	明文或 MD5 认证

1）路由更新计时器（Update timer）

在 RIP 启动之后，每 30s 向启用了 RIP 的接口发送自己的除了被水平分割（Split horizon）抑制的路由选择表的完整副本给所有相邻路由器的时间间隔。

2）路由失效计时器（Invalid timer）

路由失效计时器用于路由器在最终认定一个路由为无效路由之前需要等待的时长（通常为 180s）。如果在这个认定等待时间内路由器没有得到任何关于特定路由的更新消息，则将该路由的度量设置为 16，路由表项将被记为"X.X.X.X is possibly down"，路由器将认定这个路由失效。在清除计时器超时以前，该路由仍将保留在路由表中，RIP 路由仍然转发数据包，出现这一情况时，路由器会给所有相邻设备发送关于此路由已经无效的更新。

3）抑制计时器（Holddown timer）

抑制计时器用于稳定路由信息，并有助于在拓扑结构根据新信息收敛的过程中防止路由环路。当路由器接收到某个路由不可达的更新分组时，它处于抑制状态，且时间必须足够长，以便拓扑结构中的所有路由器能在此期间获得该不可达网络信息。这一保持状态将抑制持续到路由器接收到具有更好度量的更新分组，或初始路由恢复正常，或者此保持抑制计时器期满。默认情况下，该计时器的取值为 180s。

4）路由刷新计时器（Flush timer）

路由刷新计时器用于设置将某个路由认定为无效路由起只将它从路由选择表中删除的时间间隔（通常为 240s），这个时间间隔比无效计时器长 60s，当清除计时器超时后，该路由将从路由表中删除。在将此路由从路由表中删除之前，路由器会将此路由即将消亡的消息通告给相邻设备。路由失效定时器的取值一定要小于路由刷新计时器的值，这就为路由器在更新本地路由选择表时先将这一无效路由通告给相邻设备保留了足够的时间。

这 4 种定时器的具体工作过程如下。

（1）一台路由器从接收到邻居发来的路由更新包开始，计时器会重置为 0s，并重新计时。RIP 路由器总是每隔 30s 通告 UDP520 端口以 RIP 广播应答方式向邻居路由器发送一个路由更新包。

（2）如果路由器 30s 还没有收到邻居发来的相关路由更新包，则更新计时器超时。如果再过 150s，达到 180s 还没有收到路由更新包，失效计时器到时，然后路由器将邻居路由器的相应路由条目标记为 possibly down。

（3）失效计时器到时，立马进入 180s 的抑制计时器。

（4）如果在抑制期间从任何相邻路由器接收到含有更小度量的有关网络的更新，则恢复该网络并删除抑制计时器。如果在抑制期间从相邻路由器收到的更新包含的度量与之前相同或更大，则该更新将被忽略。

（5）失效计时器到时，再过 60s，达到 240s 的刷新计时器，还没有收到路由更新包，路由器就刷新路由表，把不可达的路由条目删掉。

（6）当路由器处于抑制周期内，它依旧用于向前转发数据。

7.8.2 RIP 避免路由环路技术

1. 路由环路

在维护路由表信息的时候，如果在拓扑发送改变后，网络收敛缓慢，产生了不协调或者矛盾的路由选择条目，就会发生路由环路问题，这种情况下，路由器对无法到达的网络路由不予理睬，导致用户数据包不停在网络上循环发送，最终造成网络资源严重浪费。

2. RIP 路由环路的产生场景

如图 7.52 所示，当 A 路由器一侧的 X 网络发生故障，A 路由器会收到故障信息，并把 X 网络设置为不可达，等待更新周期通知相邻的 B 路由器。但是，相邻的 B 路由器的更新周期先来了，A 路由器将从 B 路由器那里学习到达 X 网络的路由就是错误的路由，因为此时的 X 网络已经损坏，而 A 路由器却在自己的路由表内增加了一条经过 B 路由器到达 X 网络的路由。然后，A 路由器还会继续把该错误路由通告给 B 路由器，由于 B 路由器原先到达 X 网络的下一条是 A 路由器，现在 A 路由器发同样目的地的路由给 B 路由器，尽管代价高了，但这是最新的路由信息，因此 B 路由器更新路由表，认为到达 X 网络须经过 A 路由器，A 路由器认为到达 X 网络须经过 B 路由器，而 B 路由器则认为到达 X 网络须经过 A 路由器，至此路由环路形成。

图 7.52　环路形成场景图

3. RIP 中对路由环路的解决方案

1）设置最大跳数

路由环路问题导致无穷计数问题，若对此不进行干预，那么分组每通过一个路由器，其跳数就会增长。解决这个问题的一个方式是定义一个有限的跳数防止环路，RIP 最多 15 跳，16 跳为无穷大，即经过 16 跳才能到达的网络都被认为是不可达的，因此最大跳数可控制路由选择表的表项在达到一个数值后变为无效的或不可信的。

2）水平分割

所谓水平分割，是指不把从一个来源处所学到的路由再回送给这个来源，即禁止路由选择协议回传路由选择信息，如果路由器从一个接口已经收到了路由更新信息，那么这个同样的更新信息一定不能再通过这个接口回送过去。图 7.52 中，X 网络故障后，由于 B 路由器的 X 网段信息是从 A 路由器获得的，因此 B 路由器不会将 X 网段信息再通过路由器端口 f0/0 发回给 A 路由器，这就是水平分割，通过水平分割可以避免路由环路发生。

3）路由中毒

路由中毒也称路由毒化，它可以避免因更新不一致而导致的路由环路问题。设置最大跳数一定程度上解决了环路问题，但并不彻底，在到达最大值之前，路由环路还是存在的。路由中毒可以彻底解决这个问题。图 7.52 中，X 网络出现故障无法访问时，路由器 A 立即向邻居路由发送相关路由更新信息，路由器 A 立即将 X 网络度量值标记为 16 或不可达（有时也被视为无穷大），以此启动路由中毒。路由器 A 将毒化信息告诉它的邻居路由器 B，路由器 B 收到毒化消息后将该链路路由表项标记为无穷大，表示该路径已经失效，并向别的路由器通告，以此毒化各个路由器，告诉邻居 X 网络已经失效，从而避免了路由环路。

4）毒性逆转

毒性逆转是为了防止在同一接口上接收到包含相同中毒路由的更新所采用的中毒路由广播策略。当一条路径信息变为无效之后，路由器并不立即将它从路由表中删除，将其度量值设置为 16 将它广播出去，虽然增加了路由表的大小，但可以立即清除相邻路由器之间的任何环路。

5）控制更新时间

控制更新时间即抑制计时器，用于阻止定期更新的消息在不恰当的时间内重置一个已经坏掉的路由。抑制计时器把可能影响路由的任何改变暂时保持一段时间，抑制时间通常比更新信息发送到整个网络的时间要长。当路由器从邻居接收到以前能够访问的网络现在不能访问的更新后，就将该路由标记为不可访问，并启动一个抑制计时器，如果再次收到从邻居发来的更新信息包含一个比原来路径具有更好度量值的路由，就标记为可以访问，并取消抑制计时器。如果在抑制计时器超时之前从不同邻居收到的更新信息包含的度量值比以前的更差，更新将被忽略，这样可以有充裕的时间让更新信息传遍整个网络。

6）触发更新

正常情况下，路由器会定期将路由表发送给邻居路由器。而触发更新就是立刻发送路由更新信息，以响应某些变化。检测到网络故障的路由器会立即发送一个更新信息给邻居路由器，并依次产生触发更新通知它们的邻居路由器，使整个网络上的路由器在最短的时间内收到更新信息，从而快速了解整个网络的变化。这样也有问题存在，有可能包含更新信息的数据包被某些网络中的链路丢失或损坏，其他路由器没能及时收到触发更新。抑制规则要求一旦路由无效，在抑制时间内，到达同一目的地有同样或更差度量值的路由将会被忽略，这样触发更新将有时间传遍整个网络，从而避免了已经损坏的路由重新插入已经收到触发更新的邻居中，也就解决了路由环路的问题。

7.8.3　实验五——RIP 路由分析

1. RIPv1 的基本配置

实现动态路由协议 RIPv1 网络拓扑结构图如图 7.53 所示，两台路由器连接 3 个网络，

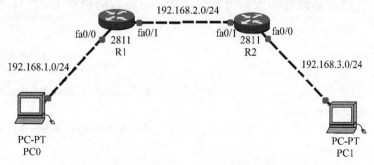

图 7.53　实现动态路由协议 RIPv1 网络拓扑结构图

分别为 192.168.1.0/24、192.168.2.0/24、192.168.3.0/24。网络地址规划见表 7.8。

表 7.8　网络地址规划

设　　备	接　　口	IP 地址	子 网 掩 码	默 认 网 关
R1	fa0/0	192.168.1.1	255.255.255.0	—
	fa0/1	192.168.2.1	255.255.255.0	—
R2	fa0/0	192.168.3.1	255.255.255.0	—
	fa0/1	192.168.2.2	255.255.255.0	—
PC0	网卡	192.168.1.100	255.255.255.0	192.168.1.1
PC1	网卡	192.168.3.100	255.255.255.0	192.168.3.1

首先配置路由器 R1。

```
Router(config)#hostname R1                            //路由器命名
R1(config)#interface fastEthernet 0/0                 //进入路由器 fa0/0 接口
R1(config-if)#ip address 192.168.1.1 255.255.255.0    //配置接口 IP 地址
R1(config-if)#no shu                                  //激活接口
R1(config-if)#exit                                    //退出
R1(config)#interface fastEthernet 0/1                 // 进入接口 fa0/1
R1(config-if)#ip address 192.168.2.1 255.255.255.0    //配置接口 IP 地址
R1(config-if)#no shu                                  //激活接口
```

其次配置路由器 R2。

```
Router(config)#hostname R2                            //路由器命名
R2(config)#interface fastEthernet 0/0                 //进入接口 fa0/0
R2(config-if)#ip address 192.168.3.1 255.255.255.0    //配置接口 IP 地址
R2(config-if)#no shu                                  //激活接口
R2(config-if)#exit                                    //退出
R2(config)#interface fastEthernet 0/1                 //进入接口 fa0/1
R2(config-if)#ip address 192.168.2.2 255.255.255.0    //接口配置 IP 地址
R2(config-if)#no shu                                  //激活接口
```

接着对两台路由器配置动态路由协议 RIPv1。先对路由器 R1 配置动态路由协议 RIPv1。

```
R1(config)#router rip                        //R1 启用动态路由协议 RIP
R1(config-router)#network 192.168.1.0
                    //宣告 RIP 要通告的网络,在该网络接口上启用 RIP 进程
R1(config-router)#network 192.168.2.0
                    //宣告 RIP 要通告的网络,在该网络接口上启用 RIP 进程
R1(config-router)#
```

命令 network 告诉 RIP 该通告哪些分类网络,将在哪些接口上启用 RIP 路由选择进程。使用命令 network 时,网络号应是路由器直连接口的主网络号,R1 路由器直连网络

192.168.1.0/24 的主网络号是 192.168.1.0,直连网络 192.168.2.0/24 的主网络号是 192.168.2.0。

再对路由器 R2 配置动态路由协议 RIPv1。

```
R2(config)#router rip                              //R1 启用动态路由协议 RIP
R2(config-router)#network 192.168.2.0
                         //宣告 RIP 要通告的网络,在该网络接口上启用 RIP 进程
R2(config-router)#network 192.168.3.0
                         //宣告 RIP 要通告的网络,在该网络接口上启用 RIP 进程
```

查看路由器 R1 路由表。

```
R1#show ip route
Codes: C -connected, S -static, I -IGRP, R -RIP, M -mobile, B -BGP
       D -EIGRP, EX -EIGRP external, O -OSPF, IA -OSPF inter area
       N1 -OSPF NSSA external type 1, N2 -OSPF NSSA external type 2
       E1 -OSPF external type 1, E2 -OSPF external type 2, E -EGP
       i -IS-IS, L1 -IS-IS level-1, L2 -IS-IS level-2, ia -IS-IS inter area
       * -candidate default, U -per-user static route, o -ODR
       P -periodic downloaded static route
Gateway of last resort is not set
C    192.168.1.0/24 is directly connected, FastEthernet0/0
C    192.168.2.0/24 is directly connected, FastEthernet0/1
R    192.168.3.0/24 [120/1] via 192.168.2.2, 00:00:12, FastEthernet0/1
R1#
```

其中 R 表示该路由条目是由动态路由协议 RIP 获得的,[120/1]中的 120 表示管理距离为 120,这是动态路由协议 RIP 的管理距离,该值固定为 120;1 表示度量值,RIP 以跳数作为度量值,说明该路由器需要经过 1 跳到达网络 192.168.3.0,结果与实际相符。

查看路由器 R2 路由表。

```
R2#show ip route
Codes: C -connected, S -static, I -IGRP, R -RIP, M -mobile, B -BGP
       D -EIGRP, EX -EIGRP external, O -OSPF, IA -OSPF inter area
       N1 -OSPF NSSA external type 1, N2 -OSPF NSSA external type 2
       E1 -OSPF external type 1, E2 -OSPF external type 2, E -EGP
       i -IS-IS, L1 -IS-IS level-1, L2 -IS-IS level-2, ia -IS-IS inter area
       * -candidate default, U -per-user static route, o -ODR
       P -periodic downloaded static route
Gateway of last resort is not set
R    192.168.1.0/24 [120/1] via 192.168.2.1, 00:00:13, FastEthernet0/1
C    192.168.2.0/24 is directly connected, FastEthernet0/1
C    192.168.3.0/24 is directly connected, FastEthernet0/0
R2#
```

综上,两台路由器的路由表是全的,因此网络应该是联通的,说明通过动态路由协议 RIPv1 实现了网络的联通性。

7.8.4　内部网关协议 OSPF

OSPF(Open Shortest Path First,开放最短路径优先)是一个内部网关协议,用于在单一自治系统内决策路由,是对链路状态路由协议的一种实现,采用的算法为 Dijkstra 算法,用来计算最短路径树。Dijkstra 算法通常称为 SPF(最短路径优先)算法,但事实上,最短路径优先是所有路由算法追求的共同目标,与 RIP 相比,OSPF 属于链路状态协议,而 RIP 则属于距离矢量协议。

OSPF 链路状态协议克服了距离矢量路由协议 RIP 的许多缺陷,具体如下:

(1) OSPF 不再采用跳数的概念,而是根据接口的吞吐率、拥塞状态、往返时间、可靠性等实际链路的负载能力定出路由的代价,同时选择最短、最优路由并允许到达同一目标地的多条路由,从而实现网络负载均衡。

(2) OSPF 支持不同服务类型的不同代价,从而可以实现不同 QoS(Quality of Service,服务质量)的路由服务。

(3) OSPF 路由器不再交换路由表,而是同步各路由器对网络状态的认识,即链路状态数据库,然后通过 Dijkstra 算法计算到达网络中各目的地址的最优路由。这样,OSPF 路由器间不需要定期交换大量数据,而只是保持着一种连接,一旦有链路状态发生变化时,才通过组播方式对这一变化做出反应,这样不但减轻了系统间的数据负荷,而且达到了对网络拓扑的快速收敛。而这些正是 OSPF 强大生命力和应用潜力的根本所在。

表 7.9 所示为 OSPF 与 RIP 的比较。

表 7.9　OSPF 和 RIP 的比较

特征	OSPF	RIPv2	RIPv1
协议类型	链路状态	距离矢量	距离矢量
是否支持无类路由选择	是	是	否
是否支持 VLSM	是	是	否
自动汇总	否	是	是
是否支持手工汇总	是	是	否
是否支持不连续的网络	是	是	否
传播路由的方式	网络拓扑发生变化时发送组播	定期发送组播	定期发送广播
度量值	带宽	跳数	跳数
跳数限制	无限制	15	15
汇聚速度	快	慢	慢
是否验证对等体的身份	是	是	否
是否要求将网络分层	是(使用区域)	否(只支持扁平网络)	否(只支持扁平网络)
更新	事件触发	定期	定期
路由算法	Dijkstra	Bellman-Ford	Bellman-Ford

在进行链路状态路由协议 OSPF 路由方案部署过程中,OSPF 的各种区域的理解非常重要,在一个 OSPF 网络中,可以包括多种区域,如主干区域(Backbone Area)、末梢区域(Stub Area)等。OSPF 网络中的区域是以区域 ID 进行标识的,区域 ID 为 0 的区域规定为主干区域。

一个 OSPF 互联网络至少有一个主干区域,其 ID 号为 0.0.0.0,也可称为区域 0,主要工作是在其余区域间传递路由信息。图 7.54 所示为 OSPF 层次设计示例,该设计能够最大限度地减少路由选择表条目,并将拓扑变化带来的影响限制在当前区域内。

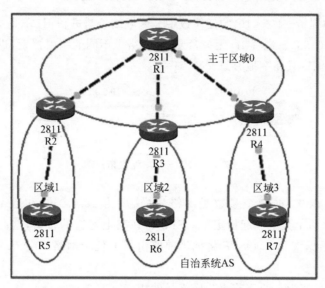

图 7.54　OSPF 层次设计示例

7.8.5　实验六——OSPF 路由分析

即便是配置基本的 OSPF,也比配置 RIP 复杂,若再考虑 OSPF 支持的众多选项,情况将更加复杂。目前主要涉及的是基本的单区域 OSPF 配置。配置 OSPF 时,最重要的两个方面是启动 OSPF 以及配置 OSPF 区域。

1. 启动 OSPF

配置 OSPF 最简单的方式是只使用一个区域。下列命令用于激活 OSPF 路由选择进程,具体如下。

```
Router(config)#router ospf ?
  <1-65535>  Process ID
```

OSPF 进程 ID 用 1～65535 的数字标识。这是路由器上独一无二的数字,将一系列 OSPF 配置命令归入特定进程下。即使不同 OSPF 路由器的进程 ID 不同,也能相互通信。进程 ID 只在本地有意义,用途不大。可在同一台路由器上同时运行多个 OSPF 进程,但这并不意味着配置的是多区域 OSPF。每个进程都维护不同的拓扑表副本,并独立管理通信。这里仅探讨每台路由器运行单个进程的单区域 OSPF 情况。

2. 配置 OSPF 区域

启动 OSPF 进程后,需要指定要在哪些接口上激活 OSPF 通信,并指定每个接口所属的区域。这样做也就指定了要将哪些网络通告给其他路由器。OSPF 在配置中使用通配符掩码。

如图 7.55 所示,路由器 R1 的基本 OSPF 配置过程如下。

```
R1(config)#router ospf 1
R1(config-router)#network 10.0.0.0 0.255.255.255 area  0
```

区域编号可以是 $0 \sim 4.2 \times 10^9$ 的任何数字。区域编号与进程 ID 不是一个概念,进程 ID 的取值范围为 $1 \sim 65535$。进程 ID 无关紧要,在网络中不同的路由器上,进程 ID 可以相同,也可以不同。进程 ID 只在本地有意义。

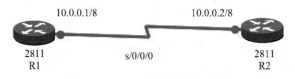

图 7.55　OSPF 基本配置拓扑图

在命令 network 中,前两个参数是网络号(这里为 10.0.0.0)和通配符掩码(这里为 0.255.255.255),这两个数字一起指定了 OSPF 将在其上运行的接口,这些接口还将包含在 OSPF LSA 中。根据该命令,OSPF 将把当前路由器上位于网络 10.0.0.0 的接口都加入区域 0。

通配符掩码中,值为 0 的字节表示网络号的相应字节必须完全匹配,而 255 表示网络号的相应字节无关紧要。因此,网络号和通配符掩码组合 1.1.1.1 0.0.0.0 只与 IP 地址为 1.1.1.1 的接口匹配。如果要匹配一系列网络中的接口,可使用网络号和通配符掩码组合 1.1.0.0 0.0.255.255,它与位于地址范围 1.1.0.0 ～ 1.1.255.255 的接口都匹配。

最后一个参数是区域号,它指定了网络号和通配符掩码指定的接口所属的区域。仅当两台 OSPF 路由器的接口属于同一个网络和区域时,它们才能建立邻居关系。

在配置区域命令格式 Network ＋ IP ＋ wild card bits 中,Network 通过 IP 和 wild card bits 筛选出一组 IP 地址,从而定位出需要开启 OSPF 的接口(谁拥有其中一个 IP 地址,谁就开启 OSPF),接口开启 OSPF 的含义:①从该接口收发 OSPF 报文;②该接口所在网络对应的路由成为 OSPF 的资源。

示例:inter f0/1

```
ip add 10.1.1.1 255.255.255.0
router ospf 1
network 10.1.1.1 0.0.0.255 area 0
```

这个 network 命令实际上宣告了 10.1.1.0 ～ 10.1.1.255 这 256 个地址。当然,在这个环境下恰好有且仅有一个接口在这个范围内。也就是说,把接口的掩码反过来写正好能且只能宣告一个接口,不会多宣告。如果写成 network 10.1.1.1 0.0.0.0 area 0,效果完全一样,或者写成 network 10.1.1.2 0.0.0.255 area 0,效果也是一样的,如果写成 network 0.0.0.0 255.

255.255.255 area 0,则宣告所有的 IP 地址,也就是所有的接口。也就是说,network 宣告的
地址只要能够包含接口的 IP 地址即可。

7.8.6　外部网关协议 BGP

边界网关协议(BGP)是运行于 TCP 上的一种自治系统间的路由协议。BGP 是唯一一
个用来处理像互联网大小的网络的协议,也是唯一能够妥善处理不相关路由域间的多路连
接的协议。BGP 构建在 EGP 的经验之上。BGP 系统的主要功能是和其他的 BGP 系统交
换网络可达信息。网络可达信息包括列出的自治系统的信息,这些信息有效地构造了 AS
互联的拓扑图,并由此清除了路由环路,同时在 AS 级别上可实施策略决策。

BGP-4 提供了一套新的机制,以支持无类域间路由。这些机制包括支持网络前缀的通
告、取消 BGP 网络中"类"的概念。BGP-4 也引入机制支持路由聚合,包括 AS 路径的集合。
这些改变为提议的超网方案提供了支持。BGP-4 采用了路由向量路由协议,在配置 BGP
时,每个自治系统的管理员要选择至少一个路由器作为该自治系统的"BGP 发言人"。

1989 年发布了主要的外部网关协议:BGP,新版本 BGP-4 是在 1995 年发布的。

BGP 路由选择协议执行中使用 4 种分组:打开(open)分组、更新(update)分组、存活
(keepalive)分组以及通告(notification)分组。

7.9　IPv6

随着网络的发展,特别是物联网技术的发展,人们对 IP 地址的需求量逐渐变大,IPv4
地址数量已经不再满足人们的需求,并且很快分配完,IPv6 地址技术能够彻底解决 IP 地址
不足的问题。

7.9.1　IPv6 简介

IPv6 是英文 Internet Protocol Version 6(互联网协议第 6 版)的缩写,是互联网工程任
务组(IETF)设计的用于替代 IPv4 的下一代 IP,其地址数量多到可以为全世界的每粒沙子
编上一个地址。由于 IPv4 最大的问题在于网络地址资源有限,严重制约了互联网的应用和
发展。IPv6 的使用能彻底解决网络地址资源数量的问题。

互联网数字分配机构(IANA)在 2016 年已向 IETF 提出建议,要求新制定的国际互联
网标准只支持 IPv6,不再兼容 IPv4。

IPv6 地址的表示方法如下:

IPv6 的地址长度为 128 位,是 IPv4 地址长度的 4 倍。于是,IPv4 点分十进制格式不再
适用,而是采用十六进制表示。IPv6 有 3 种表示方法。

1. 冒分十六进制表示法

格式为 X:X:X:X:X:X:X:X,其中每个 X 表示地址中的 16 位,以十六进制表示,如
ABCD:EF01:2345:6789:ABCD:EF01:2345:6789。

这种表示法中,每个 X 的前导 0 是可以省略的,例如:

2001:0DB8:0000:0023:0008:0800:200C:417A 可表示成 2001:DB8:0:23:8:800:
200C:417A 的形式。

2. 0 位压缩表示法

在某些情况下,一个 IPv6 地址中间可能包含很长的一段 0,可以把连续的一段 0 压缩为"::"。但是,为了保证地址解析的唯一性,地址中的"::"只能出现一次,例如:

FF01:0:0:0:0:0:0:1101 → FF01::1101

0:0:0:0:0:0:0:1 → ::1

0:0:0:0:0:0:0:0 → ::

3. 内嵌 IPv4 地址表示法

为了实现 IPv4 与 IPv6 互通,IPv4 地址会嵌入 IPv6 地址中,此时地址常表示为 X:X:X:X:X:X:d.d.d.d,前 96 位采用冒分十六进制表示,而最后 32 位地址则使用 IPv4 的点分十进制表示,如::192.168.0.1 与::FFFF:192.168.0.1 就是两个典型的例子,注意,在前 96 位中,压缩 0 位的方法依旧适用。

7.9.2 IPv6 报文结构

IPv6 报文结构分为 IPv6 报头、扩展报头和上层协议数据单元 3 部分,如图 7.56 所示。IPv6 报头又称"IPv6 基本报头",是必选部分,每个 IPv6 报文都必须包含报头,该报头长度固定为 40B,包含该报文的基本信息。

图 7.56 IPv6 报文结构

IPv6 扩展报头是可选报头,紧接在基本报头之后。IPv6 报文可包含多个扩展报头,并且扩展报头的长度并不固定。IPv6 扩展报头代替了 IPv4 报头中的选项字段。

上层协议数据单元由上层协议报头和它的有效载荷构成,有效载荷可以是一个 ICMPv6 报文、一个 TCP 报文或一个 UDP 报文。

1. IPv6 报头

IPv6 报头结构如图 7.57 所示,各个字段的含义如下。

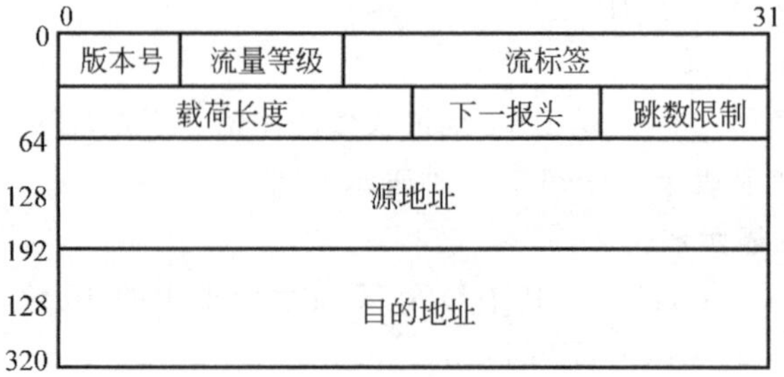

图 7.57 IPv6 报头结构

(1) 版本号:长度为 4 位,对于 IPv6,该字段为 6(0110)。

（2）流量等级：长度为 8 位，指明为该包提供某种"区分服务"。RFC 最初定义该字段只有 4 位，并命名为"优先级字段"，后来该字段的名字改为"类别"，在最新的 IPv6 Internet 草案中称之为"流量等级"。该字段的默认值为全 0。

（3）流标签：长度为 20 位，用于标识属于同一业务流的包。一个结点可以同时作为多个业务流的发送源。流标签和源结点地址唯一标识了一个业务流。

（4）载荷长度：长度为 16 位，其中包括包载荷的字节长度，即 IPv6 头后的包中包含的字节数，这意味着在计算载荷长度时包含了 IPv6 扩展头的长度。

（5）下一报头：长度为 8 位，这个字段指出了 IPv6 基本报头之后的下一个扩展报头字段中的协议类型。与 IPv6 协议字段类似，下一个头字段可用来指出高层是 TCP，还是 UDP，但它也可用来指明是否存在 IPv6 扩展头。

（6）跳数极限：长度为 8 位。每当一个结点对包进行一次转发，这个字段就会减 1。如果该字段达到 0，这个包就将被丢弃。IPv4 中有一个具有类似功能的"生存期"字段。

（7）源地址：128 位 IPv6 地址。

（8）目的地址：128 位 IPv6 地址。

2. 扩展报头

IPv6 协议做了更集中的处理，将原来 IPv4 报头中的固定字段和可变字段分离处理，就是 IPv6 的头部和 IPv6 的扩展头部。这样，IPv6 的头部不仅结构更简单，而且首部大小固定。

扩展报头可以在需要提供可选功能时，只将需要的信息加载到扩展头部中即可。例如，一个数据包需要使用源路由选择、分段和认证等可选功能，那么就将它们各自需要增加的功能信息加载到 3 个扩展头部中。

RFC 2460 中定义了以下 6 种扩展报头。

① 逐跳选项报头。此扩展头必须紧随在 IPv6 头之后。它包含包所经路径上的每个结点都必须检查的选项数据。

② 选路报头。选路报头又称路由报头，此扩展头指明包在到达目的途中将经过哪些结点。它包含包沿途经过的各结点的地址列表。IPv6 头的最初目的地址是路由头的一系列地址中的第一个地址，而不是包的最终目的地址。此地址对应的结点接收到该包之后，对 IPv6 和选路报头进行处理，并把包发送到选路报头列表中的第二个地址。以此类推，直到包到达其最终目的地。

③ 分段报头。此扩展头包含一个分段偏移值、一个"更多段"标志和一个标识符字段，用于源结点对长度超出源端和目的端路径 MTU 的包进行分段。

④ 身份认证报头（AH）。此扩展头提供了一种机制，用于对 IPv6 头、扩展头和净荷的某些部分进行加密的校验和的计算。

⑤ 封装安全性净荷（ESP）报头。用于有效负载的加密封装。

⑥ 目的地选项。目的结点需要处理的消息。

如果一个 IPv6 数据报有多个扩展头部，则各头部的顺序如下：

① IPv6 报头。

② 逐跳选项报头。

③ 目的地选项。

④ 选路报头。

⑤ 分段报头。

⑥ 身份认证报头。

⑦ 封装安全性净荷报头。

⑧ 目的地选项。

⑨ 上层协议单元。

7.9.3 IPv6 过渡技术

针对 IPv4 过渡到 IPv6 的技术,主要分为 3 大类:IPv6/IPv4 双协议栈、隧道和翻译。

1. IPv6/IPv4 双协议栈

双栈技术是指在网络结点上同时运行 IPv4 和 IPv6 两种协议,从而在 IP 网络中形成逻辑上相互独立的两张网络:IPv4 网络和 IPv6 网络。网络中的协议同时支持 IPv4 和 IPv6 协议栈,源结点根据目的结点的不同选用不同的协议栈,而网络设备根据报文的协议类型选择不同的协议栈进行处理和转发,如图 7.58 所示。

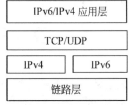

图 7.58 双栈结点示意图

采用双栈技术部署 IPv6,不存在 IPv4 和 IPv6 网络部署时的相互影响,可以按需部署。因此,双栈技术目前被认为是部署 IPv6 网络最简单的方法。双栈技术可以实现 IPv4 和 IPv6 网络的共存,但是不能解决 IPv4 和 IPv6 网络之间的互通问题,而且双栈技术不会节省 IPv4 地址,不能解决 IPv4 地址用尽问题。

2. 隧道技术

隧道技术是通过一种 IP 数据包嵌套在另一种 IP 数据包中进行网络传递的技术,只要求隧道两端的设备支持两种协议。隧道类型有多种,按照隧道协议的不同,分为 IPv4 over IPv6 隧道和 IPv6 over IPv4 隧道;根据隧道终点地址的获得方式,可将隧道分为配置型隧道(如手工隧道、GRE 隧道)和自动型隧道(如隧道代理、6to4、6over4、6RD、ISATAP、TEREDO、基于 MPLS 的隧道 6PE 等)。隧道技术本质上只是提供一个点到点的透明传送通道,无法实现 IPv4 结点和 IPv6 结点之间的通信,适用于同协议类型网络孤岛之间的互联。

这种技术的优点是,不用把所有设备都升级为双栈,只要求 IPv4/IPv6 网络的边缘设备实现双栈和隧道功能。除边缘结点外,其他结点不支持双协议栈。

① IPv6 over IPv4 隧道。

IPv6 不可能一夜之间完全替代 IPv4,在这之前,那些 IPv6 的设备就成为 IPv4 海洋中的 IPv6"孤岛"。IPv6 over IPv4 隧道技术的目的是利用现有的 IPv4 网络,使各个分散的 IPv6"孤岛"可以跨越 IPv4 网络相互通信。

在 IPv6 报文通过 IPv4 网络时,无论哪种隧道机制,都需要进行"封包——解包"过程,即隧道发送端将该 IPv6 报文封装在 IPv4 包中,将此 IPv6 包视为 IPv4 的负荷,然后在 IPv4 网络上传送该封装包。当封装包到达隧道接收端时,该端点解掉封装包的 IPv4 包头,取出 IPv6 封装包继续处理。

② IPv4 over IPv6 隧道。

与 IPv6 over IPv4 隧道技术相反,IPv4 over IPv6 隧道技术是解决具有 IPv4 协议栈的接入设备成为 IPv6 网络中的孤岛通信问题。

在实际应用中,DS-Lite 是一种典型的 IPv4 over IPv6 隧道技术,DS-Lite 隧道技术的工作原理是:用户侧设备将 IPv4 流量封装在 IPv6 隧道内,通过运营商的 IPv6 接入网络到达"网关"设备后终结 IPv6 隧道封装,再进行集中式 NAT,最终转发至 IPv4 Internet。

3. 翻译技术

在过渡期间,IPv4 和 IPv6 共存的过程中面临的一个主要问题是 IPv6 与 IPv4 之间如何互通。由于二者不兼容,因此无法实现二者之间的互访。为了解决这个难题,IETF 在早期设计了 NAT-PT 的解决方案 RFC 2766,NAT-PT 通过 IPv6 与 IPv4 的网络地址与协议转换,实现了 IPv6 与 IPv4 网络的双向互访,但 NAT-PT 在实际网络应用中面临各种缺陷,IETF 推荐不再使用,因此已被 RFC 4966 废除。

为了解决 NAT-PT 中的各种缺陷,同时实现 IPv6 与 IPv4 之间的网络地址与协议转换技术,IETF 重新设计了一项新的解决方案:NAT64 与 DNS64 技术。

NAT64 是一种有状态的网络地址与协议转换技术,一般只支持通过 IPv6 网络侧用户发起连接访问 IPv4 侧网络资源。NAT64 也支持通过手工配置静态映射关系,实现 IPv4 网络主动发起连接访问 IPv6 工作,主要是将 DNS 查询信息中的 A 记录(IPv4 地址)合成到 AAAA 记录(IPv6 地址)中,返回合成的 AAAA 记录用户给 IPv6 侧用户。

NAT64 是 IPv6 网络发展初期的一种过渡解决方案,在 IPv6 发展前期会被广泛部署应用,而后期则会随着 IPv6 网络的发展壮大逐步退出历史舞台。

7.10　NAT 协议分析

为了缓解 IPv4 地址耗尽的步伐,一方面引入了私有地址的概念,因此在局域网中往往部署私有地址解决设备间的互联互通问题。但是,拥有私有地址的终端设备不可以直接访问互联网。若要解决拥有私有地址的终端计算机访问互联网的问题,需要使用 NAT 技术。

7.10.1　NAT 协议分析简介

由于私有地址不可以在 Internet 上路由,拥有私有地址的计算机向 ISP 发送访问 Internet 网络请求时,ISP 将会过滤它们。为了解决拥有私有地址的计算机访问 Internet 网络的问题,可采用网络地址转换技术。标准 RFC 1631 就是为了解决该问题而提出的,它定义了一个称为网络地址转换的过程,允许将分组中的 IP 地址转换成一个不同的地址。由于公网 IP 地址才可以在 Internet 上路由,才可以访问 Internet 网络,因此计算机访问 Internet 网络需要使用公网地址。NAT 能够实现将内部的私有地址转换成公网地址在 Internet 上路由,从而达到访问 Internet 的目的。

可以执行 NAT 的设备有路由器、防火墙、服务器等。这些设备往往存在于网络的边缘,如内部网与 Internet 网络的连接处。

注意,RFC 1631 并没有指定用来转换的地址必须是私有地址,可以是任何地址。

常见的 NAT 类型有 NAT 和 PAT,NAT 转换后,一个内部本地 IP 地址对应一个内部全局 IP 地址。PAT 转换后,将多个内部本地地址转换到内部全局地址的一对多转换,通过端口号确定其多个内部主机的唯一性。

NAT 和 PAT 常见的术语见表 7.10。

表 7.10　NAT 和 PAT 常见的术语

术 语 类 型	术 语 含 义
Inside	需要转换成公网地址的内部网络
Outside	使用公网地址进行通信的外部网络
Inside Local Address	内部本地地址,内部网络使用的地址,一般为私有地址
Inside Global Address	内部全局地址,用来代表内部本地地址,一般为 ISP 提供的合法地址
Outside Local Address	外部本地地址
Outside global address	外部全局地址,数据在外部网络使用的地址,是一个合法地址

常见的 NAT 和 PAT 配置各有静态 NAT、动态 NAT 以及 PAT。

7.10.2　实验七—— NAT 静态转换实验

静态 NAT 配置过程如下。

(1) 定义内网接口和外网接口。

```
Router(config)#interface fastethernet 0
Router(config-if)#ip nat outside
Router(config)#interface fastethernet 1
Router(config-if)#ip nat inside
```

(2) 建立静态的映射关系。

```
Router(config)#ip nat inside source static  192.168.1.7  200.8.7.3
```

其中 192.168.1.7 为内部本地地址,200.8.7.3 为内部全局地址。

静态 NAT 配置案例　如图 7.59 所示,模拟校园网访问 Internet 网络的情况。为了测试网络联通性,在 Internet 上有一台提供 Web 服务的机器。各设备的地址配置情况见

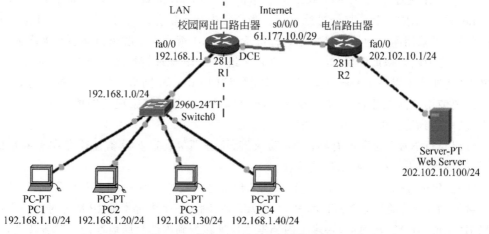

图 7.59　静态 NAT 配置实验拓扑图

表 7.11。

表 7.11 各设备的地址配置情况

设 备	接 口	IP 地址	子 网 掩 码
R1	s0/0/0	61.177.10.1	255.255.255.248
	fa0/0	192.168.1.1	255.255.255.0
R2	s0/0/0	61.177.10.2	255.255.255.248
	fa0/0	202.102.10.1	255.255.255.0
PC1	网卡	192.168.1.10	255.255.255.0
PC2	网卡	192.168.1.20	255.255.255.0
PC3	网卡	192.168.1.30	255.255.255.0
PC4	网卡	192.168.1.40	255.255.255.0
Web Server	网卡	202.102.10.100	255.255.255.0

配置静态 NAT,使得内部计算机能够访问互联网。在配置具体 NAT 之前,首先完成基本配置,要求内部计算机能够 ping 通网关,外部服务器能够 ping 通校园网出口路由器连接外网接口。这部分配置具体如下:

配置校园网出口路由器 R1。

```
Router(config)#hostname R1                                //为路由器命名
R1(config)#interface fastEthernet 0/0                     //进入路由器接口 fa0/0
R1(config-if)#ip address 192.168.1.1 255.255.255.0        //为路由器接口配置 IP 地址
R1(config-if)#no shu                                      //激活
R1(config-if)#exit                                        //退出
R1(config)#interface serial 0/0/0                         //进入接口 s0/0/0
R1(config-if)#ip address 61.177.10.1 255.255.255.248      //为接口配置 IP 地址
R1(config-if)#clock rate 64000                            //配置时钟频率
```

配置电信路由器 R2。

```
Router(config)#hostname R2                                //为路由器命名
R2(config)#interface fastEthernet 0/0                     //进入路由器接口 fa0/0
R2(config-if)#ip address 202.102.10.1 255.255.255.0       //为接口配置 IP 地址
R2(config-if)#no shu                                      //激活
R2(config-if)#exit                                        //退出
R2(config)#interface serial 0/0/0                         //进入接口 s0/0/0
R2(config-if)#ip address 61.177.10.2 255.255.255.248      //为接口配置 IP 地址
R2(config-if)#no shu                                      //激活
```

在校园网出口路由器上,配置指向互联网的默认网关。

```
R1(config)#ip route 0.0.0.0 0.0.0.0 61.177.10.2
```

配置 Web 服务器网络参数,如图 7.60 所示。

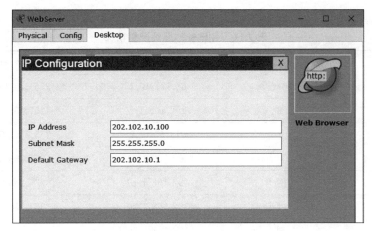

图 7.60　配置 Web 服务器网络参数

测试 Web Server 与校园网出口路由器 s0/0/0 接口的联通性，如图 7.61 所示。

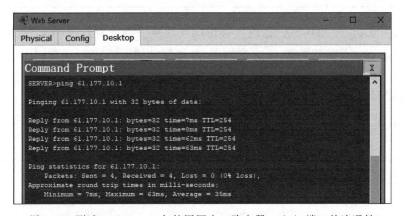

图 7.61　测试 Web Server 与校园网出口路由器 s0/0/0 端口的连通性

测试校园网出口路由器与 Internet Web Server 的联通性，如图 7.62 所示，结果是联通的。

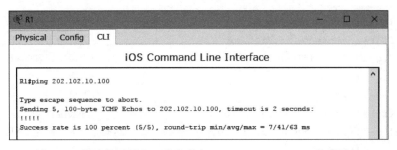

图 7.62　测试校园网出口路由器与 Internet Web Server 的联通性

接下来配置校园网内部 4 台计算机的网络参数。图 7.63 所示为 PC1 网络参数配置情况，其他 3 台计算机的网络参数配置类似。

测试终端计算机与网关的联通性，结果是联通的，如图 7.64 所示。

图 7.63　PC1 网络参数配置情况

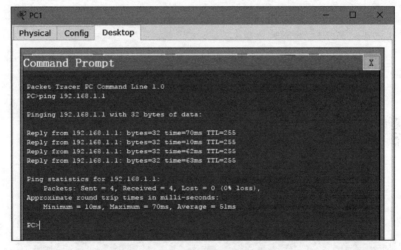

图 7.64　计算机与网关的联通性测试情况

　　若校园网的出口路由器上没有配置 NAT,则校园网内部计算机是不可以访问 Internet 上的 Web Server 的 Web 站点的。内部计算机访问 Web 服务器的情况如图 7.65 所示。

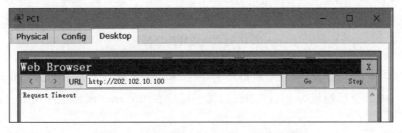

图 7.65　内部计算机访问 Web 服务器情况

接下来在校园网的出口路由器上配置 NAT,实现校园网内部计算机访问 Internet 的目的。静态 NAT 配置过程如下。

(1) 定义内网接口和外网接口。

```
R1(config)#interface fastEthernet 0/0          //进入路由器接口 fa0/0
R1(config-if)#ip nat inside                    //宣告连接内部网络
R1(config-if)#exit                             //退出
R1(config)#interface serial 0/0/0              //进入路由器接口 s0/0/0
R1(config-if)#ip nat outside                   //宣告连接外部网络
R1(config-if)#exit                             //退出
```

(2) 建立映射关系。

```
R1(config)#ip nat inside source static 192.168.1.10 61.177.10.1 //建立映射关系
```

(3) 测试网络联通性。

在内部 IP 地址为 192.168.1.10 的计算机上测试访问 Internet 情况,具体如图 7.66 所示。结果表明,内部 IP 地址为 192.168.1.10 的计算机可以访问 Internet 网络,说明静态访问控制列表发挥了作用。

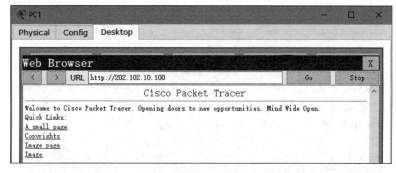

图 7.66　内部计算机访问 Web 服务器情况

(4) 通过命令 show ip nat translations 查看具体转换情况,如图 7.67 所示。

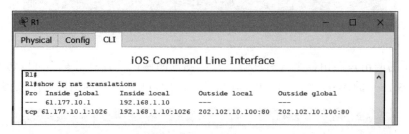

图 7.67　地址转换情况

从图 7.67 中可以看出,内部本地地址为 192.168.1.10,属于不能在 Internet 网络上路由的私有地址,内部全局地址为 61.177.10.1,属于可以在 Internet 网络上路由的公网地址。

7.10.3　实验八——NAT 动态转换实验

动态 NAT 是指将内部网络的私有 IP 地址转换为公网 IP 地址时，IP 地址对是随机的，是不确定的，所有被授权访问 Internet 的私有 IP 地址可随机转换为任何指定的合法 IP 地址。也就是说，只要指定哪些内部地址可以进行转换，以及用哪些合法地址作为外部地址时，就可以进行动态转换。

动态 NAT 配置过程如下。

（1）定义内网接口和外网接口。

```
Router(config-if)#ip nat outside              //宣告连接外网接口
Router(config-if)#ip nat inside               //宣告连接内网接口
```

（2）定义内部本地地址范围。

```
Router(config)#access-list 10 permit 192.168.1.0  0.0.0.255
```

其中 192.168.1.0/24 为内部地址范围。

（3）定义内部全局地址池。

```
Router(config)#ip nat pool abc 200.8.7.3 200.8.7.10  netmask 255.255.255.0
```

其中 200.8.7.3～200.8.7.10 为内部全局地址范围。

（4）建立映射关系。

```
Router(config)#ip nat inside source list 10 pool abc
```

动态 NAT 配置案例　如图 7.59 所示，模拟校园网访问 Internet 网络的情况，配置动态 NAT，从而实现内部计算机访问 Internet 网络。各设备的地址配置情况见表 7.10。

（1）清除静态 NAT 配置。

```
R1(config)#no ip nat inside source static 192.168.1.10 61.177.10.1  //清除静态 NAT 配置
R1(config)#interface fastEthernet 0/0         //进入路由器 fa0/0
R1(config-if)#no ip nat inside                //清除宣告内网接口
R1(config-if)#exit                            //退出
R1(config)#interface serial 0/0/0             //进入接口 s0/0/0
R1(config-if)#no ip nat outside               //清除宣告外网接口
```

（2）默认基本配置已经完成，包括①基本 IP 地址配置；②内部计算机 ping 通网关，外部 Web 服务器 ping 通校园网出口路由器连接外网的接口。

（3）配置路由器 R1，宣告连接内网接口以及连接外网接口。

```
R1(config)#interface fastEthernet 0/0         //进入路由器接口 fa0/0
R1(config-if)#ip nat inside                   //宣告内网接口
R1(config-if)#exit                            //退出
R1(config)#interface serial 0/0/0             //进入接口 s0/0/0
R1(config-if)#ip nat outside                  //宣告外网接口
R1(config-if)#exit                            //退出
```

定义内部本地地址范围：

```
R1(config)#access-list 1 permit any
```

定义内部全局地址池：

```
R1(config)#ip nat pool tdp 61.177.10.3 61.177.10.5 netmask 255.255.255.248
```

建立映射关系：

```
R1(config)#ip nat inside source list 1 pool tdp
```

（4）测试校园网内部计算机访问 Internet 上 Web 服务器的情况

按照 4 台计算机顺序访问 Web 服务器情况，结果前 3 条计算机能够顺利访问 Web 服务器，第 4 台计算机不能访问。原因是前 3 台计算机分别获得了地址池中的公网地址，由于地址池中仅有 3 个公网地址，所以第 4 台计算机因不能获得公网地址而不能访问外网，除非前 3 台计算机有计算机不再访问，退出获得的公网 IP 地址。这样，第 4 台计算机才可能访问外网。

（5）通过命令 show ip nat translations，查看地址转换情况，如图 7.68 所示。

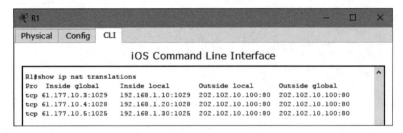

图 7.68　网络地址转换情况

从图 7.68 中可以看出，内部本地地址 192.168.1.10 转换成内部全局地址 61.177.10.3 在 Internet 网络中转发分组。内部本地地址 192.168.1.20 转换成内部全局地址 61.177.10.4 在 Internet 网络中转发分组，内部本地地址 192.168.1.30 转换成内部全局地址 61.177.10.5 在 Internet 网络中转发分组。

7.10.4　实验九——端口多路复用实验

PAT(Port Address Translation)是端口地址转换，可以看作 NAT 的一部分。

PAT 配置如下。

① 定义内网接口和外网接口。

```
Router(config-if)#ip nat outside
Router(config-if)#ip nat inside
```

② 定义内部本地地址范围。

```
Router(config)#access-list 10 permit 192.168.1.0  0.0.0.255
```

③ 定义内部全局地址池。

```
Router(config)#ip nat pool abc 200.8.7.3 200.8.7.3  netmask 255.255.255.0
```

④ 建立映射关系。

```
Router(config)#ip nat inside source list 10 pool abc  overload
```

PAT 的使用场合：

(1) 缺乏全局 IP 地址,甚至只有一个连接 ISP 的全局 IP 地址。

(2) 内部网要求上网的主机数很多。

(3) 提高内网的安全性。

PAT 配置案例　如图 7.69 所示,模拟仿真校园网访问 Internet 网络情况,具体网络参数配置见表 7.11,要求在校园网出口路由器 R1 上配置 PAT,使得校园网计算机能够访问 Internet 网络。

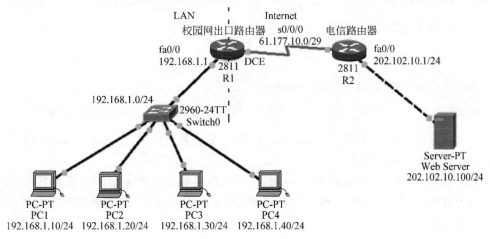

图 7.69　PAT 实验网络拓扑图

IP 地址配置见表 7.12。

表 7.12　IP 地址配置

设备	接口	IP 地址	子网掩码
R1	s0/0/0	61.177.10.1	255.255.255.248
	fa0/0	192.168.1.1	255.255.255.0
R2	s0/0/0	61.177.10.2	255.255.255.248
	fa0/0	202.102.10.1	255.255.255.0
PC1	网卡	192.168.1.10	255.255.255.0
PC2	网卡	192.168.1.20	255.255.255.0
PC3	网卡	192.168.1.30	255.255.255.0
PC4	网卡	192.168.1.40	255.255.255.0
Web Server	网卡	202.102.10.100	255.255.255.0

首先对网络进行基本配置，满足两方面的要求：①校园网内部计算机能够 ping 通网关（地址 192.168.1.1）；②Internet 网络 Web 服务器计算机能够 ping 通校园网出口路由器 R1 连接外网接口 s0/0/0。前面已经有这部分的完整配置。

接下来具体配置 PAT。

方案一：

内部全局地址为校园网出口路由器接口 s0/0/0，定义内网接口和外网接口。

```
R1(config)#interface fastEthernet 0/0          //进入路由器接口 fa0/0
R1(config-if)#ip nat inside                    //宣告内部网络
R1(config-if)#exit                             //退出
R1(config)#interface serial 0/0/0              //进入路由器接口 s0/0/0
R1(config-if)#ip nat outside                   //宣告外部网络
R1(config-if)#exit                             //退出
```

定义内部本地地址范围：

```
R1(config)#access-list 1 permit any
```

建立映射关系：

```
R1(config)#ip nat inside source list 1 interface serial 0/0/0 overload
```

测试校园网内部计算机访问 Internet 上 Web 服务器的情况。测试结果表明，内部计算机都可以访问 Internet 网络。

通过命令 show ip nat translations 可以看出，内部私有地址通过 PAT 后都转换为同一个内部全局地址 61.177.10.1，唯一不同的是，对应同一内部全局地址的端口号不同，如图 7.70 所示。

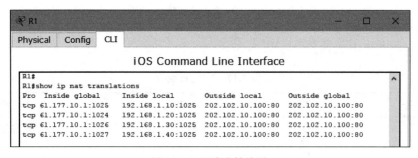

图 7.70　查看映射关系

方案二：

使用内部全局地址池进行转换，同样使用图 7.69，要求利用 PAT 满足内部计算机访问 Internet 网络。

首先对网络进行基本配置，满足两方面的要求：①校园网内部计算机能够 ping 通网关（地址 192.168.1.1）；②Internet 网络 Web 服务器计算机能够 ping 通校园网出口路由器 R1 连接外网接口 s0/0/0。前面已经有这部分的完整配置。

具体 PAT 配置如下。

定义内网接口和外网接口：

```
R1(config)#interface fastEthernet 0/0          //进入路由器接口 fa0/0
R1(config-if)#ip nat inside                     //宣告内部接口
R1(config-if)#exit                              //退出
R1(config)#interface serial 0/0/0               //进入路由器接口 s0/0/0
R1(config-if)#ip nat outside                    //宣告外部接口
R1(config-if)#exit                              //退出
```

定义内部本地地址范围：

```
R1(config)#access-list 1 permit any
```

定义内部全局地址池：

```
R1(config)#ip nat pool tdp 61.177.10.3 61.177.10.5 netmask 255.255.255.248
```

建立映射关系：

```
R1(config)#ip nat inside source list 1 pool tdp overload
```

测试校园网内部计算机访问 Internet 上 Web 服务器情况。测试结果表明，内部计算机都可以访问 Internet 网络。通过命令 show ip nat translations 查看结果，如图 7.71 所示。

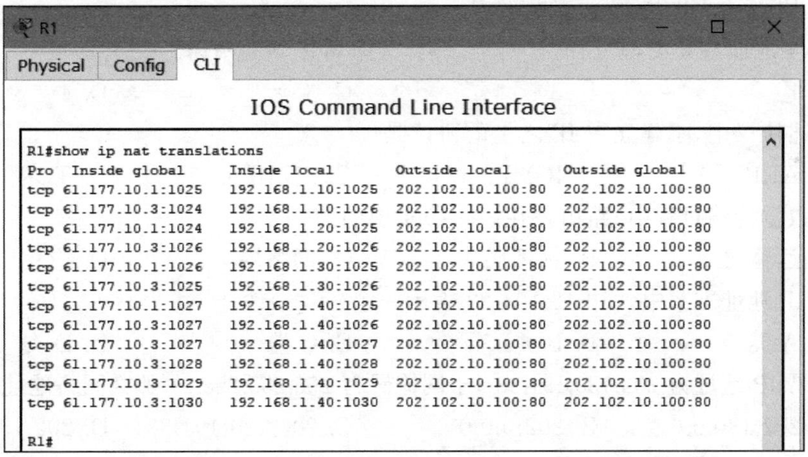

图 7.71　映射关系图

7.11　本章小结

本章首先讲解网络层提供的两种服务：虚电路服务和数据报服务；接着讲解 IP 地址的相关知识、ARP、网络层 IP 数据报的格式、子网划分、静态路由、动态路由技术以及 NAT 技术；最后通过仿真实验，实现了 ARP 的分析、IP 报文的分析、ICMP 的分析，以及仿真实现了静态路由、动态路由以及 NAT 的配置过程。

7.12 习题 7

一、选择题

1. 下面有关虚电路和数据报的特性,正确的是(　　)。

　　A. 虚电路和数据报分别为面向无连接和面向连接的服务

　　B. 数据报在网络中沿同一条路径传输,并且按发出顺序到达

　　C. 虚电路在建立连接之后,分组中只需要携带连接标识

　　D. 虚电路中的分组到达顺序可能与发出顺序不同

2. 目前使用的 IPv4 地址由(　　)个字节组成。

　　A. 2　　　　　　　B. 4　　　　　　　C. 8　　　　　　　D. 16

3. 我们将 IP 地址分为 A、B、C 三类,其中 B 类的 IP 地址第一字节的取值范围是(　　)。

　　A. 127~191　　　B. 128~191　　　C. 129~191　　　D. 126~191

4. 以下 IP 地址说法不正确的是(　　)。

　　A. 一个 IP 地址共 4 字节

　　B. 一个 IP 地址用二进制表示共 32 位

　　C. 新 Internet 协议版本是第 6 版,简称 IPv6

　　D. 127.0.0.1 可用在 A 类网络中

5. IPv4 地址共 5 类,常用的有(　　)类,其余留作其他用途。

　　A. 1　　　　　　　B. 2　　　　　　　C. 3　　　　　　　D. 4

6. 下述协议中,不建立在 IP 之上的协议是(　　)。

　　A. ARP　　　　　B. ICMP　　　　　C. SNMP　　　　　D. TCP

7. 在数据传输过程中,路由是在(　　)实现的。

　　A. 运输层　　　　B. 物理层　　　　C. 网络层　　　　D. 应用层

8. 在 IP 地址方案中,210.42.194.22 表示一个(　　)地址。

　　A. A 类　　　　　B. B 类　　　　　C. C 类　　　　　D. D 类

9. 如果 IP 地址为 202.130.191.33 ,子网掩码为 255.255.255.0 ,那么网络地址是(　　)。

　　A. 202.130.0.0　　B. 202.0.0.0　　　C. 202.130.191.33　　D. 202.130.191.0

10. 有一个 B 类网络地址 160.18.0.0,如要划分子网,每个子网最少允许 40 台主机,划分时容纳最多子网时,其子网掩码为(　　)。

　　A. 255.255.192.0　B. 255.255.224.0　C. 255.255.240.0　D. 255.255.255.192

11. 下列哪种说法是错误的?(　　)

　　A. IP 层可以屏蔽各个物理网络的差异

　　B. IP 层可以代替各个物理网络的数据链路层工作

　　C. IP 层可以隐藏各个物理网络的实现细节

　　D. IP 层可以为用户提供通用的服务

12. 分类的 IP 地址 205.140.36.88 的哪部分表示主机号?(　　)

　　A. 205　　　　　B. 205.140　　　　C. 88　　　　　　D. 36.88

13. 分类的 IP 地址 129.66.51.37 的哪部分表示网络号?(　　)

A. 129.66　　　　　B. 129　　　　　　C. 129.66.51　　　　D. 37

14. 假设一个主机的 IP 地址为 192.168.5.121,而子网掩码为 255.255.255.248,那么该主机的网络号部分(包括子网号部分)为(　　　)。

A. 192.168.5.12　B. 192.168.5.121　C. 192.168.5.120　D. 192.168.5.32

15. 通常,下列说法错误的是(　　　)。

A. 高速缓存区中的 ARP 表是由人工建立的

B. 高速缓存区中的 ARP 表是由主机自动建立的

C. 高速缓存区中的 ARP 表是动态的

D. 高速缓存区中的 ARP 表保存了主机 IP 地址与物理地址的映射关系

16. 下列哪种情况需要启动 ARP 请求?(　　　)

A. 主机需要接收信息,但 ARP 表中没有源 IP 地址与 MAC 地址的映射关系

B. 主机需要接收信息,但 ARP 表中已经具有源 IP 地址与 MAC 地址的映射关系

C. 主机需要发送信息,但 ARP 表中没有目的 IP 地址与 MAC 地址的映射关系

D. 主机需要发送信息,但 ARP 表中已经具有目的 IP 地址与 MAC 地址的映射关系

17. 对 IP 数据报分片的重组通常发生在(　　　)上。

A. 源主机　　　　　　　　　　　　　B. 目的主机

C. IP 数据报经过的路由器　　　　　D. 目的主机或路由器

18. 在互联网中,(　　　)需要具备路由选择功能。

A. 具有单网卡的主机　　　　　　　B. 具有多网卡的宿主主机

C. 路由器　　　　　　　　　　　　　D. 以上设备都需要

19. 路由器中的路由表(　　　)。

A. 需要包含到达所有主机的完整路径信息

B. 需要包含到达所有主机的下一步路径信息

C. 需要包含到达目的网络的完整路径信息

D. 需要包含到达目的网络的下一步路径信息

20. 关于 OSPF 和 RIP,下列说法正确的是(　　　)。

A. OSPF 和 RIP 都适合在规模庞大的、动态的互联网上使用

B. OSPF 和 RIP 比较适合在小型的、静态的互联网上使用

C. OSPF 适合在小型的、静态的互联网上使用,而 RIP 适合在大型的、动态的互联网上使用

D. OSPF 适合在大型的、动态的互联网上使用,而 RIP 适合在小型的、动态的互联网上使用

21. 实现网络层互联的设备是(　　　)。

A. 中继器　　　　　B. 网桥　　　　　　C. 路由器　　　　　D. 网关

22. 路由器转发分组是根据报文分组的(　　　)。

A. 端口号　　　　　B. MAC 地址　　　　C. IP 地址　　　　　D. 域名

23. IP 数据报具有“生存时间”域,当该域的值为(　　　)时数据报将被丢弃。

A. 255　　　　　　　B. 16　　　　　　　C. 1　　　　　　　　D. 0

24. 在 Internet 中,网络之间互联通常使用的设备是( )。

    A. 路由器   B. 集线器   C. 工作站   D. 服务器

25. 关于 IP 的描述,正确的是( )。

    A. 是一种网络管理协议   B. 采用标记交换方式

    C. 提供可靠的数据报传输服务   D. 屏蔽低层物理网络的差异

26. 关于 ARP 的描述,正确的是( )。

    A. 请求采用单播方式,应答采用广播方式

    B. 请求采用广播方式,应答采用单播方式

    C. 请求和应答都采用广播方式

    D. 请求和应答都采用单播方式

27. 对 IP 数据报进行分片的主要目的是( )。

    A. 适应各个物理网络不同的地址长度

    B. 拥塞控制

    C. 适应各个物理网络不同的 MTU 长度

    D. 流量控制

28. 回应请求与应答 ICMP 报文的主要功能是( )。

    A. 获取本网络使用的子网掩码   B. 报告 IP 数据报中的出错参数

    C. 将 IP 数据报进行重新定向   D. 测试目的主机或路由器的可达性

29. 关于 IP 数据报头的描述,错误的是( )。

    A. 版本域表示数据报使用的 IP 版本

    B. 协议域表示数据报要求的服务类型

    C. 头部校验和域用于保证 IP 报头的完整性

    D. 生存时间表示数据报的存活时间

二、填空题

1. 分类 IP 地址 202.135.111.77 默认的广播地址为_____。

2. 分类 IP 地址 172.15.1.1 默认包含的可用主机地址数为_____。

3. 分类 IP 地址 112.1.1.1 默认的网络地址为_____。

4. B 类 IP 地址的子网掩码是 255.255.224.0,通常可以设定的子网个数为_____。

5. 在一个网络地址为 145.22.0.0,子网掩码为 255.255.252.0 的网络中,每个子网可以拥有的主机数为_____。

6. 在一个 C 类地址划分子网,其中一个子网的最大主机数为 16,如要得到最多的子网数量,子网掩码应为_____。

7. 某主机的 IP 地址为 172.16.7.131/26,则该 IP 地址所在的子网的广播地址是_____。

8. 若网络地址是 145.22.0.0,子网掩码是 255.255.252.0,则一个子网拥有的主机数是_____。

9. 对地址段 212.114.20.0/24 进行子网划分,采用/28 作为子网掩码,可以得到的子网数为_____,每个子网拥有的主机数为_____。

10. 设置一个子网掩码,将一个 B 类网络 172.16.0.0 划分成 30 个子网,每个子网要容纳的主机数尽可能多,则子网掩码应为_____。

第8章 运 输 层

本章学习目标
- 掌握运输层的相关概念。
- 熟悉运输层常见的两个协议 TCP 和 UDP。
- 掌握 UDP 的格式及特点并通过实验进行验证。
- 掌握 TCP 的格式及特点并通过实验进行验证。
- 掌握 TCP 的工作原理。

本章主要讲解运输层的两个主要协议 TCP 和 UDP,详细讲解 UDP 的格式及特点、TCP 可靠传输的工作原理。

本章的实验主要包括 UDP 格式的分析、TCP 格式的分析。

8.1 运输层协议概述

网络层实现的是两个端系统之间的数据传输,包括网络与网络之间、主机与主机之间的 IP 数据报的传输,它并不涉及具体的应用进程。而运输层提供进程到进程的通信,它向高层用户屏蔽通信子网的细节。

8.1.1 进程之间的通信

运输层位于应用层与网络层之间,它将网络层提供的主机到主机的通信进一步延伸到进程到进程的通信。运输层运行于位于网络边缘的安装有操作系统的端系统上,对上层应用层的不同应用进程提供可靠的或尽力而为的通信服务,对下层网络层则利用网络层提供的主机到主机的通信服务。从通信和信息处理的角度看,运输层属于面向通信部分的最高层,同时也是用户功能的最底层。

从网络设计者的角度看,需要考虑两个因素:一是基于 IP 的网络层只能提供尽力而为的主机到主机的服务,经过 IP 传输的报文可能出现丢失、乱序和重复等现象;二是应用层的应用进程通常希望能够得到一些基本的网络服务,包括在同一个主机上能够运行多个应用进程,保障报文可靠传输、保障发送端和接收端能够协调工作,不致因双方性能差异而导致传输出错、支持任意长的报文等,这两个因素促使网络为应用进程提供端到端的运输层服务。

图 8.1 为两个路由器连接 3 个网段,分别为 LAN_1、WAN 以及 LAN_2,路由器只工作到网络层,它提供主机到主机的通信服务,主机 PC0 上运行的应用进程 AP_1 和 AP_2 与主机 PC1 上运行的应用进程 AP_3 和 AP_4 通过网络进行通信。进程与进程之间的通信需要运输层完成。

由于一个主机可同时运行多个应用进程,因此运输层需要具有复用和分用功能。在发送端,运输层可从不同端口接收来自多个不同应用进程的报文,并将它们复用成一个运输层报文,然后向下传送给网络层。网络层则将收到的运输层报文封装成 IP 数据报向下传给数据链路层。

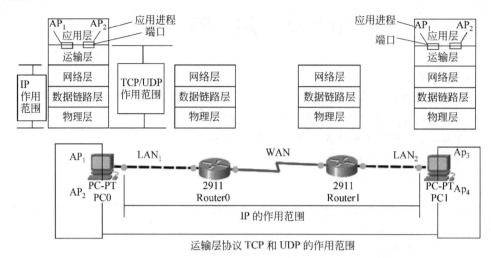

图 8.1　运输层为端到端的应用进程提供逻辑通信

在网络层,路由器只处理 IP 数据报的报头部分,对 IP 数据报的数据部分(即运输层报文)并不处理。

在接收端,网络层从 IP 数据报中提取运输层报文并上交给运输层。运输层根据端口号将报文分成多个应用层报文,然后分别向上提交给对应端口的应用进程。

8.1.2　运输层的两个主要协议

目前运输层提供的两个协议分别是传输控制协议(Transmission Control Protocol,TCP)和用户数据报协议(User Datagram Protocol,UDP),具体如图 8.2 所示。

图 8.2　运输层网络协议

TCP 是一种面向连接的、可靠的、基于字节流的运输层通信协议,是为了在不可靠的互联网络上提供可靠的端到端字节流而专门设计的一个传输协议。运输层使用 TCP 的运输协议数据单元(Transport Protocol Data Unit,TPDU)称为 TCP 报文段(segment)。

互联网络与单个网络有很大的不同,互联网络是指将异构网络互联起来的网络,所谓异构网络,它们可能有截然不同的拓扑结构、带宽、延迟、数据包大小和其他参数。运输层的 TCP 协议的设计目的是能够动态地适应互联网络的这些特性,并且具备面对各种故障时的健壮性。

UDP 是一个简单的面向用户数据报的运输层协议。UDP 不提供可靠性,只是把应用程序传给 IP 层的数据报发送出去,同时也不能保证这些数据报能够到达目的地。由于 UDP 在传输数据报前并不要求在需要传输数据报的两端之间建立一条连接,并且也没有超时重发等机制,因此传输速度相对较快。表 8.1 显示了使用 UDP 和 TCP 的各种应用和应用层协议。

表 8.1 使用 UDP 和 TCP 的各种应用和应用层协议

运输层协议	应用层协议	应 用
TCP	SMTP(Simple Mail Transfer Protocol,简单邮件传输协议)	电子邮件
	HTTP(Hyper Text Transfer Protocol,超文本传输协议)	万维网
	TELNET(Telnet,远程终端协议)	远程终端登录
	FTP(File Transfer Protocol,文件传输协议)	文件传输
UDP	DNS(Domain Name System,域名系统)	域名解析
	TFTP(Trivial File Transfer Protocol,简单文件传输协议)	文件传输
	RIP(Routing Information Protocol,路由信息协议)	路由信息协议
	DHCP(Dynamic Host Configuration Protocol,动态主机配置协议)	IP 地址配置
	SNMP(Simple Network Management Protocol,简单网络管理协议)	网络管理
	NFS(Network File System,网络文件系统)	远程文件服务器
	IGMP(Internet Group Management Protocol,国际组管理协议)	多播

8.1.3 运输层端口

在发送端应用层所有的应用进程都可以通过运输层再传送到网络层(IP 层),在接收端运输层从网络层收到 IP 数据报后将运输层的协议数据部分必须交付指明的应用进程。

计算机中的进程是用进程标识符(通常是一个整数)来标识的,不同操作系统的进程标识符的表示格式不一样。为了解决这个问题,在运输层使用协议端口号(protocol port number),简称端口(port)。也就是说,虽然通信的终点是应用进程,但实际只需要把传送的报文交到目的主机的某个合适的端口,剩下的工作就由运输层协议 TCP 或 UDP 来完成。

互联网采用的 TCP/IP 协议族的运输层采用 16 位的端口号来标识不同的端口,16 位可标识 65535 个不同的端口号,利用端口号可区分不同的应用进程。

运输层的端口号可分为服务器端使用的端口号以及客户端使用的端口号两大类。

(1) 服务器端使用的端口号:服务器端使用的端口号又可分为两类,一类称为熟知端口号(well known port number)或系统端口号,数值为 0~1023;另一类称为登记端口号,数值为 1024~49151。这类端口号是为没有熟知端口号的应用程序使用的。常见的熟知端口号见表 8.2。

表 8.2 常见的熟知端口号

端口号	应用程序	描 述	端口号	应用程序	描 述
21	FTP	文件传输协议的端口号	80	HTTP	超文本传输协议的端口号
23	Telnet	远程终端协议的端口号	110	POP3	邮局协议版本 3 的端口号
25	SMTP	简单邮件传输协议的端口号	123	NTP	网络时间协议的端口号
53	DNS	域名服务器开放的端口	161	SNMP	简单网络管理协议的端口号
69	TFTP	简单文件传输协议的端口号	520	RIP	路由信息协议的端口号

（2）客户端使用的端口号：数值为 49152～65535。由于这类端口号仅在客户进程运行时才动态选择，因此又叫作短暂端口号。这类端口号是留给客户进程选择暂时使用，当服务器进程收到客户进程的报文时，就知道了客户进程使用的端口号，因而可以把数据发送给客户进程。通信结束后，刚才已经使用过的客户端口号不复存在，该端口号又可以再供其他客户进程使用。

8.2 用户数据报协议

8.2.1 UDP 的特点

UDP 只在 IP 数据报服务之上增加了很少的功能，这就是复用、分用以及差错检测的功能。UDP 的主要特点是：

（1）UDP 是无连接通信协议，即在数据传输时，数据的发送端和接收端不建立逻辑连接。简单来说，当一台计算机向另一台计算机发送数据时，发送端不确认接收端是否存在，就会发出数据，同样接收端在收到数据时，也不向发送端反馈是否收到数据。因此，UDP 使用尽最大努力交付，它不保证可靠性，也不需要维持复杂的链路。

（2）UDP 消耗资源少，不提供拥塞控制，通信效率较高。该协议通常用于音频、视频以及普通数据的传输，如视频会议、在线直播等。这种情况即使偶尔丢失一两个数据包，也不会对接收结果产生太大的影响。但是，在传输对数据完整性有严格要求的数据时，不适合使用 UDP，而采用 TCP。

（3）UDP 不提供数据包分组、重装，也不对数据包进行排序，在发送端对应用层报文不合并、不拆分，而是直接添加 UDP 首部传给下面的网络层。同样，在接收端去除运输层首部后直接上交给应用层，如图 8.3 所示。

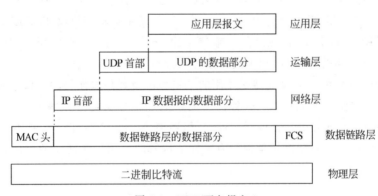

图 8.3 UDP 面向报文

（4）UDP 首部开销小，只有 8B，相对于 TCP 的 20B 信息而言额外开销小。

（5）UDP 是分发信息的理想协议，一台服务器可同时向多个客户机传输相同的消息，进行一对多的通信。例如，在屏幕上报告股票市场、显示航空信息等。

UDP 提供拥塞控制，在网络状况不好的情况下容易造成网络拥塞，随着网速的提升，给 UDP 的稳定性提供可靠网络保障，丢包率降低，如果再使用应用层重传机制，能够确保传输的可靠性。

8.2.2 UDP 的首部格式

UDP 有两个字段：数据字段和首部字段。首部字段很简单，只有 8B，由 4 个字段组成，每个字段的长度都是 2B，如图 8.4 所示。各字段意义如下。

(1) 源端口，占 2B，表示源端口号，在需要对方回信时选用，不需要时可用全 0。

(2) 目的端口，占 2B，表示目的端口号，在终点交付报文时必须使用。

(3) 长度，占 2B，表示 UDP 的长度，其最小值是 8，此时是仅有首部的情况。

(4) 检验和，占 2B，测试 UDP 在传输中是否有错，若有错，就丢弃。

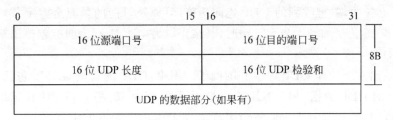

图 8.4　UDP 的首部

虽然在 UDP 之间的通信要用到其端口号，但由于 UDP 通信是无连接的，因此不需要使用套接字建立连接。

UDP 首部中检验和的计算方法有些特殊。在计算检验和时，要在 UDP 之前增加 12B 的伪首部。所谓"伪首部"，是因为这种伪首部并不是 UDP 真正的首部，只是在计算检验和时临时添加在 UDP 前面，得到一个临时的 UDP。检验和就是按照这个临时的 UDP 计算的。伪首部既不向下传送也不向上提交，仅是为了计算检验和。图 8.5 的最上面给出了伪首部各字段的内容。

图 8.5　UDP 的首部和伪首部

伪首部中各字段的意义如下：

(1) 第一个字段表示源 IP 地址，占 4B，表示源 IP 地址。

(2) 第二个字段表示目的 IP 地址，占 4B，表示目的 IP 地址。

(3) 第三个字段占 1B，值为全 0。

（4）第四个字段表示协议字段，占 8 位，表示 IP 数据报携带的数据使用的协议，这里为 UDP，值为 17。

（5）第五个字段表示 UDP 长度，占 2B。

UDP 检验和的基本计算方法与 IP 首部检验和的计算方法类似，不同的是：IP 数据报的检验和只检验 IP 数据报的首部，但 UDP 的检验和是指对首部和数据部分一起检验。在发送端，首先把全零放入检验和字段，再把伪首部以及 UDP 看成是由许多 16 位的字串接起来的。若 UDP 的数据部分不是偶数个字节，则要填入一个全零字节（但此字节不发送），然后按二进制反码计算这些 16 位字的和。将此和的二进制反码写入检验和字段后，就发送这样的 UDP。在接收端，把收到的 UDP 连同伪首部（以及可能的填充全零字节）一起按二进制反码求这些 16 位字的和。当无差错时，其结果应为全 1，否则表明有差错出现，接收端应丢弃这个 UDP。

图 8.6 给出一个计算 UDP 检验和的例子。图中，UDP 的长度为 15B，包括 8B 的 UDP 首部以及 7B 的 UDP 数据，相关"UDP 长度"字段的值为 15，检验和初始状态用全 0 填充。15B 长的 UDP 的数据部分不是偶数个字节，需要填充一个全 0 的字节。

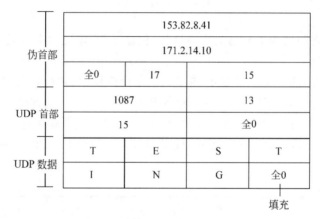

图 8.6　计算 UDP 检验和的例子

在 ASCII 码表中，字母 T 的 ASCII 值为 0101 0100，字母 E 的 ASCII 值为 0100 0101，字母 S 的 ASCII 值为 0101 0011，字母 I 的 ASCII 值为 0100 1001，字母 N 的 ASCII 值为 0100 1110，字母 G 的 ASCII 值为 0100 0111。

按照二进制反码运算求和的过程如下。

首先列出二进制反码算术求和计算的式子，如图 8.7 所示。

按照反码算术运算求和规则进行运算，从低位到高位，每一位的运算过程如下。

最后一位：7 个 1 相加结果为 1，产生 3 个进位 1；倒数第二位：7 个 1 相加后再加上 3 个进位 1，共 10 个 1 相加，结果为 0，产生 5 个进位 1；倒数第三位：7 个 1 相加再加上 5 个进位 1，共 12 个 1 相加，结果为 0，产生 6 个进位 1；倒数第四位：7 个 1 相加再加上 6 个进位 1，共 13 个 1 相加，结果为 1，产生 6 个进位 1；倒数第五位：4 个 1 相加再加上 6 个进位 1，共 10 个 1 相加，结果为 0，产生 5 个进位 1；倒数第六位：2 个 1 相加再加上 5 个进位 1，共 7 个 1 相加，结果为 1，产生 3 个进位 1；倒数第七位：4 个 1 相加再加上 3 个进位 1，共 7 个 1 相加，结果为 1，产生 3 个进位 1；倒数第八位：0 个 1 相加再加上 3 个进位 1，共 3 个 1 相加，结

```
1 0 0 1    1 0 0 1    0 1 0 1    0 0 1 0    153.82
0 0 0 0    1 0 0 0    0 0 1 0    1 0 0 1    8.41
1 0 1 0    1 0 1 1    0 0 0 0    0 0 1 0    171.2
0 0 0 0    1 1 1 0    0 0 0 0    1 0 1 0    14.10
0 0 0 0    0 0 0 0    0 0 0 1    0 0 0 1    0和17
0 0 0 0    0 0 0 0    0 0 0 0    1 1 1 1    15
0 0 0 0    0 1 0 0    0 0 1 1    1 1 1 1    1087
0 0 0 0    0 0 0 0    0 0 0 0    1 1 0 1    13
0 0 0 0    0 0 0 0    0 0 0 0    1 1 1 1    15
0 0 0 0    0 0 0 0    0 0 0 0    0 0 0 0    0（检验和初始值）
0 1 0 1    0 1 0 0    0 1 0 0    0 1 0 1    字母T和E
0 1 0 1    0 0 1 1    0 1 0 1    0 1 0 0    字母S和T
0 1 0 0    1 0 0 1    0 1 0 0    1 1 1 0    字母I和N
0 1 0 0    0 1 1 1    0 0 0 0    0 0 0 0    字母G和填充数字0
```

图 8.7　列式二进制反码算术求和

果为 1,产生 1 个进位 1;倒数第九位:5 个 1 相加再加上 1 个进位 1,共 6 个 1 相加,结果为 0,产生 3 个进位 1;倒数第十位:4 个 1 相加再加上 3 个进位 1,共 7 个 1 相加,结果为 1,产生 3 个进位 1;倒数第十一位:4 个 1 相加再加上 3 个进位 1,共 7 个 1 相加,结果为 1,产生 3 个进位 1;倒数第十二位:5 个 1 相加再加上 3 个进位 1,共 8 个 1 相加,结果为 0,产生 4 个进位 1;倒数第十三位:3 个 1 相加再加上 4 个进位 1,共 7 个 1 相加,结果为 1,产生 3 个进位 1;倒数第十四位:1 个 1 相加再加上 3 个进位 1,共 4 个 1 相加,结果为 0,产生 2 个进位 1;倒数第十五位:4 个 1 相加再加上 2 个进位 1,共 6 个 1 相加,结果为 0,产生 3 个进位 1;倒数第十六位:2 个 1 相加再加上 3 个进位 1,共 5 个 1 相加,结果为 1,产生 2 个进位 1;倒数第十七位:2 个进位 1 相加结果为 0 进 1 位,结果为 10 ;最终得到的计算结果为"10 1001　0110 1110 1001",然后将 1001 0110 1110 1001 ＋ 10 ＝1001 0110 1110 1011;将得出的结果取反码得到的检验和为 0110 1001 0001 0100。

UDP 的封装如图 8.8 所示。

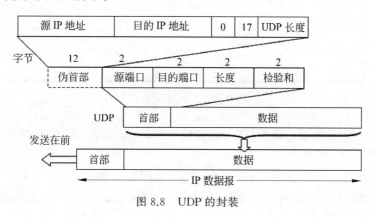

图 8.8　UDP 的封装

8.2.3　实验一——UDP 的首部格式

由于 DNS 采用的运输层协议为 UDP,因此为了抓取 UDP,须搭建基于 DNS 的网络环境。

(1) 在 Packet Tracer 仿真软件上构建网络拓扑结构,如图 8.9 所示。设置主机的 IP 地址为 192.168.1.1,子网掩码为 255.255.255.0,服务器的 IP 地址为 192.168.1.100,子网掩码为 255.255.255.0。具体配置方式为:单击主机,在弹出的窗口中选择 Desktop,在弹出的窗口中选择 IP Configuration,设置 IP 地址及子网掩码。

Server-PT
Server0

PC-PT
PC0

IP地址:192.168.1.100
子网掩码:255.255.255.0

IP地址:192.168.1.1
子网掩码:255.255.255.0

图 8.9　构建网络拓扑结构图

(2) 开启服务器的 DNS 功能,具体操作如下:单击服务器,在弹出的窗口中选择 Config,在 Config 窗口中选择 DNS,结果如图 8.10 所示。

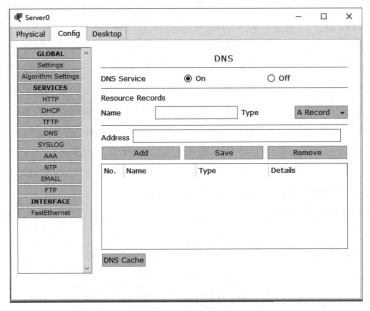

图 8.10　DNS 配置窗口

(3) 在 DNS 配置界面中设置 DNS,设置域名 www.tdp.com,对应的 IP 地址为 192.168.1.100,结果如图 8.11 所示。

(4) 打开 Packet Tracer 的 Simulation 模式,如图 8.12 所示。

(5) 单击 PC,在弹出的窗口中选择 Desktop,在 Desktop 窗口中单击 Web Browser,在弹出的窗口中的 URL 中输入域名 www.tdp.com,按 Enter 键,如图 8.13 所示。

(6) 连续单击 Simulation 窗口中的 Capture/Forward,结果如图 8.14 所示。

(7) 单击抓取的 DNS 数据报,弹出如图 8.15 所示的窗口。PDU 详细信息如图 8.16 所示。

结果表明 UDP 格式与图 8.5 所示一致。

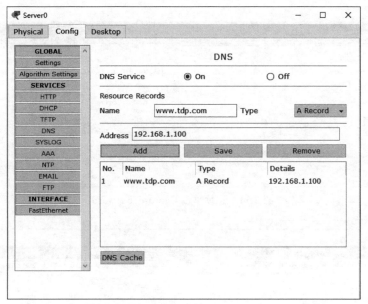

图 8.11　设置域名与 IP 地址的对应关系

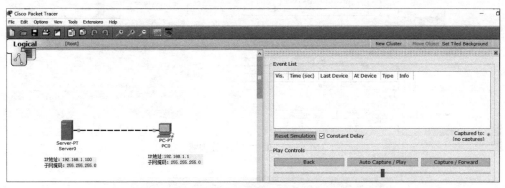

图 8.12　打开 Packet Tracer 的 Simulation 模式

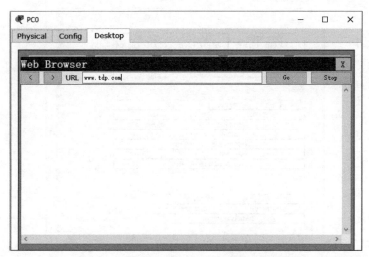

图 8.13　在 Web Browser 窗口中输入域名

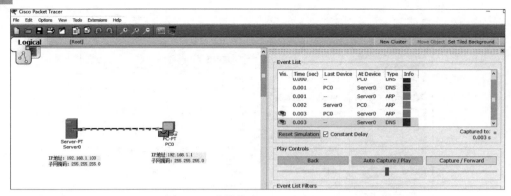

图 8.14　连续单击 Capture/Forward

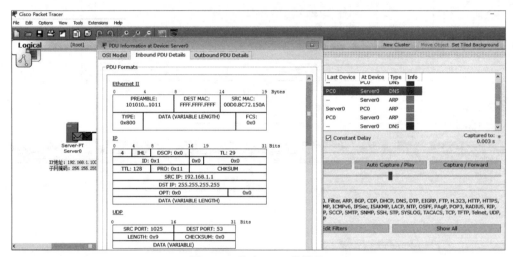

图 8.15　单击 DNS 数据报

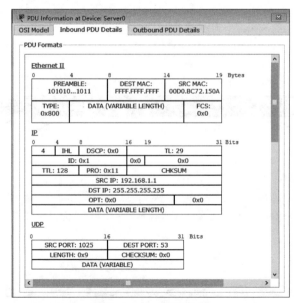

图 8.16　PDU 详细信息

8.3   TCP 概述

TCP 是一种面向连接的、可靠的、基于字节流的运输层通信协议,该协议能够在不可靠的互联网络环境中提供可靠的、面向字节流的、端到端的运输层通信服务。该协议由 IETF 的 RFC793 定义。

互联网络的不同部分存在截然不同的网络拓扑结构、不同的网络带宽、不同的网络延迟、不同的数据包的大小以及其他一些不同的网络参数。而运输层的 TCP 的设计目标是能够动态地适应互联网络的这些特性,能够可靠地进行网络通信,同时 TCP 能够使得互联网络具备面对各种故障时的健壮性。

在某些应用层协议之间需要提供可靠的、无差错的传输服务,而网络层通常提供不可靠的服务,如何在不可靠的网络层基础之上提供可靠的、无差错的应用层服务,这时需要依靠可靠的运输层的服务。TCP 就可以提供可靠的、无差错的服务。

在源主机上应用层向运输层发送一串字节流,运输层的 TCP 将字节流分成适当长度的 TCP 报文段(通常受该计算机连接网络的数据链路层的最大传输单元,即 MTU 的限制)加上 TCP 包头交给互联网络的网络层(IP 层),接下来由网络层将 IP 数据报传输给接收端的 TCP 层。当然,整个传输过程需要底层(即数据链路层)以及物理层的帮助。TCP 提供的是可靠的、无差错的服务,为了保证不发生丢包,TCP 就为每一个包编上序号,同时序号也保证了传送到接收端实体的包能够按序接收。然后,接收端主机对已成功收到的包发回一个相应的确认(ACK);如果源主机在合理的往返时间(RTT)内未收到确认,那么对应的数据包就被假设为已丢失,将会被重新传送。TCP 利用在发送和接收端分别计算检验和的方式来判断数据传输过程中是否有误。

互联网络的网络层(即 IP 层)提供不可靠的服务,不能保证源主机的数据能够正确传递到接收端,同时也不能控制数据报的传输速度,运输层 TCP 能够控制传输速度,合理使用网络容量,避免网络拥塞,并且 TCP 还能够实现超时重传,对没有正确传输的数据进行重新传输,确保可靠性,即使顺利传送的数据报,也有可能出现失序的问题,TCP 同样能够解决。总之,TCP 提供良好的可靠性,这是底层网络协议不能实现而 TCP 能够提供的。

8.4   可靠传输的工作原理

TCP 发送的报文段是交给它的下层网络层传送的,而网络层只是尽最大努力将数据报发送到目的地,它不考虑网络是否堵塞,数据报是否失序以及数据报是否丢失的问题。也就是说,TCP 下面的网络层提供的是不可靠的传输服务,要想提供可靠的、无差错的应用层服务,这就需要运输层协议如 TCP 采取适当的措施使发送端和接收端之间的通信变得可靠,也就是将可靠交互的任务交给运输层协议 TCP 来完成。

在设计可靠传输的网络协议时,需要考虑在各种情况下都能够提供可靠传输,TCP 能够提供可靠传输就考虑到各种情况下的可靠传输。

理想状态下的可靠传输往往具备两个条件:一是传输的信道不产生差错;二是不管发送端的发送速度如何,接收端都来得及无差错地接收。在这样的理想状态下,运输层协议不需要提供任何额外的功能,就能够实现可靠的传输服务。但这样的理想状态是不可能存在的,即使偶尔存在,也不能保证永久地可靠传输。因此,设计可靠的运输层协议需要考虑各种不利因素的影响。当出现差错时进行重传处理,当出现来不及处理时可以降低发送速率,当出现拥塞时可以暂停发送。考虑到这些因素后,就可以在不可靠的传输信道上实现可靠的传输。TCP正是全方位考虑了各种不利因素,才能够实现可靠传输。实现可靠传输首先讨论最简单的停止等待协议。

8.4.1 停止等待协议

实现可靠传输,能够得到对方的确认至关重要。接收端告知发送端已经成功接收到,这就保证了可靠性。停止等待的基本思想是:每发送一个报文段就停止发送,等待对方的确认,直到收到确认后再发送下一个报文。在报文传输过程中需要考虑以下4种可能发生的状况:无差错情况、出现差错情况、接收端发回的确认丢失情况以及接收端发回的确认迟到情况。

1. 无差错情况

无差错情况是最简单的情况。发送端A每发送完一个报文段,就停下来等待接收端B发回确认报文,发送端A直到接收到接收端B的确认报文后再发送下一个报文,如此往复进行通信。图8.17所示为最简单的无差错情况。发送端A发送分组Data1,发完就暂停发送,等待接收端B对分组Data1的确认。B收到Data1后就向发送端A发送确认。发送端A收到接收端B对Data1的确认后,再发送下一个分组Data2。同样,发送端A收到接收端B对Data2的确认后,再发送下一个分组Data3,如此反复。

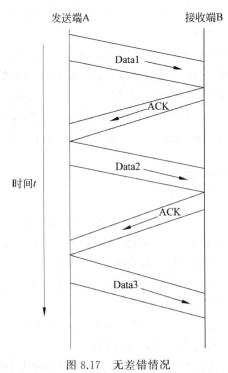

图 8.17 无差错情况

2. 出现差错情况

出现差错又细分为两种情况：一种情况是接收端 B 接收到了发送端 A 发送过来的报文，但是接收端 B 通过检测检测出该接收到的报文是有错误的，这时接收端 B 就丢弃该差错报文，其他什么也不做；另一种情况是报文在传输过程中丢失了，接收端 B 压根就没有接收到该报文。总之，这两种情况下接收端 B 均没有接收到正确的报文，因此接收端 B 并不会发确认给发送端 A，发送端 A 也不会接收到接收端 B 发来的确认。也就是说接收端 B 不会发确认，发送端 A 不会接收到确认，在这样的情况下，为了实现可靠传输，发送端 A 需要对该报文进行重传，以确保接收端 B 能够正确收到该报文。这时需要考虑在接收端 B 没有发出确认的情况下，发送端 B 如何决定是否需要进行重传的问题。在这样的情况下，可靠传输协议是这样设计的：发送端 A 只要超过一段时间仍然没有收到确认，就认为刚才发送的分组出问题了，这里的问题存在以下几种情况：一是报文丢失了；二是接收端检验出报文出错了，当然还会出现确认报文在传给发送端的过程中丢失了或者确认报文在传给发送端的过程中迟到的情况，确认报文丢失以及确认报文迟到的情况后面会单独讨论。以上情况都是发送端在规定的时间内没有收到接收端发来的确认信息。为了确保可靠性，需要重传前面发送过的分组，这称为超时重传。要实现超时重传，就要在每发送完一个分组时设置一个超时计时器。如果在超时计时器到期之前发送端接收到了对方的确认报文信息，就撤销已设置的超时计时器，如果在超时计时器到期之前没有接收到接收端发来的确认报文，就需要对发送的报文进行超时重传，确保传输报文的可靠性，具体情况如图 8.18 所示。

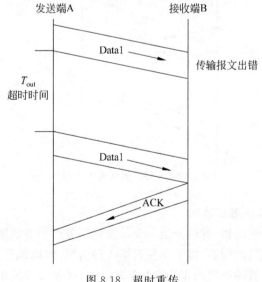

图 8.18　超时重传

为了能够顺利地实现超时重传，需要解决几个方面的问题：首先，需要对超时重传时间的确认，也就是对超时计时器中时间的确定。这个时间的确定在整个超时重传系统中至关重要，设置的时间应该比分组在发送端和接收端之间传输的平均往返时间长。该时间不能设置得太长，也不能设置得太短。时间设置得太长会导致通信的效率降低，时间设置得太短，确认报文还没来得及传送给发送端，超时重传时间就已经到了，导致正确的传输过程被错误地判断为超时重传，最终造成不必要的重传，浪费网络资源。由于网络环境的变化，网络时延的大小,网络的拥塞状态都是不确定的,导致超时重传时间的确定是一个复杂的过程。其次,为了能够实现超时重传,需要在发送端暂时保留分组的副本。只有当发送端接收到接收端发出的确认信息,这个副本才能够清除。最后,需要对分组和确认分组进行编号,保证确认分组和分组之间正确的对应关系。

3. 接收端发回的确认丢失情况

在该情况下,接收端 B 正确收到发送端 A 发送的分组,但是接收端 B 发回的对该报文的确认报文丢失了,导致 A 在设定的超时重传时间内没有收到确认,发送端 A 无法判断是自己发送的分组出错、丢失,还是接收端 B 发送的确认丢失了。为了确保可靠传输,根据超时重传规则,发送端 A 要做的是在超时计时器到期后重传该分组,尽管接收端 B 已经正确接收了该分组。假定接收端 B 再次接收到重传的分组,如图 8.19 所示,这时接收端 B 采取的操作是:首先丢弃这个重传的分组,不向上层交付;其次,接收端 B 向发送端 A 再次发送确认。如此反复,直到在超时计时器内发送端 A 接收到接收端 B 的确认为止。接着继续发送新的分组。

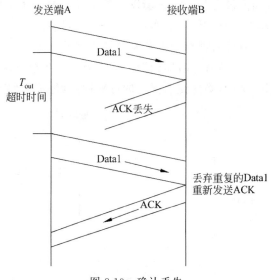

图 8.19　确认丢失

4. 接收端发回的确认迟到情况

前面讨论了发送分组出错、发送分组丢失以及确认分组丢失的情况,在这 3 种情况下通过超时重传解决可靠传输的问题,接下来探讨第 4 种情况,即确认分组迟到的情况。发送端 A 发送的分组能够在有效的时间内正确到达接收端 B,接收端 B 发出对该分组的确认报文,但是该确认报文并没有在超时重传时间内到达发送端 A,也就是确认迟到的情况。发送端 A 并不清楚超时的具体原因,包括发送分组出错、发送分组丢失、确认分组丢失还是确认分组迟到。发送端只需超时重传该报文,尽管该报文已经被接收端 B 正确接收到。这时接收端 B 再次接收到该分组,接收端 B 的做法是,丢弃该分组,重新发送对该分组的确认报文。这会导致发送端 A 接收到对同一报文的重复确认。停止等待协议采取的做法是丢弃重复的确认。具体如图 8.20 所示。

通过以上分析,为了实现可靠传输,停止等待协议考虑了各种可能的情况。即使在某些

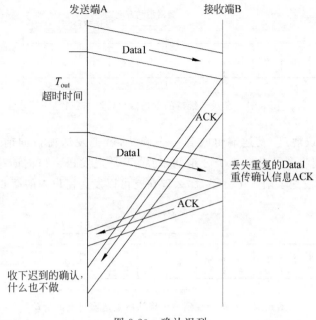

图 8.20 确认迟到

接收端已经正确接收到报文的情况下,仍然通过重传确保可靠传输,如确认丢失以及确认迟到的情况,这样可以确保在不可靠的传输网络中(如网络层的不可靠传输)实现可靠的通信。

停止等待协议的超时重传是自动进行的,只要在规定的时间内发送端没有接收到接收端相应的确认报文,就会自动进行超时重传,也被称为自动重传请求(Automatic Repeat Request,ARQ)。

8.4.2 连续 ARQ 协议

停止等待协议发送端对出错的数据报进行重传是自动进行的,因而这种差错控制体制常简称为 ARQ。停止等待协议的信道利用率较低,采用连续 ARQ 协议能够大大提高信道的利用率。

连续 ARQ 协议的发送端维持着一个一定大小的发送窗口,位于发送窗口内的所有分组都可连续发送出去,而中途不需要等待对方的确认。一次可以连续发送多个分组,而停止等待协议一次只能发送一个分组,只有等到发送端接收到该分组的确认信息时,才能发送下一个分组。因此,连续 ARQ 协议的信道的利用率提高了。连续 ARQ 协议中发送端每收到一个确认,就把发送窗口向前滑动一个分组的位置。

连续 ARQ 协议的接收端一般都采用累积确认的方式,也就是说,接收端不需要对收到的分组逐个发送确认,而是在收到几个分组后,对按序到达的最后一个分组发送确认,确认的结果表示以这个分组为止的所有分组都已经正确收到了。而停止等待协议只能对一个分组进行确认。

图 8.21 表示发送端维持的发送窗口,它的意义是:位于发送窗口内的 5 个分组都可连续发送出去,而不需要等待对方的确认,这样信道利用率就提高了。分组发送是按照分组序号从小到大发送。

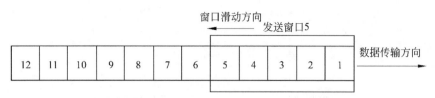

图 8.21　发送端维持的发送窗口(发送窗口是 5)

连续 ARQ 协议规定,发送端每收到一个确认,就把发送窗口向前滑动相应的位置。图 8.22 表示发送端收到了对第 1 个分组的确认,于是把发送窗口向前移动一个分组的位置。如果原来已经发送了前 5 个分组,那么现在就可以发送窗口内的第 6 个分组了。

图 8.22　发送端收到一个确认后发送窗口向前滑动

累积确认的优点是:容易实现,即使确认丢失,也不必重传,由于是累积确认,假设接收端成功接收到分组 1、分组 2 以及分组 3,根据累积确认原则,接收端可以发出对分组 3 的确认,表明到分组 3 为止都已经正确收到,但是该确认丢失了,当接收端再次接收到分组 4,接收端接着发出对分组 4 的确认。当发送端接收到该确认,说明到分组 4 为止都已经正确收到。如果发送的分组 2 丢失了,接收端只接收到分组 1、分组 3 以及分组 4,则接收端只能发出对分组 1 的确认,需要重传分组 2、分组 3 以及分组 4。整个过程与确认丢失没有关联。

累积确认的缺点是:不能向发送端反映接收端已经正确收到的所有分组的信息。

例如,如果发送端发送了前 5 个分组,而中间的第 3 个分组丢失了,这时接收端只能对前两个分组发出确认。发送端无法知道后面三个分组的下落,只好把后面的三个分组再重传一次,这就叫作 Go-back-N(回退 N),表示需要再退回来重传已发送过的 N 个分组。可见,当通信线路质量不好时,连续 ARQ 协议会带来负面的影响。

停止等待协议和连续 ARQ 协议的比较见表 8.3。

表 8.3　停止等待协议和连续 ARQ 协议的比较

协　　议	停止等待协议	连续 ARQ 协议
发送的分组数量	一次发送一个分组	一次发送多个分组
传输控制	停止-等待	滑动窗口协议
确认	单独确认	单独确认+累积确认
超时定时器	每个发送的分组	每个发送的分组
编号	每个发送的分组	每个发送的分组
重传	一个分组	回退 N,多个分组

8.5 TCP 报文段格式

8.5.1 TCP 报文段格式分析

前面分析了数据链路层中的以太网帧格式、点对点协议(PPP)帧格式、网络层 IP 数据报的格式以及运输层 UDP 用户数据报格式,接下来分析运输层 TCP 报文段的格式。只有深入理解 TCP 报文段的格式,才能理解 TCP 的工作原理。

运输层 TCP 的传输是端到端面向字节流的,TCP 传输的协议数据单元称为 TCP 报文段,TCP 报文段是由 TCP 首部和 TCP 数据两部分组成的。具体 TCP 报文段的格式如图 8.23 所示。

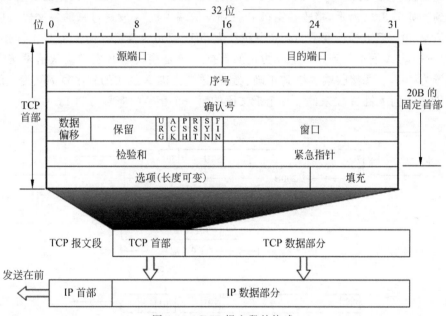

图 8.23 TCP 报文段的格式

TCP 报文段的首部是由 20B 的固定部分以及 4NB 的可变部分组成,其中 N 必须是整数。因此,TCP 报文段的首部的最小长度为 20B。此时可变部分长度为 0。接下来探讨 TCP 报文段首部中各个字段的含义。

首先探讨组成 TCP 报文段首部中固定 20B 的各个字段的含义:

(1) 源端口和目的端口。

源端口和目的端口各占两个字节,也就是 16 位。这两个字段分别输入通信双方的发送端的源端口号以及接收端的目的端口号,由于端口号是由两个字节 16 位表示的,因此这两个字段各占两个字节,即 16 位。这里的端口表示应用层和运输层之间的服务接口,运输层的复用和分用功能都要通过端口才能实现。图 8.23 所示的 TCP 首部中,源端口号字段的值为 49166,目的端口号字段的值为 80。

(2) 序列号。

序列号占 4 字节,共 32 位,因此序列号的取值范围为 $0 \sim 2^{32}-1$,共 2^{32} 个。TCP 会话的每一端都包含一个 32 位的序列号,该序列号用来跟踪该端发送的数据量。TCP 所传输的数据的编号不是以报文段进行编号的,而是将整个传输数据分成单个字节流,并将每个字节流进行编号。首部中的序号字段的值指的是本报文段发送的数据的第一个字节的序号。例如,一报文段的序号字段值是 501,而携带的数据共有 200B。这就表明:本报文段的数据的第一个字节的序号是 501,最后一个字节的序号是 700。显然,下一个报文段(如果还有)的数据序号应当从 701 开始,即下一个报文段的序号字段值应为 701,如图 8.24 所示。这个字段的名称也称为"报文段序号"。

(3) 确认号。

确认号同样占 4 字节,共 32 位,该字段存放的仍然是一个序列号值,该值表示的是期望收到对方下一个报文段的第一个数据字节的序列号,而该确认号的前一个序列号为止的数据都已经正确收到,也就是说,若确认号为 N,则表明到序列号 $N-1$ 为止的所有数据都已正确收到。如图 8.24 所示,接收端主机 B 收到发送端主机 A 发送过来的报文段,其序列号字段的值是 501,而数据长度是 200B(序列号为 501~700),若接收端主机 B 正确接收了该数据(即发送端 A 发送的到序号 700 为止的数据),于是接收端 B 发送确认给发送端 A,把确认号置为 701,表明接收端主机 B 正确收到发送端主机 A 发送的到序号 700 为止的数据,主机 B 期望收到主机 A 发来的下一个报文段的第一个字节的序号为 701。

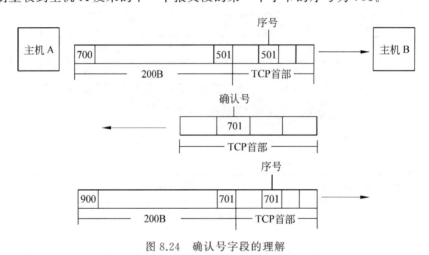

图 8.24　确认号字段的理解

由于序列号字段的长度是 32 位,因此可对 4GB 的数据进行编号。在一般情况下可保证当序号重复使用时,旧序号的数据早已通过网络到达终点了。

(4) 数据偏移。

该字段占 4 位,取值范围为 0~15,表示 TCP 报文段数据部分的起始处距离 TCP 报文段起始处的距离。该距离实际表示 TCP 报文段的首部长度。TCP 报文段的首部长度由 20 个字节的固定部分和可变部分组成,其长度不是固定的。但是,对某一个 TCP 报文段来说,其首部长度是固定的,因此数据偏移字段是必要的,它能够确定该报文段具体的首部长度。数据偏移字段占 4 位,其最大值为 15,而 TCP 报文段的首部长度至少为 20,显然该字段的数值单位不可能是字节,实际单位为 4B。因此最大值为 $15 \times 4 = 60B$。由于 TCP 首部有 20B 的固定部分,因此可变部分最大为 $60-20=40B$。图 8.25 所示的 TCP 首部中其数据偏移字段的值为 0101,表示的十进制数为 5,因此数据偏移为 $5 \times 4 = 20$B,也就是 TCP 报文段的首部长度为 20B,可变部分为 0。

(5) 保留。

保留位占 6 位,保留为今后使用,目前为止没有使用,其值设置为固定值 0。

接下来是连续 6 个控制位,每个控制位占 1 位,共 6 位。

(6) 紧急 URG(URGent)。

紧急 URG(URGent)占 1 位,表示本报文段中发送的数据是否包含紧急数据。当 URG=1时,表示有紧急数据。后面的紧急指针字段只有当 URG=1 时才有效。

(7) 确认 ACK(ACKnowledgment)。

确认 ACK 占 1 位,表示前面的确认号字段是否有效,只有当 ACK=1 时,前面的确认号字段才有效。TCP 规定,连接建立后,ACK 的值必须为 1。

(8) 推送 PSH(PuSH)。

该字段占 1 位,该位的作用是告诉对方收到该报文段后是否应该立即把数据推送给上层。该控制位的值为 1 时,表示应当立即把数据提交给上层,而不是缓存起来等填满了再向上交付。

(9) 复位 RST(ReSeT)。

该字段占 1 位,当 RST=1 时,表明主机连接出现了严重错误(如主机崩溃),必须释放连接,然后再重新建立连接。图 8.25 中,复位 RST 的值为 0。

(10) 同步 SYN(SYNchronization)。

该字段占 1 位,在建立连接时使用,用来同步序号。当 SYN=1,ACK=0 时,表示这是一个请求建立连接的报文段;当 SYN=1,ACK=1 时,表示对方同意建立连接。SYN=1,说明这是一个请求建立连接或同意建立连接的报文。只有在前两次握手中 SYN 才置为 1。图 8.25 中,同步 SYN 的值为 0。

(11) 终止 FIN(FINis)。

该字段占 1 位,标记数据是否发送完毕。如果 FIN=1,就相当于告诉对方:"我的数据已经发送完毕,你可以释放连接了"。图 8.25 中,终止 FIN 的值为 0。

(12) 窗口。

该字段占两个字节,取值范围为 $0 \sim 2^{16} - 1$,可用于 TCP 的流量控制,窗口起始于确认序号字段指明的值,这个值是接收端期望接收的字节数。窗口的最大值为 65535B。如,发送一个报文段,其确认号字段的值为 701,窗口字段的值为 1000,这就告诉对方:从 701 算起,我的接收缓存空间还可接收 1000B 的数据,其接收范围为 701～1700。总之,窗口字段明确指出了现在允许对方发送的数据量。窗口值经常在动态变化。图 8.25 中,窗口的值为 16425。

(13) 检验和。

该字段占 2 字节,用于确认传输的数据是否有损坏。发送端基于数据内容校验生成一个数值,接收端根据接收的数据同样生成一个校验值,比较这两个值,若两个值相同,则表明数据有效;如果两个值不同,则丢弃这个数据。TCP 检验和的计算方法和 UDP 一样,同样要在 TCP 报文段的前面加上 12B 的伪首部。TCP 的伪首部格式与 UDP 的伪首部一样,只需修改部分参数的值,其中把伪首部的第 4 个字段(该字段表示 IP 首部中的协议字段的值)

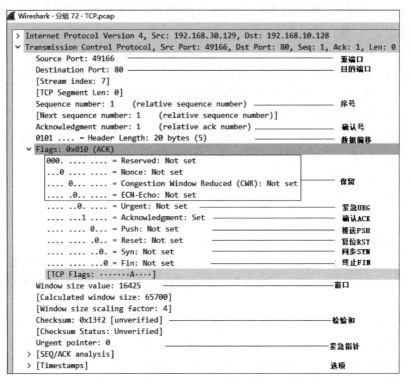

图 8.25　通过 Wireshark 抓取的 TCP 首部

中表示 UDP 的值 17 改为表示 TCP 的值 6,把第 5 个字段中的 UDP 长度值改为 TCP 长度值。图 8.25 中,检验和字段的值为 0x13f2,占 2 字节,即 16 位二进制数。

(14) 紧急指针。

占 2B,只有当 URG 控制位的值为 1 时,紧急指针字段才有效。TCP 的紧急方式是发送端向另一端发送紧急数据的一种方式。紧急指针指出在本报文段中紧急数据共有多少字节。紧急数据放在本报文段数据的最前面,因此紧急指针指出紧急数据的末尾在报文段中的位置。

(15) 选项。

长度可变,最长可达 40B(最大 60B 的总长度减去 20B 的固定部分)。最后的填充字段仅是为了使整个 TCP 首部的长度是 4 字节的整数倍。目前常见的选项有以下 4 种。

① MSS(Max Segment Size,最大报文段长度)。MSS 是每个 TCP 报文段中的数据字段的最大长度。数据字段加上 TCP 首部才构成整个 TCP 报文段。TCP 报文段的数据部分至少加上 40B 的首部(包括 20B 的 TCP 报文段首部以及 20B 的 IP 数据报的首部),才能组成一个 IP 数据报。若 MSS 长度值选择较小,则导致 TCP 报文段的数据部分长度占整个 IP 数据报的比率较小,再加上数据链路层还要加上一些开销,最终造成网络的利用率低;反之,若 MSS 长度值选择得较大,那么由于受到数据链路层 MTU 的限制,在网络层(即 IP 层)传输时就有可能被分解成多个短的数据报片。同时,在终点还需要把收到的各多个短数据报片装配成原来的 TCP 报文段。当传输出现差错时,还要进行重传,这些都会使开销增大。因此,MSS 应尽可能大,只在 IP 层传输时不需要再进行分片即可。由于 IP 数据报经

历的路径是动态变化的,因此在这条路径上确定的不需要分片的 MSS,如果改走另一条路径,就需要进行分片,因此最佳的 MSS 很难确定。在连接建立的过程中,双方都把自己能够支持的 MSS 写入这一字段,以后按照这个数值传送数据,两个传送方向可以有不同的 MSS 值。若主机未填写这一项,则 MSS 的默认值是 536B。因此,所有在互联网上的主机应能接受的报文段长度是 536+20(固定首部长度)=556B。

② WScale(Windows Scale Option,窗口扩大选项)。由于 TCP 首部的窗口大小字段长度是 16 位,所以其表示的最大数是 65 535。但是,随着时延和带宽比较大的通信产生(如卫星通信),需要更大的窗口满足性能和吞吐量,因此产生了窗口扩大选项。窗口扩大选项占 3B,其中一字节表示移位值 S。新的窗口值等于 TCP 首部中的窗口位数从 16 增大到 (16+S)。移位值允许使用的最大值是 14,相当于窗口最大值增大到 $2^{16+14}-1=2^{30}-1$。窗口扩大选项可以在双方初始建立 TCP 连接时进行协商。如果连接的某一端实现了窗口扩大,当它不再需要扩大其窗口时,可发送 S=0 的选项,使窗口大小回到 16。

③ 时间戳(Timestamp)选项,占 10B,其中最主要的字段是时间戳值字段(4B)和时间戳回送回答字段(4B)。该字段可用来计算 RTT(往返时间),发送端发送 TCP 报文时,把当前的时间值放入时间戳字段,接收端收到后发送确认报文时,把这个时间戳字段的值复制到确认报文中,当发送端收到确认报文后即可计算出 RTT。也可用来防止序号回绕(Protect Against Wrapped Sequence numbers,PAWS),也可以说,可用来区分相同序列号的不同报文。因为序列号用 32 位表示,所以每 2^{32} 个序列号就会产生回绕,使用时间戳字段很容易区分相同序列号的不同报文。

④ SACK(Selective ACK,选择确认)。TCP 通信时,如果发送序列中间某个分组丢失,TCP 只能对连续达到的最后一个分组进行确认,而需要重传后续的分组,尽管后续分组中有部分已经正确收到,这降低了 TCP 的性能,SACK 技术使 TCP 只重发丢失的分组,不用发送后续所有的分组。而且提供相应机制使接收端能告诉发送端哪些数据丢弃,哪些数据已经提前收到等。建立 TCP 连接时,需要在 TCP 首部的选项中加上"允许 SACK"选项,通过 SACK 选项,可以报告不连续分组的边界。

(16) 填充,补齐 32 位字边界,为了使整个首部长度是 4B 的整数倍。

8.5.2　实验二——TCP 报文段格式分析

由于万维网服务的运输层传输的就是 TCP,因此构建一个 Web 访问的网络环境能够分析 TCP 数据包。

(1) 在 Packet Tracer 仿真软件构建网络拓扑结构图,如图 8.26 所示。设置主机的 IP 地址为 192.168.1.1,子网掩码为 255.255.255.0,服务器的 IP 地址为 192.168.1.100,子网掩

PC-PT
PC0
IP 地址: 192.168.1.1
子网掩码: 255.255.255.0

Server-PT
Server0
IP 地址: 192.168.1.100
子网掩码: 255.255.255.0

图 8.26　构建网络拓扑结构图

码为 255.255.255.0。具体配置方式为：单击主机，在弹出的窗口中选择 Desktop，在弹出的窗口中选择 IP Configuration，在弹出的窗口中设置 IP 地址及子网掩码。

（2）在服务器上配置 Web 服务，具体操作过程如下：单击服务器，在弹出的窗口中选择 Config，在 Config 窗口中选择 SERVICES 下的 HTTP，可以查看网页 index.html 的 HTML 代码，该代码可以根据要求进行修改。可以看出，Packet Tracer 的 HTTP 服务默认是开启的，结果如图 8.27 所示。

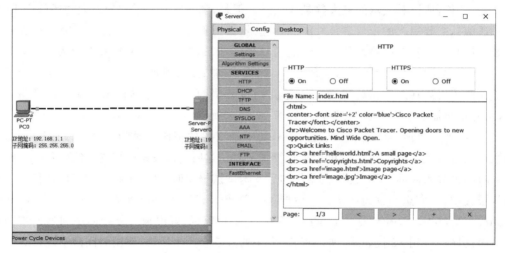

图 8.27　HTTP 配置窗口

（3）选择 Packet Tracer 的 Simulation 模式，如图 8.28 所示。

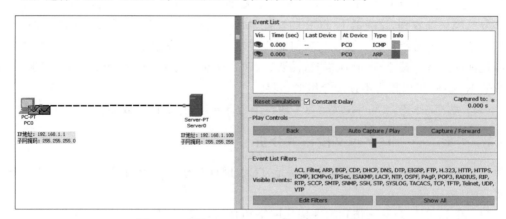

图 8.28　选择 Packet Tracer 的 Simulation 模式

（4）打开主机的浏览器，在 URL 窗口中输入服务器的 IP 地址 192.168.1.100。按 Enter 键，连续单击 Capture/Forward，结果如图 8.29 所示。

（5）单击 TCP，弹出如图 8.30 所示的界面，显示 TCP 详细的组成结构。

结果与实际相符。

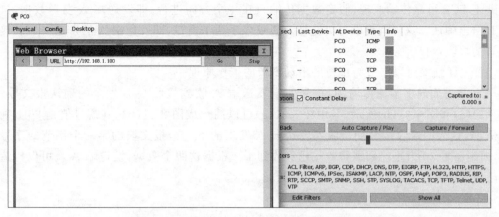

图 8.29　连续单击 Capture/Forward 抓取数据包

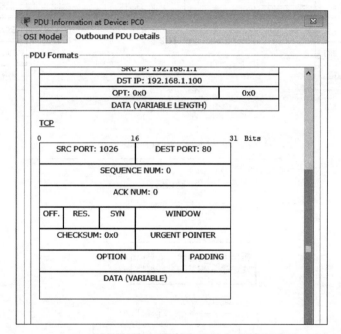

图 8.30　PDU information

8.6　TCP 可靠传输的实现

在前面可靠传输的工作原理里我们探讨了停止等待协议以及通过滑动窗口实现的连续 ARQ 协议(即流水线传输),TCP 高效、可靠传输是依据流水线传输和滑动窗口协议来实现 的。滑动窗口协议是 TCP 可靠传输的精髓,它是以字节为单位进行传输。为了说明 TCP 可靠传输的工作原理,假定工作场景为:发送端 A 和接收端 B 分别维持一个发送窗口和一 个接收窗口,发送窗口表示:在发送端没有收到接收端发回确认的情况下,可以连续把发送 端窗口内的数据全部发送出去。接收窗口表示:只允许接收包含在窗口内的数据。为了便于讲述 TCP 可靠传输原理,假定数据传输只在一个方向进行,即发送端 A 发送数据,接收端 B 给出确认。这样假设的好处是使分析仅限于两个窗口,即发送端 A 的发送窗口和接收端 B 的接收窗口。

首先详细探讨以字节为单位的滑动窗口的工作原理。

TCP 是面向字节流传输的,首先假定发送端 A 收到接收端 B 发来的确认报文段,如图 8.31(a)和图 8.31(b)所示,其中图 8.31(a)可以简化成图 8.31(b),其窗口值是 20B,确认号是 31,这表明接收端 B 期望收到发送端 A 发来的下一个报文段的第一个字节的序号是 31,而到序号 30 为止的数据接收端已经收到了。根据这两个数据,发送端 A 就可以构造出自己的发送窗口,构造的发送窗口如图 8.32 所示。

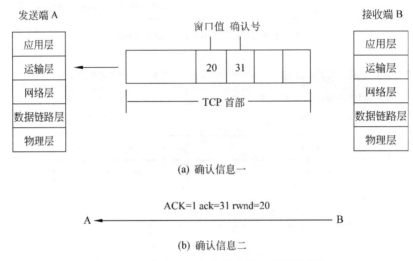

(a) 确认信息一

ACK=1 ack=31 rwnd=20

A ←———————————————————————— B

(b) 确认信息二

图 8.31　接收端 B 给发送端 A 发回的确认消息

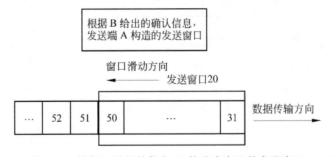

图 8.32　根据 B 返回的信息,A 构造出自己的发送窗口

图 8.32 所示的发送端 A 的发送窗口表示:在没有收到接收端 B 的确认的情况下,A 可以连续把窗口内的数据(31~50)都发送出去。凡是发送端 A 已经发送过的数据,在未收到接收端 B 确认之前都必须暂时保留,以便在超时重传时使用。

在发送端 A,只有在窗口里的数据才允许发送出去。窗口越大,发送端可发送的数据量越大,数据传输效率可能越高,信道利用率就会越大。发送端 A 的窗口大小受网络拥塞程度的影响,同时还受接收端 B 的影响,接收端 B 会把自己的接收窗口的值放在窗口字段中发送给发送端 A,通过该字段发送端 A 构造自己的发送窗口,且发送端 A 的窗口大小不能超过接收端 B 的窗口的大小。

图 8.32 中序号小于 31 的数据部分不需要保留,因为这部分数据已经被接收端正确接收。序号大于 50 的数据是不允许发送的,因为它们还不在窗口里,接收端还没有为这部分数据保留接收的位置,即存放的缓存。

现在序号为 31～41 的数据已经发送出去,序号为 42～50 的数据允许发送但还没来得及发送。在发送端 A 还没有接收到接收端 B 发回的确认的时候,发送端 A 的窗口保持不变,如图 8.33 所示。

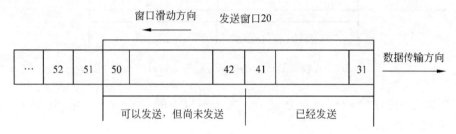

图 8.33　A 发送 11 个字节的数据

接下来探讨接收端 B 的情况,接收端 B 的接收窗口值为 20,可以接收序号为 31～50 的数据,序号小于 31 的数据是已经接收的部分,不再保存,序号大于 50 的数据不在窗口里,是不允许接收的部分。如图 8.34 所示,此时若接收端 B 接收到序号为 32 和 33 的数据,没有收到序号为 31 的数据,由于没有按序达到,接收端 B 不能发送对序号 32 或 33 的确认,即发送的确认号不能为 32、33,甚至 34。发送的确认号只能为 31,即只能发送对到序号 30 为止的数据的确认。

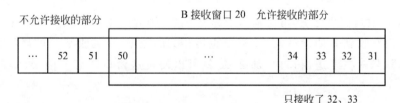

图 8.34　A 发送 11 个字节的数据后 B 的接收窗口情况

现在假定 B 收到了序号为 31 的数据,并把序号为 31～33 的数据交付给主机,然后 B 删除这些数据,接着把接收窗口向前移动 3 个序号,如图 8.35 所示,同时给 A 发送确认,如图 8.36 所示。窗口值仍为 20,确认号是 34。这表明 B 已经收到了到序号 33 为止的数据。A 收到 B 的确认后,就可以把发送窗口向前滑动 3 个序号,如图 8.37 所示。可以看到,序号为 51～53 的数据进入了窗口中,成为允许发送的数据,此时,可发送的序号的范围是 42～53。

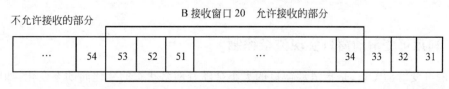

图 8.35　B 的滑动窗口的变化情况

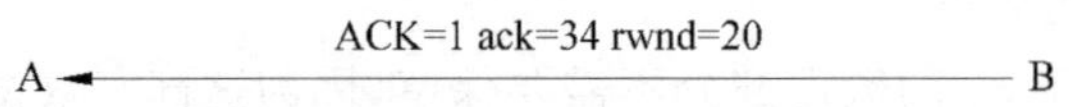

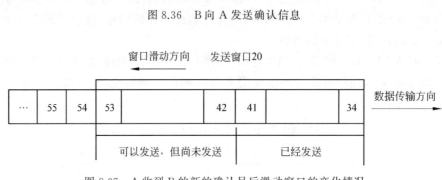

图 8.36　B 向 A 发送确认信息

图 8.37　A 收到 B 的新的确认号后滑动窗口的变化情况

A 在继续发送序号 42～53 的数据后。发送窗口内的序号都已用完,但还没有收到 B 的确认,如图 8.38 所示。

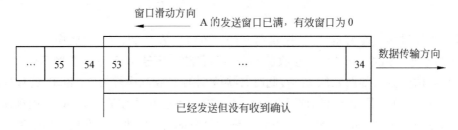

图 8.38　A 的发送窗口内的序号都属于已发送但未被确认的情况

由于 A 的发送窗口已满,可用窗口已减小到零,因此必须停止发送。若在超时计时器到时后仍然没有收到 B 的确认,A 则需要重传相关的数据,直到收到 B 的确认为止。如果 A 收到的确认号落在发送窗口内,那么 A 就可以使发送窗口继续向前滑动,并发送新的数据。

8.7　TCP 流量控制

在数据传输过程中,总是希望数据能够传送得更快一些,这样传输的效率就会提高,但是过高的传输流量还要考虑接收端是否来得及接收,若接收端来不及接收,则容易造成数据的丢失,这样反而降低了数据传输的效率。因此,在数据传输的过程中需要考虑流量控制的问题,所谓流量控制,就是让发送端的发送速度不要过快,让接收端来得及接收。在 TCP 可靠传输过程中利用可变滑动窗口机制可以很方便地在 TCP 连接上实现对发送端的流量控制。

8.7.1　利用可变滑动窗口实现流量控制

所谓可变滑动窗口,是指滑动窗口的大小会随着网络状态的变化而动态变化,如网络拥塞,接收端来不及接收数据,可以让发送端的发送窗口值变小,使得发送端可发送的数据量变小,甚至可以不允许发送端发送数据,也就是将发送端的发送窗口的值设为 0。利用可变滑动窗口机制可以很方便地在 TCP 连接上实现对发送端的流量控制。

滑动窗口工作原理前面已经讨论过,在发送端与接收端传输数据的过程中,在建立 TCP 连接时,通信双方相互通过 TCP 报文中的窗口字段告知对方本结点可接收窗口的大小。同时,在通信过程中,接收端还会通过 TCP 确认报文段首部中的中的窗口字段的值动态地向发送端反馈本结点的接收窗口大小,接收端的窗口大小会动态变化,因此该字段的值也是动态变化的,发送端会根据该窗口大小动态调节本结点的窗口,从而调节本地发送数据的流量,以适应接收端的接收能力,最终达到利用可变滑动窗口实现流量控制的目的。通过图 8.39 的例子说明如何利用可变滑动窗口机制来实现发送端的流量控制。

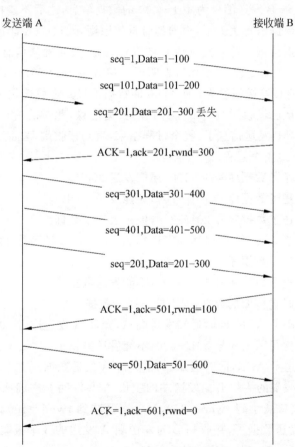

图 8.39 利用可变滑动窗口进行流量控制示例

图 8.39 中,A 为发送端,B 为接收端,发送端 A 向接收端 B 发送数据。在开始建立连接时,接收端 B 发送确认报文信息给发送端 A 信息的内容为:"我的初始接收窗口 rwnd＝400B"。发送端 A 的发送窗口的大小不能超过接收端给出的接收窗口的数值,发送端 A 据此设定自己的发送窗口大小同样为 400B。假定发送端 A 和接收端 B 之间传输的 TCP 报文段的长度为 100B,数据报文段序号的初始值设为 1。图 8.39 中,大写 ACK 表示 TCP 报文段首部中的"控制位中的确认位"ACK,小写 ack 表示首部中的"确认号"字段的值。开始

时发送端 A 向接收端 B 发送第一个报文段,序号为 1～100,由于接收端 B 的窗口为 400,因此发送端 A 还能发送 300B 的数据。在接收端 B 还没有发回确认之前,发送端 A 和接收端 B 窗口保持不变,发送端 A 继续向接收端 B 发送报文信息,接下来发送端 A 向接收端 B 发送第二个报文段,编号为 101～200,此时发送端 A 还可以向接收端 B 发送 200B 的数据。接下来发送端 A 继续向接收端 B 发送第三个报文段的数据,编号为 201～300,图中显示,该报文段传输过程中丢失了,此时发送端 A 还可以向接收端 B 发送 100 字节的数据。在发送第四个报文段之前,此时接收端 B 向发送端 A 发回了确认信息,确认信息表明:到编号 200 为止的数据都已经收到,此时的接收窗口为 300,意味着接收窗口能够接收编号为 201～500 的数据信息。由于编号 201～300 的数据已经发出,因此接下来发送端 A 向接收端 B 发送编号为 301～400 的数据信息,此时发送端 A 还能发送编号为 401～500 的数据信息。接着,发送端 A 向接收端 B 发送编号为 401～500 的数据信息,之后不能再发送了。此时由于编号为 201～300 的数据信息丢失了,根据超时重传原则,发送端 A 向接收端 B 超时重传编号为 201～300 的数据信息。此时接收端 B 向发送端 A 发回确认信息,确认收到了到编号 500 为止的所有数据,此时的窗口为 100,表明可以接收编号为 501～600 的数据信息,接下来发送端 A 向接收端 B 发送编号为 501～600 的数据信息。之后接收端 B 向发送端 A 发回第三次确认信息,确认已经收到编号 600 为止的数据信息,此时的窗口值为 0,意味着发送端 A 不能再向接收端 B 发送信息了,整个过程结束,直到接收端 B 向发送端 A 再次发回新的可用窗口信息为止。整个过程总结如下:

① 发送端 A 发送了数据序号 1～100,还能发送 300B。
② 发送端 A 发送了数据序号 101～200,还能发送 200B。
③ 发送端 A 发送了数据序号 201～300,但是丢失了数据。
④ 接收端 B 发送了 ACK,同时通知发送端 A,允许 A 发送序号 201～500,共 300B。
⑤ 发送端 A 发送了数据序号 301～400,还能发送 100B。
⑥ 发送端 A 发送了数据序号 401～500,不能发送数据了。
⑦ 发送端 A 超时重传旧的数据,但不能发送新数据。
⑧ 接收端 B 发送了 ACK,同时通知发送端 A,允许 A 发送序号 501～600,共 100B。
⑨ 发送端 A 发送了数据序号 501～600,不能发送数据了。
⑩ 接收端 B 发送了 ACK,同时通知 A,不允许 A 发送数据。

整个过程中,接收端的主机 B 向发送端的主机 A 共发回 3 次确认信息,进行了 3 次流量控制。第一次把窗口减小到 rwnd＝300,第二次又减到 rwnd＝100,最后减到 rwnd＝0,即不允许发送端再发送数据了,接收端 B 向发送端 A 发送的 3 个报文段都设置了 ACK＝1,因为只有在 ACK＝1 时确认号字段才有意义。

8.7.2 零窗口与持续定时器

当接收端的接收缓存已经饱和,接收端可以使用大小为 0(即 rwnd＝0)的接收窗口通知发送端停止发送数据,8.7.1 节的例子中(如图 8.41 所示)接收端 B 最后向发送端 A 发送确认信息,其窗口值的大小为 0,告知发送端 A:"我的接收缓存已经满了,不能再接收数据了"。当接收端的接收缓存有了新的空间后,接收端再向发送端发出一个非零窗口信息,激活发送端继续发送数据。现在我们来分析一种异常情况,该异常情况的问题是,如果接收端

B 向发送端 A 发送的非零窗口的确认报文段在传送过程中丢失了,发送端 A 将会一直等待收到接收端 B 发送的非零窗口的通知报文信息,而接收端 B 也将一直等待发送端 A 发送的数据,双方将处于死锁状态。如果不采取其他措施,这种互相等待的死锁局面将一直延续下去。

为了解决这种异常情况的问题,TCP 为每个连接设有一个持续计时器。只要 TCP 连接的一方收到对方的零窗口通知,就启动该持续计时器。若持续计时器设置的时间到期,就发送一个零窗口探测报文段,对方就在确认这个探测报文段时给出了现在的窗口值。如果窗口值仍然是零,那么收到这个报文段的一方就重新设置持续计时器。如果窗口值不为零,那么这种死锁的僵局就可以被打破。

8.8　TCP 拥塞控制

计算机网络中的带宽、交换结点中的缓存和处理机等,都是网络的资源,在某段时间,通信子网中某一部分的分组数量过多,使得该部分网络来不及处理,以致引起这部分乃至整个网络性能下降,严重时甚至会导致网络通信业务陷入停顿,即出现死锁现象。也就是说,网络中某一资源的需求超过该资源所能提供的可用部分,网络的性能就会变坏,这种情况叫作拥塞。

网络拥塞是一种持续过载的网络状态,此时用户对网络资源的需求超过了固有的处理能力和容量,这和公路中出现的交通拥挤类似,当节假日公路中车辆大量增加时导致拥堵,车辆到达目的地的时间增加。网络拥塞同样降低了网络的利用率和网络性能,拥塞控制就是防止过多的数据注入网络,这样可以使网络中的路由器或链路不至于过载,从而减小拥塞的产生概率。拥塞控制是一个全局性的过程,涉及网络中的所有路由器和主机,以及与降低网络传输性能有关的所有因素。拥塞控制的最终目标就是使网络负载与网络的承受能力相适应。

8.8.1　网络拥塞产生的原因

导致网络拥塞产生的直接原因有以下 3 个。

(1) 存储空间不足。当一个端口收到几个输入端的报文时,接收的报文就会在这个端口的缓冲区中排队。如果没有足够的存储空间存储,当缓冲区占满时,报文就会被丢弃。适当增加存储空间可以缓解拥塞,如果增加的存储空间过大,报文会因在缓冲区中排队时间过长而超时,被源端重发,从而进一步加重网络拥塞。

(2) 带宽容量的限制。通过实践证明低速链路难以应对高速数据流的输入,从而发生网络拥塞,网络中的低速链路是网络中的"带宽瓶颈",当它不能满足所有通过它的源端的带宽要求时,网络就会产生拥塞,影响网络性能。根据香农理论,信源的发送速率必须小于或等于信道容量。因此,当源端带宽远大于链路带宽形成带宽瓶颈时,导致数据包在网络结点排队等待,造成网络拥塞。

(3) 处理器的能力不足也会造成网络拥塞。如果结点处理器在处理缓冲区排队,更新路由表等操作时,处理速度跟不上链路速度,也会发生网络拥塞。

8.8.2 TCP 拥塞控制方法

TCP 进行拥塞控制的方法有 4 种：慢启动、拥塞避免、快重传和快恢复。

1. 慢启动

发送端维持一个叫作拥塞窗口(cwnd)的状态变量。拥塞窗口的大小取决于网络的拥塞程度，并且动态变化。发送端让自己的发送窗口等于拥塞窗口。一个 TCP 连接启动的时候并不知道拥塞窗口应该取多大的值适合当前的网络状况，因此 TCP 发送端会从一个较小的初始值指数抬升 cwnd 到某一个值。这个 cwnd 抬升的过程就叫作慢启动。除了初始建立 TCP 连接后的数据发送使用慢启动外，在 TCP 超时重传、TCP 空闲一段时间后重新开始数据发送这些场景下也会触发慢启动过程。

旧的规定是：在刚刚开始发送报文段时，先把初始拥塞窗口 cwnd 设置为 $1\sim2$ 个发送端的最大报文段 SMSS 的数值，但新的规定把初始拥塞窗口 cwnd 设置为不超过 $2\sim4$ 个 SMSS 的数值。具体规定如下：

若 SMSS>2190B，则设置初始拥塞窗口 $cwnd=2\times SMSSB$，且不超过 2 个报文段。

若 SMSS>1095B 且 SMSS≤2190B，则设置初始拥塞窗口 $cwnd=3\times SMSSB$，且不超过 3 个报文段。

若 SMSS≤1095B，则设置初始拥塞窗口 $cwnd=4\times SMSSB$，且不超过 4 个报文段。

可见，这个规定就是限制初始拥塞窗口的字节数。

慢启动规定，每收到一个对新的报文段的确认，就在拥塞窗口最多增加一个 SMSS 的数值，即

$$\text{拥塞窗口 cwnd 每次的增加量}= \min(N,SMSS)$$

其中 N 是原先未被确认的、但现在被刚收到的确认报文段所确认的字节数。也就是说，当 $N<SMSS$ 时，拥塞窗口每次的增加量要小于 SMSS。

用这样的方法逐步增大发送端的拥塞窗口 cwnd，可以使分组注入网络的速率更加合理。

下面用例子说明慢启动算法的原理。虽然实际上是用字节数作为窗口大小的单位，但为了叙述方便，我们用报文段的个数作为窗口大小的单位，这样可以使用较小的数字阐明拥塞控制的原理。

一开始，发送端先设置 cwnd=1，发送第一个报文段 Data1，接收端收到后确认 Data1。发送端收到对 Data1 的确认后，把 cwnd 从 1 增大到 2，于是发送端接着发送 Data2 和 Data3 两个报文段。接收端收到对 Data2 和 Data3 的确认。发送端每收到一个对新报文段的确认(重传的不算在内)，就使发送端的拥塞窗口加 1，因此发送端收到两个确认后，cwnd 就从 2 增大到 4，并可发送 Data4～Data7 共 4 个报文段。因此，使用慢启动算法后，每经过一个传输轮次，拥塞窗口 cwnd 就加倍。

这里使用了一个名称——传输轮次。从图 8.40 可以看出，一个传输轮次经历的时间其实就是 RTT。RTT 并非恒定的数值。使用"传输轮次"更加强调：把拥塞窗口 cwnd 允许发送的报文段都连续发送出去，并收到对已发送的最后一个字节的确认。例如，拥塞窗口 cwnd 的大小是 4 个报文段，那么这时的 RTT 就是发送端连续发送 4 个报文段，并收到这 4 个报文段的确认，总共经历的时间。

慢启动的"慢"并不是指 cwnd 的增长速率慢,而是指在 TCP 开始发送报文段时先设置 cwnd=1,使得发送端在开始时只发送一个报文段(目的是试探网络的拥塞情况),然后再逐渐增大 cwnd。这当然比设置大的 cwnd 的值一下子把许多报文段注入网络中要"慢得多",这对防止网络出现拥塞是一个非常好的方法。

顺便指出,图 8.40 只是为了说明慢启动的原理。在 TCP 实际运行中,发送端只要收到一个对新报文段的确认,其拥塞窗口 cwnd 就立即加 1,并可以立即发送新的报文段,而不需要等这个轮次中所有的确认都收到后再发送新的报文段。

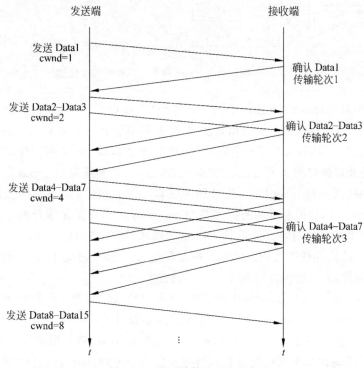

图 8.40 慢开始算法原理示例

为了防止拥塞窗口 cwnd 增长过大引起网络拥塞,还需要设置一个慢启动门限 ssthresh 状态变量。慢启动门限 ssthresh 的用法如下:

当 cwnd<ssthresh 时,使用上述的慢启动算法。

当 cwnd>ssthresh 时,停止使用慢启动算法而改用拥塞避免算法。

当 cwnd=ssthresh 时,既可使用慢启动算法,也可使用拥塞避免算法。

2. 拥塞避免

拥塞避免算法的思想是:让拥塞窗口 cwnd 缓慢增大,即每经过一个 RTT,就把发送端的拥塞窗口 cwnd 加 1,而不是像慢开始阶段那样加倍增长。因此,在拥塞避免阶段就有"加法增大"的特点。这表明在拥塞避免阶段,拥塞窗口 cwnd 按线性规律缓慢增长,比慢启动算法的拥塞窗口增长速率缓慢得多。

图 8.41 用具体的例子说明了在拥塞控制过程中,TCP 的拥塞窗口 cwnd 是怎样变化的。图中的数字①～⑤是特别要注意的几个点。先假定 TCP 的发送窗口等于拥塞窗口。

当 TCP 连接进行初始化时,把拥塞窗口 cwnd 置为 1。为了便于理解,图 8.41 中的窗

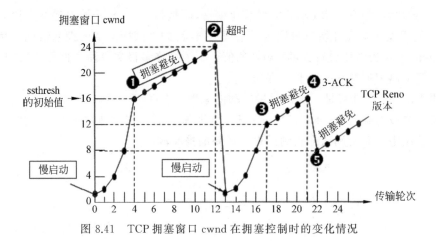

图 8.41   TCP 拥塞窗口 cwnd 在拥塞控制时的变化情况

口单位不使用字节,而使用报文段的个数。在本例中,慢启动门限的初始值设置为 16 个报文段,即 ssthresh=16。在执行慢启动算法时,发送端每收到一个对新报文段的确认 ACK,就把拥塞窗口值加 1,然后开始下一轮的传输,因此拥塞窗口 cwnd 随着传输轮次按指数规律增长(也就是拥塞窗口的大小为 2 的传输轮次次方)。当拥塞窗口 cwnd 增长到慢启动门限值 ssthresh 时(图 8.41 中的点①,此时拥塞窗口 cwnd=16),就改为执行拥塞避免算法(即每经过一个 RTT,就把发送端的拥塞窗口 cwnd 加 1,而不是像慢开始阶段那样加倍增长。这里的 RTT 指的是对每一传输轮次的总的确认,即收到对已发送的最后一个字节的确认),拥塞窗口按线性规律增长。注意,"拥塞避免"并非完全避免了拥塞,而是把拥塞窗口控制为按线性规律增长,使网络比较不容易出现拥塞。

当拥塞窗口 cwnd=24 时,网络出现了超时(图中的点②),发送端判断为网络拥塞。于是调整门限值 ssthresh=cwnd/2=12,同时设置拥塞窗口 cwnd=1,再次进入慢启动阶段。按照慢启动算法,发送端每收到一个对新报文段的确认 ACK,就把拥塞窗口值加 1(拥塞窗口 cwnd 随着传输轮次按指数规律增长),当拥塞窗口 cwnd=ssthresh=12 时(图中的点③,这是新的 ssthresh 值),改为执行拥塞避免算法,拥塞窗口按线性规律增大。

3. 快重传

当拥塞窗口 cwnd=16 时(图中的点④),出现了一个新的情况,就是发送端一连收到 3 个对同一报文段的重复确认(图中记为 3-ACK)。关于这个问题,解释如下。

有时,个别报文段会在网络中丢失,但实际上网络并没有发生拥塞。如果发送端迟迟收不到确认,就会产生超时,误认为网络发生了拥塞,这就导致发送端错误地启动慢启动,把拥塞窗口 cwnd 又设置为 1,因而降低了传输效率。

采用快重传算法可以让发送端尽早知道发生了个别报文段的丢失。快重传算法首先要求接收端端不要等待自己发送数据时才进行捎带确认,而是要立即发送确认,即使收到了失序的报文段,也要立即发出对已收到的报文段的重复确认。如图 8.42 所示,接收端收到 Data1 和 Data2 后分别及时发出了确认。现假定接收端没有收到 Data3 但却收到了 Data4,本来接收端可以什么都不做,但按照快重传算法,接收端必须立即发送对 Data2 的重复确认,以便让发送端及早知道接收端没有收到报文段 Data3。发送端接着发送 Data5 和 Data6。接收端收到后也仍要再次分别发出对 Data2 的重复确认。这样,发送端共收到接收端的 4 个对 Data2 的确认,其中后 3 个都是重复确认。快重传算法规定,发送端只要一连收到 3 个重复确认,就知道接收端确实没有收到报文段 Data3,因而应当立即进行重传(即"快重传"),这样就不会出现超时,发送端也就不会误认为出现了网络拥塞。使用快重传可以使整个网络的吞吐量提高约 20%。

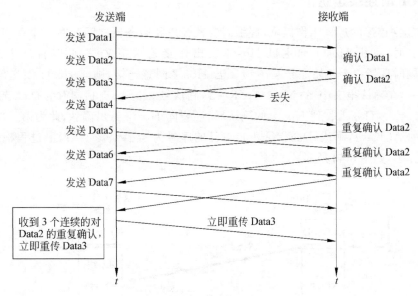

图 8.42　快重传示意图

4. 快恢复

在图 8.41 中的点④,发送端知道现在只是丢失了个别的报文段,于是不启动慢启动,而是执行快恢复算法。这时,发送端调整门限值 ssthresh＝cwnd/2＝8,同时设置拥塞窗口 cwnd＝ssthresh＝8(见图 8.41 中的点⑤),并开始执行拥塞避免算法。

也有的快恢复实现是把快恢复开始时的拥塞窗口 cwnd 值再增大一些(增大 3 个报文段的长度),即等于新的 ssthresh＋3×SMSS。这样做的理由是:既然发送端收到 3 个重复确认,就表明有 3 个分组已经离开了网络。这 3 个分组不再消耗网络资源,而是停留在接收端的缓存中(接收端发送出 3 个重复的确认就证明了这个事实)。可见,现在网络中并不是堆积了分组,而是减少了 3 个分组,因此可以适当扩大拥塞窗口。

从图 8.41 可以看出,在拥塞避免阶段,拥塞窗口是按照线性规律增大的,这常称为加法增大(Additive Increase,AI)。一旦出现超时或 3 个重复的确认,就要把门限值设置为当前拥塞窗口值的一半,并大大减少拥塞窗口的数值,这常称为"乘法减小"(Multiplicative Decrease,MD)。二者合在一起就是所谓的 AIMD 算法。

采用这样的拥塞控制方法使得 TCP 的性能有明显的改进。

8.9　TCP 的运输连接管理

TCP 是面向连接的协议,运输连接是用来传送 TCP 报文的。TCP 运输连接的建立和释放是每次面向连接的通信中必不可少的过程。因此,运输连接就有 3 个阶段,即连接建立、数据传送和连接释放。运输连接的管理就是使运输连接的建立和释放都能正常进行。

TCP连接的建立采用客户服务器方式。主动发起连接建立的应用进程叫作客户（client），被动等待连接建立的应用进程叫作服务器（server）。

8.9.1 TCP 的连接建立

TCP建立连接的过程叫作握手，握手需要在客户和服务器之间交换3个TCP报文段。第一次握手时，主机 Host1 向主机 Host2 发出连接请求报文段，此时首部中的同步位 SYN=1，同时选择一个初始序号 seq=x。若 Host2 同意连接，则向 Host1 发送确认，此为第二次握手，在确认报文中 SYN=1，ACK=1，确认号 ack=x+1，同时为自己选择一个初始序号 seq=y。Host1 收到 Host2 的确认后，还要向 Host2 给出确认，此为第三次握手，确认报文段的 ACK=1，确认号 ack=y+1，自己的序号为 seq=x+1。以上过程称为连接建立三报文握手，如图 8.43 所示。

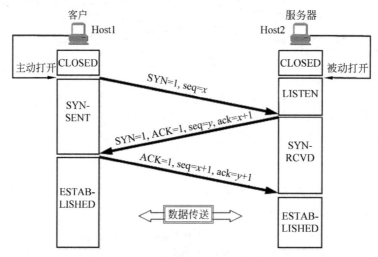

图 8.43　三报文握手建立 TCP 连接

连接建立过程仿真实现如下。

首先介绍 pcattcp。pcattcp 的前身为 Test TCP，Test TCP 是 BSD 操作系统的原生工具，该工具通过控制台输入参数，用于测试 TCP 或 UDP 的通信速度。该项目于 1984 年启动，现在该工具的源代码早已开放。pcattcp 是 Test TCP 的 Windows 移植版本，是一个用于测试 TCP 和 UDP 通信速度的 Windows 控制台程序。

仿真实现过程如下：在 VMware 仿真系统中安装两台 Windows 操作系统的主机 Host1 和 Host2，在确保两台主机能够互相通信的基础上，在主机 Host1 上执行命令"pcattcp -t -l 1460 -n 4 192.168.3.100"，意思是向主机 Host2 发送 4 个报文段，每个报文段的长度为 1460B，如图 8.44 所示。在主机 Host2 执行命令"pcattcp -r -l 1460"，意思是主机 Host2 接收主机 Host1 发来的报文段，报文段数据的长度为 1460B，如图 8.45 所示。

通过 Wireshark 抓包，结果如图 8.46 所示。在图 8.46 中，编号为 410、411 和 412 的 3 个帧传送的是 TCP 连接建立过程的三次握手，第 410 帧为第一次握手，主机 Host1 向主机 Host2 发出连接请求报文段，此时 SYN=1，seq=0（理论分析中 x 的值）；第 411 帧为第二

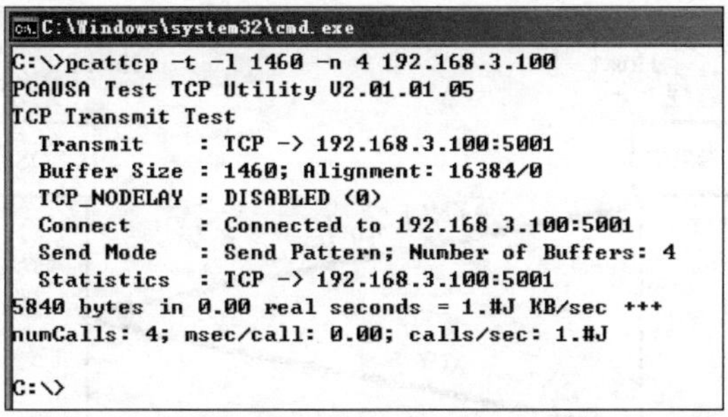

图 8.44 主机 Host1 发出测试命令

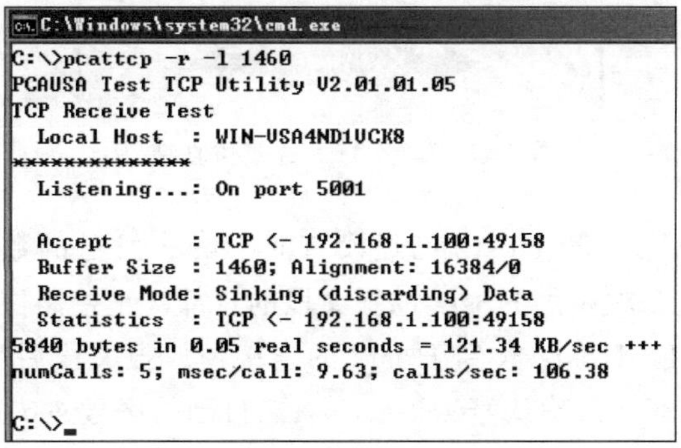

图 8.45 主机 Host2 发出测试命令

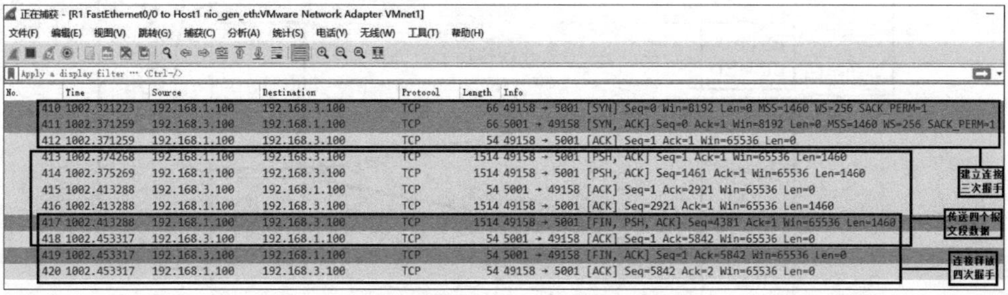

图 8.46 Wireshark 抓包结果

次握手,主机 Host2 向主机 Host1 发出连接响应报文段,此时 SYN=1,ACK=1,seq=0(理论分析中 y 的值),ack=1(为第一次握手的 seq+1,即 $x+1$);第 412 帧为第三次握手,主机 Host1 向主机 Host2 发出确认,此时 ACK=1,seq=1(为第一次握手的 seq+1,即 $x+1$),ack=1(为第二次握手的 seq+1,即 $y+1$)。三次握手后连接建立,仿真结果如图 8.47 所示,与理论分析一致。

8.9.2　TCP 的连接释放

TCP 释放连接的过程需要交换 4 个报文段。第一次握手是主机 Host1 向主机 Host2 发出连接释放报文段,首部的终止控制位 FIN=1,序号 seq=u,等待 Host2 的确认,主机 Host2 收到连接释放报文段后即发出确认,此为第二次握手,确认号是 ack=u+1,而这个

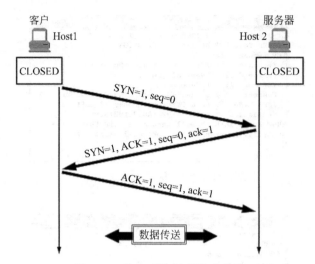

图 8.47　建立 TCP 连接仿真结果

报文段自己的序号 seq=v。若 Host2 已经没有向 Host1 发送的数据,其应用进程就通知 TCP 释放连接,此为第三次握手,Host2 的报文段的首部终止控制位 FIN=1,序号 seq=w,确认号 ack 仍然为 $u+1$。Host1 收到 Host2 的连接释放报文段后,发出确认,此为第四次握手,确认报文段中 ACK=1,确认号 ack=$w+1$。自己的序号 seq 为 $u+1$。以上过程称为连接释放报文四次握手,具体如图 8.48 所示。

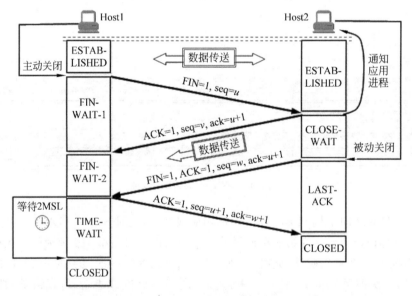

图 8.48　TCP 连接释放的过程

连接释放过程仿真实现如下。

图 8.46 中,编号为 417、418、419 以及 420 的 4 个帧传送的是 TCP 释放连接的四次握手。第 417 帧为第一次握手,主机 Host1 向主机 Host2 发出连接释放请求,此时 FIN=1,seq=4381(理论分析中 u 的值);第 418 帧为第二次握手,主机 Host2 向主机 Host1 发出响

应,此时 ACK＝1,seq＝1(理论分析中 v 的值),ack＝5842,这里需要说明的是,第 417 帧连接释放请求报文段是携带数据的,也就是说,主机 Host1 向主机 Host2 发送最后一个报文段数据时捎带上发出连接释放请求,携带的数据量为 1460B。因此,第 418 帧的 ack＝5842(具体为第一次握手的 seq＋携带的数据＋1,即 4381＋1460＋1＝5842);第 419 帧为第三次握手,主机 Host2 向主机 Host1 发出连接释放请求报文段,此时 FIN＝1,ACK＝1,seq＝1(理论分析中 w 的值),ack＝5842(与第二次握手的 ack 值相同);第 420 帧为第四次握手,主机 Host1 向主机 Host2 发出响应,此时 ACK＝1,seq＝u＋携带的数据＋1＝584,ack＝w＋1＝2。四握手后连接释放,仿真结果如图 8.49 所示,与实际理论分析一致。

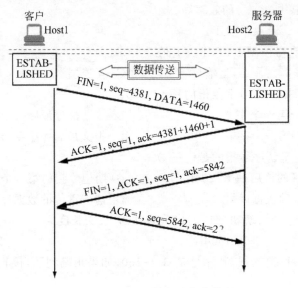

图 8.49　TCP 连接释放仿真结果

8.10　本章小结

本章主要讲解了运输层的 TCP 和 UDP,讲解了实现 TCP 可靠传输的工作原理。TCP 的工作原理是本章的重点。

本章最后通过仿真实验实现了 UDP 的格式以及 TCP 的格式。

8.11　习题 8

一、选择题

1. 在 OSI 模型中,提供端到端传输功能的层次是(　　)。

　　A. 物理层　　　　　　B. 数据链路层　　　　C. 运输层　　　　　　D. 应用层

2. TCP 的主要功能是(　　)。

　　A. 进行数据分组　　B. 保证可靠传输　　　C. 确定传输路径　　D. 提高传输速度

3. 应用层的各种进程通过(　　)实现与传输实体的交互。

　　A. 程序　　　　　　　B. 端口　　　　　　　C. 进程　　　　　　　D. 调用

4. 传输层与应用层的接口上设置的端口是一个( )的地址。

    A. 8 位   B. 16 位   C. 32 位   D. 64 位

5. 熟知端口的范围是( )。

    A. 0～100   B. 20～199   C. 0～255   D. 1024～49151

6. 以下端口为熟知端口的是( )。

    A. 8080   B. 4000   C. 161   D. 256

7. 运输层上实现不可靠传输的协议是( )。

    A. TCP   B. UDP   C. IP   D. ARP

8. TCP 和 UDP 中( )的效率高。

    A. TCP   B. UDP   C. 两个一样   D. 不能比较

9. 在 TCP/IP 参考模型中,TCP 工作在( )。

    A. 应用层   B. 运输层   C. 互连层   D. 主机-网络层

10. TCP 报文段中的序号字段指的是( )。

    A. 数据部分第一个字节   B. 数据部分最后一个字节

    C. 报文首部第一个字节   D. 报文最后一个字节

11. TCP 报文中确认序号指的是( )。

    A. 已经收到的最后一个数据序号   B. 期望收到的第一个字节序号

    C. 出现错误的数据序号   D. 请求重传的数据序号

12. 互联网上的所有计算机都应能接受的 TCP 报文长度为( )。

    A. 65535B   B. 1500B   C. 255B   D. 556B

13. TCP 发送一段数据报,其序号是 35～150,如果正确到达,接收端对其确认的序号为( )。

    A. 36   B. 150   C. 35   D. 151

14. TCP 重传计时器设置的重传时间( )。

    A. 等于往返时延   B. 等于平均往返时延

    C. 大于平均往返时延   D. 小于平均往返时延

15. TCP 流量控制中通知窗口的功能是( )。

    A. 指明接收方的接收能力   B. 指明接收方已经接收的数据

    C. 指明发送方的发送能力   D. 指明发送方已经发送的数据

16. TCP 流量控制中拥塞窗口的是( )。

    A. 接收端根据网络状况得到的数值   B. 发送端根据网络状况得到的数值

    C. 接收端根据接收能力得到的数值   D. 发送端根据发送能力得到的数值

17. TCP 中,连接管理的方法为( )。

    A. 重传机制   B. 三次握手机制   C. 慢速启动   D. Nagle 算法

18. TCP 连接建立时,若发起连接一方的序号为 x,则接收端确认的序号为( )。

    A. y B. x C. $x+1$ D. $x-1$

19. TCP 释放连接由哪一方发起? ( )

    A. 收发任何一方均可   B. 服务器方

    C. 客户方   D. 连接建立一方

20. TCP 连接释放时,需要将(　　　)置位。

　　A. SYN　　　　　　B. END　　　　　　C. FIN　　　　　　D. STOP

二、判断题

1. 互联网中,IP 向 IP 用户提供的是面向连接的数据传送服务。(　　　)

2. 运输层位于数据链路层上方。(　　　)

3. 运输层属于网络功能部分,而不是用户功能部分。(　　　)

4. 传输层上的连接为了避免通信混乱,所有端口都不能重复使用。(　　　)

5. UDP 是一种可靠的、高效的传输协议。(　　　)

6. DP 报文首部中包含了源和目的 IP 地址。(　　　)

7. UDP 报文的伪首部中包含了端口号。(　　　)

8. UDP 报文计算校验和时需增加一个伪首部。(　　　)

9. TCP 报文段中的确认序号只有在 ACK＝1 时才有效。(　　　)

10. TCP 报文段中的 PSH 字段置 1 时,表明该报文段需要尽快传输。(　　　)

11. TCP 报文段检验时也需要像 UDP 那样增加一个伪首部。(　　　)

12. TCP 工作时,为了提高效率,有时并不会对收到的数据报立刻确认。(　　　)

13. TCP 规定接收数据时必须按顺序接收。(　　　)

14. TCP 每发送一个报文段,就启动一个定时器。(　　　)

15. TCP 传输的重发时延应略大于平均往返时延。(　　　)

16. TCP 发送报文时,发送窗口是固定不变的。(　　　)

17. TCP 拥塞控制中的慢启动是指发送的数据报每次增加一个。(　　　)

18. TCP 建立连接时,还需要互相协商一些通信参数。(　　　)

19. 三次握手的方式可以保证建立的连接绝对可靠。(　　　)

20. TCP 释放连接的过程是三次握手。(　　　)

21. TCP 通信进程一方提出释放连接时,双方同时中止通信。(　　　)

三、填空题

1. TCP 报文的首部最小长度是_____字节。

2. TCP 有效荷载的最大长度是 _____字节。

3. TCP 报文首部可以扩展的字节长度需满足的规律是_____的整数倍。

4. TCP 报文段中给源端口分配了_____字节的长度。

5. TCP 报文段中的序号字段为_____字节。

6. TCP 报文段中的 ,如果要使当前数据报传送到接收端后,立即被上传应用层,可将急迫比特 PSH 置_____。

7. TCP 流量控制窗口大小的单位是_____。

8. 从通信的角度看,网络体系结构中各层提供的服务可分为两大类,即_____服务和_____服务。

9. IP 提供_____的不可靠服务,TCP 提供_____可靠服务。

10. TCP/IP 网络中,物理地址与_____层有关,逻辑地址与_____层有关,端口地址和_____层有关。

11. UDP 首部字段有_____字节。

12. UDP 首部字段由_____、_____、_____、_____四部分组成。

13. UDP 数据报检验时要在前面增加一个_____字段。

14. UDP 检验增加的伪首部长度为_____字节。

15. UDP 在 IP 数据报中的协议字段值为_____。

16. UDP 伪首部的前两个字段为_____、_____。

17. UDP 伪首部的最后一个字段为_____。

18. UDP 伪首部的第三个字段为_____。

四、简答题

1. 解释 socket 的含义。

2. 简述 TCP 中为了计算超时区间,其平均往返时延的计算公式。

3. 简述 Karn 算法的思想。

4. 简述 TCP 如何实现端到端可靠的通信服务。

5. 简要说明 TCP 与 UDP 的相同点与不同点。

6. TCP 与 UDP 各有什么特点? 它们各用在什么情况下?

7. 在 TCP 的拥塞控制中,什么是慢开启和拥塞避免? 它们分别起什么作用?

8. 简述 TCP 建立连接时需要解决的问题。

9. TCP 中确认的丢失并不一定导致重传,请解释原因。

第 9 章 应 用 层

本章学习目标

- 了解应用层的基本概念。
- 掌握域名系统(DNS)的工作原理及配置过程。
- 掌握文件传输协议(FTP)的工作原理及配置过程。
- 熟悉 Telnet 的工作原理及配置过程。
- 掌握万维网(WWW)的工作原理及配置过程。
- 掌握电子邮件(E-Mail)的工作原理及配置过程。
- 掌握 DHCP 的原理及配置过程。

本章主要讲解常见的应用层协议,包括 DNS、FTP、TELNET、WWW、E-Mail、DHCP 等,还讲解了这些协议的工作原理。

本章的实验主要完成 DNS、FTP、Telnet、WWW、电子邮件以及 DHCP 的配置过程。

9.1 应用层概述

应用层是五层体系结构的最高层,在它之上是用户,在它下面是运输层。应用层从运输层接收服务,并向用户提供服务。应用层允许人们利用各种应用程序使用 Internet,并解决工作、生活和学习中遇到的各种问题。

人们接触和使用计算机网络是从网络应用开始的。网络中常用的应用有 DNS、FTP、E-Mail、WWW 服务等。

应用层协议是为了解决某一具体的应用问题而设计的,问题的解决是通过不同主机中的多个进程之间的通信和协同工作完成的。进程之间的通信采用客户/服务器模式。

9.2 DNS

域名系统(Domain Name System,DNS)是互联网的一项服务。它作为将域名和 IP 地址相互映射的一个分布式数据库,能够使人们更方便地访问互联网。DNS 使用 UDP 端口 53。当前,对于每一级域名长度的限制是 63 个字符,域名总长度不能超过 253 个字符。

9.2.1 DNS 简介

DNS 是 Internet 上使用的命名系统,用来把便于人们使用的机器名字转换为 IP 地址。Internet 上当一台主机要访问另外一台主机时,必须首先获得其 IP 地址,TCP/IP 中的地址是指 IP 地址,IP 地址不便于记忆,因此就采用了域名系统管理名字和 IP 地址之间的对应关系。

在早期的 Arpanet 时代,由于网络中的主机数量有限,当时只需要用一个 Hosts.txt 文件记录主机名和 IP 地址之间的关系,当需要通过主机名查找相应的 IP 地址时,只在该文件中搜索就可以得到该主机名对应的 IP 地址。

Internet 上的结点都可以用 IP 地址唯一标识,并且可以通过 IP 地址被访问,由于 IP 地址太长不便记忆,因此人们发明了域名,域名可将一个 IP 地址关联到一组有意义的字符上。用户访问一个网站的时候,既可以输入该网站的 IP 地址,也可以输入其域名,对访问而言,两者是等价的。例如,微软公司的 Web 服务器的 IP 地址是 207.46.230.229,其对应的域名是 www.microsoft.com,不管用户在浏览器中输入的是 207.46.230.229,还是 www.microsoft.com,都可以访问其 Web 网站。

9.2.2 互联网的域名结构

域名系统规定,对于每一级域名长度的限制是 63 个字符,域名总长度不能超过 253 个字符。域名是由英文字母和数字组成,字母不区分大小写,域名级别从左到右逐渐增大。最高的顶级域名由 ICANN 管理,其他各级域名由其上一级域名管理机构进行管理,这样便于设计一种查找域名机制并且能够保证整个 Internet 范围内域名的唯一性。

域名并不能表示计算机的物理地址信息,它只是一个逻辑概念。一个完整的域名通常是将不同级别的域名用点号隔开,而 IPv4 地址是由 32 位二进制组成的,通常表示成点分十进制数的形式,而域名和 IP 地址之间也存在对应关系。这里需要注意的是,域名中的“点”和 IP 地址中的“点”并不存在一一对应的关系,并且它们的点的数量也不一定相同。IPv4 地址中的“点”的数量为固定的 4 个,而域名中的“点”的数量不一定是 4 个。

一个完整的域名,即完全合格域名(Fully Qualified Domain Name,FQDN)同时带有主机名和域名。例如,主机名为 www,域名为 cctv.com,则 FQDN 就是 www.cctv.com。

1. 顶级域名

据 2012 年 5 月统计,顶级域名(Top Level Domain,TLD)有 326 个。之前的顶级域名共分为以下三大类。

(1) 国家或地区顶级域名 nTLD:通常由两个英文字母组成,如 cn 表示中国,us 表示美国,uk 表示英国,fr 表示法国,jp 表示日本,等等。国家或地区顶级域名又常记为 ccTLD。到 2012 年 5 月止,国家或地区顶级域名总数为 296 个。

(2) 通用顶级域名 gTLD:截至 2006 年 12 月止,通用顶级域名的总数为 20 个,具体见表 9.1。

表 9.1 通用顶级域名

顶级域名名称	描 述	顶级域名名称	描 述
com	公司企业	cat	使用加泰隆人的语言和文件团体
net	网络服务机构	coop	合作团体
org	非营利性组织	info	各种情况
int	国际组织	jobs	人力资源管理者
edu	美国专用的教育机构	mobi	移动产品与服务的用户和提供者
gov	美国的政府部门	museum	博物馆

顶级域名名称	描　　述	顶级域名名称	描　　述
mil	美国的军事部门	name	个人
aero	航空运输企业	pro	有证书的专业人员
asia	亚太地区	tel	Telnic 股份有限公司
biz	公司和企业	travel	旅游业

（3）基础结构域名（infrastructure domain）：这种顶级域名只有一个，即 arpa，用于反向域名解析，因此又称为反向域名。

2. 二级域名

在国家或地区顶级域名下注册的二级域名均由该国家或地区自行确定。例如，顶级域名为 jp 的日本将其教育和企业机构的二级域名定为 ac 和 co。

我国把二级域名划分为"类别域名"和"行政区域名"两大类。

"类别域名"共 7 个，见表 9.2。

表 9.2　我国二级域名中的类别域名

类别域名名称	描　　述	类别域名名称	描　　述
ac	科研机构	mi	中国的国防机构
com	工、商、金融等企业	net	提供互联网络服务的机构
edu	中国的教育机构	org	非赢利性的组织
gov	中国的政府机构		

我国的"行政区域名"共 34 个，适用于我国的各省、自治区、直辖市，如 bj（北京市）、js（江苏省）等。

我国的互联网络发展现状以及各种规定均可在中国互联网网络信息中心（CNNIC）的网址上找到。

3. 域名树

互联网中的域名结构呈树状分布。图 9.1 描述的是互联网域名空间，它是一棵倒挂的树，树根在最上面，紧跟着根下面的是顶级域名，紧跟着顶级域名往下的是二级域名、三级域名、四级域名等。图 9.1 中凡是在顶级域名 com 下注册的单位都获得了一个二级域名，给出的例子有：新浪、百度等公司。在顶级域名 cn（中国）下面列举了几个二级域名，如 js、edu 以及 sdwz。在某个二级域名下注册的单位就可以获得一个三级域名。图 9.1 中给出的在 edu 下面的三级域名有 suda（苏州大学）。某个单位一旦拥有了一个域名，就可以自己决定是否进一步划分其下属的子域，并且不必由其上级机构批准。图 9.1 中，sina（新浪）和 suda（苏州大学）都分别划分了自己的下一级的域名 mail 和 www（分别是三级域名和四级域名）。域名树的树叶就是单台计算机的名字，它不能再继续往下划分子域了。

虽然新浪和苏州大学都各有一台计算机取名为 mail，但它们的域名并不一样，因前者是 mail.sina.com，而后者是 mail.suda.edu.cn。

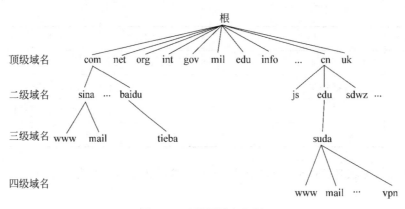

图 9.1 互联网域名空间

9.2.3 域名服务器

域名服务器基本上是按域名的层次设置的。为了避免单机作为域名服务器而造成负载过重的问题,常常把 DNS 名称空间划分成不重叠的区域。每个区域包含域名树的一部分,同时也包含存放该区域信息的域名服务器。

一个域名服务器所负责管辖的范围称为区,各单位根据具体情况将自己拥有的域划分为多个区。区可能等于或小于域,但一定不能大于域。图 9.2 表示了区和域的关系。

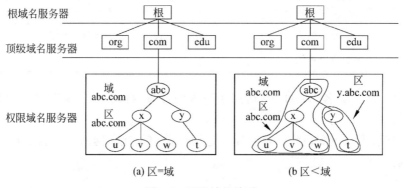

图 9.2 区和域的关系

一般情况下,一个区有一台主域名服务器,以及一台或多台辅助域名服务器。主域名服务器也称为权限域名服务器,它存储了在本区域内创建、维护和更新的区域文件。辅助域名服务器则从主域名服务器中获得信息,它是主域名服务器数据的冗余备份,自身并不创建文件,也不更新区域文件。主域名服务器和辅助域名服务器均可以对区域内的主机进行域名解析。

图 9.3 以图 9.2(b)中公司 abc 划分的两个区为例,给出了 DNS 域名服务器树状结构图。这种 DNS 域名服务器树状结构图可以更准确地反映出 DNS 的分布式结构。图 9.3 中的每个域名服务器都能够进行部分域名到 IP 地址的解析。当某个 DNS 服务器不能进行域名到 IP 地址的转换时,它就设法寻找互联网上别的域名服务器进行解析。

从图 9.3 可以看出,互联网上的 DNS 也是按照层次安排的。每个 DNS 都只对域名体

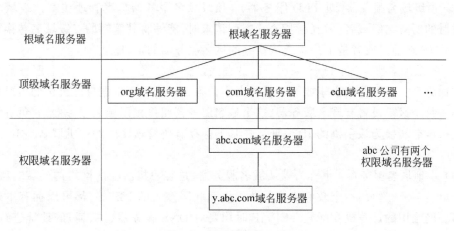

图 9.3 树状结构的 DNS

系中的一部分进行管辖。根据 DNS 所起的作用,可以把 DNS 划分为以下 4 种不同的类型。

(1) 根域名服务器:用于管理顶级域名服务器,主要用来管理互联网的主目录,所有的 IPv4 根域名服务器均由美国政府授权的互联网地址和域名配机构(ICANN)统一管理,全世界只有 13 组根域名服务器。根域名服务器使用 13 个不同 IP 地址的域名,其域名用 a.rootserver.net~m.rootserver.net 表示,13 组根域名服务器中,1 组为主根域名服务器,在美国,其余 12 组均为辅根域名服务器,其中 9 组在美国,欧洲 2 组,位于英国和瑞典,亚洲 1 组,位于日本。截至 2020 年 8 月,全世界已经在 1097 个地点安装了根域名服务器及其镜像站点。镜像服务器与主服务器的服务内容都是一样的,只是放在不同的地方,分担主机的负载。中国大陆在北京有 F、I、J、K、L 的镜像各 1 台,共 5 台,上海有 L 的镜像 1 台,杭州有 F、J 的镜像各 1 台,共两台,武汉有 L 的镜像 1 台,郑州有 L 的镜像 1 台,西宁有 L 的镜像 1 台,贵阳有 K 的镜像 1 台,广州有 K 的镜像 1 台。

世界对美国互联网的依赖性非常大,美国通过控制根域名服务器而控制整个互联网,对其他国家的网络安全造成重大威胁,理论上讲,任何形式的标准域名要想被实现解析,按照技术流程,都必须经过第一层(即根域名服务器)解析。根域名服务器解析后才转到顶级域名服务器进行解析。美国由于控制了根域名服务器,如果不想让人访问某些域名,就可以屏蔽掉这些域名,使它们的 IP 地址无法解析出来,这些域名指向的网站就相当于从互联网的世界中消失了。如 2004 年 4 月,".1y"域名瘫痪,导致利比亚从互联网上消失了 3 天。

根域名服务器或其镜像分布广泛,因此当 DNS 客户向某个根域名服务器的 IP 地址发出查询报文时,互联网上的路由器就找到离这个 DNS 客户最近的一个根域名服务器或其镜像。这样做不仅加快了 DNS 的查询过程,也更加合理地利用了互联网的资源。

通常情况下,根域名服务器并不直接把待查询的域名直接转换成 IP 地址,而是告诉本地域名服务器下一步应当找哪个顶级域名服务器进行查询。具体域名查询种类及查询过程将在 9.2.4 节中讲解。

2015 年 6 月 23 日,基于全新技术架构的全球下一代互联网(IPv6)根服务器测试和运营实验项目——"雪人计划"正式启动。2017 年 11 月 28 日,"雪人计划"已在全球完成 25 台 IPv6 根服务器架设,中国部署了其中 4 台,打破了中国过去没有根域名服务器的困境。

（2）顶级域名服务器（即 TLD 服务器）：顶级域名服务器负责管理在本顶级域名服务器上注册的所有二级域名。当收到 DNS 查询请求时，能够将其管辖的二级域名转换为该二级域名的 IP 地址。或者是下一步应该找寻的域名服务器的 IP 地址。

（3）权限域名服务器：DNS 采用分区的办法设置域名服务器。一个域名服务器所管辖的范围称为区。区的范围小于或等于域的大小。各个机构可以根据自己机构的情况划分区的范围。每个区都设置有域名服务器，这个域名服务器叫作权限域名服务器，它负责管辖区内的主机域名转换为该主机的 IP 地址。在其上保存有所管辖区内的主机域名到 IP 地址的映射。

（4）本地域名服务器：也称为默认域名服务器，是客户机所在的网络内的域名服务器，如一个单位、一个学校、一个政府机构以及提供互联网接入的 ISP 等，都可以拥有本地域名服务器。网络中的计算机在配置 TCP/IP 时均要对 DNS 服务器（主、辅）的地址进行配置，这个 DNS 服务器指的就是本地域名服务器。客户机的域名地址解析请求首先送往本地域名服务器。

9.2.4　域名解析过程

实现域名解析有递归查询和迭代查询两种基本的方法，其中递归查询不常用，而迭代查询广泛采用。

1. 递归查询

当某个主机有域名解析请求时，总是首先向本地域名服务器发出查询请求，如果本地域名服务器上有要解析的域名信息时，它将把结果返回给请求者；如果本地域名服务器没有相应信息，它将作为 DNS 客户向根域名服务器发出查询请求，然后从根域名服务器开始，依次将查询请求送给下一级域名服务器，直到解析成功，最后逐级返回解析结果，如图 9.4 所示。

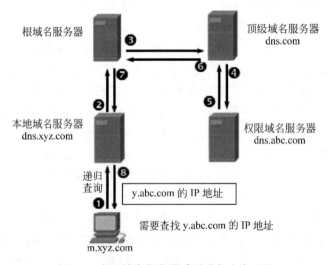

图 9.4　本地域名服务器采用递归查询过程

2. 迭代查询

当某个主机有域名解析请求时，首先向本地域名服务器发出查询请求，如果本地域名服务器上有要解析的域名信息，它将把结果返回给请求者；如果本地域名服务器没有相应信息,则它向根域名服务器发出查询请求。当根域名服务器收到本地域名服务器的查询请求时,会告诉本地域名服务器下一步应该查询的顶级域名服务器的 IP 地址;本地域名服务器到该顶级域名服务器进行查询,若顶级域名服务器能够给出查询结果,那么它会把结果传送给本地域名服务器,否则它会告诉本地域名服务器下一步应该查询的权限域名服务器的 IP 地址。本地域名服务器就这样迭代进行查询,直到最后查到所需要的 IP 地址,然后把结果反馈给发起查询的主机,如图 9.5 所示。

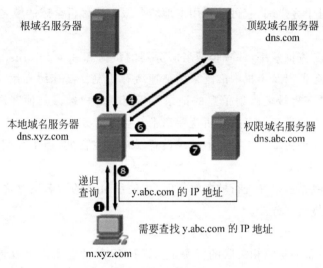

图 9.5　本地域名服务器采用迭代查询过程

如图 9.5 所示,若客户机 m.xyz.com 通过本地域名服务器采用迭代查询过程查询域名为 y.abc.com 的主机 IP 地址,则具体查询过程有如下几个步骤:

① 主机 m.xyz.com 首先向其本地域名服务器 dns.xyz.com 发出域名查询请求,查询域名为 y.abc.com 的主机的 IP 地址,该查询过程采用的是递归查询。

② 若本地域名服务器中存在域名为 y.abc.com 对应主机的 IP 地址信息,则将该信息直接返回给发出查询请求的客户机,查询过程结束;若本地域名服务器中不存在请求域名的 IP 地址信息,则本地域名服务器采用迭代查询的方法查询域名为 y.abc.com 的主机的 IP 地址。它本地域名服务器首先向根域名服务器发出查询请求。

③ 根域名服务器中记录的是顶级域名的信息,因此根域名服务器将查询到的顶级域名服务器 dns.com 的 IP 地址反馈给本地域名服务器,以便本地域名服务器进一步向相关的顶级域名服务器发出查询请求。

④ 本地域名服务器向顶级域名服务器 dns.com 发出查询请求,请求查询域名为 y.abc.com 的 IP 地址。

⑤ 顶级域名服务器 dns.com 将查询到的权限域名服务器 dns.abc.com 的 IP 地址信息反馈给本地域名服务器,这样便于本地域名服务器能够找到相关的权限域名服务器,并通过该服务器查询域名 y.abc.com 的 IP 地址信息。

⑥ 本地域名服务器向权限域名服务器 dns.abc.com 发出查询请求,要求查询域名为 y.abc.com 的主机的 IP 地址。

⑦ 权限域名服务器 dns.abc.com 将查询到的域名为 y.abc.com 的主机的 IP 地址反馈给本地域名服务器。

⑧最终本地域名服务器把查询结果告诉主机 m.xyz.com。整个查询过程结束。以上本地域名服务器与根域名服务器、顶级域名服务器以及权限域名服务器之间采用的是迭代查询的过程,而客户端与本地域名服务器之间采用的是递归查询的过程。

客户端主机 m.xyz.com 得到解析的最终结果,但它并不知道本地域名服务器经历的曲折的查找过程。对于客户端,它可以使用本地域名服务器解析全球的域名。

3. 域名缓存

为了提高 DNS 查询效率,并减轻域名服务器的负荷和减少 Internet 上的 DNS 查询报文数量,在域名服务器以及主机中广泛采用高速缓存机制。高速缓存用于存放最近查询过的域名以及从何处获得域名映射信息的记录。当同一客户端或其他客户端请求同一映射时,它会首先检查本地高速缓存并解析这一请求。

另外,高速缓存还为缓存中的映射记录设置了一个生存期,当生存期结束后,高速缓存就会清除过期的记录。

有了域名缓存后,主机在进行域名解析时,先使用自己的域名缓存进行解析,如果不能解析,才请求本地域名服务器。

4. 资源记录

每个域都有一系列与它相关联的资源记录。DNS 的功能实际上就是把域名映射到资源记录上。

对于一台主机来说,最常见的资源记录就是它的 IP 地址,但除此之外,还有一个用五元组表示的资源记录,其格式为

```
<Domain_name Time_to_live Class Type Value>
```

Domain_name(域名)指出该记录适用的域名,这是匹配查询的主要搜索关键字。数据库中的资源记录的顺序是无关紧要的,当查询一个域时,只要用域名字段进行检索,所有匹配的记录都将返回。

Time_to_live(生存期)指示该记录的稳定程度,该值决定域名解析的结果在 DNS 缓存中保留多长时间。例如 86400(表示 1 天),而非常不稳定的信息会被分配一个较小值,如 60(表示 1 分钟)。

Class(类别)指出信息类别,其值通常为 IN,表示 Internet,而非 Internet 信息,可用其他代码,但非常少见。

Type(类型)指出该记录是哪种类型的记录。建立好区域之后,必须在区域文件内添加数据记录。目前有 19 种类型的记录适合于 DNS 服务器,最常见的是 NS、SOA、A、CNAME、MX、PTR、HINFO 以及 TXT 等。

Value(值)域的值可以是数字、域名或者 ASCII 字符串,其语义取决于记录的类型。

表 9.3 给出了一些常见的 DNS 资源记录类型。

表 9.3 常见的 DNS 资源记录类型

类型	含 义	值
NS	用于为当前 DNS 区域指定权威的名称服务器	本域的服务器的名称
SOA	起始授权机构	域名服务器区域主要资源名字
A	用于为特定域名指定对应的 IP 地址	IP 地址
CNAME	用于为特定域名指定对应的别名,用户可以通过别名访问这个域名,也可以为特定域名指定多个别名	域名
MX	用于为特定域名指定负责接收电子邮件的邮件服务器信息	希望接收该域电子邮件的机器
PTR	指针	一个 IP 地址的别名
HINFO	主机的描述	用 ASCII 表示的 CPU 和操作系统
TXT	文本	未解释的 ASCII 文本

9.2.5 实验一——域名系统 DNS 服务器搭建

1. 本章相关实验的虚拟环境搭建

为了便于学生独立顺利完成本章相关实验,搭建虚拟实验环境如下。

使用虚拟机 VMware 创建两台安装了操作系统的计算机,本章实验基本都遵循"客户——服务器"模式,因此需要两台计算机,一台为客户机(虚拟机名称为 client),另一台为服务器(虚拟机名称为 server——Windows server 2008),如图 9.6 所示。

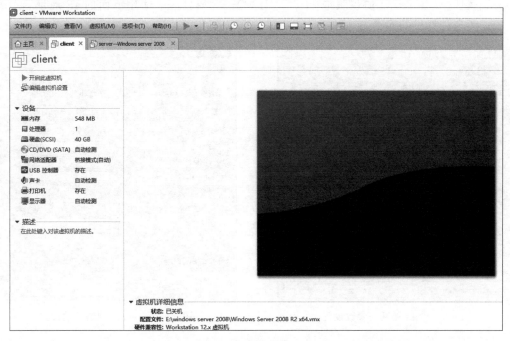

图 9.6 搭建虚拟实验环境

将图 9.6 中的两台虚拟机的"网络适配器"均设置为"仅主机模式",具体操作过程为:
分别选择这两个虚拟机,"右击虚拟机名称——设置——网络适配器——仅主机模式",如
图 9.7 所示。

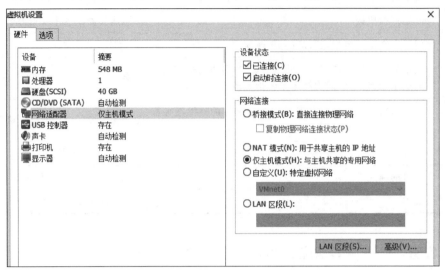

图 9.7　设置网络适配器模式

接下来配置网络参数,使两台虚拟机互联互通,配置客户机 IP 地址为 192.168.1.100,子
网掩码为 255.255.255.0;配置服务器 IP 地址为 192.168.1.200,子网掩码为 255.255.255.0。
操作过程为:"开始——网络","右击网络——属性——更改适配器设置","右击本地连
接——属性——Internet 协议版本 4(TCP/IPv4)——属性——使用下面的 IP 地址",分别
设置这两台计算机的网络参数如图 9.8 和图 9.9 所示。

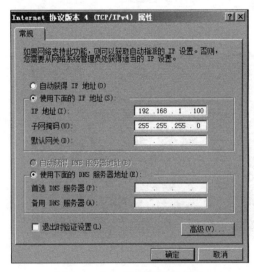

图 9.8　client 端网络参数设置

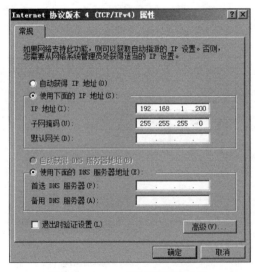

图 9.9　server 端网络参数设置

最后通过 ping 命令测试网络联通性,从客户端 client ping　服务器端 server,测试结果

如图 9.10 所示,表明网络是联通的。

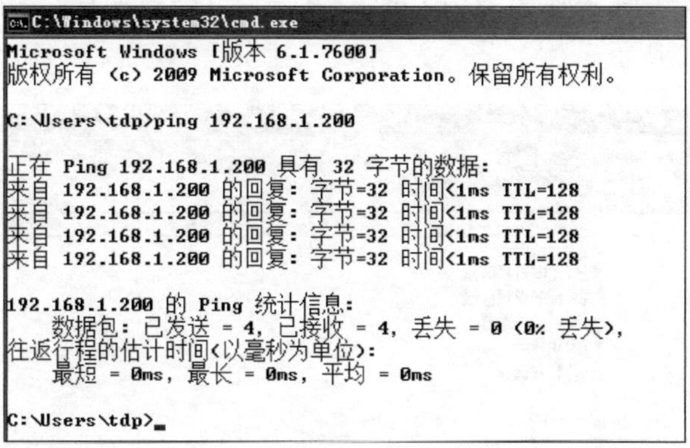

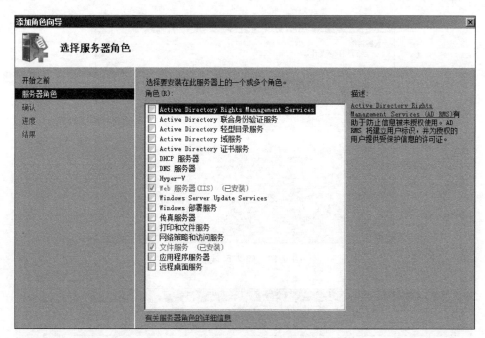

图 9.10　网络联通性测试结果

2. DNS 服务器配置

(1) 在 server——Windows Server 2008 服务器上安装 DNS 服务器。

① 单击"开始——管理工具——服务器管理器",在弹出的窗口中选择"角色——添加角色",在"添加角色向导"中单击"下一步"按钮,进入"选择服务器角色"界面,如图 9.11 所示。

图 9.11　选择服务器角色

② 勾选 DNS 服务器,安装 DNS 服务器。单击"下一步"按钮,弹出"DNS 服务器简介"窗口。再单击"下一步"按钮,在弹出的"确认安装选择"窗口中单击"安装"按钮进入 DNS 服务器安装过程。

③ 在"安装结果"窗口中显示"安装成功",最后单击"关闭"按钮。

（2）配置 DNS 服务器。

① 运行 DNS 服务器,操作步骤为:单击"开始——管理工具——DNS",弹出"DNS 管理器"窗口,如图 9.12 所示。

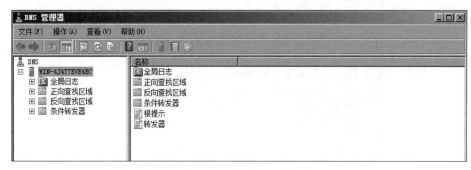

图 9.12 "DNS 管理器"窗口

② 右击"正向查找区域",在弹出的菜单中选择"新建区域",单击"下一步"按钮,在"区域类型"中选择"主要区域",单击"下一步"按钮,在"区域名称"里输入"域名",如图 9.13 所示。输入区域名称后,单击"下一步"按钮。默认区域文件名,单击"下一步"按钮,选择默认的"不允许动态更新",单击"下一步"按钮,最终单击"完成"按钮。创建正向查找区域结果如图 9.14 所示。

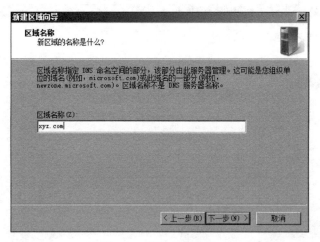

图 9.13 输入区域名称

图 9.14 创建正向查找区域结果

③ 在正向查找区域 xyz.com 右边的空白处右击——新建主机(A 或 AAAA),设置名称为 www,IP 地址为该域名对应的 IP 地址,这里设置为 192.168.1.110,单击"添加主机"按钮,如图 9.15 所示。

④ 正向查找完成后,开始设置反向查找区域。右击"反向查找区域",在弹出的对话框中选择"新建区域",单击"下一步"按钮,选择默认的"主要区域",单击"下一步"按钮,选择默认的"IPv4 反向查找区域(4)",单击"下一步"按钮,在"反向查找区域名称"窗口中配置网络ID 为"192.168.1",如图 9.16 所示。连续单击"下一步"按钮,最后单击"完成"按钮。

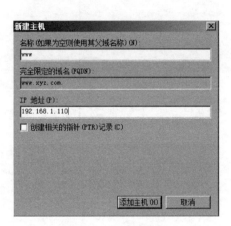

图 9.15 新建主机

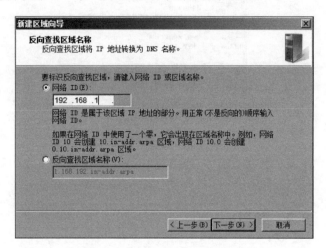

图 9.16 设置反向查找区域网络 ID

⑤ 在反向查找区域里新建指针(PTR),右击"反向查找区域"——"1.168.192.in-addr.arpa",在弹出的窗口中选择"新建指针(PTR)",在"新建资源记录"对话框中单击"浏览"——"选择正向查找区域——xyz.com",单击"确定"按钮,再选择 www,单击"确定"按钮,结果如图 9.17 所示。

图 9.17 新建资源记录

正反向都完成后,检查 DNS 服务器是否有效,具体操作过程为:在"DNS 管理器"中右击主机名,在弹出的窗口中选择"启动 nslookup(A)",依次输入域名 www.xyz.com,以及 IP 地址,看信息是否匹配,结果如图 9.18 所示,域名解析成功。

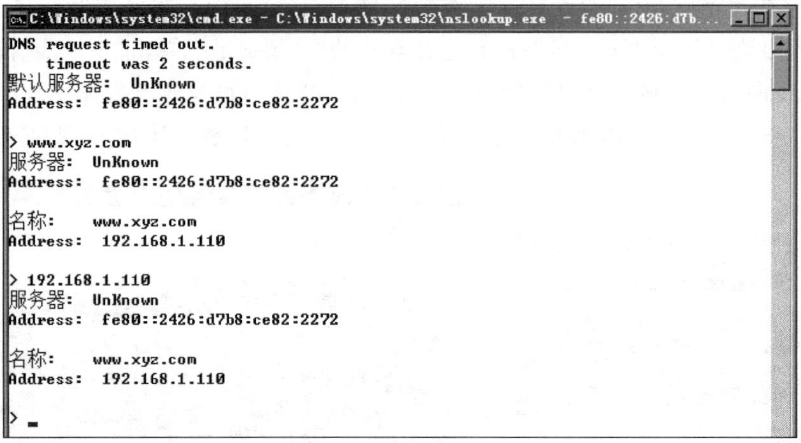

图 9.18　域名解析成功

9.3　FTP

9.3.1　FTP 简介

文件传输协议(File Transfer Protocol,FTP)是用于在网络上进行文件传输的一套标准协议,它工作在应用层。它使用运输层的 TCP 进行传输,客户和服务器建立连接前要经过"三次握手"的过程,保证客户与服务器之间的连接是可靠的,而且是面向连接的,为数据传输提供可靠保证。

要实现 FTP 传输文件功能,需要在客户端安装 FTP 客户端软件,在服务器端安装服务器软件。通过 FTP,客户端能够连接服务器端,并且能够将服务器端的文件传输到客户端计算机中,也可以将客户端文件传输到服务器端计算机中。从远程计算机复制文件到本地计算机,称为"下载"(download)文件。若将文件从自己的计算机中复制到远程计算机上,则称为"上传"(upload)文件。

9.3.2　FTP 的工作原理

FTP 使用 C/S 模式,但它比较复杂,它在客户端和服务器之间建立两条 TCP 连接,其中一条 TCP 连接为数据连接,用于传输数据;另一条为控制连接,用于传输控制信息(命令和响应)。数据与控制信息分开传输,可以使 FTP 的效率更高。控制连接使用非常简单的通信规则,每次只需要传输一行命令或者一行响应。数据连接由于传输数据的多样性,所以需要更复杂的规则。

FTP 使用 TCP 服务,FTP 服务器使用两个熟知 TCP 端口进行通信,其中 21 端口用于控制连接,20 端口用于数据连接。图 9.19 所示为 FTP 的基本模型,客户端由用户界面、控制进程和数据传输进程三部分组成。服务器端由控制进程和数据传输进程两部分组成。控制连接作用于控制进程之间,而数据连接作用于数据传输进程之间。

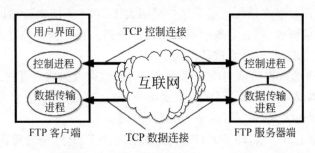

图 9.19　FTP 使用的两个 TCP 连接

一个 FTP 服务器进程可同时为多个客户进程提供服务。FTP 服务器进程由两大部分组成:一个主进程,负责接收新的请求;若干个从属进程,负责处理单个请求。FTP 支持两种模式:主动模式(port)以及被动模式(passive),过去,客户端默认为主动模式,后来由于主动模式存在安全问题,许多客户端的 FTP 应用默认为被动模式。它们的工作原理如下。

主动模式:

(1) FTP 服务器运行守护进程,等待 FTP 客户端用户的连接请求。

(2) FTP 客户机从一个任意大于 $1023(n)$ 的端口向服务器的 FTP 控制端口(默认是 21)发送请求,请求 FTP 服务器为其服务。然后客户端开始监听端口 $n+1$。

(3) 服务器接受连接,其守护进程派生出子进程与用户进程 FTP 交互建立一条命令链路,即建立文件传输控制连接,使用 TCP21 端口。守护进程回到等待状态,继续接受其他客户进程发来的请求,守护进程与子进程的处理并发进行。

(4) 当客户端需要传送数据时,客户端在命令链路上输入文件传输子命令 PORT $n+1$ 命令,告诉服务器:"我打开了某个端口,你过来连接我。"服务器接收子命令,并从 20 端口向客户端的该端口发送请求,建立一条数据链路来传送数据。如果命令正确,双方各派生一个数据传输进程,建立数据连接,使用 TCP20 端口,传输数据。在数据链路建立的过程中是服务器主动请求,所以称为主动模式。

(5) 本次子命令的数据传输完毕,拆除数据连接,结束数据传输进程。

(6) 用户继续输入文件传输子命令,重复步骤(4)、(5)的过程,直至用户输入退出 FTP 命令,双方拆除控制连接,结束文件传输,结束控制进程。

为了解决服务器发起到客户的连接问题,人们开发了一种不同的 FTP 连接方式,即被动连接方式,或者称为 PASV,当客户端通知服务器它处于被动模式时该连接方式才启用。接下来探讨被动模式。

被动模式:

(1) FTP 服务器运行守护进程,等待 FTP 客户端用户的连接请求。

(2) FTP 客户机向服务器的 FTP 控制端口(默认是 21)发送请求,请求 FTP 服务器为其服务。

(3) 服务器接受连接,其守护进程派生出子进程与用户进程 FTP 交互建立一条命令链路,即建立文件传输控制连接,使用 TCP21 端口。守护进程回到等待状态,继续接受其他客户进程发来的请求,守护进程与子进程的处理并发进行。

（4）当服务器需要传送数据的时候，服务器在命令链路上用 PASV 命令告诉客户端："我打开了某端口，你过来连接我。"于是客户端用大于 1024 的随机端口向服务器大于 1024 的随机端口发送连接请求，建立一条数据链路传送数据。在数据链路建立的过程中是服务器被动等待客户端请求，所以称为被动模式。

（5）本次子命令的数据传输完毕，拆除数据连接，结束数据传输进程。

（6）用户继续输入文件传输子命令，重复步骤（4）、（5）的过程，直至用户输入退出 FTP 命令，双方拆除控制连接，结束文件传输，结束控制进程。

在 FTP 服务器上，只要启动了 FTP 服务，总有一个 FTP 守护进程在后台运行，以随时准备对客户端的请求做出响应。当客户端需要文件传输服务时，将首先设法与 FTP 服务器之间的控制连接相连。在连接建立过程中，服务器会要求客户端提供合法的登录用户名和密码。一旦连接被允许建立，相当于在客户机与 FTP 服务器之间打开了一个命令传输的通信连接，所有与文件管理有关的命令将通过该连接被发送至服务器端执行。该连接在整个 FTP 会话期间一直存在，并使用 TCP21 号端口。每当请求通信连接，服务器将再形成另一个独立的通信连接，该连接使用服务器端 TCP 的 20 端口，所有文件以 ASCII 模式或二进制模式通过该数据通道传输。

一旦客户请求的一次文件传输完毕，则该连接就要被拆除，新一次的文件传输需要重新建立一条数据连接，但前面建立的控制连接被保留，直至全部文件传输完毕、客户端请求退出时才会被关闭。

9.3.3　实验二——FTP 服务器的搭建

采用本章搭建的实验环境，实验过程如下。

（1）在 server——Windows Server 2008 服务器上安装 FTP 服务器。

① 单击"开始——管理工具——服务器管理器"，在弹出的窗口中选择"角色——添加角色"，在"添加角色向导"里单击"下一步"按钮，进入"选择服务器角色"对话框，如图 9.20 所示。

② 勾选 Web 服务器（IIS），安装 Web 服务器。单击"下一步"按钮，弹出"Web 服务器（IIS）简介"窗口。再单击"下一步"按钮，在弹出的"选择角色服务"对话框中勾选 "FTP 服务器"，单击"下一步"按钮，再单击"安装"按钮，进入 FTP 服务器安装过程。

③ 在"安装结果"窗口中显示"安装成功"，最后单击"关闭"按钮。

（2）配置 FTP 服务器。

① 添加 FTP 账号：单击"开始"——"管理工具"——"服务器管理器"，在"服务器管理器"中选择"配置"——"本地用户和组"——"用户"，在右边空白处右击选择"新用户"，在"新用户"对话框中输入用户名、密码，可以设置"用户不能更改密码"和"密码永不过期"；单击"创建"按钮，如图 9.21 所示。

② 打开"服务器管理器"，选择"角色"——"Web 服务器（IIS）"——"Internet 服务（IIS）管理器"打开 IIS 管理界面，如图 9.22 所示。

③ 启动添加 FTP 站点向导，右击左侧连接中的"网站"，在弹出的菜单中选择"添加 FTP 站点"，如图 9.23 所示。

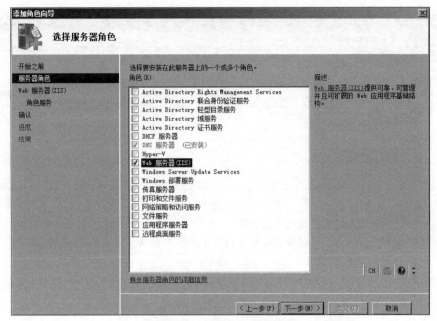

图 9.20　选择服务器角色

图 9.21　创建 FTP 账号

图 9.22　IIS 管理界面

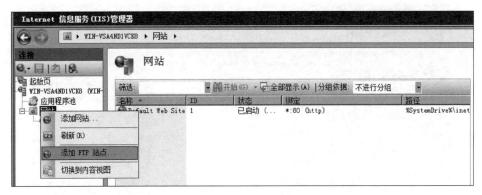

图 9.23　添加 FTP 站点

④ 启动"添加 FTP 站点"向导，输入 FTP 站点名称和 FTP 指向的路径，单击"下一步"
按钮。

⑤ 绑定和 SSL 设置，选择 IP 地址（默认选择全部未分配，即所有 IP 都开放）和端口（默
认选择 21）；SSL 根据具体情况做出选择，如无须使用 SSL，请选择"无"；单击"下一步"
按钮。

⑥ 身份验证选择"基本"，不建议开启"匿名"；授权中允许访问的用户可以指定具体范
围，如果 FTP 用户不需要很多，建议选择"指定用户"，权限选择"读取"和"写入"；最后单击
"完成"按钮，如图 9.24 所示。

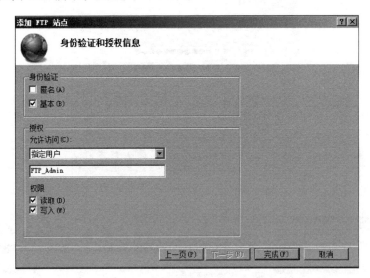

图 9.24　身份验证和授权信息

⑦ 测试 FTP 连接。可以在"我的电脑"地址栏中输入"FTP：//IP"连接 FTP 服务器，
根据提示输入用户名和密码，如图 9.25 所示。输入正确的用户名和密码，就可以浏览 FTP
内容了。

如果计算机开启了 Windows 默认的防火墙，是连接不了 FTP 的，需要设置防火墙，最
简单的处理是关闭 Windows 防火墙功能。

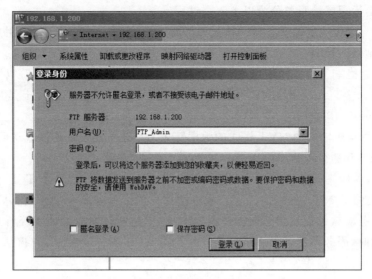

图 9.25　测试 FTP

9.4　TELNET

9.4.1　TELNET 简介

TELNET 也称为终端仿真协议,是 Internet 远程登录服务的标准协议和主要方式,最初由 Arpanet 开发,现在主要用于 Internet 会话,它的基本功能是允许用户登录进入远程主机系统,为用户提供了在本地计算机上完成远程主机工作的能力。

TELNET 也使用客户/服务器模式,在本地系统运行 TELNET 客户进程,而在远端主机上运行 TELNET 服务器进程。终端使用者在本地计算机上使用 TELNET 客户程序连接到服务器,使用者可以在本地系统的 TELNET 程序中输入命令,这些命令会在服务器上运行,就像直接在服务器的控制台上输入一样,实现在本地计算机上控制远程服务器。也就是说,TELNET 能将用户的击键传到远程主机,同时也能将远程主机的输出通过 TCP 连接返回到本地计算机的用户屏幕。这种服务是透明的,因为用户感觉到键盘和显示器好像直接连在远程主机上。因此,TELNET 又称为终端仿真协议。

TELNET 早期使用很广泛,但由于现在计算机软件功能越来越强大,已经很少有人使用 TELNET 了,但在网络管理与设备配置等方面还有一些应用。

TELNET 是一个通过创建虚拟终端,提供连接到远程主机的 TCP/IP 协议族中的一个协议。这一协议需要通过用户名和口令进行认证,是 Internet 远程登录服务的标准协议。应用 TELNET 协议能够把本地用户使用的计算机变成远程主机系统的一个终端。

9.4.2　TELNET 的工作过程

使用 TELNET 协议进行远程登录时需要满足以下条件:在本地计算机上必须装有包含 TELNET 协议的客户程序;必须知道远程主机的 IP 地址或域名;必须知道登录标识与口令。

TELNET 远程登录服务分为以下 4 个过程：

（1）本地与远程主机建立连接。该过程实际上是建立一个 TCP 连接，用户必须知道远程主机的 IP 地址或域名。

（2）将本地终端上输入的用户名和口令及以后输入的任何命令或字符以网络虚拟终端（Network Virtual Terminal，NVT）格式传送到远程主机。该过程实际上是从本地主机向远程主机发送一个 IP 数据包。

（3）将远程主机输出的 NVT 格式的数据转化为本地所能接受的格式送回本地终端，包括输入命令回显和命令执行结果。

（4）最后，本地终端对远程主机进行撤销连接。该过程是撤销一个 TCP 连接。

图 9.26 说明了 NVT 的意义。客户软件把用户的击键和命令转换成 NVT 格式，并送交服务器。服务器软件把收到的数据和命令从 NVT 格式转换成远地系统所需的格式。向用户返回数据时，服务器把远地系统的格式转换为 NVT 格式，本地客户再从 NVT 格式转换到本地系统所需的格式。

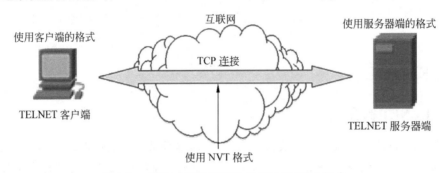

图 9.26　TELNET 使用网络虚拟终端 NVT 格式

9.4.3　实验三——TELNET 服务器的搭建

当测试到一台远程主机或者目的 IP 的网络连接是不是连通或者可达的时候，Telnet 是一个常见而且好用的命令。但是，Windows Server 2008 中默认没有安装 Telnet 选项，如果需要，可以手动安装并开启这个功能。

采用本章一开始搭建的实验环境，实验过程如下：

（1）在 server——Windows Server 2008 服务器上安装 Telnet 服务器。

① 单击"开始"——"管理工具"——"服务器管理器"，弹出"服务器管理器"窗口。

② 在"服务器管理器"窗口右击"功能"，在弹出的窗口中选择"添加功能"，在"选择功能"界面勾选"Telnet 服务器"和"Telnet 客户端"，如图 9.27 所示。单击"下一步"按钮，然后在"确定安装选项"界面单击"安装"按钮。

③ 当安装结果中显示"安装成功"时，单击"关闭"按钮。

④ 在 Telnet 客户端安装 Telnet 客户端软件，如图 9.28 所示。

⑤ 在 server——Windows Server 2008 服务器上安装 Telnet 服务器启动 Telnet 服务，具体操作过程为：单击"开始"——"管理工具"——"服务"——Telnet——"启动"，如图 9.29 所示。

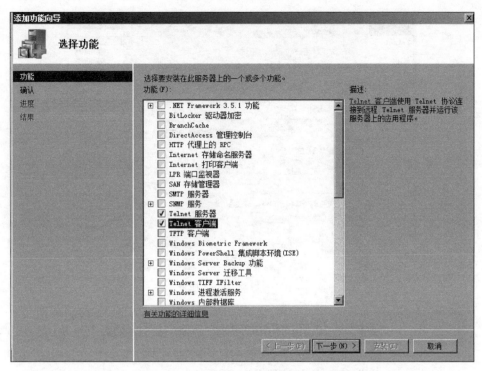

图 9.27　安装 Telnet 服务器以及客户端

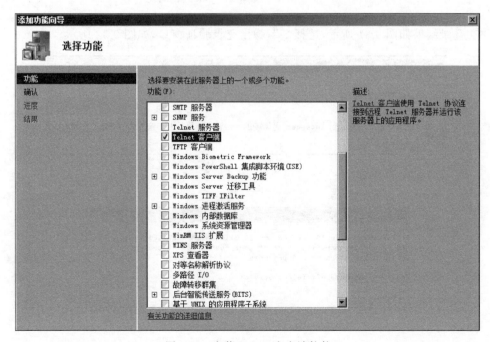

图 9.28　安装 Telnet 客户端软件

⑥ 在客户端登录 Telnet 服务器,如图 9.30 所示。

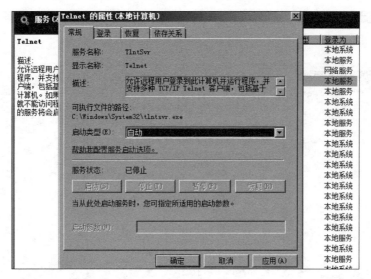

图 9.29　启动 Telnet 服务

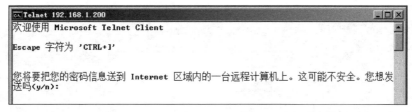

图 9.30　在客户端登录 Telnet 服务器

⑦ 登录结果如图 9.31 所示，选择"y"，弹出登录验证窗口，如图 9.32 所示。

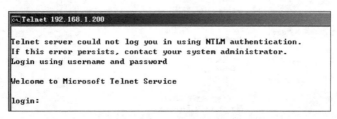

图 9.31　登录结果

图 9.32　登录验证窗口

⑧ 创建 Telnet 用户，单击"开始"——"程序"——"管理工具"——"服务器管理器"，在弹出的"服务管理器"窗口中单击"配置"——"本地用户和组"，选择"用户"，在右边的窗口处右击，在弹出的窗口中选择"新用户"，如图 9.33 所示。

图 9.33　添加新用户

⑨ 将该用户添加到 TelnetClients 组。双击图 9.34 中的 TelnetClients 组,在弹出的窗口中单击"添加"——"高级"——"立即查找",在搜索结果中找到新创建的 Telnet 用户,单击"确定"按钮,再单击"确定"按钮,最后再单击"确定"按钮,这样用户 Telnet 就添加到 TelnetClients 组中。

图 9.34　向 TelnetClients 组添加用户

⑩ 在图 9.32 所示窗口中输入用户名 Telnet 以及密码,结果如图 9.35 所示。

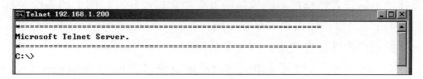

图 9.35　登录成功窗口

9.5 WWW

9.5.1 WWW 简介

万维网(World Wide Web,WWW)是一个大规模的、联机式的信息储藏所。万维网的出现使互联网从仅由少数计算机专家使用变为普通百姓也能使用,是 Internet 发展中的一个重要里程碑。它使用链接的方法能非常方便地从互联网上的一个站点访问另一个站点,从而主动按需获取丰富的信息资源。万维网并不等同于 Internet,也不是某一类型的计算机网络,它只是 Internet 提供的服务之一。

万维网最初是由欧洲粒子物理实验室(CERN)的蒂姆·伯纳斯·李于 1989 年 3 月提出的。1990 年 12 月 25 日,他与罗伯特·卡里奥在 CERN 一起成功通过 Internet 实现了 HTTP 代理与服务器的第一次通信。

万维网联盟(W3C)是蒂姆·伯纳斯·李为关注万维网发展而创办的组织,由他本人担任万维网联盟的主席。他也是万维网基金会的创办人。2004 年,英国女王伊丽莎白二世向蒂姆·伯纳斯·李颁发大英帝国爵级司令勋章。在 2012 年夏季奥林匹克运动会开幕式上,蒂姆·伯纳斯·李在一台 NeXT 计算机前工作。他在 Twitter 上发表消息说:"This is for Everyone(这是给所有人的)",体育馆内的 LCD 光管随即显示出文字。2017 年,他因"发明万维网、第一个浏览器和使万维网得以扩展的基本协议和算法"而获得 2016 年度的图灵奖。

万维网采用 C/S 模式,客户端应用程序(通常为浏览器)向 WWW 服务器发出信息浏览请求,服务器向客户端应用程序返回客户所要的 WWW 文档,并显示在浏览器中。目前常见的浏览器有微软公司的 IE(InternetExplorer)和谷歌公司的 Chrome 等。

万维网是一个分布式的超媒体系统,它是超文本系统的扩充。所谓超文本,是指包含指向其他文档的链接的文本。也就是说,一个超文本由多个信息源链接而成,这些信息源可以分布在世界各地,并且数目也是不受限制的。利用一个链接可使用户找到远在异地的另一个文档,而这又可链接到其他文档(以此类推)。这些文档可以位于世界上任何一个连接在互联网上的超文本系统中。超文本是万维网的基础。

超媒体和超文本的区别是文档内容不同。超文本文档仅包含文本信息,而超媒体文档还包含其他表示方式的信息,如图形、图像、声音、动画以及视频图像等。

万维网需要解决以下几个问题:

(1)怎样标识分布在整个互联网上的万维网文档?

(2)用什么样的协议实现万维网上的各种链接?

(3)怎样使不同作者创作的不同风格的万维网文档能在互联网上的各种主机上显示出来,同时用户清楚地知道什么地方存在着链接?

(4)怎样使用户能够很方便地找到所需的信息?

为了解决第一个问题,万维网使用统一资源定位符(Uniform Resource Locator,URL)标识万维网上的各种文档,并使每个文档在整个互联网的范围内具有唯一的标识符。

为了解决第二个问题,就要使万维网客户程序与万维网服务器程序之间的交互遵守严格的协议,这就是超文本传送协议(Hyper Text Transfer Protocol,HTTP)。HTTP 是一个应用层协议,它使用 TCP 连接进行可靠的传输。

为了解决第三个问题,万维网使用超文本标记语言(Hyper Text Markup Language,HTML),使得万维网页面的设计者可以很方便地用链接从本页面的某处链接到互联网上的任何一个万维网页面,并且能够在自己的主机屏幕上将这些页面显示出来。

为了解决第四个问题,用户可以使用搜索工具在万维网上方便地查找所需的信息。

9.5.2 URL

URL 是对 Internet 资源的位置的访问方法的一种简洁表示,是 Internet 上资源的标准地址。Internet 上的每个资源都有一个唯一的 URL,它指明了资源的位置以及浏览器如何进行处理。

URL 相当于一个文件名在网络范围的扩展。因此,URL 是与互联网相连的机器上的任何可访问对象的一个指针。由于访问不同对象使用的协议不同,所以 URL 还指出读取某个对象时所使用的协议。URL 的一般形式如下。

<协议>://<主机>:<端口>/<路径>/文件名

<协议> 指出使用什么协议获取该万维网文档。URL 支持的常用的访问协议见表 9.4。

表 9.4 URL 支持的常用的访问协议

协议	说　明	协议	说　明
http	超文本传输协议	mailto	电子邮件地址
https	用安全套接字层传输的超文本传输协议	news	Usenet 新闻组
ftp	文件传输协议	telnet	TELNET 协议

<协议>后面的“://”是规定的格式,它的右边是<主机>,指出这个万维网文档是在哪一台主机上。这里的<主机>是指该主机在 Internet 上的域名。接下来是<端口>、<路径> 以及文件名。例如,https://news.sina.com.cn/c/xl/2019-08-13/docihytcitm8943063.shtml。有时 URL 并没有给出文件名,在这种情况下,URL 引用路径中最后一个目录中的默认文件(通常对应于主页),这个文件的文件名通常为 index、default 等,扩展名则可能为.htm、.html、.asp、.aspx、.jsp、.php、.shtml 等。

9.5.3 HTTP

1. HTTP 概述

HTTP 是 Internet 上应用最广泛的一个网络协议,主要用于访问 WWW 上的数据,该协议可以传输普通文本、超文本、图像、音频和视频等格式数据。之所以称为超文本协议,是因为在应用环境中,它可以快速在文档之间进行切换。

万维网的工作过程如图 9.36 所示,大致分为以下几个步骤:

(1) 确认访问的网页文件 URL,如 http://www.suda.edu.cn。

(2) 浏览器向 DNS 发出请求,要求把域名 www.suda.edu.cn 转换为 IP 地址。

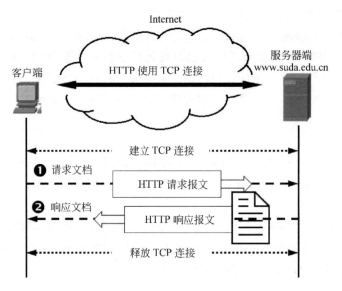

图 9.36　万维网的工作过程

（3）DNS 进行查询后，向浏览器发出应答 IP 地址。

（4）HTTP 工作阶段：客户端浏览器向相应万维网服务器端 IP 地址的 80 端口（万维网的默认端口）建立一条 TCP 连接的请求（每个万维网服务器都有一个服务器进程，它不断监听 TCP 的端口 80，以便发现是否有浏览器向它发出连接建立请求。一旦监听到连接建立请求，便建立了 TCP 连接）。

（5）建立连接成功后，浏览器发出一条请求传输网页的 HTTP 命令。

（6）服务器收到请求后，向浏览器发送相应的网页文件。

（7）文件发送完成后，服务器主动关闭 TCP 连接。HTTP 的工作过程结束。

（8）浏览器显示收到的网页文件。

在客户端浏览器和万维网服务器之间的请求和响应的交互，必须按照规定的格式，并且遵循一定的规则。这些格式和规则就是 HTTP。

用户浏览页面的方法有两种：一种方法是在浏览器的地址窗口中输入要找的页面的 URL；另一种方法是在某个页面中单击一个可选部分，这时浏览器会自动在互联网上找到所要链接的页面。

HTTP 是 TCP/IP 协议族中的应用层协议，它依靠运输层的 TCP（服务器端端口默认为 80）实现可靠传输，但 HTTP 本身是无连接的。也就是说，在交换 HTTP 报文前不需要建立 HTTP 连接。HTTP 与平台无关，在任何平台上都可以使用 HTTP 访问 Internet 上的文档。HTTP 是无状态的。也就是说，同一个客户第二次访问同一个服务器上的页面时，服务器的响应与第一次被访问时相同（假定现在服务器还没有更新该页面），因为服务器并不记得曾经访问过的这个客户，也不记得为该客户曾经服务过多少次。HTTP 无状态特性简化了服务器的设计，使服务器更容易支持大量并发的 HTTP 请求。

2. HTTP 1.0 与 HTTP 1.1 版本的区别

目前 HTTP 的主要版本是 HTTP 1.0 和 HTTP 1.1，其中 HTTP 1.0 采用非连续连接，而 HTTP 1.1 采用连续连接。在 HTTP 1.0 非连续连接中，每次请求/响应都要重新建立

TCP 连接。

　　HTTP 1.0 的主要缺点是每请求一个文档,就要有两倍的 RTT 开销,第一个 RTT 指的是报文 3 次握手中的前两次握手,第二个 RTT 指的是 HTTP 请求和响应。需要说明的是,报文 3 次握手中的第 3 次握手和 HTTP 请求报文是同一个报文(即将 HTTP 请求报文作为建立 TCP 报文 3 次握手中的第 3 个报文的数据部分,发送给万维网服务器),如图 9.37 所示。若一个主页上有很多链接的对象需要依次进行链接,那么每次链接下载都导致 2×RTT 的开销。另一种开销是万维网客户和服务器每次建立新的 TCP 连接,都要分配缓存和变量,特别是万维网服务器往往要同时服务于大量客户的请求,所以这种非连续连接会使万维网服务器的负担加重。

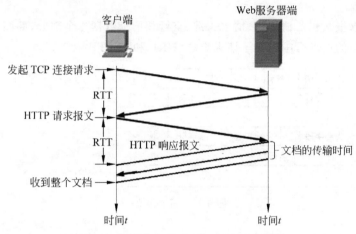

图 9.37　请求一个万维网文档所需的时间

　　HTTP 1.1 版本解决了这个问题,它使用连续连接。所谓连续连接,就是万维网服务器发送响应后仍然在一段时间内保持这条连接,使同一个客户(浏览器)和该服务器可以继续在这条连接上传送后续的 HTTP 请求报文和响应报文,这并不局限于传送同一个页面上链接的文档,而是只在同一个服务器上就行。

　　HTTP 1.1 的持续连接有两种工作方式,即非流水线方式和流水线方式。非流水线方式的特点是客户收到前一个响应后才能发出下一个请求。因此,在 TCP 连接已建立后,客户每访问一次对象,都要用去一个 RTT。流水线方式的特点是,客户在收到 HTTP 响应报文之前就能接着发送新的请求报文。因此,使用流水线方式时,客户访问所有对象只需花费一个 RTT。

3. 代理服务器

　　代理服务器(Proxy Server)的功能是代理网络用户取得网络信息,用于转发客户系统的网络访问请求。从代理服务器工作的层次角度来说,代理服务器可以分为应用层代理、运输层代理以及 Socks 代理。HTTP 支持代理服务器。

　　代理服务器将最近请求的响应保留下来,并为下次相同的请求服务。在有代理服务器存在的情况下,HTTP 客户端会向代理服务器发送请求,代理服务器首先检查本机的高速缓存,如果高速缓存中存在该请求的响应副本,则直接用该副本响应该请求,否则代理服务器代替客户端向响应的 HTTP 服务器发送请求,HTTP 服务器返回的响应会发送到代理服务器。代理服务器在向客户端返回响应的同时将该响应的副本存储一份。代理服务器降低了原 HTTP 服务器的负载,减少了网络通信量,并降低了延迟。使用代理服务器后,客户端得到的响应并不一定是最新的。

4. HTTP 的报文结构

HTTP 有两类报文:请求报文和响应报文。请求报文指的是客户向服务器发送的请求报文;响应报文指的是从服务器到客户的回答。HTTP 请求报文和响应报文都由 3 部分组成。这两种报文格式的区别是开始行不同。请求报文中的开始行叫作请求行,响应报文中的开始行叫作状态行。开始行的 3 个字段之间都以空格分隔,最后的 CR 和 LF 分别代表"回车"和"换行"。

1) 请求报文

HTTP 请求报文包括请求行、请求头部、空行和请求数据 4 个部分,如图 9.38 所示。在 HTTP 请求报文的请求行中定义了请求方法、URL 和 HTTP 版本。

图 9.38 请求报文

目前 HTTP 的常见版本为 1.1,该版本中定义了几种请求方法。请求方法将请求报文分类为表 9.5 所示的几种方法,方法就是对所请求的资源进行的操作,这些方法实际上也就是一些命令。

表 9.5 常用的请求方法

方 法	说 明
GET	请求读取由 URL 标志的信息
HEAD	请求读取由 URL 标志的信息的头部
POST	向服务器提供信息,如向服务器提交输入的账号和口令信息
PUT	在服务器上存储一个文档,存储位置由 URL 指定,文档包含在主体中
COPY	将文件复制到另一位置,源位置由 URL 指定,目的位置在实体头部指出
MOVE	将文件移动到另一位置,源位置由 URL 指定,目的位置在实体头部指出
DELETE	删除指明的 URL 标志的资源
LINK	创建从一文档到其他位置的一个或多个链接
UNLINK	删除由 LINK 创建的链接
OPTION	请求一些选项的信息

2）响应报文

HTTP 的响应报文和请求报文的结构类似,由状态行、响应头部、空行和响应体组成,如图 9.39 所示。

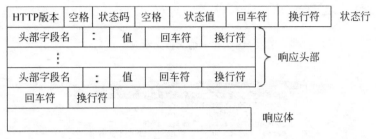

图 9.39　响应报文

状态行由 HTTP 版本、状态码以及状态值组成。状态码由 3 位数字组成,分为 5 大类,原先有 33 种,后来又增加了几种。这 5 大类的状态码都以不同的数字开头,见表 9.6。

表 9.6　HTTP 状态码分类

分　类	分　类　描　述
1xx	表示通知信息,如请求收到了或正在进行的处理
2xx	表示成功,如接受或知道了
3xx	表示重定向,如要完成请求,还必须进一步采取行动
4xx	表示客户的差错,如请求中有错误的语法,不能完成请求
5xx	表示服务器的差错,如服务器失效,无法完成请求

下面三种状态行在响应报文中经常见到。

HTTP/1.1 202 Accepted 接受
HTTP/1.1 400 Bad Request 错误的请求
HTTP/1.1 404 Not Found 找不到

3）头部行和实体主体

请求报文和响应报文中的头部行用来说明浏览器、服务器或报文主体的一些信息。头部可以有好几行,但也可以不使用。每个头部行中都有头部字段名和它的值,每行在结束的地方都要有"回车"和"换行"。整个头部行结束时,还有一空行将头部行和后面的实体主体分开。

关于实体主体,请求报文中一般不用这个字段,而响应报文中也可能没有这个字段。图 9.40 为请求报文示例。图 9.41 为响应报文示例。

图 9.40 请求报文示例分析如下。

① GET/mvideo/pcconf_2019.js? 1565858779473HTTP/1.1\r\n 表示请求报文的请求行。GET 表示请求读取由 URL 标志的信息;/mvideo/pcconf_2019.js? 1565858779473 表示 URL 信息;HTTP/1.1 表示 HTTP 的版本信息;\r\n 表示回车换行。

② Accept：＊/＊\r\n 表示声明可接受的文档格式。

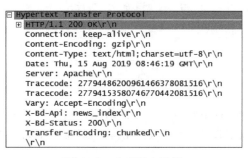

```
□ Hypertext Transfer Protocol
 ⊞ GET /mvideo/pcconf_2019.js?1565858779473 HTTP/1.1\r\n
   Accept: */*\r\n
   Referer: http://news.baidu.com/\r\n
   Accept-Language: zh-CN\r\n
   User-Agent: Mozilla/4.0 (compatible; MSIE 8.0; Windows NT 6.1; WOW64; Trident/4.0; SLCC2; .NET CLR 2.0.50727)\r\n
   Accept-Encoding: gzip, deflate\r\n
   Host: news-bos.cdn.bcebos.com\r\n
   Connection: Keep-Alive\r\n
   \r\n
```

图 9.40　请求报文示例

```
□ Hypertext Transfer Protocol
 ⊞ HTTP/1.1 200 OK\r\n
   Connection: keep-alive\r\n
   Content-Encoding: gzip\r\n
   Content-Type: text/html;charset=utf-8\r\n
   Date: Thu, 15 Aug 2019 08:46:19 GMT\r\n
   Server: Apache\r\n
   Tracecode: 2779448620096146637808 1516\r\n
   Tracecode: 2779415358074677044208 1516\r\n
   Vary: Accept-Encoding\r\n
   X-Bd-Api: news_index\r\n
   X-Bd-Status: 200\r\n
   Transfer-Encoding: chunked\r\n
   \r\n
```

图 9.41　响应报文示例

③ Referer：http://news.baidu.com/\r\n 表示客户端指定请求的源资源地址。

④ Accept-Language：zh-CN\r\n 声明浏览器可以理解的自然语言。

⑤ User-Agent：Mozilla/4.0(…)\r\n 表示用户代理使用兼容 Mozilla/4.0 浏览器。

⑥ Accept-Encoding：gzip,deflate\r\n 声明浏览器支持的编码类型。

⑦ Host：news-bos.cdn.bcebos.com\r\n 指明服务器的域名。

⑧ Connection：Keep-Alive\r\n 告诉服务器发送完请求文档后要保持连接。

5. Cookie

由于 HTTP 是无状态的,这将导致服务器不能识别一个用户是否访问过该服务器上的资源,这一特性在当前的实际应用中很不方便,在实际应用中,一些万维网站点却常常希望能够识别用户访问网络的行为,如顾客在网上购物时,当他把物品放入"购物车"时,服务器能够识别并记住该用户,以便于他在继续浏览和选购其他商品时,使他接着选购的一些物品能够放入同一个"购物车"中,这样便于集中结账。

为了实现以上功能,HTTP 使用了 Cookie 技术。Cookie 类型为"小型文本文件",它是某些万维网站点为了辨别客户端用户身份而存储在用户本地终端计算机上的数据(通常经过加密),万维网站点可以使用 Cookie 跟踪用户。Cookie 的意思是"小甜饼",在这里表示在 HTTP 服务器和客户之间传递的状态信息。

Cookie 是这样工作的:当用户 A 浏览某个使用 Cookie 的网站时,该网站的服务器就为 A 产生一个唯一的识别码,并以此作为索引在服务器的后端数据库中产生一个项目。接着在给 A 的 HTTP 响应报文中添加一个叫作 Set-cookie 的首部行。这里的"首部字段名"就是 Set-Cookie,而后面的"值"就是赋予该用户的"识别码"。如图 9.42 所示,Set-Cookie 的值 Set-Cookie：BIDUPSID＝546565F729AF0ABBA7ED395BF620DCBC。

当用户 A 收到这个响应时,其浏览器就在它管理的特定 Cookie 文件中添加一行,其中包括这个服务器的主机名和 Set-Cookie 后面给出的识别码。当用户 A 继续浏览这个网站

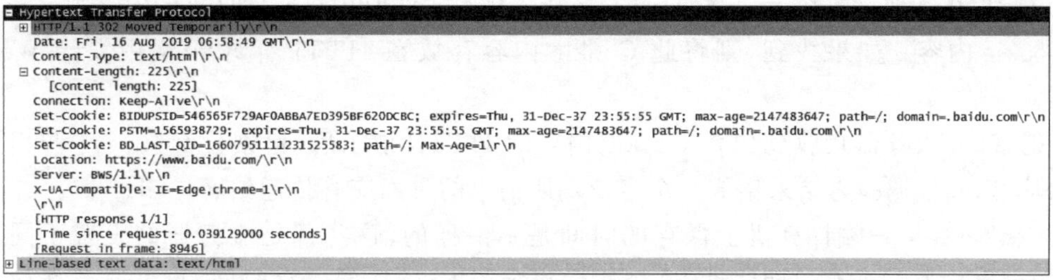

图 9.42　响应报文 Set-Cookie 首部行

时,每发送一个 HTTP 请求报文,其浏览器就会从其 Cookie 文件中取出这个网站的识别码,并放到 HTTP 请求报文的 Cookie 首部行中。如图 9.43 所示,该例中请求报文的 Cookie 值为 Cookie：BAIDUID＝546565F729AF0ABBA7ED395BF620DCBC。

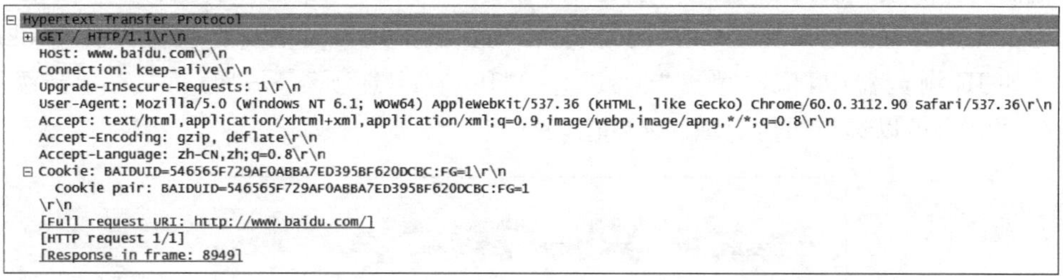

图 9.43　请求报文 Cookie 首部行

　　这样,该网站就可以根据这个 Cookie 识别码跟踪该用户在该网站的活动,包括什么时间访问了什么页面,当然服务器也可以根据该 Cookie 识别码将多件商品添加到同一个购物车中,最后用户就可以一起结账。

　　假如用户 A 几天后再次访问这个网站,那么他的浏览器会在其 HTTP 请求报文中继续使用首部行 Cookie：BAIDUID＝546565F729AF0ABBA7ED395BF620DCBC,而这个网站服务器根据用户 A 过去的访问记录可以向他推荐商品。当该用户在该网站登记了个人信息并成功购物后,该网站将会把这些个人的信息保存下来,下次用户使用相同的计算机再来该网站购物时,用户甚至不用输入账号密码就可以登录到该网站,这对顾客显然是很方便的。

　　Cookie 具体工作过程的描述如下:

　　① Web 客户端通过浏览器向 Web 服务器发送连接请求,通过 HTTP 报文请求行中的 URL 打开某一 Web 页面。

　　② Web 服务器接收到请求后,根据用户端提供的信息产生一个 Set-Cookie Header。

　　③ 将生成的 Set-Cookie Header 通过 Response Header 存放在 HTTP 报文中回传给 Web 客户端,建立一次会话连接。

　　④ Web 客户端收到 HTTP 应答报文后,如果要继续已建立的这次会话,则将 Cookie 的内容从 HTTP 报文中取出,形成一个 Cookie 文本文件存储在客户端计算机的硬盘中或保存在客户端计算机的内存中。

　　⑤ 当 Web 客户端再次向 Web 服务器发送连接请求时,Web 浏览器首先根据要访问站

点的 URL 在本地计算机上寻找对应的 Cookie 文本文件或在本地计算机的内存中寻找对应的 Cookie 内容。如果找到，则将此 Cookie 内容存放在 HTTP 请求报文中发给 Web 服务器。

⑥ Web 服务器接收到包含 Cookie 内容的 HTTP 请求后，检索其 Cookie 中与用户有关的信息，并根据检索结果生成一个客户端所请求的页面应答传递给客户端。

Cookie 在客户端计算机上保存的时间是不一样的，这些都是服务器的设置不同决定的，Cookie 中有一个有效期属性，这个属性决定了 Cookie 的保存时间，也可以重新设定该属性。

尽管 Cookie 在一定程度上能够简化用户使用 Internet，但 Cookie 的使用一直引起很多争议。虽然 Cookie 只是一个文本文件，但由于它包含诸如用户喜好、姓名、住址和联系方式，甚至金融信息等个人隐私信息，因此存在重大隐患。有些网站为了使顾客放心，就公开声明他们会保护顾客的隐私，绝对不会把顾客的识别码或个人信息出售或转移给其他厂商。

为了让用户有拒绝接受 Cookie 的权利，在浏览器中用户可以自行设置接受 Cookie 的条件。如 IE 浏览器中，依次单击"工具"——"Internet 选项"——"隐私"——"高级"，如图 9.44 所示，可以选择如何处理 Cookie。

图 9.44　选择如何处理 Cookie

9.5.4　万维网的文档

万维网的文档可以分为 3 类：静态文档、动态文档和活动文档。在介绍这 3 类文档之前首先须了解 HTML。

1. HTML

HTML 称为超文本标记语言（Hyper Text Markup Language），它不是一种编程语言，而是一种标记语言。"超文本"是指页面内可以包含图片、链接,甚至音乐、程序等非文字元素。超文本标记语言的结构包括"头"部分和"主体"部分,其中"头"部分提供关于网页的信息,"主体"部分提供网页的具体内容。

一个网页对应多个 HTML 文件,超文本标记语言文件以.htm 或.html 为扩展名。可以使用任何能够生成 TXT 类型源文件的文本编辑器产生超文本标记语言文件,只要修改文件后缀即可。标准的超文本标记语言文件都具有一个基本的整体结构,标记一般都成对出现(部分标记除外)。

标记符＜html＞,说明该文件是用超文本标记语言描述的,它是文件的开头;而＜/html＞表示该文件的结尾,它们是超文本标记语言文件的开始标记和结尾标记。

＜head＞和＜/head＞这两个标记分别表示头部信息的开头和结尾。头部中包含的标记是页面的标题、序言、说明等内容;它本身不作为内容显示,但影响网页实现的效果。表 9.7 列出了 HTML head 元素。

表 9.7　HTML head 元素

标　签	描　述
＜head＞	定义了文档的信息
＜title＞	定义了文档的标题
＜base＞	定义了页面链接标签的默认链接地址
＜link＞	定义了一个文档和外部资源之间的关系
＜meta＞	定义了 HTML 文档中的元数据
＜script＞	定义了客户端的脚本文件
＜style＞	定义了 HTML 文档的样式文件

＜body＞到＜/body＞之间为主体部分,网页中显示的实际内容均包含在这两个正文标记符之间。下面是一个简单的 HTML 文档,在浏览器中显示的效果如图 9.45 所示。

```
<html>
<head>
<title>我的第一个 HTML 页面</title>
</head>
<body>
<P>body 元素的内容会显示在浏览器中。</p>
<p>title 元素的内容会显示在浏览器的标题栏中。</p>
</body>
</html>
```

2. 静态文档和动态文档

静态文档和动态文档都是标准的 HTML 编写的文档,唯一不同的是,文档内容的生成方式不同。静态文档的内容是提前编写到文档里的,浏览器每次访问时,里面的内容都不改变,而动态文档是通过在服务器上运行自己编写的应用程序动态产生的,文档里的内容是每次访问更新的。

图 9.45 在浏览器中显示的效果

通过上面对动态文档的描述，我们知道，万维网服务器的功能必须在之前基础上具备这两个条件才能产生动态文档：①服务器应增加一个应用程序，用来处理浏览器发过来的数据，并创建动态文档；②服务器端应增加一个机制，用来使万维网服务器将浏览器发来的数据传送给这个应用程序，然后万维网服务器能够解释这个应用程序的输出，并向浏览器返回HTML文档。扩充了功能的万维网服务器如图 9.46 所示。扩充功能的万维网服务器相比之前增加了一个机制，叫作通用网关接口（Common Gateway Interface，CGI）。CGI 是一种标准，它定义了动态文档应如何创建，输入数据应如何提供给应用程序，以及输出结果应如何使用。CGI 就是为了实现上面的两个条件，程序员可以通过编写脚本等应用程序，然后，服务器通过执行应用程序产生静态的 HTML，最后再返回给浏览器。

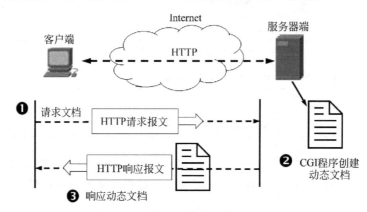

图 9.46 扩充了功能的万维网服务器

3. 活动文档

随着科技和需求的发展，动态万维网文档的缺点表现得越来越明显。首先，动态文档一旦建立，它所包含的信息内容也就固定下来而无法及时刷新屏幕。另外，像动画之类的显示效果，动态文档也无法提供，要提供动态的效果，也是服务器不断运行相应的应用程序向浏览器产生静态 HTML。大家知道，动态万维网文档时代，只有服务器端才可以运行脚本等自己编写的程序（运行这些应用程序是为了产生静态的 HTML 文档），浏览器只能解释HTML 的客户端程序，为了满足现在的情况，出现了活动文档。活动文档能够提供一种连续更新屏幕内容的技术，这种技术把创建文档的工作移到浏览器端进行。当浏览器请求一个活动文档的时候，服务器就返回这个活动文档程序的副本或脚本，然后在浏览器端运行。这对浏览器提出一定的要求，要求具有相应的解释程序，现在的浏览器一般都具有该功能，图 9.47 就是活动文档产生的过程。

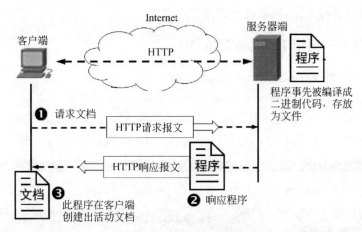

图 9.47　活动文档由服务器发送过来的程序在客户端创建

　　Java 语言可用于创建活动文档，它是由美国 Sun 公司开发的一项技术。在 Java 语言中使用"小应用程序（applet）"实现活动文档效果。当用户从万维网服务器下载一个嵌入了 Java 小应用程序的 HTML 文档后，用户在浏览器的显示屏幕上单击某个图像就可看到动画的效果；或是在某个下拉式菜单中单击某个项目，即可看到根据用户输入的数据得到的技术结果。

9.5.5　万维网的信息检索

　　万维网是一个大规模的、联机式的信息储藏所。那么，采用什么方法才能在互联网的海洋中找到所需的信息呢？在万维网中，用来进行搜索的工具称为搜索引擎。所谓搜索引擎，是指根据一定的策略、运用特定的计算机程序从互联网中搜集信息，在对信息进行组织和处理后，为用户提供检索服务，将用户检索相关的信息展示给用户的一门检索技术。搜索引擎依托于多种技术，如网络爬虫技术、检索排序技术、网页处理技术、大数据处理技术、自然语言处理技术等。采用这些技术的搜索引擎为信息检索用户提供快速、高相关性的信息服务。从功能和原理角度进行分类，搜索引擎大致被分为全文搜索引擎、元搜索引擎、垂直搜索引擎和目录搜索引擎四大类。

　　全文搜索引擎是一种纯技术型的检索工具，典型的全文搜索引擎有 Google 和 Baidu 等。它们从互联网提取各个网站的信息（以网页文字为主），建立起数据库，当用户查询时，检索程序就根据事先建立的索引进行查找，检索与用户查询条件匹配的记录，按一定的排列顺序将查询结果反馈给用户的检索方式。

　　元搜索引擎就是通过一个统一的用户界面帮助用户在多个搜索引擎中选择和利用合适的（甚至是同时利用若干个）搜索引擎实现检索操作，是对分布于网络的多种检索工具的全局控制机制。元搜索引擎接受用户查询请求后，同时在多个搜索引擎上搜索，并将结果返回给用户。

　　垂直搜索引擎是针对某个行业的专业搜索引擎，是搜索引擎的细分和延伸，是对网页库中的某类专门的信息进行一次整合。垂直搜索引擎是相对通用搜索引擎的信息量大、查询不准确、深度不够等提出的新的搜索引擎服务模式，通过针对某一特定领域、某一特定人群或某一特定需求提供的有一定价值的信息和相关服务。

　　目录搜索引擎是按目录分类的网站链接列表，用户完全按照分类目录找到所需要的信息，不依靠关键词进行查询，如新浪分类目录搜索等。

9.5.6 实验四——利用 IIS 发布万维网

采用本章一开始搭建的实验环境，实验过程如下。

在 server——Windows Server 2008 服务器上安装 IIS 服务器。

① 单击"开始"——"管理工具"——"服务器管理器"，在弹出的窗口中选择"角色"——"添加角色"——"下一步"，在弹出的窗口中勾选"Web 服务器(IIS)"，如图 9.48 所示。

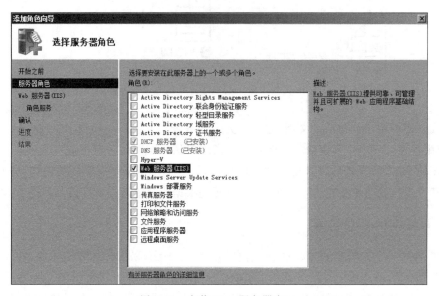

图 9.48 安装 Web 服务器窗口

② 单击"下一步"按钮，进入"Web 服务器(IIS)简介"窗口，再单击"下一步"按钮，进入"选择角色服务"窗口，如图 9.49 所示。

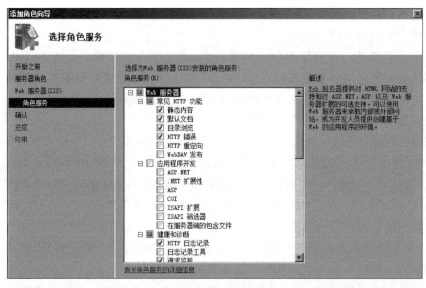

图 9.49 "选择角色服务"窗口

③ 选择默认设置,单击"下一步"按钮,再单击"安装"按钮,进入安装过程,如图 9.50 所示。

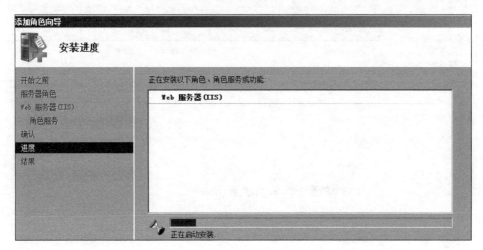

图 9.50　安装 IIS

④ 安装成功,单击"关闭"按钮,回到"服务器管理器"界面。在该服务器的浏览器上输入地址 http://127.0.0.1,能够浏览预设的网页,如图 9.51 所示。

图 9.51　浏览预设的网页

⑤ 在服务器计算机的 C 盘根目录下创建新的网页文件夹 www。在该文件夹下创建新的网页,网页文件名为 index.html。具体创建过程为:首先在文件夹 www 窗口的左边单击"组织"——"文件夹和搜索选项"——"查看",取消勾选"隐藏已知文件类型的扩展名",单击"确定"按钮。在 www 文件夹下新建文件名为 index.txt 的文本文件,如图 9.52 所示。

⑥ 用 HTML 编写 index.txt 文件。代码如下。

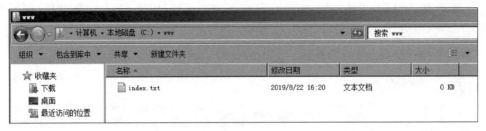

图 9.52　创建 index.txt 文本文件

```
<html>

<head>

<title>我的第一个 HTML 页面</title>

</head>

<body>

<p>body 元素的内容会显示在浏览器中。</p>

<p>title 元素的内容会显示在浏览器的标题栏中。</p>

</body>

</html>
```

⑦ 将文件名命名为 index.html，如图 9.53 所示。

图 9.53　生成的网页文件

⑧ 用 IIS 环境搭建网站，单击"开始"——"Internet 信息服务(IIS)管理器"，打开管理器。在左边的导航栏中展开导航按钮，找到"网站"选项。右击"网站"，在弹出的快捷菜单中选择"添加网站"，如图 9.54 所示。

图 9.54　添加网站

⑨ 添加网站相关设置,如图 9.55 所示,之后单击"确定"按钮。

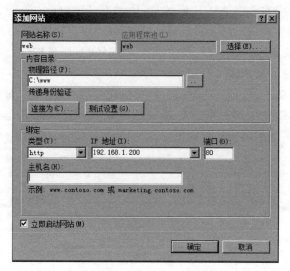

图 9.55 添加网站相关设置

⑩ 在客户端计算机 client 的浏览器中输入网站地址 http://192.168.1.200,可以浏览到刚刚创建在服务器上的网页,显示结果如图 9.56 所示。

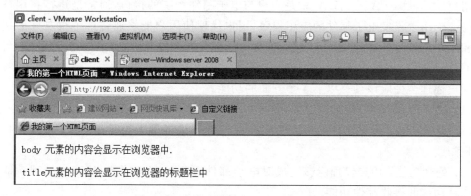

图 9.56 在客户计算机 client 中浏览网站

9.6 E-Mail

9.6.1 E-Mail 简介

电子邮件(Electronic Mail),简称 E-Mail,是目前互联网上使用较多和较受用户欢迎的一种互联网应用。电子邮件基本工作过程是发信人把邮件发送到收件人使用的电子邮件服务器上,并保存在收件人的邮箱中,收件人可在自己方便的时候连接到互联网然后到自己使用的电子邮件服务器中读取该邮件。这相当于互联网在电子邮件服务器中为用户设立了存放邮件的信箱。现在电子邮件不仅可发送文字信息,而且还可以发送 音频、视频、图片以及文本信息等。

简单邮件传送协议(Simple Mail Transfer Protocol,SMTP)是电子邮件重要协议之一,该协议只能传送可打印的 7 位 ASCII 码邮件,因此在 1993 年又提出了通用互联网邮件扩充(Multipurpose Internet Mail Extensions,MIME)协议。MIME 在其邮件首部中说明了邮件的数据类型(如文本、音频、视频、图片等)。在 MIME 邮件中可同时传送多种类型的数据,这在多媒体通信的环境下非常有用。

一个电子邮件系统主要由 3 个构件组成,分别是用户代理、电子邮件服务器以及电子邮件协议,常见的电子邮件协议有电子邮件发送协议(如 SMTP)和电子邮件读取协议(如 POP3)等,电子邮件系统的组成构件如图 9.57 所示。

图 9.57   电子邮件系统的组成构件

1. 用户代理

用户代理(User Agent,UA)就是用户与电子邮件系统的接口,通常是运行在用户计算机中的一个用于收发电子邮件的应用程序,用户代理使用户能够通过一个很友好的接口来发送和接收电子邮件,因此用户代理又称为电子邮件客户端软件,常见的用户代理软件有微软的 Outlook Express 和 Foxmail 等。

用户代理至少应该具有以下 4 个方面的功能。

(1) 撰写功能:用户代理能够为用户提供编辑电子邮件的环境。

(2) 显示功能:用户代理能够方便地在用户计算机屏幕上显示出电子邮件的内容,便于用户阅读。

(3) 处理功能:用户代理能够完成对电子邮件进行处理的功能,具体的处理功能包括发送邮件功能和接收邮件功能。

(4) 通信功能:用户代理要具有通信功能,发信人撰写完电子邮件后,要利用电子邮件发送协议将撰写的电子邮件内容发送到用户使用的电子邮件服务器。收件人接收电子邮件时,要使用电子邮件读取协议从本地电子邮件服务器接收该邮件。

2. 电子邮件服务器

电子邮件服务器是为互联网上的用户提供电子邮件服务的计算机。电子邮件服务器的功能是发送和接收电子邮件,同时还向发信人报告邮件传送的结果。电子邮件服务器提供 24 小时不间断工作。电子邮件服务器需要使用两种不同的协议:一种协议用于用户代理向邮件服务器发送邮件或在邮件服务器之间发送邮件,如 SMTP;另一种协议用于用户代理从邮件服务器读取邮件,如 POP3。POP3 是邮局协议(Post Office Protocol)的版本 3。

图 9.57 给出了计算机之间发送和接收电子邮件的几个重要步骤,具体步骤如下。

① 发信人调用客户计算机中的用户代理程序(如微软的 Outlook Express 或者 Foxmail)撰写和编辑要发送的电子邮件内容。

② 发信人单击用户代理程序中的"发送邮件"按钮,把发送邮件的任务提交给用户代理来完成。用户代理软件利用发送邮件协议 SMTP 把邮件发送给发送方邮件服务器,其中用户代理为 SMTP 协议的客户端,而发送方邮件服务器为 SMTP 协议的服务器端。

③ 发信端电子邮件服务器(此时为 SMTP 服务器角色)收到用户代理发来的邮件后,就把该邮件临时存放在邮件缓存队列中,等待将该邮件发送到接收方的电子邮件服务器中。

④ 发信端电子邮件服务器将该邮件发送到接收端电子邮件服务器中,此时发信端电子邮件服务器作为 SMTP 客户端与接收端电子邮件服务器作为 SMTP 服务器端建立 TCP 连接,然后把邮件缓存队列中的邮件依次发送出去。如果 SMTP 客户无法和 SMTP 服务器建立 TCP 连接,那么要发送的邮件就会继续保存在发送方的邮件服务器中,并在稍后一段时间再进行新的尝试。如果 SMTP 客户超过规定的时间还不能把邮件发送出去,那么发送邮件服务器就把这种情况通知发信端用户代理。

⑤ 运行在接收端的邮件服务器中的 SMTP 服务器进程收到邮件后,把邮件放入收件人的用户邮箱中,等待收件人读取。

⑥ 收件人在打算收信时,就运行计算机中的用户代理,使用 POP3(或 IMAP)读取发送给自己的邮件。此时接收端电子邮件服务器作为 POP3 协议的服务器端,收件端所在的用户代理作为 POP3 协议的客户端。

电子邮件由信封和内容两部分组成。电子邮件的传输程序根据邮件信封上的信息传送邮件。在邮件的信封上,最重要的是收件人的地址。电子邮件地址的格式如下:

用户名@ 邮件服务器的域名

例如,电子邮件地址 abc@suda.edu.cn 中,abc 代表用户邮箱的账号,账号支持字母、数字以及下画线的组合,对于同一个邮件服务器来说,这个账号必须是唯一的;符号@读作 at,表示"在"的意思。suda.edu.cn 是用户邮箱的邮件服务器的域名,用以标志其所在的位置。

3. 电子邮件协议

常见的电子邮件协议有 SMTP、MIME、POP3、IMAP 以及基于万维网的协议。接下来通过几个小节分别介绍这几个电子邮件服务器协议。

9.6.2 SMTP

SMTP 是一种基于文本的简单邮件传输协议,能提供可靠且有效的基于 TCP 的电子邮件传输的应用层协议。SMTP 属于 TCP/IP 协议簇,它帮助每台计算机在发送或中转邮件时找到下一个目的地。通过 SMTP 指定的服务器,可以把邮件发送到收信人的服务器。

SMTP 由 TCP 提供可靠的数据传输服务,提供"客户——服务器"工作方式,SMTP 的客户端和服务器端同时运行在每个邮件服务器上,当一个邮件服务器在向其他邮件服务器发送邮件消息时,作为 SMTP 客户端;接收端邮件服务器作为 SMTP 服务器端。

SMTP 规定了 14 条命令和 21 种应答信息,每条命令用几个字母组成,而每种应答信息一般只有一行信息,由一个 3 位数字的代码开始,后面附上很简单的文字说明。下面通过发送方和接收方的邮件服务器之间 SMTP 通信的 3 个阶段介绍几个主要的命令和响应的信息。

1. 连接建立

发信人的邮件送到发送方邮件服务器的邮件缓存后,SMTP 客户(发送端邮件服务器)就每隔一段时间对发送端邮件服务器的邮件缓存进行扫描。如发现有新的邮件存在,发送端邮件服务器就使用 SMTP 的熟知端口号 25 与接收端邮件服务器的 SMTP 服务器建立 TCP 连接。连接建立后,接收端 SMTP 服务器就发出 220 Service ready(服务就绪),然后 SMTP 客户向 SMTP 服务器发送 HELLO 命令,并附上发送方的主机名。如果 SMTP 服务器能够接收该邮件,则回答"250 OK",表示可以接收并且已准备好接收。如果 SMTP 服务器不能够接收该邮件,则回答"421 Service not available"(服务器不可用)。

如果在一定的时间范围内发布了电子邮件,则发送方邮件服务器会把该信息通知发件人(发信端用户代理)。这里需要注意的是,在电子邮件系统中,发送端服务器和接收端服务器之间不使用中间的邮件服务器进行转发。邮件发送只在发送端邮件服务器和接收端邮件服务器之间直接建立 TCP 连接。不论这两个服务器之间相距多远,也不管这两个邮件服务器之间经过多少个路由器。

2. 邮件传送

邮件的传送从 MAIL 命令开始。MAIL 命令后面有发件人的地址,如 MAIL FROM:abc@ suda.edu.cn,此命令告诉接收端电子邮件服务器一个新邮件发送的开始。如果 SMTP 服务器已准备好接收邮件,则回答"250 OK",否则返回相关代码,指出原因,如 451(处理时出错)、452(存储空间不够)、500(命令无法识别)等。

接着是一个或多个 RCPT 命令,取决于把同一个邮件发送给一个或多个收件人,其格式为 RCPT To:<收件人地址>标识各个邮件接收者的地址。RCPT 是 recipient(收件人)的缩写。每发送一个 RCPT 命令,都应当有相应的信息从 SMTP 服务器返回,如"250 OK",表示指明的邮箱在接收方的系统中,或"550 No Suchuserhere"(无此用户),表示不存在此邮箱。

接下来是 DATA 命令,表示开始传送邮件的内容了,接收 SMTP 将把其后的行为看作邮件数据处理。SMTP 服务器返回的信息是"354 Start mail input;end with<CRLF>.<CRLF>"。这里的<CRLF>是"回车换行"的意思。若不能接收邮件,则返回 421(服务器不可用)、500(命令无法识别)等。接着 SMTP 客户就发送邮件的内容。发送完毕后再发送<CRLF>.<CRLF>(两个回车行中间用一个点隔开),表示邮件内容结束。若邮件收到了,则 SMTP 服务器返回信息"250 OK",或返回差错代码。

3. 连接释放

连接释放邮件发送完毕后,SMTP 客户应发送 QUIT 命令。SMTP 服务器返回的信息是"221(服务关闭)",表示 SMTP 同意释放 TCP 连接。至此,邮件传送的全部过程结束。

下面探讨 SMTP 的缺点:

(1) 命令过于简单,不能提供认证等功能。

(2) 只传送 7 位 ASCII 码,不能传送二进制文件。

针对缺点(1),国际标准化组织制定了扩充的 SMTP(即 ESMTP),对应的 RFC 文档为 RFC 1425。

针对缺点(2),国际标准化组织在兼容 SMTP 的前提下,提出了传送非 7 位 ASCII 码的方法,对应的 RFC 文档有两个:邮件首部的扩充对应 RFC 1522,邮件正文的扩充对应 RFC 1521(即 MIME)。

9.6.3　MIME

MIME(Multipurpose Internet Mail Extensions)称为通用互联网邮件扩充协议,它通过新增一些邮件首部字段、邮件内容格式和传送编码,使得其成为一种应用很广泛的可以传送多媒体信息的电子邮件协议。

MIME 并没有改动或取代 SMTP。MIME 的意图是继续使用原来的邮件格式,但增加了邮件的主体结构,并定义了传送非 ASCII 码的编码规则。也就是说,MIME 邮件可在现有的电子邮件程序和协议下传送。图 9.58 表示 MIME 和 SMTP 的关系。

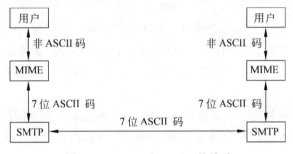

图 9.58　MIME 和 SMTP 的关系

MIME 主要包括以下 3 部分内容。

(1) 5 个新的邮件首部字段,它们可包含在原来的邮件首部中。这些字段提供了有关邮件主体的信息。

(2) 定义了许多邮件内容的格式,对多媒体电子邮件的表示方法进行了标准化。

(3) 定义了传送编码,可对任何内容格式进行转换,而不会被邮件系统改变。

9.6.4　邮件读取协议 POP3 和 IMAP

当前常用的邮件读取协议有邮局协议的版本 3 即 POP3 和网际报文存取协议(Internet Message Access Protocol,IMAP)。

首先探讨 POP3(Post Office Protocol 3),即邮局协议的第 3 个版本,它是规定用户代理如何连接到互联网上的邮件服务器进行收发电子邮件的协议。它是互联网电子邮件的第一个离线协议标准,POP3 允许用户从服务器上把邮件存储在本地计算机上,同时,根据客户端的操作删除或保存在邮件服务器上的邮件。POP3 服务器是遵循 POP3 的接收邮件服务器,用来接收电子邮件。

POP 支持"离线"邮件处理。其具体过程是:邮件发送到服务器上,电子邮件客户端调用邮件客户端程序以连接服务器,并下载电子邮件,这种离线访问模式是一种存储转发服务,将邮件从邮件服务器端送到个人终端计算机。一旦邮件发送到个人终端计算机上,邮件服务器上的邮件将可能被删除。

其次探讨 IMAP(Internet Mail Access Protocol),即网际报文存取协议。IMAP 与

POP3 一样,也是规定个人计算机如何访问互联网上的邮件服务器进行收发电子邮件的协议,IMAP 支持客户机在线或者离线访问并阅读服务器上的邮件,还能交互式地操作服务器上的邮件。IMAP 更人性化的地方是不需要像 POP3 那样把邮件下载到本地,用户可以通过客户端直接对服务器上的邮件进行操作,还可以在服务器上维护自己的邮件目录。

IMAP 的缺点:如果用户没有将邮件复制到自己的计算机上,则邮件一直存放在 IMAP 服务器上。要想查阅自己的邮件,必须先上网。

9.6.5　基于万维网的协议

从前面的内容可以看出,用户要使用电子邮件,必须在自己使用的计算机中安装用户代理(UA)软件,这不便于使用电子邮件服务。现在使用万维网的电子邮件服务大大方便了人们对电子邮件的使用。

20 世纪 90 年代中期,Hotmail 推出了基于万维网的电子邮件(Webmail)。目前几乎所有的著名网站以及大学或公司都提供了万维网电子邮件服务。常见的万维网电子邮件有谷歌的 Gmail、微软的 Hotmail。我国常见的提供万维网电子邮件服务的有网易(163 或 126)和新浪(sina)等。

万维网电子邮件的好处是:不管在什么地方,只要能够找到上网的计算机,在打开任何一种浏览器后,就可以非常方便地收发电子邮件,不需要在用户的计算机中再安装 UA 软件。

用户在浏览器中浏览各种信息时需要使用 HTTP。因此,在浏览器和互联网上的邮件服务器之间传递邮件时仍然使用 HTTP,但是在各邮件服务器之间传送邮件时则仍然使用 SMTP。

9.6.6　实验五——电子邮件服务器的搭建

1. 利用操作系统架设电子邮件服务器

由于 Windows Server 2003 之后微软网络操作系统默认不再支持 POP3 服务,如果需要在 Windows Server 2008 或者 Windows Server 2012 网络操作系统上架设电子邮件服务器,则需要第三方 POP3 服务器程序的支持,整个架设过程复杂。下面以 Windows Server 2003 操作系统上架设邮件服务器为例谈邮件服务器架设过程。

1) 实验环境的搭建

网络环境如图 9.59 所示,在 VMware 中安装两台 Windows Server 2003 虚拟机,其中一台正常安装,另一台可以采用克隆的方式创建。

将两台虚拟机的网络设置成"仅主机模式",如图 9.60 所示。

设置两台虚拟机的网络参数,其中一台虚拟机的 IP 地址设置为 192.168.1.100,另一台设置为 192.168.1.200,如图 9.61 所示。

测试两台虚拟机的联通性,如图 9.62 所示。

2) 安装 SMTP 以及 POP3 服务

单击"开始"——"程序"——"管理工具"——"管理您的服务器",如图 9.63 所示。

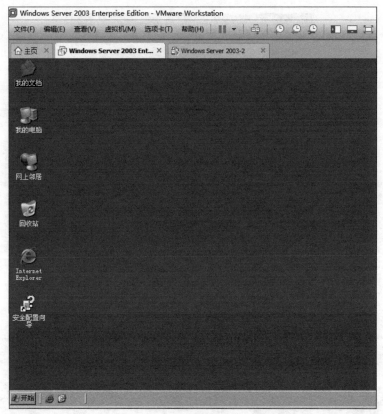

图 9.59　在 VMware 中安装两台虚拟机

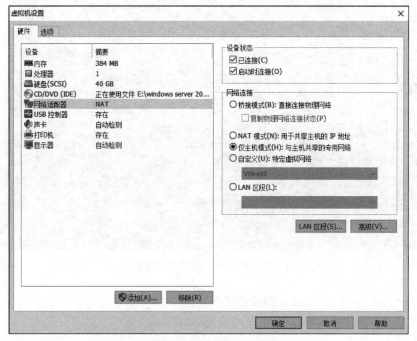

图 9.60　将虚拟机的网卡设置成"仅主机模式"

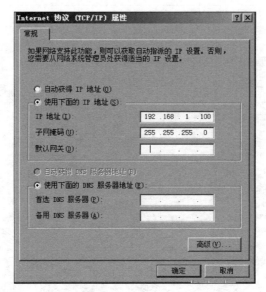

图 9.61　设置两台虚拟机的网络参数

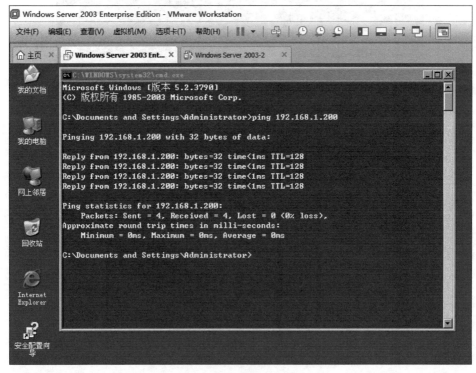

图 9.62　测试两台虚拟机的联通性

在弹出的窗口中单击"添加或删除角色",如图 9.64 所示。

单击"下一步"按钮,弹出如图 9.65 所示的窗口。

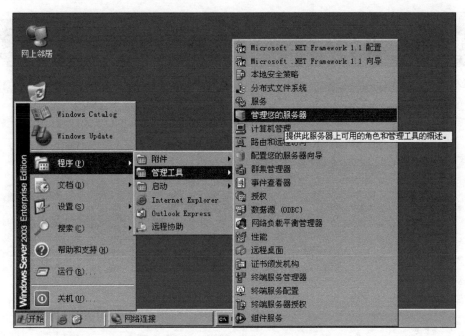

图 9.63　打开"管理您的服务器"

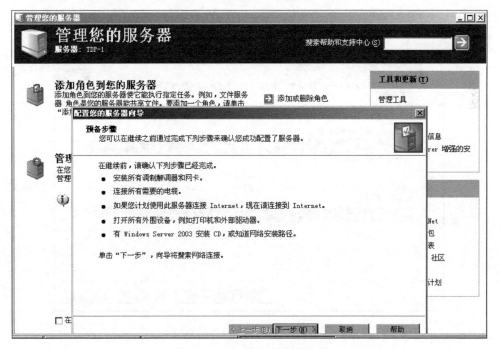

图 9.64　添加/删除服务器向导

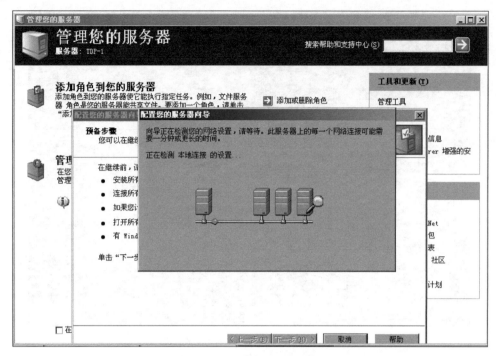

图 9.65　检测本地连接设置

在如图 9.66 所示的窗口中选择"自定义配置"选项。

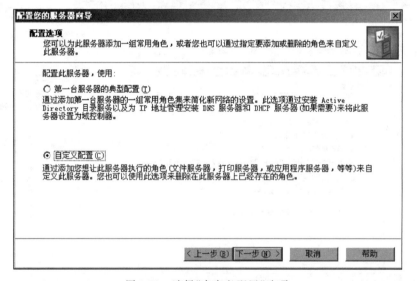

图 9.66　选择"自定义配置"选项

在如图 9.67 所示的窗口中选择"邮件服务器（POP3,SMTP）"，单击"下一步"按钮。

在如图 9.68 所示的"配置 POP3 服务"窗口中选择身份验证方法为"本地 Windows 账户"，电子邮件域名为"tdp.com"，单击"下一步"按钮。在"选择总结"窗口中单击"下一步"按钮，进入如图 9.69 所示的程序安装窗口，直至如图 9.70 所示的程序安装完成界面。

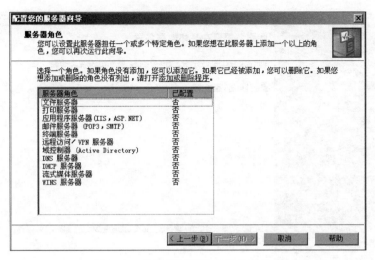

图 9.67　选择需要安装的服务器角色

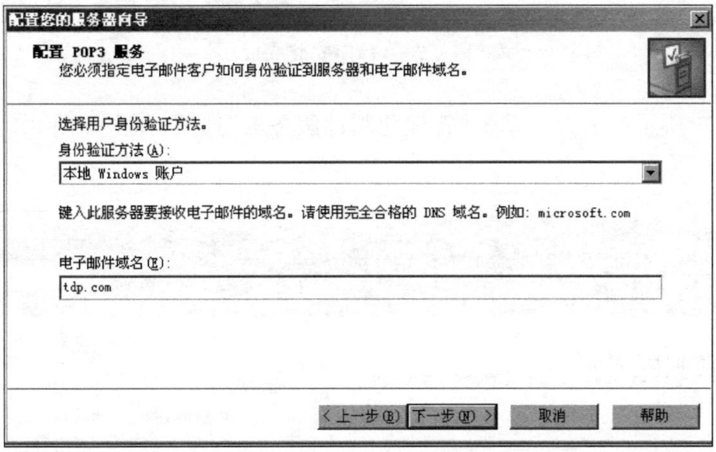

图 9.68　设置身份验证方法及电子邮件域名

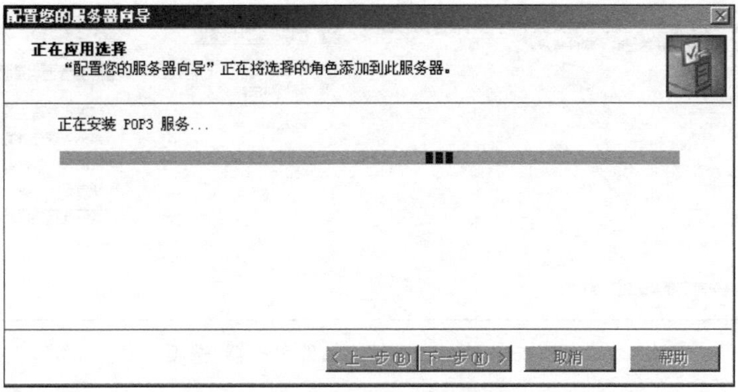

图 9.69　程序安装中

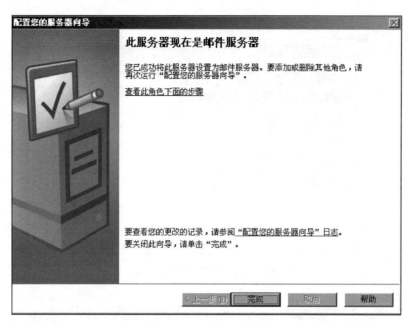

图 9.70　程序安装完成

在如图 9.71 所示的窗口中单击"管理此邮件服务器"选项,弹出如图 9.72 所示的 POP3 服务配置界面。

图 9.71　单击"管理此邮件服务器"选项

在如图 9.72 所示的界面中添加邮箱 zhangsan,添加过程如图 9.73～图 9.75 所示。

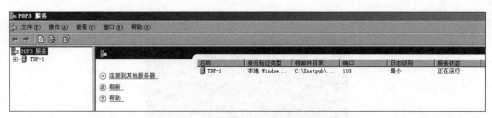

图 9.72　POP3 服务配置界面

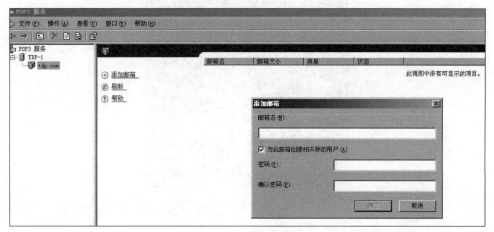

图 9.73　创建邮箱

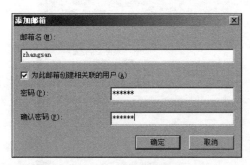

图 9.74　添加邮箱账号

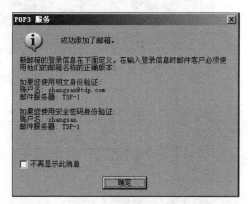

图 9.75　邮箱添加成功

同样添加另一邮箱 lisi,添加成功后如图 9.76 所示。

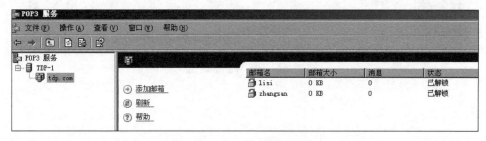

图 9.76　添加两个邮箱账号

在操作系统中添加 zhangsan 和 lisi 两个账户,添加过程如图 9.77～图 9.80 所示。

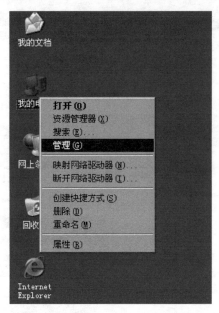

图 9.77　打开 Windows 管理界面

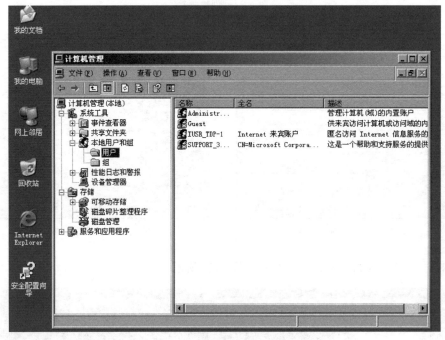

图 9.78　添加 Windows 账号

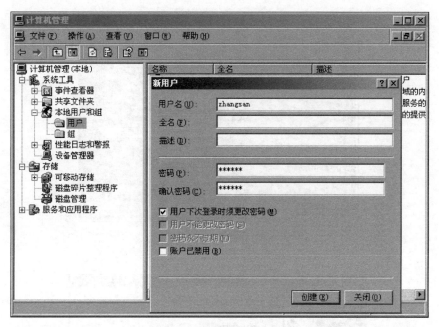

图 9.79　添加账号 zhangsan

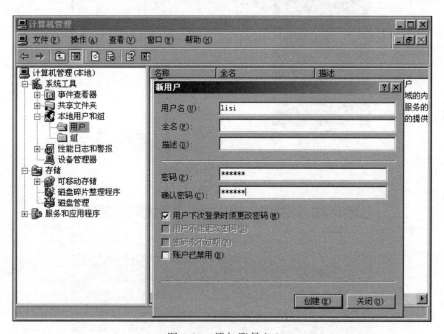

图 9.80　添加账号 lisi

　　在一台虚拟机上打开 Outlook Express，并登录 zhangsan 邮箱，如图 9.81～图 9.87 所示。

图 9.81　打开 Outlook Express

图 9.82　单击"取消"按钮

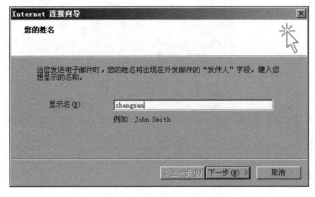

图 9.83　输入显示名为 zhangsan

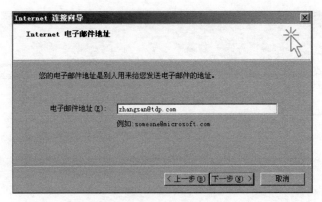

图 9.84　输入电子邮件地址

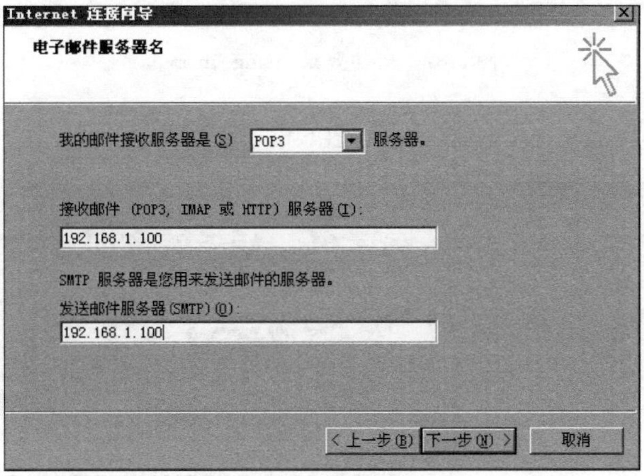

图 9.85　设置 POP3 和 SMTP 服务器地址

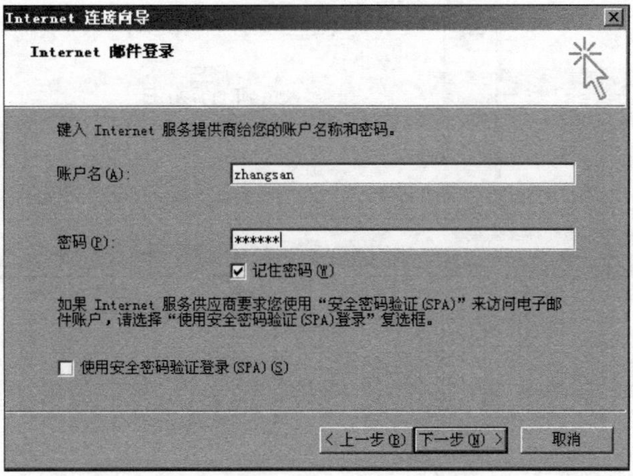

图 9.86　登录 zhangsan 邮箱

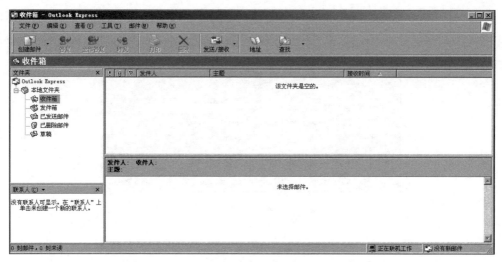

图 9.87　成功登录 zhangsan 邮箱

在 zhangsan 邮箱中发送邮件给 lisi,如图 9.88 所示。

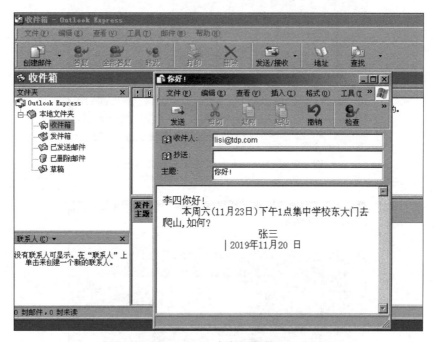

图 9.88　在 zhangsan 邮箱写邮件发送给 lisi

在另一台虚拟机中登录 lisi 邮箱,并阅读 zhangsan 发来的电子邮件,如图 9.89 和图 9.90 所示。

至此,整个电子邮箱安装配置完成。

2. 利用 IMail 架设电子邮件服务器

以上架设电子邮件服务器进行电子邮件的收发过程有点复杂,实际在架设电子邮件服务时可以利用一些邮件服务器软件直接进行配置,如 Exchange、U-mail、IMail 等。下面以

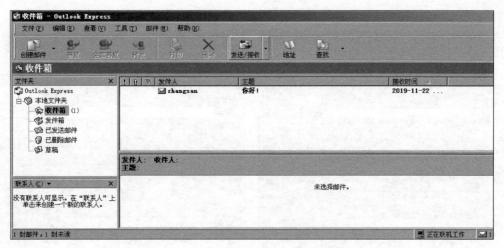

图 9.89　登录 lisi 邮箱接收邮件

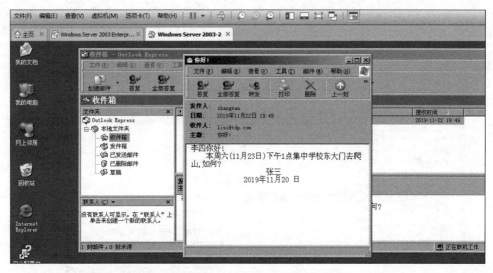

图 9.90　阅读 zhangsan 发来的电子邮件

常见的电子邮件服务器软件 IMail 为例,探讨该邮件服务器架设过程。

1) 搭建 C/S 网络环境

在 VMware 虚拟机上安装两台虚拟机,为了操作方便,一台虚拟机安装 Windows Server 2003,另一台虚拟机为对该虚拟机的克隆。由于克隆的机器与原机器的计算机名相同,因此需要改变机器名,使它们不再相同,具体设置过程如图 9.91 和图 9.92 所示。通过设置相关的网络参数,使这两台虚拟机能够互相访问。另外还需要配置这两台虚拟机的网络参数。

设置两台虚拟机的网络连接为"仅主机模式",结果如图 9.93 所示。

设置主机的网络参数,其中一台主机的 IP 地址为 192.168.1.200,另一台主机的 IP 地址为 192.168.1.100,如图 9.94 所示。

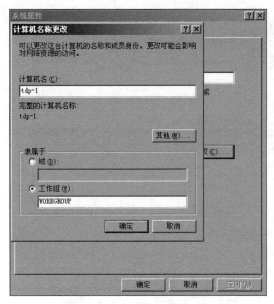

图 9.91　更改主机名一　　　　　　　　图 9.92　更改主机名二

图 9.93　设置虚拟机为"仅主机模式"

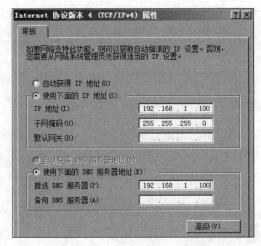

图 9.94 设置主机的网络参数

测试两台主机的网络联通性,如图 9.95 所示。

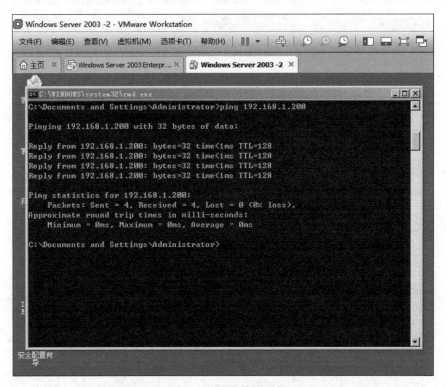

图 9.95 测试网络联通性

2) 在 Windows Server 2003 服务器上安装 IMail 邮件服务器

整个 IMail 安装过程如图 9.96~图 9.113 所示

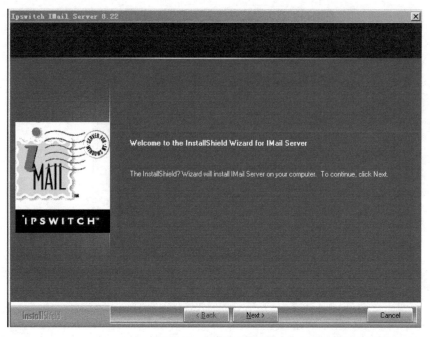

图 9.96　安装欢迎界面

图 9.97　设置域名

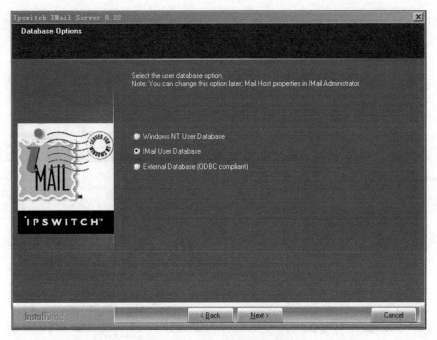

图 9.98　选择用户数据库

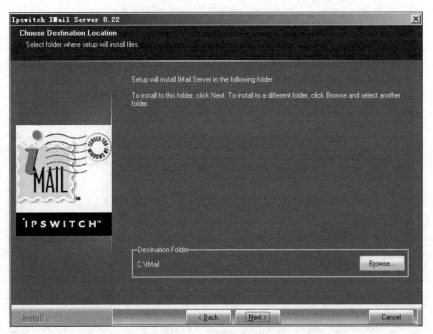

图 9.99　选择安装目录

图 9.100　设置安装文件夹图

图 9.101　选择默认不安装 SSL keys

图 9.102　选择安装项目

图 9.103　程序安装中

图 9.104 单击"是"按钮添加用户

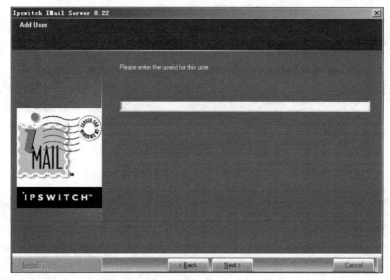

图 9.105 设置用户名

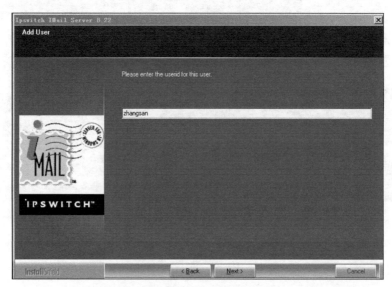

图 9.106 设置用户名为 zhangsan

图 9.107　设置用户密码

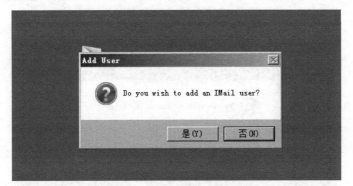

图 9.108　添加另一个用户名

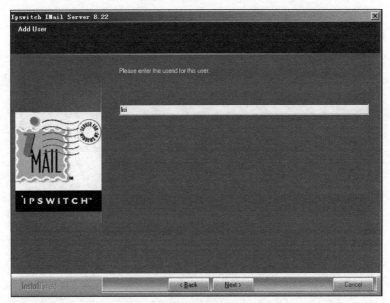

图 9.109　添加用户名为 lisi

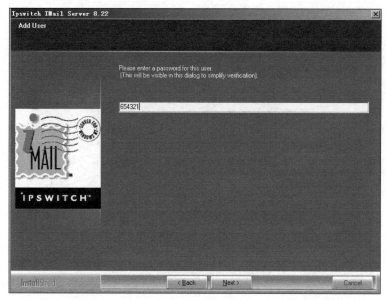

图 9.110 设置密码

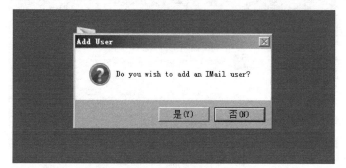

图 9.111 单击"否"按钮不再添加用户

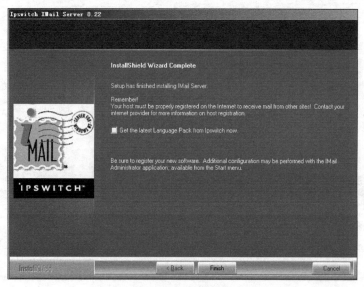

图 9.112 安装完成

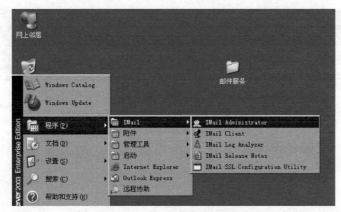

图 9.113　执行安装好的程序

IMail 邮件使用过程如图 9.114～图 9.124 所示。

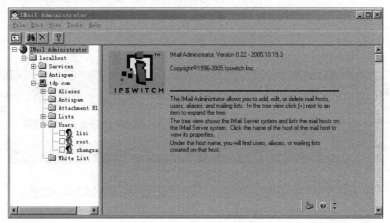

图 9.114　程序执行后的界面

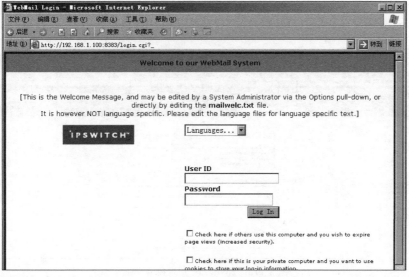

图 9.115　通过浏览器访问邮件服务器

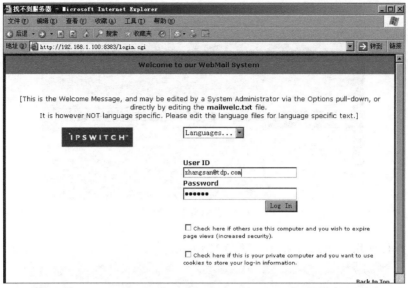

图 9.116 登录 zhangsan 邮箱

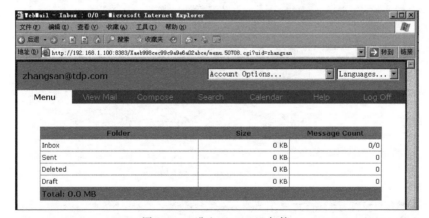

图 9.117 进入 zhangsan 邮箱

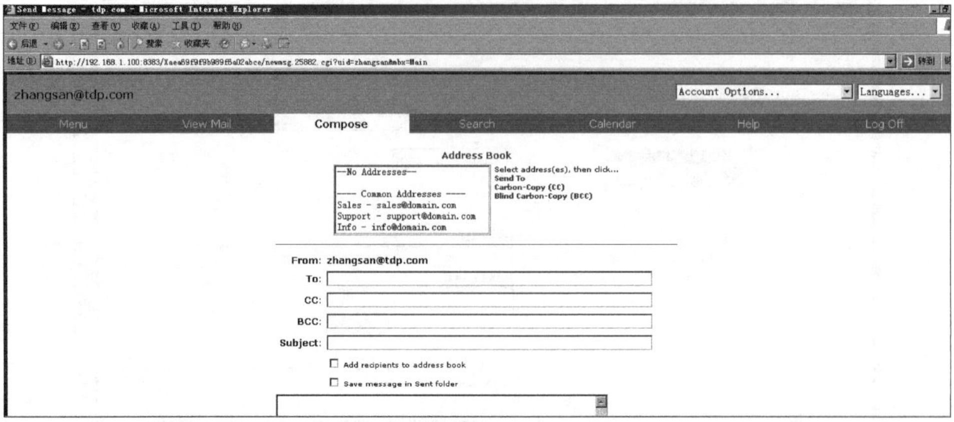

图 9.118 zhangsan 发送邮箱界面

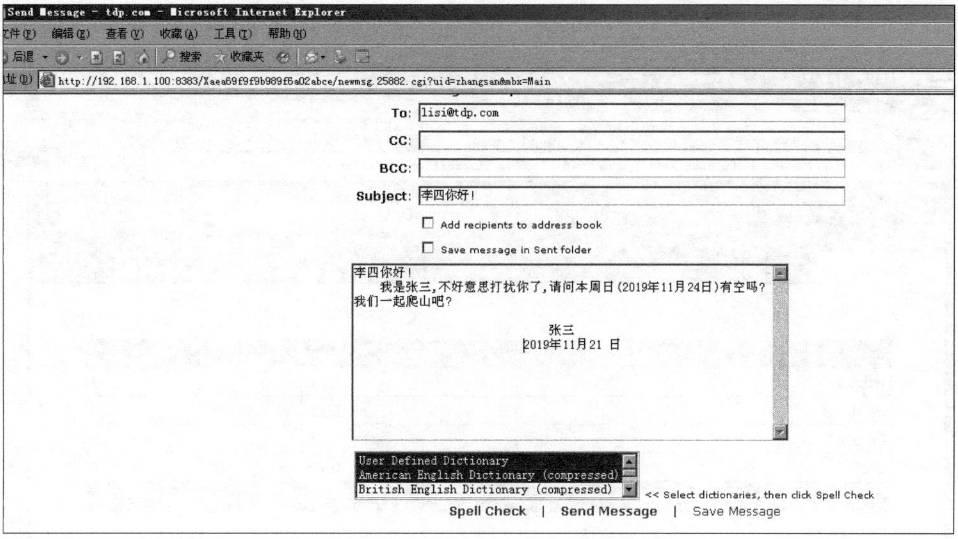

图 9.119　zhangsan 写邮件发送给 lisi

图 9.120　zhangsan 邮件发送成功界面

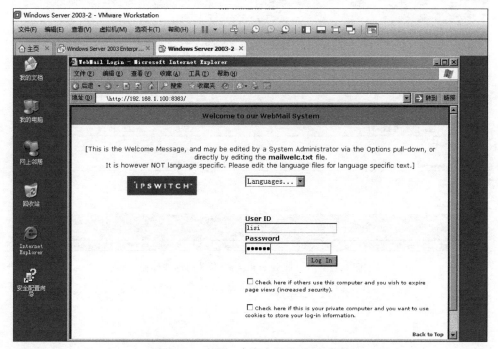

图 9.121　在另一台客户机登录 lisi 邮箱

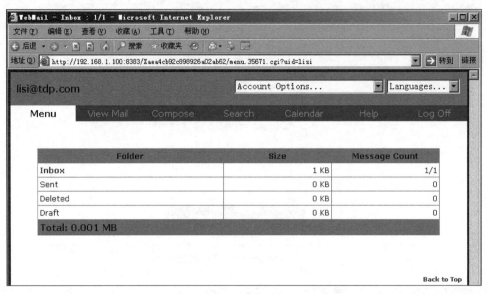

图 9.122　lisi 邮箱界面

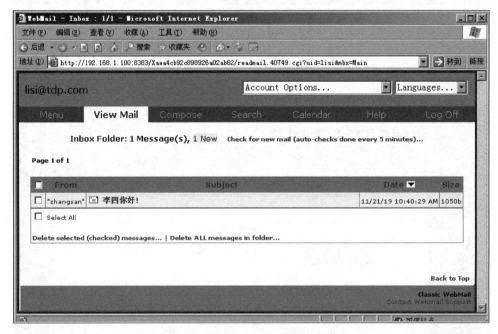

图 9.123　lisi 收到 zhangsan 发送的邮件界面

图 9.124　lisi 读取 zhangsan 发送的邮件

9.7　DHCP

9.7.1　DHCP 简介

计算机和网络进行通信必须配置相应的网络参数。连接到互联网上的计算机需要配置的网络参数包括 IP 地址、子网掩码、默认网关、域名服务器的 IP 地址。

这些地址的配置必须符合一定的要求，对于不熟悉网络基础知识的用户来说，配置起来比较困难。另外，即使对于从事计算机网络专业的用户来说，也容易配置错误。为了解决这个问题，提出了动态主机配置协议（Dynamic Host Configuration Protocol，DHCP），它提供了一种机制，称为即插即用连网。这种机制允许一台计算机加入新的网络和获取 IP 地址时，直接获得相关信息不用手工参与。

DHCP 对运行客户软件和服务器软件的计算机都适用。当运行客户软件的计算机移至一个新的网络时，就可使用 DHCP 获取其配置信息，而不需要手工干预。对于 DHCP 服务器的计算机而言需要配置了固定永久的 IP 地址。

DHCP 使用"客户—服务器"方式，需要拥有 IP 地址的主机启动时就向 DHCP 服务器广播发送发现报文（DHCP DISCOVER）（此时将目的 IP 地址置为全 1，即 255.255.255. 255），这时该主机就成为 DHCP 客户。发送广播报文时因为现在还不知道 DHCP 服务器在什么地方，因此要发现（DISCOVER）DHCP 服务器的 IP 地址。这台主机目前还没有自己的 IP 地址，因此它将 IP 数据报的源 IP 地址设为全 0。这样，在本地网络上的所有主机都能够收到广播报文，但只有 DHCP 服务器才对此广播报文进行应答。DHCP 服务器先在其数据库中查找该计算机的配置信息。若找到，则返回找到的信息；若找不到，则从服务器的

IP 地址池(addres spool)中取一个地址分配给该计算机。DHCP 服务器的应答报文叫作提供报文(DHCP OFFER),表示"提供"了 IP 地址等配置信息。

实际并不会在每个网络上都设置一个 DHCP 服务器,这样 DHCP 服务器的数量会太多。但是,每个网络上至少有一个 DHCP 中继代理(relay agent),如图 9.125 示,它配置了 DHCP 服务器的 IP 地址信息。当 DHCP 中继代理收到主机 A 以广播形式发送的发现报文后,就以单播方式向 DHCP 服务器转发此报文,并等待其回答。收到 DHCP 服务器回答的提供报文后,DHCP 中继代理再把此提供报文发给主机 A。

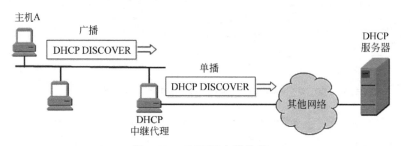

图 9.125　DHCP 中继代理

DHCP 服务器分配给 DHCP 客户的 IP 地址是临时的,因此 DHCP 客户只能在一段有限的时间内使用这个分配到的 IP 地址。DHCP 称这段时间为租用期,租用期的时间由 DHCP 服务器自己决定。DHCP 服务器在给 DHCP 发送的提供报文的选项中给出租用期的数值。租用期用 4B 的二进制数字表示,单位是秒,因此可供选择的租用期范围从 1 秒到 136 年。DHCP 客户也可在自己发送的报文中(如发现报文)提出对租用期的要求。

DHCP 的工作过程如图 9.126 所示。DHCP 客户使用的 UDP 端口是 68,而 DHCP 服务器使用的 UDP 端口是 67。

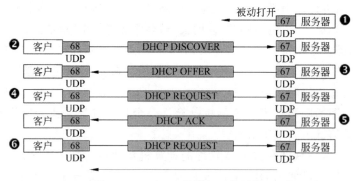

图 9.126　DHCP 的详细工作过程

DHCP 工作过程的解释如下。

① DHCP 服务器被动打开 UDP 端口 67,等待客户端发来的报文。

② DHCP 客户从 UDP 端口 68 发送 DHCP 发现报文。

③ 凡收到 DHCP 发现报文的 DHCP 服务器都发出 DHCP 提供报文,因此 DHCP 客户可能收到多个 DHCP 提供报文。

④ DHCP 客户从几个 DHCP 服务器中选择其中一个,并向所选择的 DHCP 服务器发送 DHCP 请求报文。

⑤ 被选择的 DHCP 服务器发送确认报文 DHCP ACK。从这时起,DHCP 客户就可以使用这个 IP 地址了。这种状态叫作已绑定状态,因为在 DHCP 客户端的 IP 地址和硬件地址已经完成绑定,并且可以开始使用得到的临时 IP 地址了。DHCP 客户现在要根据服务器提供的租用期 T 设置两个计时器 T_1 和 T_2,它们的超时时间分别是 $0.5T$ 和 $0.875T$。当超时时间到了,就要请求更新租用期。

⑥ 当租用期过了一半(T_1 时间到),DHCP 发送请求报文 DHCP REQUEST 要求更新租用期。

⑦ DHCP 服务器若同意,则发回确认报文 DHCP ACK。DHCP 客户得到了新的租用期,重新设置计时器。

⑧ DHCP 服务器若不同意,则发回否认报文 DHCP ACK。这时 DHCP 客户立即停止使用原来的 IP 地址,必须重新申请 IP 地址(返回到步骤②)。

若 DHCP 服务器不响应步骤⑥的请求报文 DHCP REQUEST,则在租用期过了 87.5% 时(T_2 时间到),DHCP 客户必须重新发送请求报文 DHCP REQUEST(重复步骤⑥),然后继续后面的步骤。

⑨ DHCP 客户可以随时提前终止服务器提供的租用期,这时只向 DHCP 服务器发送释放报文 DHCP RELEASE 即可。

9.7.2 实验六——DHCP 服务器的搭建

采用本章一开始搭建的实验环境,实验过程如下。

在 server——Windows Server 2008 服务器上安装 DHCP 服务器。

① 单击"开始"——"管理工具"——"服务器管理器",在弹出的窗口中,选择"角色"——"添加角色"——"下一步",在弹出的窗口中勾选"DHCP 服务器",如图 9.127 所示。

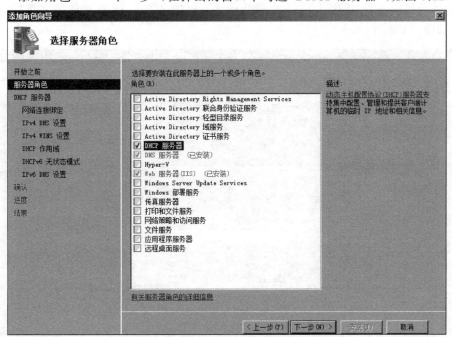

图 9.127　选择添加 DHCP 服务器角色

② 单击"下一步"按钮,弹出"DHCP 服务器简介"窗口,再单击"下一步"按钮,弹出"选择网络连接绑定"窗口,如图 9.128 所示。

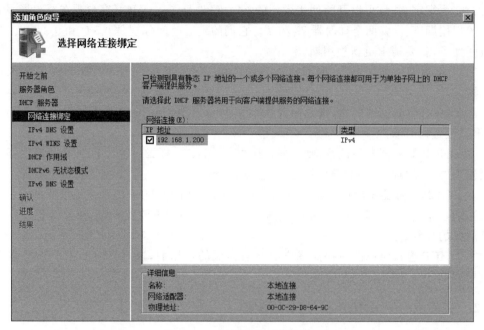

图 9.128　选择网络连接绑定

③ 单击"下一步"按钮,进入"指定 IPv4 DNS 服务器设置"窗口,输入父域名和 DNS 服务器的 IP 地址,这个域将用于我们在这台 DHCP 服务器上创建的所有作用域;当 DHCP 更新 IP 地址信息的时候,相应的 DNS 更新会将计算机的名称到 IP 地址的关联进行同步,设置结果如图 9.129 所示。

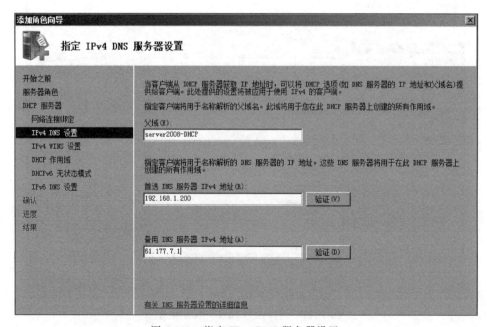

图 9.129　指定 IPv4 DNS 服务器设置

④ 单击"下一步"按钮进入"IPv4 WINS 服务器设置"窗口,选择默认的"此网络上的应用程序不需要 WINS(W)"(若需要,则设置目标 WINS 服务器的 IP 地址),单击"下一步"按钮。

⑤ 接下来在"DHCP 作用域"窗口中单击右侧的"添加"按钮,可以根据本地局域网 IP 地址的分配情况设置 DHCP 服务器的适用范围,同时选中"激活此作用域"选项,并单击"确定"按钮添加完成。设置结果如图 9.130 所示。

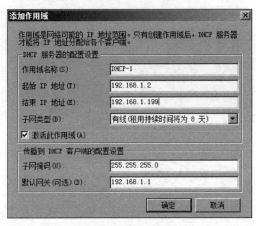

图 9.130　添加作用域设置窗口

⑥ 单击"确定"按钮进入"DHCPv6 无状态模式"配置窗口,选择"对此服务器禁用 DHCPv6 无状态模式(D)";在 Windows Server 2008 中默认增加了对下一代 IP 地址规范 IPv6 的支持,不过,就目前的网络现状来说,很少用到 IPv6,因此可以选择"对此服务器禁用 DHCPv6 无状态模式",之后单击"下一步"按钮。

⑦ 在"确定"界面确认后单击"安装"按钮,开始自动安装,如图 9.131 所示,直至安装成功。

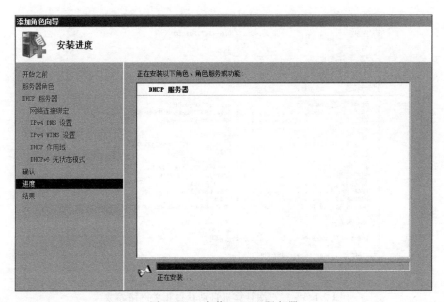

图 9.131　安装 DHCP 服务器

⑧ 测试 DHCP 服务器。在 client 客户端计算机将 IP 地址设置成"自动获得",在"开始"窗口中右击"网络",在弹出的窗口中选择"属性",在弹出的窗口中选择"更改适配器设置",在弹出的窗口中右击"本地连接",在弹出的窗口中选择"属性"——"Internet 协议版本(TCP/IPv4)"——"属性",在弹出的"Internet 协议版本 4(TCP/IPv4)属性"窗口中选择"自动获得 IP 地址(D)"以及"自动获得 DNS 服务器地址(B)",结果如图 9.132 所示。

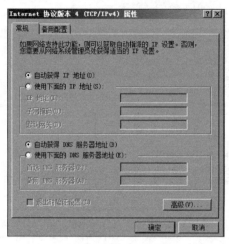

图 9.132　Internet 协议版本 4(TCP/IPv4)属性设置

⑨ 在该仿真环境中需要设置"虚拟网络编辑器",在 VMware 中选择"编辑"——"虚拟网络编辑器"——"更改设置",取消勾选"VMnet1 仅主机模式"中的"使用本地 DHCP 服务器 IP 地址分配给虚拟机(D)"。单击"确定"按钮,分别将服务器计算机 server——Windows Server 2008 以及客户机 client 中的网络适配器设置成"仅主机模式"。

⑩ 单击"确定"——"关闭"按钮,在客户机中运行"开始"——cmd,在弹出的窗口中执行命令 ipconfig/all,自动获得相关的网络参数,如图 9.133 所示。

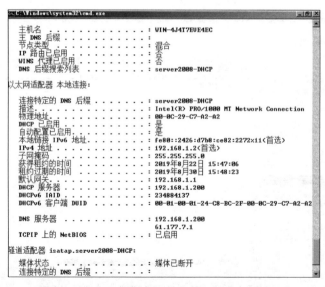

图 9.133　客户端计算机自动获得相关网络参数

9.8　本章小结

本章主要讲解常见的应用层协议,包括 DNS、FTP、TELNET、WWW、电子邮件以及 DHCP 等,详细讲解了 DNS 的工作原理以及 DNS 服务器的配置过程、FTP 及其服务器配置过程、TELNET 及其配置过程、WWW 及其配置过程、电子邮件协议及其配置过程,以及 DHCP 及其配置过程。

9.9　习题 9

一、判断题

1. 用 ping 命令可以测试两台主机间是否连通。(　　)

2. P2P 是 Peer two Peer 的缩写。(　　)

3. BT 下载属于 C/S 模式的应用。(　　)

4. SMTP 在邮件系统中用于用户从邮件服务器上取信件。(　　)

5. TELNET、FTP 和 WWW 都是 Internet 应用层协议。(　　)

6. FTP 使用 21 号端口传输文件。(　　)

二、选择题

1. 下面协议中,运行在应用层的是(　　)。

　　A. IP　　　　　　　B. FTP　　　　　　　C. TCP　　　　　　　D. ARP

2. 下列选项中,格式正确的电子邮件地址是(　　)。

　　A. http://www.suda.edu.cn　　　　　　B. FTP://www.suda.edu.cn/youjian

　　C. youjian@suda.edu.cn　　　　　　　D. Youjian#suda.edu.cn

3. 在相互发送电子邮件的时候,我们必须知道彼此的(　　)。

　　A. 家庭地址　　　B. 电子邮箱的大小　　C. 邮箱密码　　　　D. 电子邮箱的地址

4. 关于电子邮件的描述中,正确的是(　　)。

　　A. 一封信只能发给一个人

　　B. 不能给自己发信

　　C. 如果地址正确,所发邮件对方一定能收到

　　D. 发信时可以同时抄送信件给第二个人

5. 下面的应用中,不属于 P2P 应用范畴的是(　　)。

　　A. 电驴软件下载　　　　　　　　　　B. PPstream 网络视频

　　C. Skype 网络电话　　　　　　　　　D. 网上售飞机票

6. 当客户端请求域名解析时,如果本地域名服务器不能完成域名解析,就把请求发给其他域名服务器,依次进行查询,直到把域名结果返回给请求的客户,这种解析方式称为(　　)。

　　A. 迭代解析　　　　　　　　　　　　B. 递归解析

　　C. 迭代与递归相结合的解析　　　　　D. 高速缓存解析

7. FTP 服务器返回当前目录的文件列表时,使用的连接是(　　)。

　　A. 控制连接　　　B. 数据连接　　　　C. UDP 连接　　　D. 应用连接

8. 使用 WWW 浏览器浏览网页时,用户可单击某个超链接,从协议分析的角度看,此浏览器首先要进行(　　)。

　　A. IP 地址到 MAC 地址的解析　　　　B. 建立 TCP 连接

　　C. 域名到 IP 地址的解析　　　　　　D. 建立会话连接,发出获取某个文件的命令

9. URL 由 3 部分组成,分别为协议、文件和(　　)。

　　A. 主机域名　　　B. 路径　　　C. 设备名　　　D. 文件属性

10. 在 WWW 服务中,用户的信息查询可从一台服务器搜索到另一台 Web 服务器,这里使用的技术是(　　)。

　　A. HTML　　　B. hypertext　　　C. hypermedia　　　D. Hyperlink

三、填空题

1. FTP 应用要求客户进程和服务器进程之间建立两条连接,分别用于_____和传输文件。

2. DNS 的功能是把_____转换为 IP 地址。

3. WWW 的中文名称为_____。

4. WWW 上的每个网页都有一个独立的地址,这些地址称为_____。

参 考 文 献

[1] 谢希仁. 计算机网络[M]. 7 版. 北京：电子工业出版社,2017.

[2] 唐灯平. 网络互联技术与实践[M]. 北京：清华大学出版社,2019.

[3] 韩立刚. 计算机网络原理创新教程[M]. 北京：中国水利水电出版社,2017.

[4] 洪家军, 陈俊杰. 计算机网络与通信——原理与实践[M]. 北京：清华大学出版社,2018.

[5] 周鸣争. 计算机网络[M]. 合肥：中国科学技术大学出版社,2008.

[6] 黄传河. 计算机网络[M]. 北京：科学出版社,2009.

[7] 王相林. 计算机网络——原理、技术与应用[M]. 北京：机械工业出版社,2010.

[8] 钱德沛, 张力军. 计算机网络实验教程[M]. 2 版. 北京：高等教育出版社,2017.

[9] 刘江, 杨帆, 魏亮, 等. 计算机网络实验教程[M]. 北京：人民邮电出版社,2018.

[10] Greg Tomsho, Ed Tittel, David Johnson. 计算机网络教程[M]. 4 版. 北京：清华大学出版社,2005.

[11] Terry William Ogletree, Mark Edward Soper. 网络技术金典[M]. 5 版. 北京：电子工业出版社,2007.

[12] 夏锋, 孔祥杰, 姚琳. 高级计算机网络[M]. 北京：清华大学出版社,2014.

[13] 王达. 深入理解计算机网络. 北京：中国水利水电出版社,2017.

[14] 唐灯平. 整合 GNS3 VMware 搭建虚实结合的网络技术综合实训平台[J]. 浙江交通职业技术学院学报,2012(2):41-44.

[15] 唐灯平, 王进, 肖广娣. ARP 协议原理仿真实验的设计与实现[J]. 实验室研究与探索,2016(12):126-129,196.

[16] 唐灯平, 朱艳琴, 杨哲, 等. 计算机网络管理虚拟仿真实验平台设计[J]. 实验室科学,2016(4):76-80.

[17] 唐灯平, 朱艳琴, 杨哲, 等. 计算机网络管理仿真平台接入互联网实验设计[J]. 常熟理工学院学报,2016(2):73-78.

[18] 唐灯平, 朱艳琴, 杨哲, 等. 基于虚拟仿真的计算机网络管理课程教学模式探索[J]. 计算机教育,2016(2):142-146.

[19] 唐灯平. 职业技术学院校园网建设的研究[J]. 网络安全知识与应用,2009(4):71-73.

[20] 唐灯平, 吴凤梅. 大型校园网 IP 编址方案的研究[J]. 电脑与电信,2010(1):36-38.

[21] 唐灯平. 基于 Packet Tracer 的访问控制列表实验教学设计[J]. 长沙通信职业技术学院学报,2011(1):52-57.

[22] 唐灯平. 基于 Packet Tracer 的帧中继仿真实验[J]. 实验室研究与探索,2011(5):192-195,210.

[23] 唐灯平. 基于 GRE Tunnel 的 IPv6-over-IPv4 的技术实现[J]. 南京工业职业技术学院学报,2010(4):60-62,65.

[24] 唐灯平. 基于 Packet Tracer 的 IPSec VPN 配置实验教学设计[J]. 张家口职业技术学院学报,2011(1):70-73,78.

[25] 唐灯平. 基于 Packet Tracer 的混合路由协议仿真通信实验[J]. 武汉工程职业技术学院学报,2011(2):33-37.

[26] 唐灯平. 基于 Spanning Tree 的网络负载均衡实现研究[J]. 常熟理工学院学报,2011(10):112-116.

[27] 唐灯平, 凌兴宏. 基于 EVE-NG 模拟器搭建网络互联计算实验仿真平台[J]. 实验室研究与探索,2018(5):145-148.

[28] 唐灯平. 职业技术学院计算机网络实验室建设的研究[J]. 中国现代教育装备,2008(10):132-134.